新ヒートシール技法

Innovative New Heat Sealing Technique

《界面温度制御》による「密封」「易開封」の同時達成

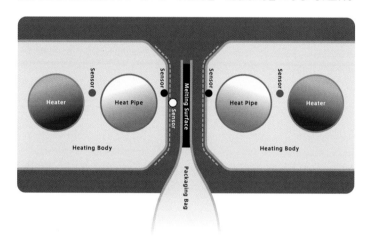

菱沼一夫

幸書房

は　じ　め　に

　プラスチック材の発明と共にフイルム・シートの熱加工技法 (ヒートシール技法) が展開されて久しい．今日の社会では，食品，医薬 / 医療，電子部品等の個装 / 小分け包装に利用され，防塵，防湿，恒湿，防酸化等に貢献し，旧来の瓶詰，缶詰包装の代替えとして人々の生活に不可欠になっている．増大したプラスチック材の利用は環境保全の SDGs への対応が新たに追加されている。

　既刊の「ヒートシールの基礎と実際」(幸書房)，HEAT SEALING TECHNOLOGY and ENGINEERING for PACKAGING (DEStec；USA) では，ヒートシール技法を検討する上で，基幹となる加熱温度を溶着面 (接着面) 温度応答と定義して，著者が開発した溶着面温度計測法；“MTMS” を展開して，ヒートシール現象の理論と技術を論じた．

　しかし，この理論の現場への展開が困難で「絵に描いた餅」だ！と現場で苦労されている方から数多くの苦言を戴いた。

　本刊は主に現場への展開を意識して，2008 年以降に発表した論文と取得した特許等のヒートシール技法の革新をまとめた．本書が，ヒートシールの実践でお困りの方々への福音となれば幸いである．

☆ヒートシール技法の基幹は；

(1)「製造者のノルマ」と「消費者の要請」を同時に満足することにある．

　　その方策は，『エッジ切れのない「密封」と「易開封」の同時達成』である

☆これを達成する論理と技術は

(2) 接着強さ（ヒートシール強さ）と加熱温度（溶着面温度）の相互関係の的確な把握

(3) 合理的な「密封」と「易開封」の発現メカニズムの獲得

(4)（現場でも）確実に達成できる論理設定や技術を実践できる溶着面温度調節技術の獲得

(5) 放置されてきた凝集接着帯の加熱標本のエッジ切れのメカニズム究明と対応技術の獲得

　　これらの具体的成果（対応技術）と背景は，次の章で詳述している．

【第 1 章〜第 3 章】では，従来の課題を整理整頓した．

【第 4 章〜第 11 章】では，従来の課題を解決する「革新技術」を網羅した．

　　これらを現場に反映して戴けたら従来の課題を解消できると自負している．

【第 12 章〜第 26 章】では，より深い理解と納得を戴くために新規な“常識”を論じている．

　本書の特長は，(世界的な期待の) 改善課題を次の【革新技術】を具体的に提起したことにある．

(1) ヒートシール強さのバラツキ原因の確定；【Hishinuma 効果】の発見　　　　　　【第 4 章】

— iii —

は じ め に

(2) 『エッジ切れのない「密封」と「易開封」の同時達成』；"一条シール"の完成　【第5章】

(3) ヒートシール技法の温度制御技術の革新；ヒートバー表面と材料の加熱外面間の"界面温度"をリアルタイムで検知し，動的な溶着面温度応答を直接的にフィードバック制御する革新技術の《界面温度制御》の完成　　　　　　　　　　　　　　　【第6章】

(4) 凝集接着帯のヒートシール線付近が破断する原因は，"平面圧着"によるポリ玉生成が原因であることを発見，エッジ切れの破断を解消した「モールド接着」の完成　【第7章】

(5) 金属ベルト搭載を搭載した"一条シール"型バンドシーラの開発　　　　【第18章】

(6) ≪界面温度制御≫の適用で，インパルスシールは高度ヒートシール装置へ変身【第18章】

この一冊が永年，あなたを悩ましていたヒートシールの難題を革新する．
索引は個別キーワードから論述章を見出せるように細かくピックアップした．
同一のキーワードでも適用先によって機能が異なることを留意をお願いする．
索引数の多さはそのキーワードが広範囲に関与していることを示している．
【索引】のキーワードからヒートシール技法の課題を探るのも面白いと思われる．

2025年2月

著者　菱沼　一夫

「新ヒートシール技法」発刊に寄せて

　プラスチックは多様な用途に応える材料として様々な分野に使用され，我々の生活を豊かにしてきた．昨今は，化石資源からの代表的製品として二酸化炭素の排出やマイクロプラスチックによる海洋汚染などで大きな問題を抱えるに至ったが，生物資源を原料とする既存プラスチックの開発や，生分解性プラスチックの展開などで解決が図られ，引き続き有用材料として活用されるものと考えられる．

　プラスチックは，包装の分野でも内容物の保護材料として大量に使用されている．内容物と外界を遮断する性能に適するだけでなく，ヒートシール性による封緘機能に優れていることも一因でもあろう．

　ヒートシールは，プラスチックが示す溶融挙動を利用してフィルム相互を接着（融着）させて封緘する技術に応用されている．現在この技術は，食品保存，医薬品包装などの分野で必要不可欠なものとなっている．

　ヒートシールの技術では，製造後の製品が開封されるまでは強固な接着が求められ，開封時には簡単に剥がせること（易開封性，イージーピール性）が望まれる．いわばヒートシール技術は確実な接着と容易な離着という相反現象を制御する均衡の技術である．そして，ヒートシール製品の生産には，製造現場での封緘工程のスピードアップが欠かせない．

　これらの要求を同時に満足することは難しく，多くの現場ではそれぞれの製造ラインごとに試行錯誤的実験を繰り返し，経験的なノウハウの積み重ねでバランスを取ることに終始してきた．

　「如何にバランスよくヒートシールを達成するか」という難問に関して，菱沼一夫氏は 2007 年に幸書房から「ヒートシールの基礎と実際」という書を上梓している．今回の「新ヒートシール技法」はその続編とも言える．

　筆者である菱沼一夫氏は，ヒートシール技術に関する叩き上げの職人だと感じている．職人だから自分の技術に誇りを持っている．そのせいか，多分にその自信過剰が鼻につく．勝手に自分の名前を持出した HISHINUMA 効果とか，革新的技術などと大げさな表現を臆面もなく表に出す．欧米人似たセンスの持ち主なのか，実に日本人離れをしている．

　この職人気質は眼に余ることもある．だが，ヒートシールにかける執念は並々ならない．フィルムの表面温度を因子とするシール技術にかける情熱は見上げたものである．だからこそ，学位取得後も十数年にわたって実験を繰り返し，実施権無償化も踏まえた特許を公開し，その成果を最終的に本書で公表したのだと理解している．

「新ヒートシール技法」発刊に寄せて

　本書では，プラスチックフィルムの溶融挙動とヒートシール性能の関連性をセミミクロ的観点から記述しようとする試みがなされている．本書が，「ヒートシールとはどんなものか」を理解しようとする方々や，従来の「試行錯誤的ヒートシール技術」に疑問を持ち新たな解決法を得ようとする技術者の方々の一助になるものと確信している．

東京大学名誉教授 / 元工学院大学教授　　小野　拡邦

目　　次

はじめに……………………………………………………………………………… iii

「新ヒートシール技法」発刊に寄せて ……………………………………………… v

本書に出てくるキーワードの解説………………………………………………… xxiii

第 1 章　熱接着（ヒートシール）総論 ……………………………………… 1

1. プラスチック材の熱接着を難解にしていた最大の原因は，熱接着面の温度応答の
   計測・制御技術の未発達にあった……………………………………………… 1

2. ヒートシールの期待機能と課題の革新 ……………………………………… 1

3. ヒートシール技法の改革の歴史 ……………………………………………… 3

   3.1　はじめに ………………………………………………………………… 3

   3.2　ヒートシール技法の期待機能の変遷 ………………………………… 3

   　　3.2.1　個別対応の【D.F.S.】の定着による合理的展開の停滞 ……… 3

   　　3.2.2　ヒートバーの加熱面の問題の解答は的確なフィードバック制御であった……… 3

   3.3　「溶着面温度計測法」"**MTMS**" 開発のあけぼの ……………………… 5

   3.4　溶着面温度計測法；"**MTMS**" の開発 ……………………………… 6

   3.5　ヒートシール技法の "不具合" 解析の取り組み開始 ………………… 7

   3.6　溶着面温度計測法；"**MTMS**" の公開開始 ………………………… 8

   3.7　「溶着面温度測定法」によってわかった新たなヒートシールメカニズム ……… 9

   3.8　加熱速さでヒートシール強さの発現が変移：
   　　【Hishinuma 効果】の発見は神様の贈り物 ………………………… 9

4. 熱接着（ヒートシール強さ）発現現象の再確認 …………………………… 10

5. ヒートシール技法の加熱温度の的確性の再確認と改革：《界面温度制御》の発明による
   大改革 ……………………………………………………………………………… 12

   5.1　ヒートバーの加熱制御の変遷と課題改革 ………………………… 12

   5.2　ヒートバーの加熱温度設定の実際の課題 ………………………… 14

6. ヒートシールの期待機能はエッジ切れのない「密封」と「易開封」の同時達成，
   《界面温度制御》の獲得 ………………………………………………………… 15

   6.1　「発生源解析」による「密封」と「易開封」の同時達成の発見 ……… 15

   6.2　置き去りにしてきた「凝集接着」の革新 ………………………… 16

   6.3　"一条シール" と《界面温度制御》の融合でヒートシール技法に革命 ……… 16

—vii—

目　　次

　6.4　破損領域の圧縮荷重と落下衝撃の実測ができるようになった　……………16

7.　ヒートシールを展開するプラスチック材の構成の考慮　……………………17

8.　ヒートシール強さの的確な理解　………………………………………………17

9.　ヒートシール技法に関係する諸規定　…………………………………………18

第2章　従来法のヒートシール関連事項の取り扱いの誤認解析と《エッジ切れのない「密封」と「易開封」の同時達成への革新》と"一条シール"，《界面温度制御》へのプロローグ：9アイテム/20項目……19

1.　は じ め に　……………………………………………………………………19

2.　歴史的に積み上げられているヒートシールの個別操作の不適確さの確認　……19

3.　"一条シール"と《界面温度制御》の融合のプロローグ　………………22

4.　ヒートシール技法の歴史的な課題の改革・革新　……………………………22

　4.1　加熱速さがヒートシール強さの発現を変移させていた；【Hishinuma効果】の発見…22

　4.2　「狭い界面接着温度帯」にどう対処するか　…………………………………22

　4.3　ヒートシール技法における最大の課題：熱接着の加熱方法の改革　…………23

　　4.3.1　ヒートバーの温度調節系の変遷と革新………………………………24

　　4.3.2　ヒートバーにヒートパイプを装着して，長手方向の加熱面温度の均一化と伝熱の高速化………………………………………………………26

　　4.3.3　《界面温度制御》による溶着面（接着面）温度応答の検知に最接近　………27

　　4.3.4　凝集接着帯依存の加熱からの脱出………………………………………27

　4.4　「密封」と「易開封」の同時達成ができる"一条シール"の発明　………28

　4.5　何故，何十年もの間，高速，高精度の溶着面（接着面）温度応答の制御技術が未達だったのか？………………………………………………………28

5.　遂にヒートシール技法の革新の完了　…………………………………………28

　5.1　とうとうできた！ヒートシールエッジ切れのない「密封」と「易開封」の同時達成　28

　5.2　包装工程の見直し　……………………………………………………………29

　5.3　熱接着（ヒートシール）は3次元現象であった　…………………………29

第3章　熱接着強さの管理でヒートシールの性能の保証ができるか？　………31

1.　は じ め に　……………………………………………………………………31

2.　ヒートシール性能の理論　………………………………………………………31

　2.1　ヒートシール強さの計測方法と課題　………………………………………31

　2.2　破袋応力に対するヒートシール面の応答　…………………………………32

3.　ヒートシール性能の実験　………………………………………………………33

　3.1　ヒートシール面の特性検証　…………………………………………………33

　3.2　破袋制御の検証事例；[四方袋の圧縮荷重の反応]　………………………33

目　次

　4.　考察／まとめ ……………………………………………………………………34

第4章　［改革技術3］：ヒートシール強さの発現に《加熱速さ》が関与していた　【Hishinuma効果】の発見―ヒートシール強さは3次元現象だった― ……………35

　1.　は じ め に ………………………………………………………………………35

　2.　ヒートシールの強さの発現理論 ………………………………………………36

　　2.1　熱接着（ヒートシール）の特性 …………………………………………36

　　2.2　「カムアップタイム」（CUT）と「加熱速さ」の定義 …………………39

　3.　実験と結果の考察 ………………………………………………………………41

　　3.1　実験方法 ……………………………………………………………………41

　　3.2　ヒートシール強さの発現変移の発見の計測結果 ………………………43

　　3.3　個々の材料のヒートシール強さの発現変移の考察 ……………………45

　　3.4　加熱速さのヒートシール強さ発現に及ぼす考察 ………………………47

　　3.5　【Hishinuma効果】は超短時間で起こっている ………………………48

　　3.6　【Hishinuma効果】は高速加熱とする同一強さの発現には加熱温度が低温化する ……49

　4.　【Hishinuma効果】の発現メカニズム推定 …………………………………50

　　4.1　分子量分布による発現メカニズムの推定 ………………………………50

　　4.2　接着子の挙動解析 …………………………………………………………51

　　4.3　レトルトパウチの実際に起こっている重大な影響；ダブル加熱の影響 ……52

　5.　結　　論 …………………………………………………………………………53

第5章　［改革技術2］：「密封」と「易開封」を同時に達成する"一条シール"の実際 ………55

　1.　ピロー袋のセンターシール部の密封化 ………………………………………55

　　1.1　は じ め に …………………………………………………………………55

　　1.2　理論：従来のヒートシール技法の抜本的見直し ………………………55

　　　1.2.1　ヒートシール技法への永年の期待 …………………………………56

　　　1.2.2　最新の考案による熱接着（ヒートシール）の基本の再認識………56

　　　1.2.3　従来のヒートシール技法の特性と見直し …………………………57

　　　1.2.4　ヒートシール面の段差の貫通孔の発生メカニズム解析…………58

　　　1.2.5　ヒートシール面の密着に凝集接着が不可欠は間違いだった………58

　　　1.2.6　圧着圧と加熱時間の延長の効果の乱用…………………………58

　　　1.2.7　ヒートシール強さと開封力の関係 …………………………………58

　　　1.2.8　段差部の貫通孔の漏れ量の定量化…………………………………59

　　　1.2.9　段差部の貫通孔の発生メカニズム解析……………………………59

　　1.3　実験と結果の考察 …………………………………………………………59

　　　1.3.1　段差部の密封化性の検証………………………………………………60

－ ix －

目　　次

1.3.2　局部押し潰しの密封効果の確認 ……………………………………60

1.3.3　一条突起と面圧接の複合圧着方法の創成 …………………………61

1.3.4　「易開封」下の「密封」シール実験と考察 …………………………62

1.3.5　"一条シール"の完成を補完する包装材料の新設計法の提案 ……65

1.4　結　　論 …………………………………………………………………68

2.　片面式"一条シール"［Ⅱ］の開発 …………………………………………69

2.1　はじめに ……………………………………………………………………69

2.2　"一条シール"の開発（Ⅱ）の構成と作動説明 ………………………69

第6章　［改革技術1］：溶着面（接着面）温度応答を直接的に制御する《界面温度制御》……72

1.　はじめに …………………………………………………………………………72

2.　界面温度制御の理論 ……………………………………………………………73

2.1　熱接着（ヒートシール）の期待機能の歴史的背景 ……………………73

2.1.1　加熱温度，加熱時間の設定の的確性 …………………………………73

2.1.2　「加熱速さ」による「熱接着強さの変移」の発見 …………………73

2.1.3　圧着圧の定義は変更になった …………………………………………74

2.1.4　「温度」，「時間」の定義の明確化 ……………………………………74

2.2　（今だから正々堂々と言えるようになった）従来のヒートシール操作の欠陥の解明 …74

2.3　従来の加熱体の発熱温度の信頼性の改善策と《界面温度制御》の期待 ……………75

2.4　従来の加熱温度管理の欠陥の検証 ………………………………………76

3.　溶着面（接着面）温度応答を直接的に制御する《界面温度制御》の開発 …………………76

3.1　現場における溶着面（接着面）温度応答の直接計測の困難性の確認 …………………76

3.2　4面材料の層間温度応答の計測の遊びから発見された《界面温度》のもたらした
　　溶着面温度応答計測の新論理の発見／構築 ……………………………77

4.　《界面温度制御》の能力評価と実機への反映 ……………………………78

4.1　界面温度信号の機能の確認 ………………………………………………78

4.1.1　両面加熱／片面加熱の《界面温度》の動態 ………………………78

4.1.2　《界面温度応答》を電気回路に相似して，その妥当性の検証 …………79

4.2　《界面温度制御》の実際化 ………………………………………………80

4.2.1　ヒートジョー方式への展開 ……………………………………………80

4.2.2　インパルスシール方式への展開 ………………………………………82

4.2.3　インパルスシール方式の制御結果 ……………………………………85

5.　《界面温度制御》がもたらした従来常識【D.F.S.】の課題の革命 ………………………86

6.　考　　察 …………………………………………………………………………88

6.1　《界面温度制御》の新機能のまとめ ……………………………………88

6.2　ヒートシールの歴史的課題への貢献 ……………………………………89

― x ―

目　次

6.3	ヒートシールのもう一つの主要課題；「密封」と「易開封」との連携 …………………89
6.4	《界面温度制御》で取り扱う温度信号の高速化の特徴 ………………………………90
6.5	A/D の特徴の具体的説明 ………………………………………………………………90
7.	ま　と　め ………………………………………………………………………………………91

第 7 章　［改革技術 7］：凝集接着の革新：「モールド接着」の開発 …………93

1.	は じ め に …………………………………………………………………………………………93
2.	界面接着と凝集接着の特性解析 ……………………………………………………………………93
2.1	表層材の役割と新規な利用 …………………………………………………………………93
2.2	ヒートシール強さの説明 ……………………………………………………………………94
2.3	ヒートシール面の圧着圧 ……………………………………………………………………94
2.4	ヒートシール面の接着状態の解析 …………………………………………………………94
2.5	ヒートシールの平面圧着は最適な方策か？ ………………………………………………95
2.6	（事例）レトルトパウチ材の熱接着特性 …………………………………………………96
2.7	剥離エネルギーの実測 ………………………………………………………………………96
2.8	ポリ玉起点のエッジ切れ発生の確認 ………………………………………………………98
2.9	複合材（ラミネーション）の凝集接着帯の破断メカニズムの解析 ……………………98
2.10	破袋の応力メカニズム解析と制御方策 …………………………………………………98
3.	ポリ玉を発生させない凝集接着法の開発 …………………………………………………………99
3.1	凝集接着におけるポリ玉生成のメカニズム解析 ………………………………………99
3.2	吐出圧があり溶融量を制限した新ヒートシール法の「モールド接着」の発案 …… 100
4.	「モールド接着」の特性確認実験 ……………………………………………………………… 100
4.1	半円形一条突起による「モールド接着」のインジェクション機能の確認 ………… 100
4.2	試験標本の「モールド接着」の仕上がりの顕微鏡検査 ………………………………… 102
4.3	レトルトパウチの「モールド接着」の引張試験評価 ………………………………… 103
4.3.1	レトルトパウチの「モールド接着」の試験結果の特徴の解析 ………………… 104
4.3.2	「モールド接着」と界面接着帯に発生する"不具合帯"の改善策 ……………… 105
4.3.3	「モールド接着」の耐破袋性 ………………………………………………………… 105
4.4	「モールド接着」の汎用材，［OPP/LLDPE］フイルムへの適用確認 ……………… 106
5.	考　察 ……………………………………………………………………………………………… 107
5.1	凝集接着のエッジ切れの排除方策 ………………………………………………………… 107
5.2	「モールド接着」の SDGs への寄与 ……………………………………………………… 108
6.	「モールド接着」の実施方法の詳細説明 ……………………………………………………… 108
7.	「モールド接着」の開発の効果 ………………………………………………………………… 109
8.	平面圧着（"一条シール"）と「モールド接着」の機能比較 ……………………………… 110

— xi —

目　次

第8章　[改革技術5]：圧縮・落下衝撃の破袋メカニズムとヒートシール強さとの関係

**　　　　—圧縮荷重と落下衝撃荷重の挙動解析と対策—**………………………………………… 111

1.　圧縮荷重と落下衝撃荷重の挙動解析と定量化 ………………………………………… 111

　1.1　は じ め に …………………………………………………………………………… 111

　1.2　レトルト包装のハイバリアー（HA）が要求する密封保証の担保 ……………… 112

　1.3　破袋荷重の新解析方法の展開 ……………………………………………………… 113

　　1.3.1　破袋荷重の作動メカニズムの解明………………………………………………… 113

　　1.3.2　落下衝撃・振動荷重は単発負荷だが積分される………………………………… 114

　1.4　破袋荷重とヒートシール強さをエネルギー論で連携化 ………………………… 115

　　1.4.1　圧縮荷重に関与する熱接着帯の強さと挙動……………………………………… 115

　　1.4.2　落下試験のヒートシール面への荷重挙動とエネルギーの計測………………… 118

　1.5　ま　と　め …………………………………………………………………………… 119

2.　落下衝撃に対するヒートシール面の応力反応検討 ………………………………… 120

　2.1　は じ め に …………………………………………………………………………… 120

　2.2　ヒートシールの破壊応力 …………………………………………………………… 121

　2.3　「衝撃応力発生装置」の開発 ……………………………………………………… 121

　2.4　実験方法と結果 ……………………………………………………………………… 122

　　2.4.1　代表的な包装材料の衝撃吸収性の測定結果……………………………………… 122

　　2.4.2　ヒートシールサンプルの衝撃パルスの応答測定（事例；レトルトパウチ材）… 122

　2.5　結　　論 ……………………………………………………………………………… 123

3.　パウチ包装の衝撃荷重の受容性の計測 ……………………………………………… 124

　3.1　は じ め に …………………………………………………………………………… 124

　3.2　ヒートシール線（面）の破壊力の発生メカニズム ……………………………… 124

　3.3　「衝撃荷重発生装置」の性能と概要 ……………………………………………… 124

　3.4　衝撃荷重発生装置を用いた各種軟包装の測定 …………………………………… 125

　　3.4.1　代表的な包装材料の衝撃吸収性の測定結果……………………………………… 125

　　3.4.2　空気の混入とサイズ相違の応答…………………………………………………… 126

　　3.4.3　剥れシールの衝撃荷重の吸収機能の検証………………………………………… 126

第9章　[改革技術4]：剥離エネルギー論による剥れシールの機能性を利用したヒートシール

**　　　　強さの新評価法：【FHSS】**………………………………………………………… 128

1.　は じ め に ……………………………………………………………………………… 128

2.　レトルトパウチ材の引張試験パターンの実際と評価 ……………………………… 129

3.　機能性ヒートシール強さ［FHSS］を適用したヒートシール特性の評価 ………… 130

4.　考察のまとめ …………………………………………………………………………… 133

5.　結　　論………………………………………………………………………………… 133

— xii —

目　次

第10章　ヒートシール面内の温度分布の発現現象の解析と定量化 ………………… 135

1.　は じ め に ……………………………………………………………………………… 135

2.　熱接着面内の温度分布の発生原因の探求 ……………………………………………… 135

　　2.1　加熱材料内の熱流解析のシミュレーション ……………………………………… 135

　　2.2　材料の構成厚さの変化による温度分布の挙動変化 ……………………………… 136

3.　結果と考察 ………………………………………………………………………………… 137

　　3.1　加熱材料内の熱流解析のシミュレーションの結果 ……………………………… 137

　　3.2　挟み方法の相違（Ａモード，Ｂモード）による接着面の温度分布の変動 ……… 137

　　3.3　材料の構成厚さの変化による温度分布の挙動変化の結果 ……………………… 137

　　3.4　考察とまとめ ………………………………………………………………………… 138

4.　結　　論 …………………………………………………………………………………… 140

第11章　［改革技術6］：改革技術を全面的に展開したレトルトパウチ包装の

**　　　　　【HACCP】管理の革新** ………………………………………………………… 141

1.　は じ め に ……………………………………………………………………………… 141

2.　新理論の展開 ……………………………………………………………………………… 141

　　2.1　包装工程の着目点 …………………………………………………………………… 141

　　2.2　レトルトパウチ包装の【HA】が要求する原因［圧縮・落下衝撃荷重］の解析 …… 142

　　2.3　ヒートシールのパラメータの定義の再評価 ……………………………………… 144

　　2.4　加熱体表面温度制御とヒートパイプ装着の合理性の確認 ……………………… 145

　　2.5　ヒートシール強さの調節では熱接着性能の合理的な管理はできない ………… 145

　　2.6　レトルトパウチの加熱流の接着面外への流出とシール不全の発生 …………… 145

　　2.7　何故レトルトパウチのトラブルにピンホール／エッジ切れが多いのか？ ……… 146

3.　今日のレトルトパウチの熱接着に関与する諸事項の性能確認 …………………… 148

　　3.1　破袋荷重とヒートシール強さの連携論 …………………………………………… 148

　　3.2　落下試験のヒートシール面への荷重挙動とエネルギーの計測 ………………… 150

　　3.3　レトルトパウチの熱接着に関与する諸事項の相関 ……………………………… 152

　　3.4　【FHSS】によるレトルトパウチの各接着面温度の剥離パターンと

　　　　剥離エネルギー論での適正加熱温度の検討 ……………………………………… 153

　　3.5　製袋時の縦シール接着面外への予熱によるシール不全の発生の実際 ………… 155

4.　レトルトパウチの熱接着の完璧な制御法のまとめ ………………………………… 156

　　4.1　従来法の適格性の検討 ……………………………………………………………… 156

　　4.2　革新法による【HACCP】の実践 ………………………………………………… 156

5.　ま　と　め ………………………………………………………………………………… 158

－ xiii －

目　　次

第12章　ヒートシールの化学 ··· 160

1. は じ め に ·· 160
2. プラスチック材料の熱可塑性の利用 ·· 160
3. ヒートシールの接着 ··· 161
   3.1 ヒートシールの接着結合力 ··· 161
   3.2 ヒートシールの接着面モデル ·· 162
   3.3 ヒートシールを利用するプラスチック材料（包装材料）の特徴 ········· 162
   3.4 剥れシールに期待される機能の実践方法　追補 ··························· 163

第13章　探傷液法による「密封」の漏れ検知と簡易化；"一条シール"チェッカ ··········· 165

1. は じ め に ·· 165
2. ピロー袋のセンターシール部の貫通孔を利用した検知性能の検証 ········ 166
3. 食品，医薬品現場用の探傷液法の実用化 ·· 166
4. "一条シール"チェッカの応用 ··· 166
5. 結　　論 ·· 167

第14章　「探傷液法」によるピロー袋の貫通孔の発生原因の究明と漏れ量の定量化 ········· 168

1. は じ め に ·· 168
2. ピロー袋のセンターシールの貫通孔の発生メカニズム ······················ 169
   2.1 ガセット袋のヒートシール面の圧着状態の解析 ···························· 169
3. ピロー袋の貫通孔の漏れ量の定量化 ·· 170
   3.1 漏れ量検知の圧縮試験法 ·· 170
   3.2 貫通孔をもったピロー袋試験体の作製方法 ································· 171
   3.3 通気，通水量の測定方法 ·· 171
4. 結果および考察 ·· 171
   4.1 貫通孔と漏れ量および圧力との関係について ······························ 171
5. 結　　論 ·· 173

第15章　密封特性の解析と革新；ヒートシール強さは密封化の必須条件ではなかった ········ 174

1. は じ め に ·· 174
2. ヒートシール面の密着を阻害する要因の解析と対策 ························· 174
   2.1 段差部の密着不全メカニズムの解析と現状の対応策 ····················· 174
   2.2 ヒートシール強さと密封性 ·· 175
   2.3 プラスチック材の剛性の調査 ·· 176
   2.4 実際に即した密封特性の計測法の開発 ······································· 176
   2.5 「密封」と「易開封」を両立するシーラントの選択法の開発 ············· 176

目　　次

　3.　「密封」と「易開封」を両立するシーラント設計の汎用化論理の設定 ……………… 177

　4.　ま　と　め ………………………………………………………………………………… 178

第16章　軟包装の「易開封」の検討；フィン・タブ開封の理論と実際 …………………… 179

　1.　は じ め に ……………………………………………………………………………… 179

　2.　軟包装体（フレキシブル包装）の開封性解析 ……………………………………… 180

　　2.1　軟包装体の開封性解析の方法 ………………………………………………… 180

　　　2.1.1　「開封性」と「密封性」を支配している要素の整頓 …………………… 180

　　　2.1.2　「摘み開封」の応力メカニズムの基本のモデル化 ……………………… 181

　　　2.1.3　「摘み開封性」の応力メカニズムのシミュレーション ………………… 182

　　　2.1.4　「摘み代」を考慮した基本応力モデルの補正 …………………………… 184

　　2.2　結果と考察 ……………………………………………………………………… 185

　　　2.2.1　シミュレーションモデルの演算 ………………………………………… 185

　　　2.2.2　摘み代を補正した開封力パターンの作成 ……………………………… 185

　　　2.2.3　消費者の出せる開封力の計測 …………………………………………… 186

　　　2.2.4　開封力を支配する《6要素》の相互関係 ……………………………… 186

　　　2.2.5　シミュレーションモデルの実効性の測定 ……………………………… 187

　　　2.2.6　市販品の評価と改善事例 ………………………………………………… 189

　　　2.2.7　消費者の易開封の工夫の検証 …………………………………………… 190

　　2.3　ま　と　め ……………………………………………………………………… 191

　3.　カップ包装の易開封性の検討 ……………………………………………………… 192

　　3.1　は じ め に ……………………………………………………………………… 192

　　3.2　Rigid 包装のヒートシール面の応力特性の特徴 …………………………… 192

　　　3.2.1　Rigid 包装と Flexible 包装の開封応力の相違比較 ………………… 192

　　3.3　カップ包装の《開封シミュレータ》の開発 ………………………………… 192

　　　3.3.1　人手の開封操作のシミュレーション …………………………………… 192

　　　3.3.2　液はね原因の究明　―加速度発生とその計測法― ……………………… 193

　　3.4　実験と結果 ……………………………………………………………………… 193

　　　3.4.1　市場包装品の開封特性の測定 …………………………………………… 193

　　　3.4.2　液はね防御モデル改善性の評価 ………………………………………… 193

　　　3.4.3　液はね加速度の定性化 …………………………………………………… 194

　　3.5　ま　と　め ……………………………………………………………………… 194

　4.　ヒートシール面のギザギザ, ローレット仕上げの期待は？

　　　　―ヒートシール面の密着性の確保の歴史を観る― ………………………………… 195

　　4.1　は じ め に ……………………………………………………………………… 195

　　4.2　ラミネートフィルムはテフロンシートの代役を果たすようになった ……… 195

目　次

4.3　溶融シーラント制御ができるようになって，次は「密封」の確保である …………… 195

4.4　ギザギザシールの発案と遷移；縦式から横式の変換 …………………………… 196

4.5　"一条シール"技術によるギザギザシールの密封性の検証 …………………… 196

4.6　ローレット仕上げはギザギザシールの延長線 …………………………………… 198

4.7　テフロン含侵のグラスウールシートのカバー効果の検証と革新提案 ………… 198

4.8　ヒートシール面に細工を施す理由は別にもある …………………………………… 198

第17章　医療用不織布包装の熱接着面の微生物バリア性の《*Validation*》の検討 ……… 199

1.　はじめに ……………………………………………………………………………… 199

2.　医療用不織布包装の特徴 …………………………………………………………… 199

3.　保障（*Validation*）要求を保証（*Guarantee*）する方策の構築 ……………… 199

3.1　保証のための与件の整頓 ……………………………………………………… 199

3.2　*Validation* 要求の保証要求の具体化 ……………………………………… 200

3.3　*Validation* の保証モデルと必要機能 ……………………………………… 200

4.　提案モデルの特性検証；"一条シール"の展開 ………………………………… 201

4.1　検証条件 ………………………………………………………………………… 201

4.2　検証結果 ………………………………………………………………………… 202

5.　考　　察（主要事項のみの列挙）………………………………………………… 203

6.　結　　論 …………………………………………………………………………… 203

第18章　新技術を実践展開したバンドシーラ［Ⅰ］，インパルスシーラ［Ⅱ］，
　　　　　ハイブリッドシーラ［Ⅲ］機械の革新
　　　　　"一条シール"と《界面温度制御》の開発がもたらした新規な成果の紹介 ……… 204

Ⅰ．バンドシーラにおけるスライド加熱の革新………………………………………… 204

1.　はじめに ……………………………………………………………………………… 204

2.　バンドシーラにおける加熱体とベルトの摩擦力 ………………………………… 205

2.1　従来のバンドシーラの構造 …………………………………………………… 205

2.2　ベルト材質と摩擦力 …………………………………………………………… 205

2.3　0.1 mm ギャップの溶着面温度応答の計測 ……………………………… 206

3.　宙吊り方式の構造と新バンドシーラの特長 ……………………………………… 206

3.1　宙吊り方式の原理 ……………………………………………………………… 206

3.2　宙吊り方式の特性 ……………………………………………………………… 207

3.3　考　　察 ………………………………………………………………………… 207

4.　まとめ ………………………………………………………………………………… 208

目　　次

Ⅱ．インパルスシーラの革新；《界面温度制御》の開発がもたらした成果の紹介 ……………… 208

  1.　は じ め に ……………………………………………………………………………… 208

  2.　《界面温度制御》を導入したインパルスシーラ ……………………………………… 209

  3.　《界面温度制御》のヒートジョー，インパルスシール方式への展開した

     制御結果（事例） ……………………………………………………………………… 211

    3.1　ヒートジョー方式の制御結果 …………………………………………………… 211

    3.2　インパルスシール方式の制御結果 ……………………………………………… 212

  4.　《界面温度制御》がもたらした従来常識【D.F.S.】の課題の革命……………………… 213

  5.　考　　察 ………………………………………………………………………………… 215

    5.1　《界面温度制御》の新機能のまとめ …………………………………………… 215

    5.2　ヒートシールの歴史的課題への貢献 …………………………………………… 216

    5.3　ヒートシールのもう 1 つの主要課題；「密封」と「易開封」との連携 ……… 216

  6.　ま　と　め ……………………………………………………………………………… 216

Ⅲ．接着面の到達温度の制御ができるハイブリッドヒートシーラの開発 …………………… 217

  1.　は じ め に ……………………………………………………………………………… 217

  2.　ハイブリッドシーラの理論 …………………………………………………………… 218

    2.1　ヒートシール機能の的確な達成 ………………………………………………… 218

    2.2　ハイブリッドシーラの原理説明 ………………………………………………… 218

    2.3　ハイブリッドシーラの制御回路 ………………………………………………… 219

  3.　実　　験：ハイブリッドシーラの特性（各実験の集約） ………………………… 219

  4.　ま　と　め ……………………………………………………………………………… 220

第 19 章　包装工程への *AI* 制御の展開 …………………………………………………… 221

Ⅰ．包装工程の *AI* 化の検討：熱接着（ヒートシール）技法の *Deep Learning* の検討 ……… 221

  1.　は じ め に ……………………………………………………………………………… 221

  2.　*AI* の展開モデルの構成 ……………………………………………………………… 221

    2.1　*AI* における *DL* の位置付け …………………………………………………… 221

  3.　包装の基幹操作における《封緘》の特徴 …………………………………………… 222

  4.　ヒートシール技法における代表的な *DL* 対象事項の列挙 ………………………… 222

    4.1　ヒートシール技法に関係する検証項目 ………………………………………… 222

    4.2　課題のある *DL* 項目の列挙 …………………………………………………… 222

    4.3　「密封」と「易開封」の同時達成を可能にした *DL* 事項 ………………… 223

    4.4　*DL* の残されている課題：加熱温度の《限時制御》から

       《温度の直接管理》への脱出！ ………………………………………………… 224

  5.　考　　察………………………………………………………………………………… 224

－ xvii －

目　　次

Ⅱ．*AI* の包装工程への実践事例 ……………………………………………………… 225

　1．は じ め に ……………………………………………………………………… 225

　2．介添え作業の *AI* 化の実際展開 ……………………………………………… 226

　　2.1　（標本事例）液体計量・充填工程（調味料）の介添え作業の分析と分類処置 ……… 226

　　2.2　採取データ評価（QAMM 診断） ……………………………………… 227

　3．「発生源解析」による *DL* 事項の更なる検討 …………………………… 228

　　3.1　介添え作業を要求する事項の *DL* 突進 ……………………………… 228

　　3.2　質量式の計量速さ"遅さ"への対処 ………………………………… 228

　　3.3　質量式で起るブラック計量値の *AI* 補正 ………………………… 228

　　3.4　充填ノズル挿入ミス発生の信頼性検証 ……………………………… 230

　4．*AI* 制御システムの構築（*IoT*；*Internet of Things* の完成）……………… 230

　5．ま と め ………………………………………………………………………… 232

第 20 章　保障（*Validation*）と保証（*Guarantee*）の常識 ……………………… 233

諸規格の《*Validation*》性の検証と《*De facto standard*》の適用によるヒートシール技法の
保証性の向上

　1．は じ め に ……………………………………………………………………… 233

　2．ヒートシール原理の確認と保障から保証への展開 ………………………… 233

　　2.1　保障（*Validation*）から保証（*Guarantee*）への展開の再確認 ……… 233

　　2.2　ヒートシール原理の再確認 ………………………………………… 234

　　2.3　保障の保証のための新【D.F.S.】 …………………………………… 235

　3．注目すべき新【D.F.S.】………………………………………………………… 236

　4．考　　察 ………………………………………………………………………… 236

第 21 章　包装技法の品質管理 …………………………………………………… 237

Ⅰ．**QAMM**（マネージメントの数量化手法；Quantitative Analysis Management Method）の
展開…………………………………………………………………………………… 237

　1．従来の経営 / 組織運営の課題 ………………………………………………… 237

　2．"**QAMM**"の展開基本 ………………………………………………………… 237

　3．「発生源解析」による"不具合"事項の的確な確定 ……………………… 239

　4．発生確率に応じた対応，"不具合"検知・除外のマネージメント ……… 240

　　4.1　「1％理論」 …………………………………………………………… 240

　　4.2　低発生率の発現の"不具合"の特徴 ……………………………… 240

　　4.3　"不具合"の発生確率に応じた包装プロセスの品質保証対策 ……… 241

　5．工程設計と製作への展開 ……………………………………………………… 241

目　次

Ⅱ.「正規分布」の巧みな利用 ……………………………………………………… 242

　1.　正規分布による信頼性保証の仕方と確認 ………………………………… 242

　　1.1　正規分布の説明 ……………………………………………………… 242

　　1.2　「正規分布」の利用 …………………………………………………… 242

　　1.3　制御対象を所望の信頼性範囲に位置づける方策の事例 ……………… 243

　　1.4　「正規分布」を総合的な信頼性確保に反映した包装工程の発生源撲滅改革 ………… 244

第22章　回分操作の溶着面（接着面）温度のステップ応答の巧みな利用 …………… 246

　1.　はじめに ……………………………………………………………………… 246

　2.　ステップ応答のシミュレーションによる過渡加熱応答の推定 …………… 246

　3.　パソコンの《図形ソフト》使った更なる簡便法 …………………………… 247

第23章　"一条シール"と《界面温度制御》の開発がもたらしたヒートシール技法の
　　　　30有余年のアーカイブと革新のまとめ ……………………………………… 249

　1.　はじめに ……………………………………………………………………… 249

　2.　"一条シール"の開発がヒートシール技法の革新を実証した ……………… 250

　　2.1　ヒートシール面の「密封」と「易開封」はヒートシール技法の究極の課題 ……… 250

　　2.2　"一条シール"の開発で発見された新規の論理と技術事項 ………………… 250

　3.　現行の公的規格の課題 ……………………………………………………… 250

　　3.1　ヒートシール技法の公的規格とその問題点 …………………………… 250

　　3.2　既存の公的規格の特徴比較 …………………………………………… 251

　　3.3　公的規格にみるヒートシールを評価する諸試験項目 ………………… 251

　　3.4　基幹の公的規格がカバーしていない"不具合"項目 ………………… 251

　4.　《ヒートシールの Validation》の期待（定義） …………………………… 252

　5.　プラスチックの熱接着に関与している諸要素の合理性の検討／検証 …………… 252

　　5.1　熱接着強さ（ヒートシール強さ）の定義と合理性の検討
　　　　《JIS Z 0238, ASTM F88, F2029》に替わる新ヒートシールの試験方法へ展開 ……… 252

　　　5.1.1　公的規格によるヒートシール試験標本の作り方 ……………… 252

　　　5.1.2　現行方法で採取された「ヒートシール特性」の非汎用性の検証
　　　　　　→【Hishinuma 効果】へ …………………………………… 253

　　5.2　複合フイルムが示すヒートシール特性の特徴と活用 …………………… 254

　　5.3　現状の加熱温度の定義と合理化の検証 ………………………………… 254

　　　5.3.1　加熱体表面温度を利用した溶着面温度応答のシミュレーション法の確立 ……… 255

　　　5.3.2　加熱体表面温度の"外乱"制御による溶着面温度応答の Validation ……………… 256

　　5.4　加熱体表面温度のモニタ／制御で溶着面温度応答のシミュレーションができる …… 256

　　5.5　加熱温度と加熱時間の融合解釈 ……………………………………… 257

目　　次

5.5.1　加熱温度と加熱時間の相互関係［平衡温度と CUT の設定］ ……… 257

5.5.2　加熱温度と加熱時間の選択方法……………………………………… 258

5.5.3　実際の運転時間と加熱温度と加熱時間（溶着面温度応答）の展開上の課題…… 258

5.5.4　CUT 加熱の有意性？：しかし運転速度が下がる！ ……………… 259

5.6　加熱体表面温度の熱力学的温度分布の検証とヒートパイプによる安定化 ……… 259

5.6.1　合理的な加熱体（ヒートバー）の構成……………………………… 259

5.6.2　調節用センサの取り付け位置の重要な配慮………………………… 260

5.6.3　ヒートパイプの適用の効果…………………………………………… 260

5.6.4　加熱ブロックの容積の大きさの影響………………………………… 260

6.　FHSS（*Functional Heat Seal Strength*）によるヒートシール技法の統合的 *Validation* …… 260

6.1　FHSS の計測要素………………………………………………………… 261

6.1.1　FHSS の計測条件 …………………………………………………… 261

6.1.2　FHSS の引張試験パターン解析から分るヒートシール特性 ……… 261

6.1.3　FHSS 解析から得られるレトルトパウチの HACCP の最適ヒートシール条件 … 263

7.　革新されているヒートシールの諸操作 …………………………………… 263

7.1　「加熱速さ」がヒートシール強さの発現変移に関与【Hishinuma 効果】 ……… 263

7.1.1　高精度な加熱制御をしてもヒートシール強さの安定化はできない………… 263

7.1.2　片面（通過熱加熱）と両面加熱（平衡温度に収斂）の特徴……… 263

7.1.3　カバー材設置の有効性はあるのか？………………………………… 264

7.1.4　「加熱速さ」によるヒートシール強さの発現変移の実際例 ……… 264

7.1.5　【Hishinuma 効果】の発現要因の検討 ……………………………… 265

7.2　加熱体の表面のローレット仕上げは《間引き圧着》となる ………… 265

7.3　「探傷液法」で微細部の漏れ試験ができるようになった …………… 266

7.4　微弱なヒートシール強さでも「密封」している ……………………… 266

7.5　シーラントの低温化の展開論理の間違いの検証 ……………………… 267

7.6　エッジ切れメカニズムにおける“ポリ玉”の関与の解明 …………… 267

7.7　「モールド接着」の開発は凝集接着帯の圧着方法を革新した ……… 268

7.8　“一条シール”と《界面温度制御》はヒートシール技法を革命した ……… 268

8.　ま　と　め ……………………………………………………………………… 268

第 24 章　《JIS Z 0238, ASTM F88, 2029》に替わる新ヒートシールの試験法 ……… 271

1.　は じ め に ……………………………………………………………………… 271

2.　ヒートシールの基幹となる標本作りとデータ処理の実施方法 ………… 271

3.　ヒートシール強さの確定は何を配慮するか？ ………………………… 277

4.　エネルギー論による破袋耐性の数量的検討方法 ……………………… 278

5.　加熱速さでヒートシール強さの発現の変移；【Hishinuma 効果】の計測方法 ……… 279

目　次

6. 得られたヒートシールデータの現場への展開方法と留意 ………………………… 280

7. 圧縮，落下衝撃試験の的確化方法 ………………………………………………… 281

8. 「モールド接着」の試験法 ………………………………………………………… 282

9. "**MTMS**" ヒートシールシミュレータの構成と仕様 ……………………………… 282

第25章　ヒートシール技法に期待される《SDGs》の課題の整頓；軟包装の《SDGs》の合理的な対応策 ………………………………………………………………… 284

第26章　ヒートシール操作の基本 ………………………………………………………… 286

1. ヒートシール管理の基本は溶着面温度 ………………………………………… 286

　1.1 従来の温度管理の課題 ………………………………………………………… 286

　1.2 溶着面温度情報の必要性 ……………………………………………………… 287

2. 溶着面温度測定法："**MTMS**" ………………………………………………… 287

　2.1 溶着面温度測定システムとは？ ……………………………………………… 287

　2.2 溶着面温度測定に必要な基本機能 …………………………………………… 289

　2.3 溶着面温度測定システムの構成項目と仕様 ………………………………… 289

　　2.3.1 センサ選択 ……………………………………………………………… 289

　　2.3.2 温度感度 ………………………………………………………………… 289

　　2.3.3 検出速度 ………………………………………………………………… 290

　　2.3.4 デジタル変換の要求 …………………………………………………… 290

　　2.3.5 データ蓄積 / 通信機能 ………………………………………………… 290

　　2.3.6 データ処理ソフト ……………………………………………………… 290

　　2.3.7 加熱ユニット …………………………………………………………… 290

　2.4 溶着面温度測定システムの高速な応答性 …………………………………… 292

　2.5 《"**MTMS**" キット》を使ったヒートシール部位の測定事例 ……………… 292

　2.6 「最適加熱範囲」の検討の仕方 ……………………………………………… 294

3. 材料毎の溶融特性の測定と下限温度の決定 …………………………………… 294

　3.1 ヒートシール強さの発現温度の検出方法 …………………………………… 294

　3.2 溶着面温度データから熱変性点を確定する方法 …………………………… 296

　3.3 変曲点が現れないケース ……………………………………………………… 298

　3.4 熱変性とヒートシール強さの関係 …………………………………………… 298

あ と が き …………………………………………………………………………………… 301

APPENDIX ◆本文中に引用した（主要）取得特許一覧表 …………………………… 303

　　　　　　◆既発表論文のつながりと体系 ……………………………………… 304

索　　引 ……………………………………………………………………………………… 308

本書に出てくるキーワードの解説 ［改訂版］（順不同）　　2025/01 Version.

ヒートシール：熱接着

　プラスチックの熱可塑性を利用して加熱／冷却操作によってプラスチックのフイルムやシート面を熱接着する技法．既に 80 年以上の歴史がある．軟包装の展開は人々の生活に不可欠になっている．

ヒートシールの公的規格（1）　ASTM F88

　ASTM（American Society Testing and Materials）の "Standard Test Method for Seal Strength of Flexible Barrier Materials"．1968 年制定

ヒートシールの公的規格（2）　ASTM F2029

　Stander Practices for Making Laboratory Heat Seals for Determination of Heat Sealability of Flexible Barrier Materials as Measured by Seal Strength ヒートシールの特性調査に加熱温度が関与していないのはおかしいとの要請に基づいて制定された．加熱方法に関する新規的な提示はない．
2000 年制定

ヒートシールの公的規格（3）　JIS Z 0238

　JIS のヒートシール軟包装及び半剛性容器の試験法；ヒートシール強さの測定法を始めとして，仕上がった包装袋のもれ，耐破袋性全般の試験法を提示．プラスチック材の熱接着特性の測定法が基幹になっている．しかし，標本の作製過程の加熱温度に関する規定はない．1981 年制定

引張試験

　加熱された標本を 10 〜 25 mm の短冊状にカットし接着線に直角方向の引張力をかけ接着面剥離強さを計測する．

引張強さ

　規定幅の接着面の引張試験によって得られた応力値．標本の幅と強さは比例関係である．

ヒートシール強さ

　JIS Z 0238,ASTM F88-00 の規定幅によって得られた引張試験の応力値を「ヒートシール強さ」と呼称する．

ヒートシーラント

　材料の接着面に装着される熱可塑性溶着層を言う．ヒートシーラントは表層基材に貼り合せる（ラミネーション）PE や PP の単一フイルムの場合はフイルム自体がヒートシーラントになる．

剥れシール；Peel Seal，　破れシール；Tear Seal

　熱可塑性を有するプラスチック面を密着させて，加熱／冷却操作を行うと加熱温度に応じて密着面の接着状態の発現が変化する．本書では，加熱温度をパラメータにして，接着強さの立ち上がりから一定値に到達する加熱温度範囲の接着状態を Peel Seal，一定値に到達した以降の加熱範囲の接着状態を Tear Seal と呼んでいる．他の呼称方法との関連は以下のようになる．
　Peel Seal；剥れシール，界面接着，擬似接着，Adhesive
　Tear Seal；破れシール，凝集接着，融着，Cohesive，Break

— xxiii —

プラスチック

プラスチックは熱可塑性と熱硬化性に大別できる．ヒートシールでは，専ら熱可塑性樹脂に展開している．

包装材料の構成

プラスチックのシートやフイルムを使った包装材料にはガスバリア，遮光性，機械的強度，印刷適正の機能が期待される．特性の異なるプラスチックのフイルムや紙，金属箔等をラミネーションして作られる．

構成と機能：　　　　　　　PET；12 μm／　ON；15 μm／　AL；7 μm／　CPP；70 μm
（レトルトパウチの例）　　　　　↓　　　　　　↓　　　　　　　↓　　　　　　　↓
　　　　　　　　　　　　　　表層材　　　　柔軟性　　　　ガスバリア　　　ヒートシーラント
　　　　　　　　　　　　　　印刷材　　　　受応力材　　　紫外線バリア　　破袋応力の受材
　　　　　　　　　　　　　　受応力材

溶着面温度測定法；**"MTMS"**

筆者の開発したヒートシールの溶着面温度応答の測定法．直接計測した接着面温度をパラメータにして，ヒートシール技法の全般を解析する手法．ラボに特化したヒートシールの諸現象の定量的評価に貢献している．製造運転中の溶着面温度応答をリアルタイムで直接的に検知／制御する．《界面温度制御》の端緒技術．

The Measurement Method for Temperature of Melting Surface（1998 年公開）

圧着圧

ヒートシールの際の加熱時の押し付け圧．
圧着圧＝（加熱体の加えた応力；N）／（加熱面積；m²）　［MPa］

破袋

包装された袋，容器に外部から応力や落下等の衝撃で内部に発生した応力で，包装袋，容器の一部が破れること．本書では，ヒートシール線に沿って起こる破れを主体的に取り扱う．

ピンホール

包装袋，容器に使われるシートフイルムに発生するタックの頂点の周辺ヒートシール線に形成する"ポリ玉を起点に発生する微少な破れを呼ぶ．ヒートシールの裂け破断の原因である．

ポリ玉

ヒートシールにおいて加熱温度が溶融温度以上になるとシーラントはペースト状化し，高圧着圧によってヒートシールエッジ線に波状に溶出して"ポリ玉"となる．ポリ玉に破袋力が加わると僅かな力でピンホールが生成，烈断につながる．

破断エネルギー

引張試験の引張強さの応答パターンの（降伏点）破断が発生するまでの接着面全体のポテンシャルエネルギーと定義した．
（単位幅の引張強さ）×（剥れ距離）[N・m]　（J）

剥離エネルギー（筆者の提案）

引張試験の剥離引張強さの応答パターンの剥がれ距離の接着面全体のポテンシャルエネルギーと定義した.

（単位幅の引張強さ）×（剥離距離）[N・m]

ヒートシール幅が 5 mm 以上では（降伏点）の破断エネルギーより大きくなり, 剥れシールの有用性が確認されている.

引張試験パターン

JIS Z-0238（ASTM F88-00）で定義されたあるいは, 準じた引張試験において, 横軸を引張距離, 縦軸を引張強さ（ヒートシール強さ）とした引張試験の応答結果（記録）. 接着状態の確認に有効である.

ラミネーション

プラスチックのシートやフイルムの包装材料のガスバリア, 遮光性, 機械的強度, 印刷適正等の機能の向上にが図れる. 特性の異なるプラスチックのフイルムや紙, 金属箔等を貼り合せることを言う.

イージーピール

ヒートシールでは加熱温度によって, Peel Seal と Tear Seal が発現する. Tear seal では凝集接着しているので, 開封し難い. 容易に開封できるように, ヒートシーラントにヒートシールの加熱で熱変性を起し, ヒートシール面のみを界面剥離するような材料をラミネーションする方法と加熱温度の調節で材料の Peel Seal ゾーンを利用する方法がある. **"一条シール"** は容易にこの目的をサポートできる.

HACCP

食品の安全性を保証する製造方法. **H**azard **A**nalysis **C**ritical **C**ontrol **P**oint system **"一条シール"**, 《**界面温度制御**》が機能している.

レトルト

プラスチックのフイルムの特長を適用して, 圧力釜を利用した密封高温殺菌の食品, 医薬品の滅菌処理方法. レトルト包装は HACCP 対象品目である.

改革技術（1）究極の課題：接着面温度を直接的にモニタ / 制御；《**界面温度制御**》

ヒートシール技法において, 接着面の的確な加熱は不可欠である. 最近まで, 個別に調節された加熱体の圧着法であった. このオープンループ制御では, 外乱により加熱体の接触面温度は [10℃] 以上の変動があり, 所期の加熱が困難であった. 新規に開発された《**界面温度制御**》(2019) は被加熱材の加熱面の外面の温度応答を微細センサで**リアルタイム計測**し, 直接的に接着面温度が計測できるようになり, ヒートシール技法を改革している.

改革技術（2）「密封」と「易開封」の同時達成；**"一条シール"**

従来,「密封」と「易開封」は背反原理とされてきた. 筆者の研究により,「密封」は材料の軟化塑性変形,「易開封」は材料の**界面接着特性**によるものと分離した. 2 つの条件（要求）を同一温度帯で制御することによって成立することを確認した. この要求条件を《**界面温度制御**》の適用で可能になった.

本書に出てくるキーワードの解説

改革技術（3） 加熱速さが加熱強さの発現の **3 次元現象**であった；【**Hishinuma 効果**】

　ヒートシール技法の歴史は，適格なヒートシール強さの獲得であった．ヒートシール強さは加熱温度がパラメータの **2 次元現象**とされていたから，いかに適格な加熱を実施することに奔走していた．しかし，2011 年に加熱速さがヒートシール強さの発現に関与する（通称；【Hishinuma 効果】）が発見され，ヒートシール強さは加熱速さを含めた **3 次元現象**が確認された

改革技術（4） 剥離エネルギー論よる的確なヒートシール強さの評価；【**FHSS**】

　ヒートシールの丈夫な接着は“強い接着”が前提に展開してきた．他方この論理と矛盾するヒートシール幅の設定が容認されている．剥離エネルギー論を展開した結果，【FHSS】を獲得できた．

改革技術（5） 圧縮・落下衝撃の破袋メカニズムの直接計測によるヒートシール強さの連携

　JIS Z 023 では，物流中に起こる破袋条件；①平面圧着，②落下衝撃と③ヒートシール強さで表していて，品質管理者はどれを保障すればよいのか混乱があった．筆者は破袋領域にあるヒートシール強さの試験袋を作成し，破袋試験を行い，破袋成績から 3 つの総合関係をヒートシール強さで表す方法に到達した．

改革技術（6） 革新技術の展開による **HACCP 包装**の新検討方法

　HACCP は殺菌，保存技術の高度な技術の適格な適用によって常温での安全な食品流通が図られている．この規格の中でレトルト包装が対象になっている．その要求は完璧にヒートシール技法の適用である．本書ではその期待に応える方策を提示した．

改革技術（7） 凝集接着帯のヒートシールのエッジ切れを防御する「**モールド接着**」

　ヒートシール技法の歴史は接着の不備の回避であった．ヒートシールの加熱精度は 10℃以上であり，包装材料の界面温度帯は［2 〜 10℃］であり，既存の温度調節技術での剥れシール帯の対応は困難であった．加熱不足を回避するには，振れの下限が接着不能域に入ることを避けなければならなかった．従って仕上がり品が凝集接着帯の加熱に入ることを容認していた．包装材料自体の破断強さよりも小さい強さで，ヒートシールエッジ切れの発生を黙認せざるを得なかった．本書では本件の合理的対処法を示した．

　本書内では，詳細な改革論理を紹介してある．

— xxvi —

第1章　熱接着（ヒートシール）総論

ヒートシール技術は，プラスチックの熱可塑性を利用して，加熱／冷却によって容易にプラスチックのフイルム材の密封・封止のための，合わせ面の接着ができる特長がある．この熱接着現象を《ASTM F88》，《JIS Z 0238》では，《ヒートシール》(heat seal) と呼称している．

本書では，プラスチック材の一般的な熱接着現象には「熱接着」，《ASTM F88, JIS Z 0238》の規定に準拠する熱接着現象を「ヒートシール」と表記する．

1.　プラスチック材の熱接着を難解にしていた最大の原因は，熱接着面の温度応答の計測・制御技術の未発達にあった

ヒートシール技法の基幹は，溶着面（接着面）温度応答の的確な把握にある．

しかし，高速，高精度の溶着面（接着面）温度応答の制御技術の獲得の難関は，加熱面温度の的確な制御法が開発されていなかったことにあった．

具体的には，必要な加熱操作幅100℃の場合，[100℃／(0.5 – 1.0s)] で加熱するには，[2℃/0.01 – 0.02s] の高速な時間分解能を必要とする．[K] 熱電対の出力電圧は，[4 mV/10℃]＝[0.8 mV/2℃]となる．ヒートシール操作の加熱には，高速，高精度のアナログ計測が必要である．これをA/D変換して，確実な制御をするには高速のデータ処理が必要である．

ここ数年の高速，廉価化した半導体技術の革新は，こうした永年のヒートシール技法の期待に大きく貢献するものとなっている．従来は，高速応答する熱電対の微弱な信号の計測／制御できる汎用機材がなく，包装の関係者は臍を噛まざるを得なかった．そのため，的確なヒートシール技法の議論を正面切ってできなかった．

最近になって，「密封」と「易開封」の同時達成の "一条シール" と溶着面（接着面）温度応答を直接的な計測・制御を可能とする《界面温度制御》が発明され，この基幹課題が解消された．

2.　ヒートシールの期待機能と課題の革新

従来，ヒートシールと言えば「温度」，「時間」，「圧力」[1] がパラメータと言われてきた．しかし，この3つのパラメータの定義は未だに定かではない．

本書では，既刊の『ヒートシールの基礎と実際（幸書房）』で提示した溶着面温度計測法；**"MTMS"** で確立された論理の実践を次項から解説する．

本書で取り上げたヒートシールの実践レベルの革新技法を**表1.1**に列挙した．

— 1 —

第1章　熱接着（ヒートシール）総論

表 1.1　革新されたヒートシール技法とその内容［改訂版］

	革新事項	キーワード	内　容	開発期	特許
				関連説明章	
1	「密封」と「易開封」は個別メカニズム現象であることの新規確認	"一条シール"	・一条突起の局部圧着による「密封」の完成，弾性面圧着による剥れシールの同時圧着の達成 ・「易開封」はシーラントの接着特性	[2015] 1-6.3 2-4.1 5-	＊
2	「密封性」にラミネーション表層材の剛性の影響を発見	"一条シール"	・ヒートシール面の密着に材料の剛性が大きく影響しているのを発見．（「探傷液法」の適用が貢献）	5-	
3	剥れシール帯でも密着が成り立っていた	"一条シール"	・平面接着の[0.5～1.0N/15mm]の低ヒートシール強さ帯でも「密封」を確認	[2015] 5-	＊
4	OPP ラミネーション材におけるシーラントの新設計法の開発	"一条シール"	・OPP 材の高剛性の密封阻害原因の究明 ・剥れシールと OPP の軟化温度帯(低温)の整合で「密封」と「易開封」条件を得る	[2016] 5-	＊
5	ヒートシール強さ定義の見直し	ヒートシール強さ	・界面接着剥離，層間剥離（デラミ），凝集破壊，材料の伸び，それぞれの特性と相互関係を識別して目的に応じた適用の確立	3-.	
6	「探傷液法」の活用による新規な漏れ試験法を確立	"一条シール" チェッカ	・段差部等に微量の検査液を点滴 ・微細部分の漏れ箇所，漏れ量の検出能力定量化.	13-	
7	易開封方法の合理性の確認	ノッチ，タブ開封	・包装製品の開封力の力学論によるメカニズム解析 ・最小開封力とヒートシール強さとの関係を解明，改善	[2015] 3- 15- 16-	＊
8	材料が接触する加熱体の表面温度の直接制御	加熱体表面温度	材料に接触する加熱面温度が溶着面温度の直接制御で加熱温度の外乱を排除	[2006] 1-	＊
9	ヒートパイプによる加熱体の表面温度の均一化	ヒートパイプ	・長手方向の加熱体温度の均一化 ・ヒータから発熱温度の加熱体表面への伝熱の高速化	1-	
10	ヒートバーと包装材のヒートシール外面の界面温度を検知し，溶着面温度応答の直接的検知と制御	《界面温度制御》	・材料のヒートシール外面とヒートバーの加熱界面温度をリアルタイムで直接検知．界面温度（±1.0℃）をリアルタイムで，AI 制御シミュレーションし，溶着面（接着面）温度応答を取得する革新方法	[2019] 6-	＊
11	熱接着面の剥離エネルギーの利用	FHSS	・破袋防御を剥離エネルギー理論に展開 ・適正加熱条件の確保，FHSS の基幹理論の確立 ・過加熱によるエッジ切れ防御法の確立 ・レトルトパウチ包装の【HACCP】の改革達成 FHSS（機能性ヒートシール強さ）の導入	[2019] 9-	＊
12	平衡温度の（CUT：95％応答時間）の利用，	平衡温度	・動的加熱の簡略実践法の確立	[1996] 1-	＊
13	加熱温度の定義を溶着面温度応答に変更.	溶着面温度計測法；"MTMS"	・材料の熱特性に合わせた加熱制御を接着面温度（溶着面温度）に変更	[1996] 26-	＊
14	「加熱速さ」がヒートシール強さの発現変移する現象の発見	【Hishinuma 効果】	・ヒートシール強さ発現と加熱との一元的現象が否定された. ・ヒートシール強さの変動原因が解明された ・ヒートバーに装着しているテフロンシートが「加熱速さ」に大きく関与 ・変移量は，シーラント中の混合物が関与	[2011] 4-	
15	ヒートシールの Validation の保証ができた	【HACCP】	・レトルトパウチ包装の【HACCP】の保証法の完成 ・「加熱温度」，「密封」と「易開封」の Validation が完成	11-. 20-	＊
16	新技術を実践展開した革新ヒートシール機	"一条シール" 《界面温度制御》	・"一条シール"，《界面温度制御》等の実践展開 ・新回分式，新インパルスシーラ，新バンドシーラ，"モールドシーラ"，パワー半導体制御のハイブリッドシーラ	[2015]， [2019] 5-，6- 18-，	＊
17	凝集接着帯で起こる破断原因のポリ玉生成の究明と表層材の破断強さを獲得する	平面圧着と「モールド接着」	・凝集接着帯の平面圧着は，大量シーラントの溶融体をヒートシールエッジに押し出す ・0.5-3mm の線状突起で，微量の溶融体で側端部を凝集接着し，表層材の破断強さを獲得する	[2024] 7-	＊
				＊：特許取得済み	

― 2 ―

こうした革新技法を統合して，ヒートシール技法の期待の，「エッジ切れのない"密封"と"易開封"の達成」という技術が完成している．この成果により，ヒートシールの最高技術のレトルトパウチ包装【HACCP】の達成ができているのである（第11章参照）．

3. ヒートシール技法の改革の歴史

3.1 はじめに

ヒートシール技法は，セロファン，ポリエチレンの包装材料としての利用が始まった1950年代に遡り，すでに半世紀以上の歴史を持つ主要な包装技術として全世界で利用されている．

当初，ヒートシールは機械的な接着でよかったが，今日の期待はレトルト包装に代表されるように，従来の缶詰や瓶詰包装に勝る「密封性」と「開封性」が求められている．

ヒートシール技術は，①高分子材料の熱接着の機能性の利用による「密封」と「易開封」の同時達成，②合理的な加熱の計測と制御による熱接着操作の2つに大別できる．

本項では，この2つの技術がどのように発展してきたのか，筆者が計測工学者としてヒートシール技法の合理化と高機能化に携わった1970年末～今日までの40有余年のアーカイブを紹介しながら見ていきたい．

3.2 ヒートシール技法の期待機能の変遷

3.2.1 個別対応の【D.F.S.：De Facto Standard】の定着による合理的展開の停滞

一人ひとりの使用単位の利便性を考慮した"ポーションパック"が1970年の後半，日本でも加工食品の市場を席巻するようになった．販売単位が数十 kg から数十 g に微小化することにより，製品の物流数は，100～1,000倍になり，簡易な操作と低コストで対応できるプラスチック材の「軟包装袋」の普及が進んだ．品質管理の対象個数が桁違いに多くなり，マクロな品質管理では個人単位の顧客の要求を満足できなくなって，頻繁にクレームが発生した．

主要なクレームは，包装量目の不足（計量法違反）と熱接着（ヒートシール）の不良であった．特にシールクレームは中身の変敗等に直接つながり，生産企業にとっては商品生命を失うばかりでなく，企業の社会的責任を問われるものとなり，ヒートシールによる密封保証はあらたな局面を迎えた．筆者は全国展開する中華調味液のレトルトパウチ商品の製造に関与した．熱接着(ヒートシール)の不具合で，市場クレームが発生し抜本対応に奔走した．

当時から今日までの課題を整頓すると，**表1.2** のような現行法（古典法）の実態があった．さらにこれらの課題の対処策として，(世界的な)学際に**表1.3** のような各課題の連携性の乏しい"常識"【D.F.S.】が浸透して今日に至っている．なお，表1.2, 1.3には課題に適用される革新技術を付記した．

3.2.2 ヒートバーの加熱面の問題の解答は的確なフィードバック制御であった

年代別に記述しているが今日の最新技術を先行して紹介する．

—3—

第1章　熱接着（ヒートシール）総論

表 1.2　現行法（古典法）の課題と改革策

	現行法（古典法）の課題	革新技術の適用			
		A	B	C	D
1	・試験の管理／評価に熱接着時の温度パラメータがない	◎	○		○
2	・使用材料の接着の基本性能の試験法がないので測定値の適正性の評価ができない	○	○	○	◎
3	・「より強い接着強さ」を評価する方法なので，加熱が過剰になり易い	○	○	○	◎
4	・エッジで破断する接着状態を"良好"としている				
5	・剥れシール（界面接着）を評価の対象外にしている	◎	○		
6	・しかし，矛盾するヒートシール幅（フィン）の設定を要求している				
7	・凝集接着を誘導し，過加熱をもたらしている	◎	○		
8	・凝集接着のヒートシール強さは材料の伸び力であることを明示していない		○	○	
9	・ヒートシールの信頼性の最大の阻害原因であるエッジ切れやピンホールの発生原因に関与していない		○	◎	
10	・各試験結果の相互関係が明記されていない	○	◎	○	○
11	・関連して発生する"不具合"の原因確認ができない	○	◎	○	○
12	・易開封性に関する規定がない。		◎		
13	・《JIS Z 0238》の【参考】の取り扱いに業界内でかなりの混乱がある	・統合論でなく，個別論で構成している			

A；《界面温度制御》
B；"一条シール"
C；「モールド接着」
D；【Hishinuma 効果】

表 1.3　古典規定の"常識"【D.F.S】が支配しているヒートシール技法の課題と解析，改革方法

	現行の"常識"	革新技術による解析・改革			
		A	B	C	D
1	◆ヒートシール条件の「圧力」，「時間」は何であるか？	○	◎		○
2	◆運転速度はどのような根拠で決めているか？	◎	○		○
3	◇生産量の都合で運転速度を決めていないか？	◎			
4	■"波型"シール（線シール）はどんな機能を期待しているか？		◎	○	
5	◇ピールシール設計は巧く機能しているか？	○	◎	○	○
6	◇ヒートシール強さの管理で安心できるか？		◎	○	
7	◆どうして片側加熱を使うのか？	◎	○	○	
8	◆ヒートシール巾（フィン）の寸法はどのように決定しているか？		◎		
9	◇破袋が発生したらどのような対応をしているか？	○	○	◎	
10	◆2層，4層の同時シールをどのように管理しているか？	○	○		
11	◆クッションにシリコンゴムを使ってどんな効果を期待しているか？	○	◎		
12	◇剥れシール（Peel Seal）と破れシール（Tear Seal）はどのように識別しているか？	◎	○	○	○
13	◇剥れシール（Peel Seal）と破れシール（Tear Seal）の使い分けができるか？又どのように制御しているか？	○	◎	○	
14	◆レトルト包装のヒートシールの【HACCP】達成方法は？	○	◎	○	○
15	◇ヒートシールの「品質保証」を求められたら定量的な保証範囲を提示できるか？	○	◎	○	○
16	◇ヒートシールの改善のため（？）包装材料の過剰設計の抑制をしているか？	○	○	○	○
17	◆噛み込みシールをどのように処理しているか？	「粉舞，液だれ」制御の適用			
18	◆インパルスシールの条件設定はどのように決めているか？				
19	◆インダクションシールの励磁条件はどのように決めているか？	溶着面温度応答の計測			
20	◇ヒートシール検査機がどうして欲しいのか？	先ずは合理化策の実行　選択は保険機能			
21	◆溶着面の白濁，発泡をどのように処理しているか？	○	蒸気分圧制御		
22	■ヒートシーラント（接着層）の厚さはどのようにして決めているか？		○	◎	
23	◇ラミネーション強さはどのように定義しているか？その強さは何に機能しているか？		○	◎	

◆：基本認識の問題，　◇：操作上の問題，　■論拠不明確

A；《界面温度制御》
B；"一条シール"
C；「モールド接着」
D；【Hishinuma 効果】

ヒートシールに適用される加熱温度は，溶着面（接着面）温度応答が定義（適用）されるべきであったにも関わらず，当時の電子技術や汎用化された機材もなく，その制御法が確立していなかった．ヒートバーの温度調節計の**設定値**が唯一の管理指標となっていた．近年になって，従来法では，10℃以上のバラツキが発生していたことが明らかとなって，的確な加熱温度の制御法の開発が期待されてきた．

従来の調節計の設定値の温度調節方法から，溶着面（接着面）温度応答を直接的に計測／制御する《界面温度制御》に至る過程を，第2章の図2.5（a〜e）に，そして一部を本章5.1項図1.7（a〜c）に示した．なお，《界面温度制御》は2020年にPCT認証を受け，アメリカ，EU（ドイツ，フランス，イタリア，イギリス）に個別登録済で，すでに世界標準になっている．

3.3 「溶着面温度計測法」"MTMS" 開発のあけぼの

1980年初頭，筆者は計測工学的観点から，ヒートシールの温度管理ポイントは，

① 加熱体（調節温度）
② ヒートシール面との接触面温度（加熱面）
③ 材料の接着面温度（溶着面温度）が重要

と解析していた．つまり合理的なヒートシール操作は，個々の材料に最適な加熱温度（溶着面温度）に到達させる確認が不可欠であることに気付いていた．

1970年末に生産が始まったa社の和風風味調味料"ほんだし"の瓶詰包装は，ホットメルトがコートされたインナーシール材を，ガラス瓶口にアルミ箔の誘導加熱（インダクションシール）の発熱を熱源にした接着を行っていた．このインナーシール材はキャップ内のリシール材（通称；メンコ）にソフトラミネーションされた状態で供給される．顧客が開封するとリシール材からインナーシール材が剥がれ，瓶口に接着された状態で残るように設計されていた．

しかし顧客からのクレームは，開封直後にインナーシール材の一部が剥がれているものが多々あり，"シール不良"ではないかという指摘であった．

このクレームに関して，本社からは，製造時に確実なシールがなされ，開封時に剥がれが起こっていることの証明が求められた．ホットメルトの接着特性は確認されていたから，接着のガラス面を含めた部位が設計通りに昇温している確認が必要であった．その証明のために「溶着面温度計測法」を応用した．

この計測には微細なセンサが必要であった．種々調査した結果，アメリカに10〜40μmのK熱電対素線のあることを突き止め，入手に成功．次の課題は微小電圧の高速増幅であった．

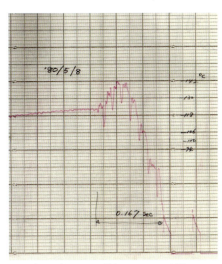

ガラス瓶口のインダクションシール面の溶着面温度測定（1980年）

図1.1 初の溶着面温度応答の記録

第1章　熱接着（ヒートシール）総論

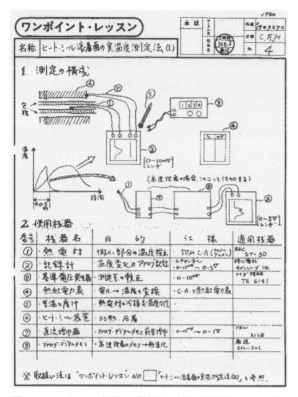

図1.2　レトルト包装の革新化（TPM活動）として展開された（1984）初期の溶着面温度計測法

K熱電対の出力は約0.4 mV/10℃である．40 μV/℃を1 V以上（約100万倍）に増幅しないと当時のペン書きレコーダーでは記録ができなかった．

当時は高感度アンプや測定信号のデジタル変換の汎用技術が未だなかったので，計測技術の開発から始めた．この技術を適用して，ガラス面とシール材の接触面の温度応答の計測に成功し，包装工程の確実な接着を証明した．この時の計測データの一例を図1.1に示した．

クレームにより，インスタントコーヒー等の多くのガラス瓶のインナーシール包装が水のり式に変更される中，本証明により，"ほんだし"，"中華あじ"は，世界で唯一のガラス瓶のインダクションシール包装品として今日まで残存し，水のりの水分によるカビの発生，風味の阻害等の除外にも貢献している．

レトルト包装におけるヒートシールの是非は，商品生命そのものに影響する．1980年初頭に生産が開始されたレトルト包装"Cook Do"の包装ラインでは初期の《溶着面温度計測法》を積極的に展開し，溶着面温度ベースの温度管理を徹底して，HACCP保証を確保していた．

図1.2は《溶着面温度計測法》の社内普及用に作られたTPM活動資料（1984年）の一部である．この技術は約15年間，一企業に占用されていた．

3.4　溶着面温度計測法；"MTMS"の開発

1982年に実際の包装機のヒートシール面に微細センサを挿入して，接着面温度応答を直接計測して，ヒートバーの加熱温度の参照管理で，熱接着の是非を管理して，クレーム対応を行った（図1.1参照）．

時代は下り，1996年のTOKYO PACKにて《溶着面温度計測法；"MTMS"》は公開された．

2000年の初頭，"MTMS"（溶着面温度測定法；Measurement Method for Temperature of Melting Surface）をアメリカ特許庁に出願したとき，アメリカの特許庁が，1980年前後にPPにco-polymerやNa, Kの無機物質の配合によるヒートシールの界面接着領域の拡大方法のDuPont社のG.L.Hoch[2]等の特許に対して，「接着層内の温度が検出できればこの発明は必要ない」と指摘した記載があり，《溶着面温度計測法；"MTMS"》は，欧米でも確かな接着面温度の管理法がなかったことが認められた．時を同じくして，筆者のヒートシール技法の合理性の追求が始まっている．

3. ヒートシール技法の改革の歴史

3.5　ヒートシール技法の"不具合"解析の取り組み開始

　1980年前後，ヒートシールのクレームの解析のために，先ず従来のヒートシール技法の管理方法を調べて見たが，確かな文献としては，ヒートシールした標本の引張試験法の《JIS Z 0238：1971制定》，《ASTM F88；1968年制定》であることを見出した．しかし，これは加熱処理したものや既加熱品の接着強さを計測する方法であり，加熱方法等には一切触れていない．学際の諸関係者への問い合わせの中で「温度」，「時間」，「圧力」の3要素がヒートシール技法の制御指標の"常識"となっていることがわかったが，計測工学の立場から見ると「温度」，「時間」の定義が曖昧で，改めての検討すべき対象となった．

　関係者にいろいろと問い合わせたり，現場の管理方法を調べてみると加熱体の調節温度の設定値が「温度」，自動機械の熱板の圧着時間を「時間」として扱われていた．

　2000年になって，《ASTM F2029》が制定されて，ヒートシール強さと加熱温度の関係が取り上げられたが，ヒートバーの発熱温度精度の規定に留まり，学際が期待する接着面温度応答の取り扱いの記述がなく期待に沿うものではない．

　当時は，運転速さ（回分操作回数）が決まると圧着時間が自動的に決まるので，接着強さの仕上がり（ヒートシール強さ）の調節は設定温度の調整で行っていた．また，より強い仕上がりが"良"とされていたので，エッジ切れ状態（凝集接着）に仕上げることに偏重している．

　この"常識"は今日まで，熱接着の合理的な進展の妨げになっている．

　「圧着圧」が制御要素になっていたのは，圧着圧によって溶融したシーラントがシールエッジにはみ出し，ポリ玉の生成によって，シールエッジはモールド接着状態になるので，機械的な強さは，大きな引張強さ（材料の破断強さに接近）を呈し，"良"とされてきた．後になって，ポリ玉がピンホールの発生に大きく係っていることがわかっている．

　「温度」；高温化，「時間」；長時間化，「圧力」；高圧着の操作は，強いヒートシールの要求に対する操作要素になっていた．すなわち運転速度から決まる（圧着時間＝加熱時間）がヒートシール操作の主制御要素になっていた．1970年後半，誰が編み出したか不明だが，包装工程内のヒートシールの是非判定は，ライン中の包装品をピックアップし，ヒートシール面付近を装置等の平面で叩いて（遠心力で中身をヒートシール線の内側に激突させて）ヒートシール線がきちんと直線状になっているかどうかを調べていた．この方法によれば不透明な袋でもシール線が見えるようになる．

　筆者自身も当時（1980年頃）はこの方法によって，加熱と圧着の均一性の"適正性"確認をしていた（もちろんこの方法はピンホール発生の原因になるので不適格である）．2009年に系列のタイの工場を視察に行ったとき，タイ人のオペレータが同様の方法でヒートシールの出来栄えを検査していた．1980年代の悪しき"伝統"が生き続いていたのにはびっくりした．

　1980年頃は，ヒートシールの合理的なメカニズム解析方法はほとんどなく，ヒートシール面への玉噛み（夾雑シール）もヒートシール技術の課題となっていた．筆者は咬み込とシールの不良はヒートシール技法とは別要因の問題であると考え，液はね，発泡，粉立ち，飛散でシール面への充填物の付着の防御が有効な手段であると考えた．

　「粉舞制御」，「液だれ制御」（第14回木下賞授賞；1990年の実用化の数年後）の開発適用によって，ヒー

― 7 ―

第1章 熱接着（ヒートシール）総論

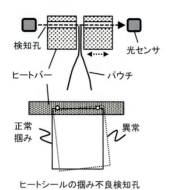

図1.3 1980年代に展開されたヒートシールの不良検知法

トシール面の充填物の付着のシール不良の発生を抜本的に改善した．

また，ヒートシール面を確実に定位置に掴むことによって，ヒートシールの成功信頼性が非常に高くなることを見出し，ヒートバーに小さな貫通孔をあけて，廉価になってきた光センサでパウチの先端を検知した．図1.3に事例を示した．今日，すでに多くのユーザーに普及している

ヒートバーの表面温度応答を微細センサで検出して，標準パターンとのリアルタイムで計測比較する異常検知によって，ヒートシールクレームの減少化を図った．この検知は設備の異常検知の機能も兼ね備えていたので包装機の予備保全にもなり，生産稼働率改善の効果もあった．

3.6 溶着面温度計測法；"MTMS"の公開開始

筆者は1996年5月に技術士事務所を開設し，溶着面温度計測法；"MTMS"の世界的普及を開始した．この頃，マイクロエレクトロニクスの発展はめざましく，IC化された高感度アンプや

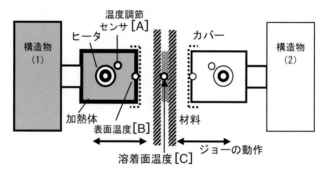

(a) 加熱温度の定義と構成［ジョー方式］

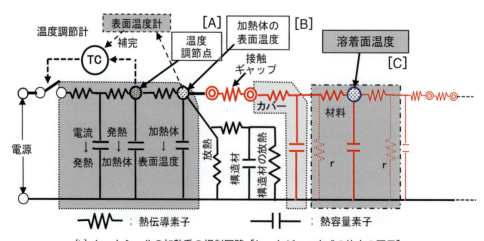

(b) ヒートシールの加熱系の相似回路［ヒートジョー方式の片方の図示］

図1.4 初溶着面（接着面）温度応答の計測を可能にした《溶着面温度計測法；"MTMS"》の構成（1984）

— 8 —

3. ヒートシール技法の改革の歴史

温度信号の A/D 変換，通信技術，パソコンのアプリケーションソフト等が豊富かつ廉価に入手できるようになって，1998 年の東京パックで "**MTMS**" キットとして，《溶着面温度測定法》を世に問うた．溶着面温度応答が的確に計測できるようになって，ヒートシール分野に革新的な発展が始まった．その論理構成を図 **1.4** に示した．この構成に基づく計測法が《溶着面温度測定法："**MTMS**"》と成って行く．

3.7 「溶着面温度測定法」によってわかった新たなヒートシールメカニズム

1996 年以降，IC 技術を利用した溶着面温度計測が容易になって，ヒートシール現象の合理的な解析 / 評価ができるようになり，そのメカニズムも明確になってきた．

代表的な知見を列挙すると次のようなものが挙げられる．

(1) 加熱温度の定義を溶着面温度に明確化

(2) 溶着面温度応答（到達温度と時間）が確実に把握できるようになった

(3) 溶着面温度をパラメータにしたヒートシール強さが容易に採取できるようになった

(4) 圧着圧とヒートシール強さの定量的評価

(5) 剥れシールと破れシール温度帯の識別

(6) ヒートシールの HACCP 保証の具体化

(7) 剥れシールの機能性；剥離エネルギーの把握

(8) ヒートシールの評価法マップの完成；材料のヒートシール特性，材料のヒートシールの機能性の確認

(9) 消費者の求めるヒートシールの機能性の "複合起因解析" の達成

これらの新規知見のほとんどは日米の特許を取得し，多くの研究者，企業の利用に公開されている．

3.8 加熱速さでヒートシール強さの発現が変移：【Hishinuma 効果】の発見は神様の贈り物

ヒートシール強さの発現は《加熱温度》を変数にした《引張強さ》として 1970 年代から "伝統的" な了解に基づいて表現されてきた．しかし，採取データの横断性に課題があったので，種々のデータの中には《加熱時間》，《圧着圧》をパラメータにした表現が文献等にも紹介されている．これらの方法では，試験毎に同一の結果が得られないことも度々ある．

各材料メーカーはヒートシール強さのデータ提供においては，《自社試験法》の条件で提示している．今日もこの課題は継続していて，ヒートシール強さ値の横断性の欠陥になっている．ヒートシールの取り扱いは，最終的にはユーザーの裁断に任されてきて，機械メーカー，包装材料メーカーのリーダーシップに課題が残っている．

こうした中，ASTM は 2000 年になって，ヒートシールの加熱方法に関する《F2029》を公示し，加熱方法の標準化を提示した．その要点は

① 《加熱温度》は加熱体温度＝加熱体調節温度

② 《加熱時間》は加熱の《平衡時間》

③ 機差を考慮して，加熱温度ステップを5℃以上に指示している

としている．

《加熱温度》と《加熱時間》の定義を明確にしたことは進歩と言える．

温度ステップを5℃以上としたことは，材料の熱接着特性の変動がステップ温度内に隠れてしまい，従来の課題の改善には至っていない．

筆者は，1980年初頭に，溶着面温度応答を直接計測する《溶着面温度測定法》によって，到達《温度》と到達《時間》を同時に測定できるようにして，温度ステップは0.2～0.5℃，時間は［0.5 s/100＝5 ms］の分解能のノウハウを公開提供している．

溶着面温度ベースの高精度の加熱調節を適用しても，《加熱温度》／《引張強さ》の横断性にバラツキがありそうな知見を，数年間（2006～2009年頃）収集していた．特に，食パンのイージーピール包装材料の，ヒートシール特性の再現性のバラツキは顕著で，加熱温度の変動，加熱の不均一，圧着の不均一等の「不確かさ」要素の操作改善が必須であった．時間を長くするとヒートシール強さが増すと言われていたのを参考にして，分厚いカバー材料の適用で，"ゆっくりの加熱"の改善に2年余り費やした．

溶着面温度の測定キットの性能は著しく向上したが，上記のバラツキの主要因の解明はできなかった．ある時，破れかぶれでカバー材を外して，直接加熱したところ，期待する接着特性が見事に発現した．

この発見の内容は：

① ヒートシール強さを固定すると加熱速さによって加熱温度が変移する．

② 溶着面温度を固定すると加熱速さによってヒートシール強さの発現が変移する．

この知見は加熱時間を長くすると安定したシールができるとされていた従来の"常識"を覆すものであった．

この詳細は2011年の日本包装学会の年次大会に「加熱速さによるヒートシール強さの発現の変移」【Hishinuma効果】として発表した（詳細は第4章参照）．

さらに，この知見を詳細に検討したところ，従来は《ヒートシール強さ》を《加熱温度》を変数とする2次元現象として取り扱ってきたが，実は《ヒートシール強さ》は《加熱温度》，《加熱時間》を変数にする3次元現象であることがわかった．ヒートシール強さの測定値を横断的に取り扱えなかったのは測定のバラツキではなく，3次元現象を2次元に表現するときのパラメータ選択の仕方の相違による本質的な間違いがあったのである．

この発見は溶着面温度制御の着想から30年余りの弛まぬ検討の帰結であった．

4. 熱接着（ヒートシール強さ）発現現象の再確認

熱可塑性を有するプラスチック材の接着面を合わせて，圧着しながら加熱して，速やかに冷却すると熱接着が完成する．接着発現温度帯では，加熱温度の上昇に沿って接着強さが直線的に大きくなる．立ち上がりは「界面接着」と称して，剥離力で接着面が剥れる「剥れシール」となる．

4. 熱接着（ヒートシール強さ）発現現象の再確認

さらに温度を上げて行くと接着面は溶融状態になる．接着面はモールド状態となり，一体化する凝集接着となる．この発現温度は材料ごとにほぼ決まっているから，熱接着強さは接着面の加熱温度の操作で制御することができる．

図 1.5 はレトルトパウチ材の加熱標本の引張試験の結果である．

試料には，高熱伝導のアルミフォイルがラミネーションされているので，加熱圧着するとヒートシールエッジ外に多量の熱が流出するので，ヒートバーの表面温度は中央が最高温度になって，エッジに向かって温度傾斜が発生する．そのためヒートシール面は均一な接着にはならない．

170℃の加熱は，凝集接着の引張試験結果である．ヒートシールエッジまで凝集接着状態になっているので，引張り剥離をすると，接着強さは急激に立ちあがって，フイルムが少し伸びた後に，エッジにできたポリ玉を起点にして破断する．

150℃の加熱では，中央付近が凝集接着温度帯になるので，引張試験をすると，ヒートシール面の中央付近で破れが発生する．150℃以下ではすべての面で，界面接着の剥れシールになる．別の規格の［23N/15 mm］は 144℃以上の加熱で到達している．

ヒートシール面の破袋耐性は，破れの発生までの剥離エネルギー（剥離距離 / ヒートシール強さの積分値）で比較評価ができる．

高温で凝集接着帯に加熱された標本のヒートシール強さは大きな値を示しているが，剥離エネルギーは他の剥れシールよりも小さいことがわかる．破袋性を議論するときは，加熱温度やヒートシール強さではなくエネルギー論での議論が必要である．解析結果は第 9 章で詳解する．

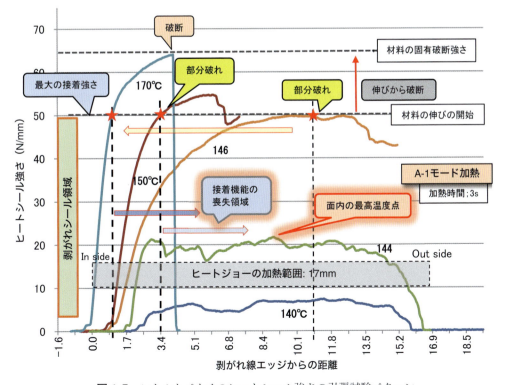

図 1.5　レトルトパウチのヒートシール強さの引張試験パターン

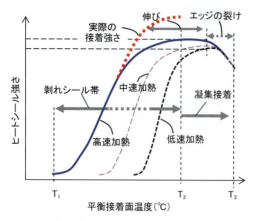

図1.6 熱接着（ヒートシール）の基本特性の説明

ヒートシール強さは，各温度で加熱された標本を一定寸法に切断した標本を引張試験で計測する．図1.5の例では，★マークの位置の標本作成が適格である．したがって，引張試験の結果のデータはアナログ記録することが得策である（最大値計測は適格ではない）．

横軸に溶着面温度（℃）縦軸に引張強さ（N/15 mm）とした計測モデルを図1.6に示した．

図1.6には「高速」「中速」「低速」の3本の【Hishinuma効果】のヒートシール特性を併記してある．「高速」データを参照して現象を診る（【Hishinuma効果】は第4章で詳解する）．

標本の実際の測定結果を見るとヒートシール強さは直線状に上昇せず，凝集接着ゾーンに近づくと引張強さは頭打ちになっている．これは，引張強さが増すと材料の伸び特性が現れ引張特性と重なったり，ラミネート材の表層材とシーラントが剥離（デラミ）を始めるからである．

標本の表側の2面にセロテープを貼って補強すると伸びの影響が小さくなるので，接着面の剥離強さに特化した計測ができる．補強してもパターンが同様なら表層材とシーラントのデラミが発生していることになる．デラミが起こると密封性を阻害することになるので，この情報を有効に利用し，この場合のヒートシール強さは変曲点付近を選択することが好ましい．引張試験は，《JIS Z 0238》，《ASTM F88》を準拠した試験をするが，標本の作り方，データの採取方法，引張速さ等は必ずしも適格ではない．新試験法を第24章に提示した．

5. ヒートシール技法の加熱温度の的確性の再確認と改革：《界面温度制御》の発明による大改革

5.1 ヒートバーの加熱制御の変遷と課題改革

その一連の経緯と課題解析を第2章の図2.5に示した．主要な問題点としては，**図1.7（a）** に示したように，旧来の1点調節方法である．センサの形状，取り付け個所が不適のため温度制御ループは局部的で，加熱面がループ中に入らず，要求されるヒートバーの加熱面温度の制御に至っていないことにある．さらに，1個のセンサで，2つのヒートバーの調節を行っているので，発熱温度差のある2つのヒートバー間の相互干渉が大きく，加熱面温度のバラツキは［15～20℃］に拡大する．

現行のヒートシール装置のほとんどは，温度調節センサを各ヒートバーに設けた**図1.7（b）** である．2つのヒートバーの相互干渉は軽減できるが，制御ループの構成は図1.7（a）と変わっていない．加熱面の温度変動は［10–15℃］になっている．

図1.7（a），（b）の加熱面温度のバラツキ原因の解析結果を**表1.4** に示した．併せて，センサ

5. ヒートシール技法の加熱温度の的確性の再確認と改革：《界面温度制御》の発明による大改革

の選択，取り付け位置の不適格な事例写真を表1.4に添付した．

この解析結果からヒートバーの加熱面温度の変動は，温度検出点を加熱面に移行すれば，変動の外乱を直接的に消去できることがわかる．

ヒートバーの中央付近の加熱面から［0.3 - 0.5 mm］に微細熱電対を挿入した．ヒータと加熱体表面間にヒートパイプを装着した改革方法を図 **1.7 (c)** に示した．温度センサが加熱体表面を直接検知するので，表1.4に提示した外乱要素の③，④，⑤の変動は直接検知信号に含まれるので，温度調節で消化される．制御ループが加熱体表面まで拡大して，溶着面（接着面）温度応答の検知に大きく接近できた．

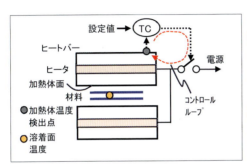

(a) 従来式の温度調節方式（1点調節）

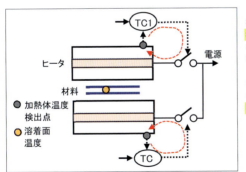

(b) 従来式の温度調節方式（2点調節）

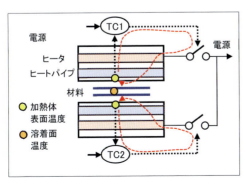

(c) 加熱面にセンサを移行し，ヒートパイプを装着した加熱体の表面制御方式（制御ループの拡大）

図 **1.7** 古典的法から≪界面温度制御≫に至るヒートバーの温度調節方法

— 13 —

表 1.4　ヒートシール加熱体温度の調節結果の不確さの検討
(従来型図 1.7 (a) (b) で起こる "不具合" 解析)

加熱体表面温度を構成する各要素のバラツキを小さく見積もっても次のようになる
① 調節計の指示と調節精度；1℃（メーカーカタログより）
② 熱電対センサの精度；1.5℃（JIS 規格より）
③ 温度調節センサの設置場所による検出バラツキ；2～4℃
④ 温度調節点と加熱体表面温度の相違の発生；3～5℃
⑤ 室温変動による冷接点補償；1～2℃
これらのある時点の加熱体表面温度の統合バラツキを計算すると

$$Tx = \sqrt{1^2 + 1.5^2 + (2\sim4)^2 + (3\sim5)^2 + (1\sim2)^2} \fallingdotseq 4.2\sim6.9 \; (℃)$$

従来の計測／調節方法では，4℃程度の精度確保が限界であることが分る．①，②は機材の固有的性能で決まる精度であるが，③～⑤はセンサの取り付け場所，構造，周辺構造物の蓄熱，放熱や環境の温度変化の動原因で比較的長時間での変動が起こる．従って，③～⑤についてはセンサを加熱面に移設すればドリフトは補償できる特性がある．[図 1.7 (c) 参照]

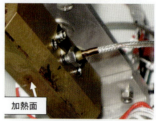
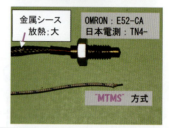

5.2　ヒートバーの加熱温度設定の実際の課題

図 1.8 にヒートシールする時の加熱応答モデルを示した．①は平衡温度加熱の溶着面温度応答．②はその界面温度応答である．ヒートバーの加熱面から 0.5 mm 付近に（0.2～0.3 mmφ）熱容量の小さいセンサを装着して，加熱体表面温度を迅速に計測／調節し，数秒間加熱すれば，通常の汎用材料では，(ヒートバーの加熱面温度)＝(界面温度)＝(溶着面温度) [tc] を得ることができる．この条件を利用すれば，ラボでの高精度の加熱標本の作製は容易である．到達時間が 1 秒程度（30 shot/min.）の現場工程なら [95%] 応答の [tb] を適用すれば，ラボの取得データが利用できる．しかし，高生産性が期待される製造工程では [ta] の加熱時間が要求される．実際には，ヒートバーの加熱温度を上昇させ，[ta]（0.5～0.8 s）で必要な温度が得られる過渡応答加熱になる．しかし，今までは，[ta] の温度計測技術が存在していなかったので，仕上がったヒートシール標本の抜き取りのヒートシール強さ検査を目安にして，トライ＆エラー方式で，加熱状態を検証してきた．

[ta] の加熱は [tc] に対して，加熱が高速化するから，【Hishinuma 効果】の影響を考慮する必要がある．

製造工程で，全製品のヒートシール面に "MTMS" センサを装着すれば，技術的には可能であるが，センサは製品のヒートシール面に残存する．さらに，センサはコストが高く適用が困難であっ

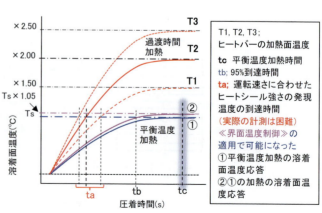

図 1.8　ヒートシール時の加熱応答モデル

6. ヒートシールの期待機能はエッジ切れのない「密封」と「易開封」の同時達成,《界面温度制御》の獲得

た．リアルタイムの稼働中の溶着面（接着面）温度応答計測は困難（不可能）とされてきた．

2019年に《界面温度制御》が開発され，稼働中の界面温度（ヒートシール面の外側）温度の計測が可能になり究極の課題は解決された（詳細は第2章で示す）．

6. ヒートシールの期待機能はエッジ切れのない「密封」と「易開封」の同時達成,《界面温度制御》の獲得

6.1 「発生源解析」による「密封」と「易開封」の同時達成の発見

ヒートシールの期待機能はエッジ切れのない「密封」と「易開封」の同時達成である．

この課題の「発生源解析」と改革の取り組みを図1.9示した．

「発生源解析」の第1ステップは，①破損応力の発生源の把握と，②「密封」と「易開封」のメカニズムの把握となる．

「発生源解析」を深化して，①の破損応力を追及すると「破壊力の負荷」，「タック」，「ポリ玉」，「ヒートシールエッジの低クッション」となる．

②の「密封」と「易開封」は，「剥れシールの能力査定」，「剥れシール帯の密封化メカニズムの解明」となる．

さらに「発生源解析」を深化して，制御対象を把握すると，「内圧発生」，「充填率」，「シュリンク」，「高圧着」，「シーラントの液状化」，「破れシール」，「剥れシール」が摘出される．

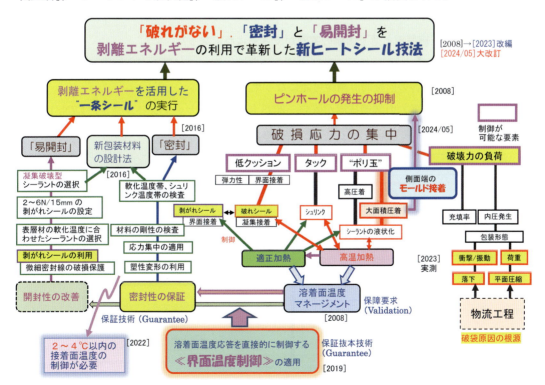

図1.9 エッジ切れのない「密封」と「易開封」達成の「発生源解析」と実践モデル
（2024_03 に「モールド接着」が追加され、全方位の実践策が完成）

破袋の原因は，ポリ玉生成である．

6.2 置き去りにしてきた「凝集接着」の革新

従来は，ポリ玉生成を避ける対策（剥れシールの適用）が主体に取り組まれ，凝集接着帯の対策が置き去りになっていた．ヒートシール技法において，凝集接着は的確な界面接着制御の未発達で止む無くあらわれるものとしてきた．凝集接着の引張試験ではヒートシールエッジの烈断が普通に起こり，材料が破断することは少ない．実際は，本書執筆中の2024年に凝集接着帯のポリ玉生成の制御策(平面圧着の回避)が発見され，ヒートシール技法の全方位の革新策；「モールド接着」が提案されている（詳細は第7章で示す）．

6.3 "一条シール"と《界面温度制御》の融合でヒートシール技法に革命

ヒートシール技法の的確な操作は包装工程や物流工程の全般によって保証されるのではなく，0.5～1.0秒の超短時間の個装工程の「計量」，「充填」，「シール工程」の《一点制御》で全ての要求の達成が求められる．包装工程の個装工程の重要性を図1.10示した．

2008年に提案されたヒートシール操作の「発生源解析」も高速/高精度の溶着面温度マネージメント法が確立できず実践に至らなかった．

2016年に「密封」と「易開封」のメカニズム解析に成功して，「密封」は機械的な方法，「易開封」はプラスチック材の特性利用に分割する必要がわかり，"一条シール"が完成した．

6.4 破損領域の圧縮荷重と落下衝撃の実測ができるようになった

2019年にヒートシール面の外面の温度応答を，直接計測する《界面温度制御》が完成し，溶着面（接着面）温度応答の直接的計測が可能になった．

2022年に《界面温度》の調節技術が確立，2023年には，低ヒートシール強さ［1.7N/15 mm］の製袋品で圧縮，落下衝撃による破袋の再現に成功した．破袋が発生する荷重条件で，実際に即

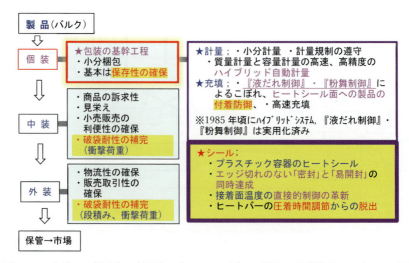

図1.10　包装の〈計量〉，〈充填〉，〈シール工程〉は製品の品質確保を一気！に実践

した破袋対策が解明された．これらの個別技術の統合で2008年に設定された課題の革命に成功した．

難題を革命した諸技術の詳細は次の章で詳解する．
＊「密封」と「易開封」の"一条シール"：第5章
＊【Hishinuma効果】：第4章
＊溶着面（接着面）温度応答の計測に迫った《界面温度制御》：第6章
＊剥れシールの応用：FHSS第9章
＊新HACCPの改革方法：第11章
＊破断強さに漸近を可能にした「モールド接着」：第7章
＊ヒートシール技法の新試験法：第24章

7. ヒートシールを展開するプラスチック材の構成の考慮

パウチ（袋体）の軟包装に適用される包装材料は，ポリエチレン（PE）やポリプロピレン（PP）等は単体で利用されることがある．

ヒートシール操作の視点から見ると単一利用には課題が多い．ヒートジョー方式の場合は，材料の熱伝導性を利用して，外面からの加熱で接着面を加熱する．したがって，外面の温度は，接着面温度より高くなるので，接着面を的確に加熱するには，外面は溶融状態になり，加熱後の冷却処置をしないとヒートバーに材料が付着して，圧着を離脱できない問題がある．この要求はヒートシール操作の生産性を著しく低下させる（ex. インパルスシール）．

そこで考案されたのが，溶融温度が異なる材料の組み合わせのラミネーション技術である．ヒートバーの表面の溶融材の付着や移動時の剛性の確保が図られ，生産性の確保が達成できている．市場を席巻している［OPP/LLDPE］が代表的な構成である．

しかし，ラミされた表層材の剛性が問題になり，ピロー包装のセンターフィンのシール部の密封が困難となり，現在は，OPPが軟化（シュリンク）する140℃付近の加熱が適用されているので，ヒートシール面にはシュリンクが発生して，仕上がりの美粧性に課題が生じている．"一条シール"は，局部集中荷重で，材料の可塑性を利用しているので，初期の軟化温度帯［113℃］の適用で，この課題の解消を図っている（詳細は第5章を参照）．

8. ヒートシール強さの的確な理解

従来は，材料の剥れシール特性を放棄して，大きいヒートシール強さを獲得することが"常識"になっていた．したがって，個々の材料の凝集接着帯の加熱条件の獲得に懸命になっていた．この取り扱いは，材料の固有特性の利用を捨てることになってしまっている．

筆者の最近の研究によれば，軟包装のあらゆる状況において，［10N/15 mm］の接着強さがあれば十分であることがわかってきた．

この情報を利用すれば，ヒートシール管理において，材料の固有特性を利用でき，的確なヒートシール操作ができるようになっている（第8章参照）．

9. ヒートシール技法に関係する諸規定

ヒートシール技法に関する公的規定は次の通りである.

◇日本

＊JIS Z 0238：（1981 年制定）

＊適用範囲；ヒートシールされた軟包装袋の試験方法

対象項目；・袋のヒートシール強さ，・容器の破裂強さ，・落下強さ，・耐圧縮強さ，
・漏えい

☆加熱温度に関する規定は一切なし

＊関連規格

JIS K 6900；プラスチック―用語

JIS K 7100；プラスチックの状態調節及び試験場所の標準状態，ISO 291 と同等

JIS P 8113；紙及び板紙―引張り特性の試験方法，ISO 1924-1 と同等

JIS Z 0108；包装用語

JIS Z 0200；包装貨物評価試験方法通則，ISO 2248 と同等

JIS Z 0217；クラフト紙袋―落下試験方法，ISO 2206，ISO 7965-1 と同等

JIS Z 8401；数値の丸め方

JIS Z 8751；液柱差を使う真空計による真空度の測定方法

◇アメリカ

＊ASTM F88：（1968 年制定）引張試験

☆4.Significance and Use に剥がれの取り扱いに格別な要請

＊ASTM F2029：（2000 年制定） 加熱温度と発現ヒートシール強さの事例提示

＊関連規格

ASTM D882；薄いプラスチックの引張試験

ASTM E171；バリア包装の環境と試験方法

ASTM E691；試験環境の整備

ASTM F17；バリア包装の用語解説

ASTM F904；フレキシブルフイルムのラミネーション強さの比較法

ASTM F2824；容器包装の機械的シール強さの試験法

◇ ISO：規定なし

■参照文献

1) ASTM F2029, 3.1.4, p.2, (2000)
2) Gerge L. Hoh, Dupont, US Patent No.6, 952, 956 B6 (1982)

第2章　従来法のヒートシール関連事項の取り扱いの誤認解析と《エッジ切れのない「密封」と「易開封」の同時達成への革新》と"一条シール"，《界面温度制御》へのプロローグ：9アイテム/20項目

1．はじめに

　熱接着（ヒートシール）はプラスチック材の熱可塑性利用して，軟包装の製袋や封止を果たしてきた．プラスチック材の熱接着の的確な性能を発揮するためには，［±1.5℃］の加熱制御が必要である．これまでは，合理的な溶着面（接着面）温度応答の計測と加熱制御が未達で，止むを得ず，凝集接着帯の加熱選択が常用手段になっていた．

　本章では，どんな不都合が累積しているか，その背景の解明と究極の対処法のプロローグを論ずる．

2．歴史的に積み上げられているヒートシールの個別操作の不適確さの確認

　ヒートシール技法は，数十年の歴史を擁している．しかし，基幹の溶着面温度応答の生産工程への反映技術が確立していなかったために"不具合"に対し，経験則による個別の対処方法に頼ってきた．

　"困っていた"現行法（古典法）の課題については，第1章の表1.2に示したとおりである．また，【D.F.S】が支配する古典規定の運用の課題も表1.3に示した通りである．合理性が乏しく，関連事項との連携性も薄く，適確な運用がなされていないこれら事項【9アイテム/20項目】の，学際のこれまでの取り組み経過を鳥瞰し整頓したものを，図2.1［2008年時点－2023年］に示した．従来の課題が，どのような状態に「定着化」しているかを《溶着面温度計測法；"MTMS"》を用いて検証している．適用箇所に◎マークを付した．

　本図を見れば，読者が「課題」としていた項目が，どのように取り扱われているかの実態を確認することができる．そして山積みとなっていた未改革の課題を整理/整頓し，その不具合の相互関係の詳細を検討することによって，真のヒートシール技法の革新，改革を見出した．

第2章 従来法のヒートシール関連事項の取り扱いの誤認解析と《「エッジ切れのない「密封」と「易開封」の同時達成への革新》と"一条シール"、《界面温度制御》へのプロローグ：9アイテム/20項目

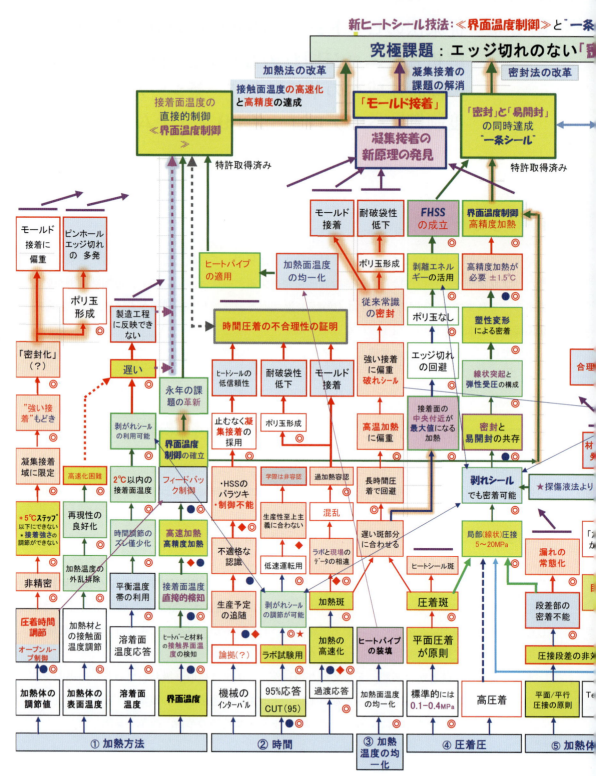

図2.1 従来法の取り扱い事項の合理性解析

2. 歴史的に積み上げられているヒートシールの個別操作の不適確さの確認

【AI用メガデータ】

HISHINUMA CONSULTING ENGINEER OFFICE
2015/12/30, 2016/03/08, 2016/04/01改訂, 2016/09/29改訂, 2021/12/01 大改訂
2022/09/30 改訂　2023/11/18改訂
2024/02/18改訂、　2024/06/20改訂

の連携完成

「易開封」の同時達成

- 易開封用の材料設計の改革
- 破袋応力とヒートシール強さのリンク

凡 例

- ●；《界面温度制御》の適用
- ◆；【Hishinuma効果】の影響
- ◎；検証に"MTMS"の適用
- HSS：ヒートシール強さ

凝集接着（モールド接着）への誘導処理、又は"不具合"の残存課題

放置が非合理性の原因

↑ 矢印 から脱出できないと"不具合"は固定化する

「モールド接着」の開発で課題が解消

の軟化温度わせたントの選定

特許取得済み

圧縮と落下衝撃、パウチサイズ、充填量とヒートシール強さの連動性

「密封」と「易開封」論理の分離

理解の促進化

★[10N/15mm]の（共通）の剝れシール

モールド接着

耐破袋性低下

モールド接着

「密封性」減退

剝がれシール帯の高温化

剝れシール性能の減退

微接着袋(1.7N/15mm)による破袋試験

材料の伸び、又は破断強さに偏重

ポリ玉形成の促進

易開封性の阻害

密着温度帯と剝れシール温度帯の一致

材料の性能発揮の減退

耐破袋には剝れシールが不可欠

混乱；接着保証をHSSで規定、圧縮、落下試験のパラメータ不明

破れシール化

（凝集接着）

「加熱速さ」が遅くなる

従来常識の否定

シール強さはスカラ量、破袋性はエネルギー論、次元の違いを区別せず比較評価（？）

50%の間引き圧着

シーラントの低温接着化

コストアップ

加熱時間が長くなる

★"一条シール"ルートへ

探傷液試験法の確立

カバー材の厚さの配慮

【Hishinuma】効果

凝集接着に偏重

目立たないごまかし

密封不全

悪循環

【Hishinuma効果】の影響

漏れ量の定量化

低検出感度低定量性

バラツキ原因の確定

計測値の平均値化

大きい接着強さを誘導

50~100mm/分なら観察し易い

圧着斑の改善（？）

バリア性を超える漏れ

高温化でポリ玉の生成が増す

微細部の検出困難

加熱速さの変化

根拠（？）

根拠（？）

接着ムラの隠蔽

ギザギザ面

段差部の密着不全

HSSが大きくなる

「加熱速さ」の影響大

簡便な微細部の洩れ検知

「加熱速さ」で発現温度が変移する

加熱の高温化

15mm幅

100mm以上

引張速さでHSSが変化する（？）

屈曲剛性

厚くする

探傷液法

真空/圧縮法

ヒートシール強さがバラつく

密封には強い接着

標本の作製方法

グリップ間距離

引張速さ300mm/分

ギザギザ面

密着性

HSSが小さい

プラスチック材の性能試験

⑥ 包装材料の仕様

⑦ 漏れ検査法

⑧ ヒートシール強さ

⑨ 引張試験

一条シール"，《界面温度制御》のブレークするプロセス

— 21 —

3. "一条シール"と《界面温度制御》の融合のプロローグ

　ヒートシール技法の究極の課題は，**エッジ切れのない「密封」と「易開封」の同時達成**である．このためには，次の4つの課題の論理と対応技術の統合確立が必要である．

① 「密封」と「易開封」技術；"一条シール"（2015）
② 溶着面（接着面）温度応答の直接的制御；《界面温度制御》（2019）
③ 表層材の軟化温度に合わせたシーラントの設計；"一条シール"（Ⅱ）（2016）
④ 破袋応力（圧縮荷重，落下衝撃）を保証するヒートシール強さの設定値の確定（2023）

　これらの論理は2010年頃には確立していたものの①，③，④が要求する高精度の溶着面（接着面）温度応答の制御技術が未確立で，製造現場への展開が「絵に描いた餅」となっていた．2019年に《界面温度制御》理論が確立し，2023年に実際に応用できるようになって，究極の課題は実践レベル移行している．図2.1中にこれらの革新技術の創成プロセスが示してある．

4. ヒートシール技法の歴史的な課題の改革・革新

4.1　加熱速さがヒートシール強さの発現を変移させていた；【Hishinuma効果】の発見

　熱接着（ヒートシール）は，接着面の到達温度によって，材料（シーラント）の持つ接着強さが定量的に発現する特性を有している．

　そのヒートシール強さは加熱温度をパラメータにして，一元的に発現するとされてきたが，2011年に筆者は，**「加熱速さ」**がパラメータとなって，ヒートシール強さの発現パターンが変移する**【Hishinuma効果】**を発見している（詳細は第4章参照）．

　この発見で，獲得したヒートシール強さの再現性の変動の混乱原因が解明されている．

4.2　「狭い界面接着温度帯」にどう対処するか

　加熱速さを固定して得られた3種のヒートシール特性を**図2.2**に示した．これは，2次元面に投影した状態を併記したが，加熱速さによる熱接着強さの変移の実際は，この図のZ軸面に存在する3次元現象である．

　通常のヒートシール特性は，溶着面（接着面）温度応答をパラメータにして，界面接着帯から始まり，凝集接着帯に到達する．実際の界面接着の温度幅 [2-4℃] である．同じ材料でも純度（重合度）が高まると [1-2℃] に縮小する．この温度幅の発生は，重合した分子量分布が関係している．ヒートシール強さの再現性は，加熱温度の再現精度が支配している．

　1970年代に，DuPontのG.L.Hoh等は，Na, Kやco-polymerの混合によって，[7-9℃] の剥れシール帯の拡張を図り，加熱温度帯を拡大し，熱接着の温度調節の改革を図っている[1]．

　狭い界面温度帯の適確な加熱に苦労していた彼らは，広い界面温度帯の材料を追及していると特許明細書で記述している．しかし，今日この提案説明は，あまり活用されていない．

高温の凝集接着帯に加熱された一対のシーラントの接着面はモールド状態になるので，接触境界はなくなる．この加熱状態になると未重合分子が空気との結合で炭化が起り，異物を含んだ接着状態となり，引張強さ（剥れ強さ）は低下する．しかし，見かけ上の接着強さの低下は，緩やかなので，過加熱によっても，接着強さは維持できていると思われている．

しかし，この領域のシーラントは溶融状態なので，圧着圧（0.3 MPa 以上）によって，シーラントはヒートシールエッジにはみ出し，**ポリ玉**を形成し，破袋応力の集中点になって，ピンホール（数十 μm）の容易な発生となり，エッジの烈断切れの原因になっている．

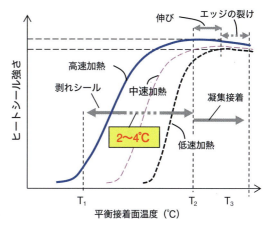

図 2.2　ヒートシール強さの発現と界面接着帯の温度幅

4.3　ヒートシール技法における最大の課題：熱接着の加熱方法の改革

ヒートシール技法の加熱は，（多くの場合）加熱体の回分動作（ヒートジョー方式）の停止時の圧着で行われる．**図 2.3（a）**にその構成を示した．ヒートバーは**図 2.3（b）**に示した方法によって連続の回分動作が行われている．実際に行われる圧着・加熱時間は 0.5

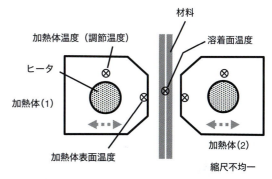

(a) ヒートジョー方式のヒートバーの構成

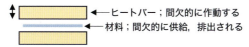

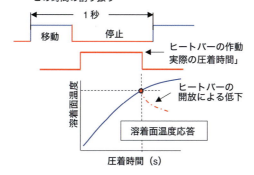

(b) ヒートジョー方式の回分動作の説明

図 2.3　熱接着の加熱方法

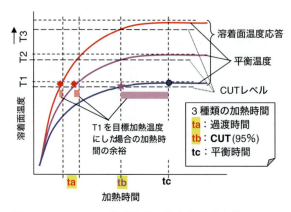

図 2.4　ヒートバー発熱温度と溶着面温度応答のモデル

秒から 1.0 秒で，そこにおいて，要求される溶着面（接着面）温度応答パターンのモデルを図 2.4 に示した．この時の到達温度の精度は，少なくとも［± 1.5℃］の制御が求められている．

しかしこの課題の達成は困難を極め，第 1 章の表 1.2，表 1.3 に示したような【D.F.S.】に依存してきた．その不具合の原因は，溶着面（接着面）温度応答の計測・制御技術の未達であった．

4.3.1　ヒートバーの温度調節系の変遷と革新

ヒートシール操作は，一対の発熱体を接着面の外面から圧着し，熱伝導によって接着面の加熱を行うヒートジョー方式が標準的に適用されている．

ヒートジョー方式の温度調節法の変遷と革新は，図 2.5（a〜e）に示した（第 1 章図 1.7 で一部を示したが（a〜c）を再掲している）．

図 2.5（a）は，ヒートシール技法の当初から適用されている．現在も利用されているが，温度調節計が高価だった頃のコスト対策であった．センサの取り付けは，設置や保全の利便性から側端や加熱面を外した面への取り付けが常套化している．

この方式の制御ループは局部的でヒートシールの加熱操作面の発熱温度から遠く，2 つのヒートバーの加熱面温度は，所望値に対して，［15 – 20℃］の温度差が発生している．

図 2.5（b）は，個々のヒートバーに温度調節系を適用した方策である．上下のヒートバーの相互干渉の改善は図れたものの，制御ループと加熱表面温度との関係の改善には至っていない．また接着面の温度との関係は，全く関知していない．加熱体表面温度は［10 – 15℃］の変動が起こっている．

加熱体表面温度は第 1 章で述べた表 1.4 に示す外乱要素で構成される．①調節計，②センサは固有精度を有しているが，③センサの設置個所，④温度調節点と加熱面との温度差，⑤室温変動による放熱，冷接点補償のズレは現場ごとに発生状況が変動する．統合バラツキを計算すると各変動を小さく見積もっても［7℃］位のズレが発生する．実際には［10℃］以上になっている．これが，現状のヒートシール技法における高精度の加熱温度制御が困難な理由である．

ヒートバーの温度調節センサを加熱面下［0.5 mm］に設置すれば，③，④の変動原因を解消できる[2]．

4. ヒートシール技法の歴史的な課題の改革・革新

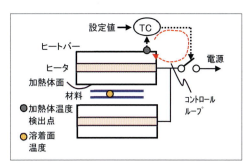

(a) 従来型 (A)；1 点式温度調節

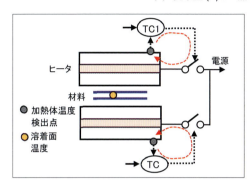

(b) 従来型 (B)；2 点式温度調節

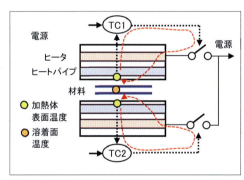

(c) 加熱面にセンサを移行し、ヒートパイプを装着した新制御回路の構成（制御ループの拡大）

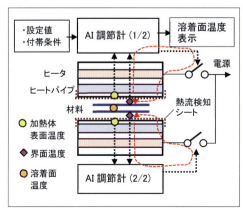

(d) ≪界面温度≫が反映されたヒートバーの革新型制御回路の構成（溶着面温度に漸近した接着面に漸近した制御ループ）

図 2.5　ヒートジョー方式の改革経過の説明

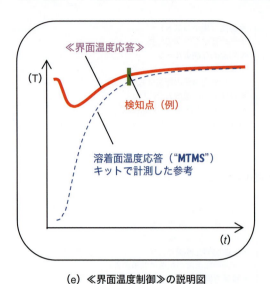

(e) ≪界面温度制御≫の説明図

図 2.5 ヒートジョー方式の改革経過の説明

ヒートバーの加熱体表面温度の変動要因のもう1つは，長手方向の各部位の放熱の相違，ヒータの発熱バラツキがある．ヒートシール面の均一な加熱には，この対策は不可欠である．

図 2.5 (c) は，ヒートパイプを材料と接触する加熱体表面近くに装着し，ヒートバーの長手方向の発熱を[0.5℃]程度に均一化した．付帯効果としてヒータからの熱伝導が[1/3 − 1/4]の高速化が図れ，加熱体表面温度が直接的な制御対象にできた．従来のカスケード制御法[3]の加熱面のセンサを直接制御用に使えるようになった．加熱面温度をヒートバーの温度調節に使えるようになったので，温度調節ループはさらに拡大している．表1.4の解析結果が要求した改善策の加熱面温度の直接調節が達成できた．従来，熱放散や構造物への熱伝導による調節点の温度ドリフトが悪影響していた．その影響を原理的に解消できた．

図 2.5 (d) は，ヒートジョー方式の接着面温度制御の究極的モデルである．

生産工程では全製品に**"MTMS"**センサを装填できない．如何に運転中の溶着面（接着面）温度をリアルタイムで検知するかがヒートシール技法の究極の課題である．

新規に発明された≪界面温度制御≫はヒートバーの表面に薄膜耐熱シート(0.1 mm程度)を装着し，このシートの表面に微細センサを装填し，ヒートバーから溶着面に向かう熱流の温度降下を検知して，平衡点の到達温度応答を検知する．

図 2.5 (d) は，界面温度応答を取り込んだ制御ループを構成しているので，必要な加熱温度情報が確実に得られるようになった．検知された界面温度信号はリアルタイムで AI 処理する．検知後[0.1 s]以内に演算処理の完了が必要になるので，制御装置の高速化が必要であるが，回分動作のヒートシール系では，移動中の間合いがあるので，この時間を利用して，演算操作ができる利便性がある．**図 2.5 (e)** に「界面温度」と溶着面（接着面）温度応答のモデル図を示した（詳細は第6章で示す）．

4.3.2 ヒートバーにヒートパイプを装着して，長手方向の加熱面温度の均一化と伝熱の高速化

ヒートバーの温度調節のもう1つの課題は，ヒータの発熱，放熱斑によるヒートバーの長手方向の発熱温度のバラツキ（数℃）の均一化である．この改善には，音速で熱移動を起こすヒートパイプを適用した．ヒータと加熱体表面間に，ヒートパイプを装着して均一化(1℃程度のバラツキ)を図った．

ヒートバーの断面におけるヒートパイプの作動状態を**図 2.6**に示した．配置の工夫で，ヒータが作る温度分布線とヒートパイプが作る温度分布線が**「8の字状」**につながるようにした．こ

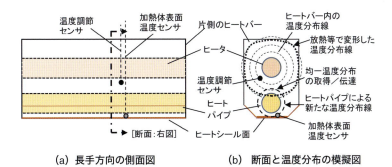

(a) 長手方向の側面図　　　(b) 断面と温度分布の模擬図

図 2.6 熱接着加熱体の表面温度が一様にならない原理とヒートパイプの設置による加熱体表面温度の安定化の説明

の結果，調節センサの検知点温度と加熱体表面温度差を高速に極小化することができた．2分程度の応答遅れが出る 40 mm 角のヒートバーの応答性を 20 秒程度に短縮できた．この高速化の成果で，加熱体表面温度の直接制御ができるようになった．

4.3.3 《界面温度制御》による溶着面（接着面）温度応答の検知に最接近

加熱体表面温度の直接制御によって，制御ループは一気に拡張でき加熱温度の高精度化の課題は改革できた．究極の課題は溶着面（接着面）温度応答の直接検知であるが，これには，全製品のヒートシール面に微細な検知センサの挿入する必要があり，実際には困難である．図 2.5（d）に新規に発案された《界面温度制御》の構成を示した．ヒートバーの加熱面に熱流検知用の耐熱シート（0.08～0.10 mm）を貼る．この表面に "**MTMS**" センサ（40～50 μm の熱電対）を装填する．このセンサは運転中のヒートシール面の外側温度応答をリアルタイムで計測する．この界面温度応答モデルを図 2.5（e）示した．

検知時間が長い場合，薄く熱容量が小さい包装材料の場合は，界面温度と溶着面（接着面）温度応答は漸近するので，溶着面（接着面）温度応答を直接計測できる．短時間の制約がある場合は，AI 制御により，On-line でシミュレーションする．ヒートシール技法の大課題は，《界面温度制御》の発明によって凌駕できた．《界面温度制御》の詳細は第 6 章に示してある．

4.3.4 凝集接着帯依存の加熱からの脱出

従来の不安定な溶着面（接着面）温度制御技術では，10℃程度の加熱ブレがあるので，接着不良を起こさないような温度設定が必要である．

材料が要求する制御技術が未完であったので，止むを得ず，予想される振れ幅の下限値を目標温度に合わせることが「常套手段」になっていた．この温度帯では溶融状態になるモールド接着の凝集接着となる．

溶着面温度応答がヒートシール技法を支配していることは，溶着面温度計測法；"**MTMS**" の計測で，ラボベースではわかっていた．《界面温度制御》の開発で常套手段からの脱出が図れている．

4.4 「密封」と「易開封」の同時達成ができる "一条シール" の発明

凝集接着偏向の中で,「プラスチック材機能発揮」と「包装機の圧着・加熱機能」の分担化が図られ,「密封」と「易開封」の同時達成が可能な "一条シール" が発明された.

"一条シール" によって,「密封」と「易開封」の同時達成が現場レベルで可能になった.

「密封」には, 強い接着が不可欠とされる "常識" が支配していたから, 微弱なヒートシール強さの適用を学際は回避していたが, [0.1 – 0.5 N/15 mm] のヒートシール強さでも,「密封」が可能であることが確認された (第 14 章参照).

微弱なヒートシール強さの標本袋に, 物流中の破袋力を負荷し, 実際に破袋を起こさせ, 製袋条件とヒートシール強さの関係が明確になっている. その結果, 統合的な結論として, [10 N/15 mm] 以上のヒートシール強さを適用すれば, 通常の平面圧縮, 落下衝撃での不都合の発生は回避できる共通的な指標を見出した (第 8 章参照).

4.5 何故, 何十年もの間, 高速, 高精度の溶着面（接着面）温度応答の制御技術が未達だったのか?

プラスチック材の熱接着において, 高速, 高精度の溶着面（接着面）温度応答の制御技術の未達が, 今日の状況に至った最大の原因であった.

具体的には, 必要な加熱幅が 100℃（室温；20℃, 到達温度；120℃）の場合, 100℃ /(0.5 – 1.0 s) で加熱するには, [2℃ /0.01 – 0.02 s] の高速な時間分解能を必要とする. [K] 熱電対の出力電圧は, [4 mv/10℃]＝[0.8 mv/2℃] となる. デジタル温度計を適用すると, A/D 変換速さには, (0.01 – 0.02 s/16 bit) の変換周期が必要となる.

ここ数年の高速, 廉価化した半導体の電子技術の革新は, 永年のヒートシール技法の期待を抜本的な改革に関与している. 高速に変化する溶着面温度応答を確実に検出 / 制御する《界面温度制御》の実用化はこの賜物である.

5. 遂にヒートシール技法の革新の完了

5.1 とうとうできた！ヒートシールエッジ切れのない「密封」と「易開封」の同時達成

熱接着の究極の課題；ヒートシールエッジ切れのない「密封」と「易開封」の同時達成は, 革新技術開発の集大成である. 図 2.1 の図中に, 数十年の苦難・曲折を参照して, 完成したブレークスルー結果を明示した. この改革のための個別の課題の「発生源解析」との詳細な関係は, 第 1 章図 1.9 に示した通りである.

2024 年 3 月に未解決であった凝集接着のエッジ切れ多発の原因究明と対応技術の開発によって, 残された熱接着の課題解消が果たせた. この革新技術の「モールド接着」（特許出願済み）の詳細は第 7 章に示した. この論理展開の実践で, 数十年の課題の改革が容易にできるようになった.

— 28 —

5.2 包装工程の見直し

熱接着（ヒートシール）の品質確保は，包装の充填工程の［0.5 – 1.0 s］一発勝負！で決まる特徴がある．その機能の確認は第1章図1.10に示した．さらなる具体的な方策は，各章で順次記述する．

5.3 熱接着（ヒートシール）は3次元現象であった

熱接着（ヒートシール）の熱接着強さの発現は古くから加熱温度との一元現象として処理してきた．したがって，熱接着の品質（精度）を確保するためには，如何に生産運転の加熱温度の精度を高めるか（筆者を含め）永年，関係者は腐心してきている．

しかし，(2011年)「加熱速さ」によって，ヒートシール強さの発現変移が発見され，ヒートシール強さの取り扱いに変革が求められている．この詳細は，【Hishinuma効果】として第4章に記述してある．ヒートシール強さの管理は，ラボの（1 – 3 s）の平衡温度加熱で得られた標本のヒートシール強さ計測による到達温度を元に決定されている．生産工程の短時間の回分動作中（0.6 – 0.8 s）に所定の溶着面（接着面）温度応答を得るためには，ヒートバーの加熱面温度を

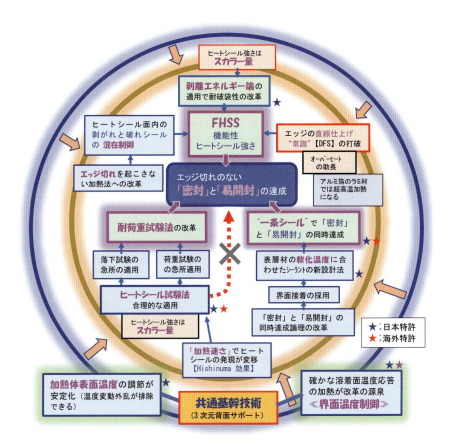

(a) 熱接着(ヒートシール技法)の各要素の3次元配置

図 2.7　実働加熱で各現象の解析ができるようになって，熱接着（ヒートシール）は3次元構成であることがわかった（ヒートシール現象と制御の相互関係が容易に理解／利用できるようになった）

(b) 熱接着(ヒートシール技法)の3次元構造の説明

図 2.7 実働加熱で各現象の解析ができるようになって，熱接着（ヒートシール）は3次元構成であることがわかった（ヒートシール現象と制御の相互関係が容易に理解／利用できるようになった）

高温にして，過渡加熱を適用する．到達温度のチェックは，《界面温度制御》法を適用して，In-lineのチェックで確認する．過渡加熱では，加熱速さが大幅に速くなるので，【Hishinuma 効果】のヒートシール強さは，プラスの方にシフトするので，この影響を考慮する必要がある．エッジ切れのない「密封」と「易開封」の制御には制御要素に影響する3次元現象の複合関係を理解しておくことが肝要である．**図 2.7** に3次元現象の複合起因関係と個別の註釈を示した．

■参照文献
1) Geroge L. Hoh (Donald A.Vasallo,E.I.) Du pont de Nemours and Company, US Patent No. 4, 346, 196, p.6 Aug.24, 1982
2) 菱沼一夫，特許；No.5779291 (2015)
3) 菱沼一夫，ヒートシールの基礎と実際（幸書房），p.127-130, (2006)

第3章　熱接着強さの管理でヒートシールの性能の保証ができるか？

1．はじめに

　プラスチック材の熱接着成果の評価は，接着面の引張強さ（ヒートシール強さ）の計測で行われている．この評価の公的規格は《ASTM F88》，《JIS Z 0238》が基幹になっている．ヒートシール強さはプラスチック材の熱可塑性に依存している．

　しかし，加熱温度と熱接着特性の関係を示した公的規格は 2000 年に制定された《ASTM F2029》しかない．包装／高分子の学際研究は，ヒートシール強さをプラスチック材の熱接着の評価方法として常套化して，次のような常識 [D.F.S；De Facto Standard] が定着している．

　① より強い接着状態の推奨（凝集接着への偏重）《JIS Z 0238》
　② 剥れシールは疑似接着（凝集接着への偏重）
　③ エッジ切れ状態が"良好な"接着状態（凝集接着への偏重）
　④「密封」には強い接着が必要（凝集接着への偏重）
　⑤ ヒートシーラントの作動温度の低温化が好ましい．
　⑥ ヒートシール品質保証にヒートシール強さの「参考値」を規定《JIS Z 0238》
　⑦ （背反原理なので）「密封」と「易開封」は両立できるわけがない．
　⑧ 並行して，剥れシールの機能性の検討を要請《ASTM F88》

　ヒートシール強さの計測結果は力（N）である．密封保証はこれに伸びや剥れ長さを乗じた仕事（N・m ＝ J）である．強さだけで議論すると評価に間違いを起こす．

　軟包装の熱接着の究極課題は，エッジ切れを起こさず，「密封」と「易開封」を同時に達成する技法の実践にある．この技法の実践のために，ヒートシール面の「密封」と「易開封」を同時に達成できる"一条シール"[1] の新論理展開と溶着面温度応答を直接的に精細に調節できる《界面温度制御》[2] の新技術を，複合的に展開して，現状の軟包装のヒートシール技法の究極的な課題の改革が達成されている．

2．ヒートシール性能の理論

2.1　ヒートシール強さの計測方法と課題

　ヒートシールの制御パラメータは以前から「温度」，「時間」，「圧力」と提唱されているが，明快な定義は定まっていない．

― 31 ―

第3章　熱接着強さの管理でヒートシールの性能の保証ができるか？

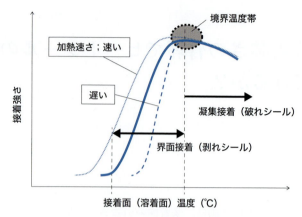

図3.1　ヒートシール強さの発現の説明

　ヒートシール強さは，加熱温度をパラメータにした加熱標本の接着部《15 mm；JIS Z 0238》を短冊状にカットして，接着エッジに直角方向の荷重を与え，その剥れパターンまたは，破断力の平均値を計測する．各温度の引張試験パターンから得られた引張強さを図3.1のように1つの図にプロットしたものを「ヒートシール強さ特性」として評価する．加熱温度は溶着面（接着面）温度を適用すべきであるが，温度調節系の設定値を採用してきた．

　「熱接着強さ」は，加熱温度に対して一元的に発現すると信じられてきたが「加熱速さ」によって大きく変移することがわかっている[3]（詳細は第4章参照）．

　公的な引張試験規格の《JIS Z 0238》では試験データの最大値，《ASTM F88》では80％以上の測定値の平均値の採用を規定している．実際のヒートシール面は材料を介して加熱流が接着面外に流出するので，ヒートシール幅の中心部の「熱接着強さ」が最も大きくなり，接着強さは均一にならない（ピーク値は採用しない方が得策である）．

　引張試験で得られる情報は次の4件である．
① 立ち上がりの界面接着強さ
② 界面接着から凝集接着の境界付近から発生する材料の伸び強さ
③ ラミ材のラミネーション強さ（シーラント層と表層材間の接着強さ）
④ 表層材またはラミ材の破断強さ
⑤ （ポリ玉起点の）破断強さ

これらの特性は適用目的によって的確に取り扱う必要がある．

2.2　破袋応力に対するヒートシール面の応答

　接着面の剥離エネルギーは［（接着強さ）×（剥離長さ）］で計算できる．接着面とヒートシールエッジに掛かる荷重／応力の模式図を図3.2に示した．ヒートシール強さを定義している公的規格の計測方法図3.2（a）は，フィルム材の15 mm幅の接着強さであり，材料の基本特性を計測したものである．実際の包装製品のヒートシールエッジに掛かる応力と異なっていることが明瞭にわかり，ヒートシール面のトラブル発生の解析に直接適用することは，不適格である．

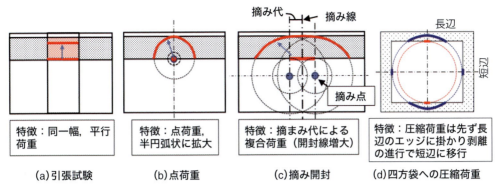

図 3.2 ヒートシール面に掛かる応力の実際の説明図

3. ヒートシール性能の実験

3.1 ヒートシール面の特性検証

図 3.2 は，ヒートシール面を剥れシールに仕上げた場合の，剥がれ線の進行と，剥がれ線長さの増大を表している．すなわち，剥がれ接着では，応力が［(接着強さ)×(荷重長さ)］以上になると剥離が始まる．剥れ長さが増大すると，単位長さの受応力は減少するので，両者が等しくなると剥れは自動停止して，破袋防御の機能性が発現する．

図 3.2 (b) のケースは，タックに依って，袋体のヒートシールエッジに加わる集中応力によって起こる点集中の剥れである．凝集接着の破れシールの状態では，微細点（ポリ玉）に荷重が集中すると，ピンホールの発現となる．凝集接着では，エッジのみに応力が掛かるので，ヒートシール幅の設定は機能しない（詳細は第 11 章レトルト，破袋圧縮荷重参照）．

図 3.2 (c) は，製袋品の摘み開封の場合である．約 5 mm の摘み代を作って開封すると，先ず 10～15 mm のサイズの開封から始まり，接着幅に到達するまで開封力は直線的に増大して，以降は［(接着幅)×(接着強さ)×2］に収斂する．

図 3.2 (d) は，長方形の四方製袋に圧縮荷重が掛かった時の，ヒートシールエッジの応力分布を示したものである．充填後のヒートシール面に，タックが観察されることから，長方形袋への圧縮荷重は，内接円の接線に応力は集中する特徴がある．長辺／短辺の比が大きくなるとさらに顕著となり，2 辺への集中応力となる．

落下のような衝撃力は短時間に起こる．静的な荷重試験では計測できない．破袋が起こるような微弱なヒートシール強さ（2N/15 mm 程度）の標本袋で，実際の落下試験を行い，破袋の発生する衝撃力を実測し，ヒートシール強さとの相関関係を取得する必要がある．落下衝撃の剥れ現象の把握は，軟包装の破袋制御に不可欠である（詳細は第 11 章レトルト，破袋圧縮荷重参照）．

3.2 破袋制御の検証事例；［四方袋の圧縮荷重の反応］

図 3.2 (d) の実際の包装袋事例を**図 3.3** に示した．本実験は，長方形袋密封に掛けた内圧荷重がどのような分布になるかを，密封が確認された低接着強さ（1.7N/15 mm）の標本袋を作成し，

第3章　熱接着強さの管理でヒートシールの性能の保証ができるか？

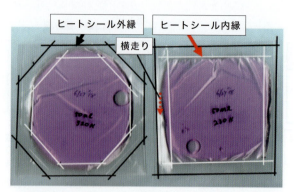

熱接着強さ：1.2N/10mm，接着線長；(正)400mm，(八)33-36mm，接着幅約50%の剥離荷重；(正)230N，(八)320N

図3.3　四方袋（正方形，八角形）の圧縮荷重の応答

50 mLの水を充填して圧縮し，ヒートシール幅の約50%の剥離状態の圧縮荷重を計測した．正方形袋では203N，円形シールを近似した八方袋では，320 Nを得た．正方形袋で接着面が処理長さは［40 mm］，八方袋は［33.6 mm］であった．単位長さ当りに正方形袋の荷重は［5.8 N/10 mm＝230 N/40 mm］，八方袋では，［9.5 N/10 mm＝320 N/33.6 mm］となり，八方袋の受圧線均一化効果を確認できた．

圧縮荷重がヒートシールエッジでどのように消化されるかの詳細は第8章で詳解してある．

4.　考察／まとめ

(1) 熱接着面は図3.2（a～d）に示したように，剥れシール状態の仕上げが重要であることを確認した．
(2) 接着状態(剥がれ,破れ)を定義しないヒートシール強さによる熱接着管理／制御は混乱を招く
(3) ヒートシール強さを指標とする熱接着管理は適切ではない．
(4) 《JIS Z 0238》の推奨項は凝集接着への偏重になっている．
(5) 従来の常識を長い間,離脱できなかった原因は,的確な（4℃以内のバラツキ）の溶着面（接着面）温度応答の計測／制御技術の未完が背景にあった．
(6) 《界面温度制御》の実用化によって，溶着面（接着面）温度応答を直接的にフィードバック制御できるようになって，剥れシールの的確な制御は可能になっている．

■参照文献
1) 菱沼一夫,特許第5779291号,2015,
2) 菱沼一夫,特許第6598279号,2019,
3) 菱沼一夫,「缶詰時報」,91（11）,p.21-34,2012

第4章 ［改革技術3］：ヒートシール強さの発現に《加熱速さ》が関与していた【Hishinuma効果】の発見—ヒートシール強さは3次元現象だった—

「缶詰時報」Vol.91, No.11　p.1081-1094, (2012)

1. はじめに

　ヒートシールによる接着力の発現は材料毎に決まっていて，一定加熱温度を超すと接着力が徐々に上昇し，溶融状態に近づくと材料固有の伸び強さに到達する特性を持っている．

　接着力の立ち上がり領域は"剥れシール"と呼ばれる界面接着状態である．他方，接着層（シーラント）が溶融状態になる温度を超えると接着層は混合状態となり接着界面がなくなる凝集接着の"破れシール"となる．

　ヒートシールが利用され始めた頃は材料の機械的接着で目的を果たしていたが，近年，高度の密封機能が要求されるレトルト，医療品，電子部品包装に適用され，また日用品への圧倒的な適用もあって，シール面の易開封性が社会的要求にもなってきている．ヒートシール操作による「密封性」と「開封性」の合理的な仕上がりに大きな期待がある[1]．この期待の達成には剥れシール帯の利用が有効である[2-4]．

　ヒートシール強さの試験法は，《ASTM F88》，《JIS Z 0238》が世界的に普及している．

　ヒートシールの加熱試験法には《ASTM F2029》[5]が世界で唯一となっている．日本には加熱方法の公的な試験規格は未だない．

　《ASTM F2029》ではジョー方式の一対の加熱体を同一温度に調節し，その時の調節温度を加熱温度と定義している．加熱温度の変更間隔を5〜10℃として，この加熱体でサンプルを挟んで圧着し，接着面の温度が平衡状態（equilibrium dwell time）（確認方法不明）になるまで加熱した後に常温に冷却する．そのサンプルをASTM F88に従って，ヒートシール強さを測定すると規定している．

　加熱体の温度とヒートシール強さの関係が，その材料の「ヒートシール特性」として扱う方法が世界的に定着している．この方法では加熱体の調節温度が変数になっているので，加熱装置の機差特性により加熱温度にずれが生じて，測定データの横断的利用に難がある．

　筆者は微細センサを溶着面（接着面）に挿入し，溶着面温度と応答を直接計測する溶着面温度測定法："**MTMS**"[6]を開発し，ヒートシール技法における加熱特性の詳細なメカニズムの解析と研究をしている．

　研究の過程でヒートシール強さの発現が加熱温度に一元的に依存するとされていた従来の「常

—35—

識」を覆して，《加熱速さ》が熱接着強さの発現に大きく影響していることを発見した[7]．この現象は，同一材料でも厚さが異なったり，ラミネーションされた複合材料，加熱体の表面に装着されるテフロンシート等の加熱系の熱伝導に変動があれば同様に発生（シフト）することになる．《加熱速さ》によるヒートシール強さの変移の詳細な解析を試みた結果，《加熱速さ》（溶着面温度応答の加熱時間）と《ヒートシール強さ》の発現の関係が究明できた．加熱速さは設定した《溶着面温度》とその温度に到達した《加熱時間》で表される．加熱速さは溶着面温度応答の計測結果から容易に算出できる．

　従来，《ヒートシール強さ》は《加熱温度》を変数にした 2 次元現象として取り扱ってきたが，実際は《溶着面温度》，《加熱時間》，《ヒートシール強さ》の 3 次元現象であることが解明できた．これまで同様の材質条件と加熱温度でも，ヒートシール強さの再現性にバラツキがあったが，比較するデータの《加熱速さ》の相違に原因があることがわかった．

　本報告ではヒートシール強さの発現変移現象の提示，計測方法と解析結果を示す．

　筆者は《ヒートシール強さの発現が加熱速さに依存する》この現象に【Hishinuma 効果】と名付けた．

2. ヒートシールの強さの発現理論

2.1 熱接着（ヒートシール）の特性

　ヒートシール技法は，熱可塑性を有するプラスチックのシートまたはフイルム状の合わせ面に外部から熱を加えて，熱接着する方法である．

　ヒートシール技法で取り扱う加熱温度は，

① 加熱体の調節温度

② 加熱体と材料の接触する表面温度

③ 接着面の溶着面温度

の 3 種がある．溶着面温度応答は，溶着面温度計測法；"**MTMS**" で計測が可能である．3 つの加熱温度の構成を**図 4.1** に図示した．

　3 種の温度値は放熱や伝熱が関係していて，平衡時では次のような関係になっている．

　　　（調節温度）＞（表面温度）≧（溶着面温度）

　筆者の調査では，[（調節温度）＞（表面温度）] の関係は周囲の構造物温度や室温の影響によって数℃〜十数℃の差が時間の変化を伴って生じている．

　《ASTM F2029》は加熱体の温度を「加熱温度」に採用しているので，各試験結果間に加熱温度のズレが生じるので，試験温度の間隔設定を 5 〜 10℃にしている理由が推察できる．

　熱伝導率の小さい材料ではズレは小さいので，[（表面温度）≧（溶着面温度）] の関係は，0.5℃以内であるが，熱伝導率の大きい金属のアルミ箔がラミネーションされた材料では，加熱部から非加熱部への熱流出が大きく，平衡時でも 2℃程度の温度差ができる．加熱の初期過渡期間では

2. ヒートシールの強さの発現理論

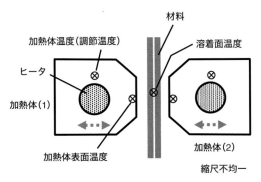

図 4.1　3種の加熱温度の構成

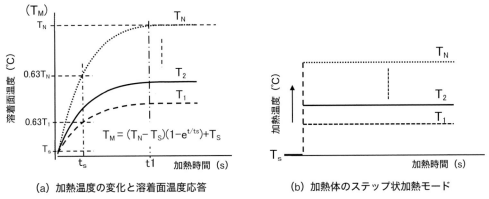

(a) 加熱温度の変化と溶着面温度応答　　(b) 加熱体のステップ状加熱モード

図 4.2　ステップ状加熱の温度応答の説明

この差はさらに大きくなる．3種の加熱温度の動的相互関係は，すでに報告されている[8]．

加熱体表面温度と，一定のステップ状圧着による溶着面温度応答との関係は，**図 4.2**に示したようになる．ステップ状圧着の加熱体表面温度と溶着面温度の関係は1次応答の次式で表現できる[8]．

$$T_M = (T_N - T_S)(1 - e^{t/ts}) + T_S$$

T_M；溶着面温度，T_N；加熱体表面温度，T_S；始発温度（材料の保存温度，室温等）
ts；材料の熱抵抗と熱容量で決まる時定数（平衡値の63.2%に到達する時間）

tsが一定なら，加熱体の圧着による溶着面温度［T_M］は加熱時間を変数にした加熱体表面温度［T_N］との比例関係になる．

同一のカバー材（テフロンシート），熱接着材（シーラント）の組み合わせに，加熱体表面温度を変化させて，溶着面温度測定法："**MTMS**"を用いて，所定の平衡温度まで加熱した様子をモデル化した溶着面温度応答を，**図 4.3**に示した（温度の再現性；±0.2℃，加熱時間；1/100 sの分解能で計測可能）．加熱体表面温度を$T_1, T_2 \sim T_3$と変更したときの平衡状態に到達する時間（本報告では平衡温度より0.2℃低い到達点とした）は，ほぼ同一のt1となる．

t1より数秒長い加熱時間でサンプルを作成し，得られたヒートシール強さの測定結果を列挙すると《ASTM F2029》が定義しているヒートシール強さ特性を得ることができる．

— 37 —

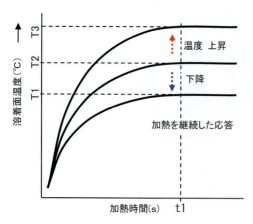

図 4.3 同一材料で加熱温度を変化したときの溶着面温度応答

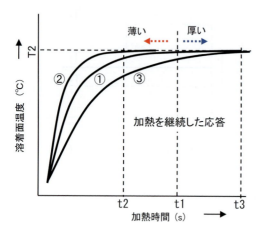

図 4.4 同一加熱温度で材料の厚さを変化したときの溶着面温度応答

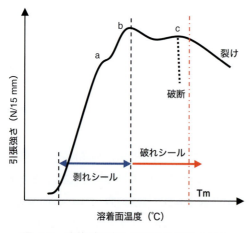

図 4.5 溶着面温度と引張強さ特性モデル

厚さの異なる同種材料を T_2 で加熱した場合の溶着面温度応答を，**図 4.4** に示した．基準にしたサンプル①を図 4.3 で使用したサンプルと同一とすれば，このヒートシール強さは図 4.3 の T_2 加熱と同じ結果が得られる．同種の薄い材料を適用すれば，溶着面温度応答は②のように速くなる．同種の厚い材料に適用すれば，③のように遅い応答になる．

図 4.4 で示した各々のヒートシール強さは同一の加熱体表面温度で加熱されているので，従来は材料の伸びの影響が小さい剥れシールの範囲では，同一の引張強さの値を示すものと取り扱われている．

ポリプロピレン材（CPP）を例に，溶着面温度（平衡温度）を変数にして，ヒートシール強さの発現をみると**図 4.5** に示したパターンになる．立ち上がり部分は界面接着状態の"剥れシール"であり，剥れ強さは加熱体表面温度で調節できる特徴がある．

［(剥れ強さ)＞(伸び強さ)］の範囲に入るとヒートシール強さに変曲点〈a〉が現れる．変曲点〈a〉から降伏点〈b〉までは材料の伸び弾性特性を示す．降伏点〈b〉を超すと定応力の伸びが起こる．〈c〉点に至ると破断（break）または裂け（tear）が起こる．〈c〉点は材料の溶融温度［Tm］付近である．〈b〉点を超す加熱になるとシーラントは溶融して粘体状なり，冷却後の接着面は一体となる"凝集接着"の"破れシール"となる．〈a〉点以降の引張強さは材料の厚さの影響を受け，材料の伸び，破断，裂け強さを示し材料の固有の接着強さとは相違するが，従来はこの値もヒートシール強さとして扱われている．

剥れシールの温度幅は一定でなく，材料によって異なる．汎用のポリオレフィン系の包装材料では 2〜10℃である．本報告では，ポリ玉の生成の影響を抑えるために加熱体の圧着圧は低めの 0.15〜0.25 MPa を共通に適用している．

2.2 「カムアップタイム」(CUT) と「加熱速さ」の定義

図 4.2 (a) で記したようにヒートシールの溶着面温度応答パタンは材料の熱伝導抵抗と熱容量によって決まる固有のものである．材料毎の加熱応答の速さを比較するために「カムアップタイム」(Come Up Time ; CUT) を定義する．

ポリプロピレン(CPP)50 μm のフイルムを例にして説明する．加熱体表面温度を 140℃ [± 0.1℃] とし，CPP フイルム 2 枚の合わせ面に微細な溶着面温度センサを挿入し，50 〜 500 μm 厚のテフロンシート（10 μm は PET を使用）で挟んで，それぞれの溶着面温度応答を "**MTMS**" キットを用いて採取した．

カバー材に多く適用されているテフロンシートの加熱速さの実測例を図 4.6 に示した．おおよその「加熱速さ」の理解に役立つ．

パソコンに格納した精密な各溶着面温度の応答データファイルを利用して，立ち上がり部のバラツキを避けて，CUT 定義の開始点温度を 50℃ とした．到達温度は実際の平衡温度に近い 95% 値を選び，[(平衡温度)×95%−50℃] の時間幅を「カムアップタイム」(CUT) と定義し，計算した結果を表 4.1 の上段に示した．レトルトパウチや他のポリオレフィン系材料の CUT も下段に併記した．Code No. ⑦は試料を挟まない PET 10 μm のみ応答であり，最も速い組み合わせの No. ①に比して 10 倍以上の高速性を示しているので，溶着面温度測定系の遅れの影響は無視できることがわかる．

CUT に関係する要素は
・プラスチック材料の熱抵抗，熱容量（主に厚さ）
・カバー材の熱抵抗，熱容量（主に厚さ）
・加熱体の熱容量，接触面と加熱材の熱伝導性（接触抵抗）

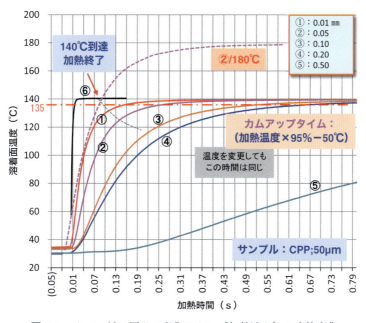

図 4.6　カバー材の厚さの変化による《加熱速さ》の応答変化

第4章　［改革技術3］：ヒートシール強さの発現に《加熱速さ》が関与していた【Hishinuma効果】の発見―ヒートシール強さは3次元現象だった―

表4.1　モデル材料のカムアップタイムと《加熱速さ》の測定結果（CPP：50 μm）

コード No.		①	②	③	④	⑤	⑥	⑦
カバー材の厚さ（μm）		10 PET	50 Teflon	100 Teflon	200 Teflon	300 Teflon	500 Teflon	None
CUT (s)		0.13	0.21	0.43	0.56	1.23	3.09	0.009
		加熱速さ Heating speed (℃/s)						
平衡温度加熱（℃）	126	536	332	162	124	57	23	7744
	130	565	350	171	131	60	24	8167
	134	595	368	180	138	63	25	8589
	138	624	386	189	145	66	26	9011
	140	638	395	193	148	67	27	9222
	142	653	404	197	152	69	27	9433
	146	682	422	206	158	72	29	9856
	150	712	440	215	165	75	30	10278
その他材料のCUT	Retort pouch 90μm	0.43	0.55	0.89	1.42	—	6.57	
	HDPE 30	0.08	0.20	0.39	0.97	—	4.27	
	LDPE 40	0.19	0.39	0.59	1.09	—	4.20	
	LLDPE 50	0.16	0.28	0.65	1.04	—	4.58	

＊加熱温度幅幅の計算方法；［(温度幅)×0.95−50］（℃）
＊平衡温度加熱の加熱速さの計測方法；［(温度幅)×0.95−50］/（CUT）（℃/s）

がある．

　溶着面温度応答を測定することによって，これらの影響を一括して計測できる．

　加熱によって大きな特性変化がなければ，溶着面温度応答は1次応答を示すので，CUTは加熱温度に関係なくほぼ同一の値を示す．CUTは試験材料の熱応答性を横断的に比較するのに都合がよい．しかし，CUTが同一でも式(1)に示すように加熱温度に比例して加熱速さは変化する．

　加熱速さは，①平衡温度加熱の加熱と②過渡加熱の場合によって定義を変える．

　【平衡温度加熱の場合】

$$《加熱速さ》＝［(設定温度)×0.95−(始発温度)]/(CUT)]　（℃/s） \tag{1}$$

　【過渡加熱の場合】

$$《加熱速さ》＝［(設定温度)−(始発温度)]/(到達時間)−(始発時間)]　（℃/s） \tag{2}$$

で表す．

　平衡加熱の加熱速さの計算；始発温度を50℃として，表4.1のカバー材③をモデルにした場合の加熱速さを計算すると，140℃の平衡加熱では［(140×0.95−50)/0.43≒193℃/s］となる．

　6種のカバー材の平衡温度加熱の加熱速さの一覧を表4.1の中段に併せて示した．

　実際のヒートシール工程では，平衡温度に到達する以前の過渡状態の加熱を利用することがほとんどである．過渡加熱における溶着面温度と到達時間の計測法，加熱体表面温度，加熱時間と加熱速さの関係，併せてCUTとの関係を図4.7に示した．所望の溶着面温度をTnとすると加熱体表面温度がT1のときはt1の加熱時間となり，T2のときはt2となる．そしてTnの加熱速さはf1，f2となる．加熱体表面温度が150℃の加熱で，140℃の溶着面温度（過渡温度）を得るに

－40－

は，溶着面温度応答データ（図示していない）から加熱開始点の温度が25℃，140℃に到達する応答時間が0.36秒であるからこの時点でヒートジョーを開放する．この時の加熱速さは[(140 −25)/0.36≒319℃/s]となる．

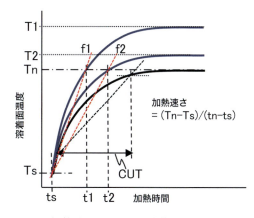

図 4.7　加熱速さとCUTの溶着面温度応答との関係

3. 実験と結果の考察

3.1 実験方法
(1) 加熱サンプルの作成寸法
1) 均一な加熱面を得るために幅を30〜40 mm，加熱長さ（ヒートシール幅）を15 mmとした．
2) 加熱部から非加熱部への熱流で加熱面の温度は均一にならないので，サンプルの先端が加熱体の面内に入るように【Bモード】加熱[9]にして，平衡温度の最高温度の加熱部位を必ず作るようにした．（この部位のヒートシール強さを計測値とした）Bモード加熱の図解を**図4.8**に示した．

(2) 2つの加熱体の表面温度の設定方法
1) 加熱装置は**図4.9**に示した自前製作の「高精度型

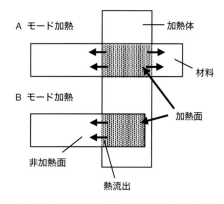

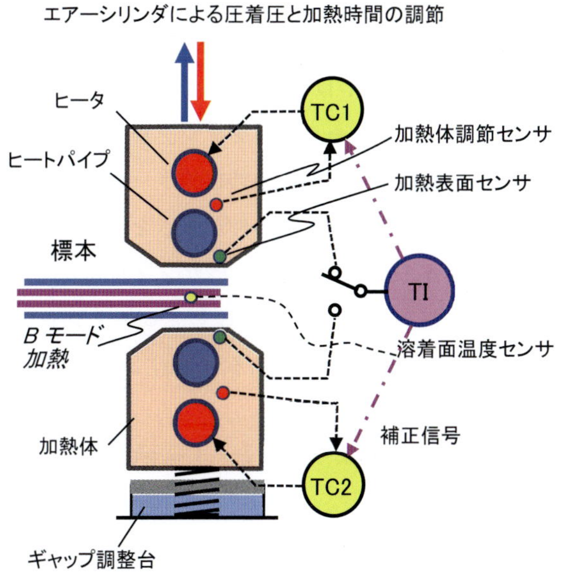

図 4.8　非加熱面への熱流出と加熱方法による制御

```
エアーシリンダによる圧着圧と加熱時間の調節
```

(1) 加熱温度安定性
　　加熱体表面温度 0.1±0.09℃
(2) サンプルの寸法
　　標本の幅：30 mm
　　カット幅：15 mm
(3) 引張試験サンプルの補強
　　粘着テープの補強
(4) 圧着圧の設定
　　0.2 – 0.25 MPa
(5) ギャップの調整
　　10 μm
(6) 加熱ステップ
　　0.5 – 2.0 ℃
(7) 溶着面温度の検出感度
　　0.2℃
(8) 引張強さの検出感度
　　0.2 N/15mm
(9) 加熱速さ感度
　　0.005s

(a) 加熱装置の構成　　　　(b) 標本作成の操作仕様

図 4.9　検証サンプルの加熱方法と調整方法（高精度型ヒートシールシミュレータ）

— 41 —

ヒートシールシミュレータ」を適用した．

2) 加熱体の加熱面の内側の 0.3 ～ 0.5 mm 付近に埋め込んだ微細センサでそれぞれの加熱体の表面温度を 0.1℃の分解能で計測する．そして所定の表面温度との相違分を加熱体の温度調節計の設定値を変更し，1 組（2 つ）の加熱体の表面温度が同一温度になるように調整する[10]．

3) その後，トレサービリティーの取れた基準温度計のセンサをジョーに挟んで，表面温度を較正する．もし所定温度とずれがある場合には，2 つの温度調節計の設定値を 0.1℃単位で変更して加熱体の表面温度を設定温度になるように微調整する．この加熱調整によって加熱体表面温度を確実（± 0.1℃）に設定する．0.1℃レベルの温度計測は表示計の器差が問題となるので，2 つのセンサ信号をスイッチで切り替えて，2 点の加熱体表面温度を 1 台の表示計で測定する．この測定系の構成を図 4.9 (a) に，操作仕様を (b) に示した．

(3) サンプルの加熱操作（各サンプル共通）

1) サンプルの加熱時間は各モデル（表 4.1 の ①～⑥ との組み合わせ）の溶着面温度応答を実測して所期の平衡温度に対して 0.2℃以内になる最短の到達時間を計測した．到達時間はカバー材の厚さによって変化するが，CPP；50 μm の加熱時間はおおよそ 1 ～ 10 秒の範囲である．この測定結果に 2 ～ 3 秒を加えた加熱を行った．

2) 加熱の熱伝導の均一化を確保するために，圧着圧を 0.15 ～ 0.25MPa に維持した．

3) 加熱終了のサンプルは，接着面がホットタックや自然冷却で接着状態が変動しないように室温のアルミブロックを 0.05 MPa の圧着圧で速やかに急冷した．

4) 30 ～ 40 mm 幅の冷却後の加熱サンプルを鋭利なカッターで正確に 15 mm 幅にカットした．長さはサンプルの伸びの影響を少なくするために引張間距離を［40 – 60 mm］（JIS, ASTM では 100 mm 以上を規定しているが）にカットし，［50 mm/min.］で引張試験を行う．

5) ロードセルの出力信号はデジタル記録計で観測し，引張試験の様子を詳細に観察する．取得データは A/D 変換してパソコンに保存する．記録からヒートシール強さをデジタル値で読み取る．

6)（接着強さ）＞（材料の伸び強さ）の領域になると引張試験の表示は材料の伸び強さを示すことになるので図 4.10 に示したようにサンプルの表面または両面に粘着テープで補強し[11]，ヒートシール線が破断（break）または裂ける（tear）までの強さを計測する．

7) 加熱温度のステップは，1 ～ 2℃（必要により 0.5℃を適用）として，同様の試験を各サンプルで繰り返し，溶着面温度を変数にしたヒートシール強さを計測する．

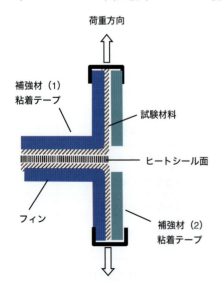

図 4.10 伸びの影響を軽減する補強方法

— 42 —

3. 実験と結果の考察

3.2 ヒートシール強さの発現変移の発見の計測結果

3.1 の実験方法で示した方法用いてポリオレフィン系の［CPP, HDPE, LDPE, retort pouch］の市販包装品の材料に，表 4.1 の①～⑥のカバー材（熱流減速材）を適用し，加熱速さを変化させてヒートシール強さの発現状態を計測した．この結果，加熱速さによってヒートシール強さの発現状態が変移する未知の現象を発見した．この詳細な測定結果を図 4.11（a）～（e）に示した．伸び補強の計測結果を基にヒートシール強さの発現変移を観察すると，

(1) 適格な接着特性を把握するには"補強"が有効である．
(2) ヒートシール強さのパターンが移動して，最大強さは僅かに減少する．

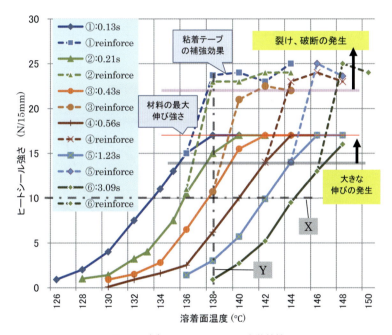

図 4.11（a） CPP：50 μm の変移特性

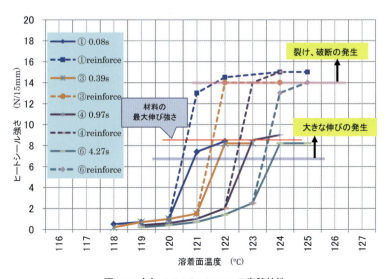

図 4.11（b） HDPE：30 μm の変移特性

— 43 —

第 4 章　[改革技術 3]：ヒートシール強さの発現に《加熱速さ》が関与していた【Hishinuma 効果】の発見―ヒートシール強さは 3 次元現象だった―

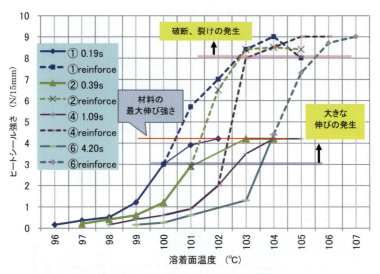

図 4.11（c）　LDPE：25 μm の変移特性

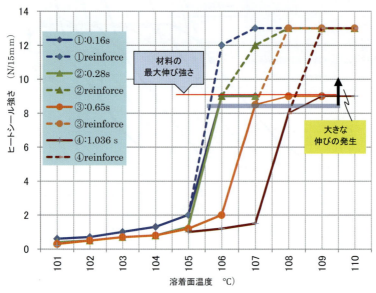

図 4.11（d）　LLDPE：50 μm の変移特性

(3) 剥れシール幅の狭い材料の移動幅は小さくなっている．

(4) 加熱速さが遅くなると剥れシール帯が縮小する傾向がある．

(5) 加熱速さの高速化操作では熱流の影響が出て一様な加熱ができなくなり，高速化には限界がある（0.1 秒以下の場合）．

(6) 未だ発現変移現象の高分子学的なメカニズムの解明に至っていない．
　　（4. 項に【Hishinuma 効果】の発現メカニズムの推定を記した）

3. 実験と結果の考察

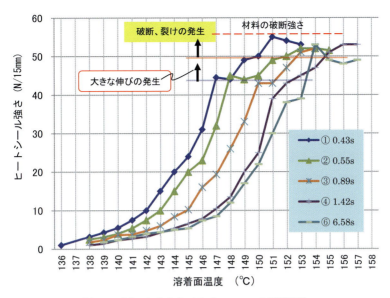

図 4.11（e） レトルトパウチ：90 μm の変移特性

図 4.11　各種材料（ポリオレフィン系）の【Hishinuma 効果】の変移特性（事例）

3.3　個々の材料のヒートシール強さの発現変移の考察
(1) CPP の変移特性

図 4.11 (a) の詳細をみると，ヒートシール強さが 0.5 ～ 22 N/15 mm の剥れシールの温度幅は，カバー材①の場合は 14℃，②；12℃，③ 12℃，④；12℃，⑤；10℃，⑥；10℃であった．カムアップタイムが 0.2 ～ 0.4 秒（②と③の比較）では約 2℃の変移が起こっている．ヒートシールの特性パターンはほぼ同一．①の最速（0.13 秒）の剥れシールの温度幅は 14℃を示しているが，加熱が低速になると剥れシール幅は縮小する傾向がみられる．引張強さの最大値には僅かな減少がみられる．

(2) HDPE，LDPE，LLDPE の変移特性

図 4.11 (b)，(c)，(d) の詳細を観ると，これらの剥れシール帯の立ち上がり特性は CPP に類似していて，剥れシール帯の幅は，高速加熱のカバー材①では，HDPE；2℃，LDPE；4℃，LLDPE；2℃である．しかしカバー材②より遅い加熱条件になると剥れシール幅 2℃未満の鋭い立ち上がりで凝集接着（破れシール）に到達する．加熱時間が長くかかると加熱速さの影響が小さくなる特徴がみられる．引張強さの最大値は僅かに減少するが材料の伸び現象に吸収されている．

(3) レトルトパウチの変移特性

図 4.11（e）の詳細を観るとレトルトパウチのシーラントは CPP をベースに co-polymer の混合によって，剥れシール帯の拡張や柔軟性を図っている．変移特性は (1) の CPP に類似している．

第4章 ［改革技術3］：ヒートシール強さの発現に《加熱速さ》が関与していた【Hishinuma効果】の発見―ヒートシール強さは3次元現象だった―

（4）レトルトパウチのDSC，"MTMS"の熱変化特性と【Hishinuma効果】の相互比較

レトルトパウチのシーラントはCPPをベースにco-polymerの混合によって，剥れシール帯の拡張や柔軟性を図っている．市場に出ているパウチをサンプルに選び，新発見現象がどの温度域で発生しているかを従来※の熱特性評価法との比較を検討した．

（※（1）DSC法，（2）溶融温度［Tm］，（3）"MTMS"の熱特性法[12]）

《"MTMS"の熱特性法》は当該試料に溶融温度［Tm］より10～20℃高いステップ状加熱を加え，その溶着面温度の応答データを0.1℃の感度でパソコンに取り込む．応答の各温度点の微分値（差分）を演算して，溶着面温度を変数にして表示し，熱伝導の変化特性を検出する．同じグラフ上に各溶着面温度で発現するヒートシール強さを記入して，比較する．

供試サンプルの移動特性はCPPと類似であった．測定結果を統合して図4.12に示した．

ヒートシールのサンプルの観察から図4.12中のポイント〈A〉は熱吸収の最大点に相当し，軟化から粘性体に転移する温度点に相当する．ポイント〈B〉はシーラントが溶融してほぼ粘性体になる点である．この温度以降は粘性体の熱伝達である．熱伝導が1次遅れの増加なので，微分値は順次"0"に漸近する．

《DSCパターン》はシーラントのDSC計測データをパターン化し，温度を共通にしてパターン化して表示し，"MTMS"法の熱特性解析と比較をした．

DSCパターンの示す溶融温度［Tm］は164℃付近である．（一般的なカタログ上の170℃とは相違している）"MTMS"法の溶融状態〈B〉とは15℃程度の相違がある．3つの評価法に採取データを重ねてみると，ヒートシール特性の移動【Hishinuma効果】は，"MTMS"法の熱特性解析に沿っ

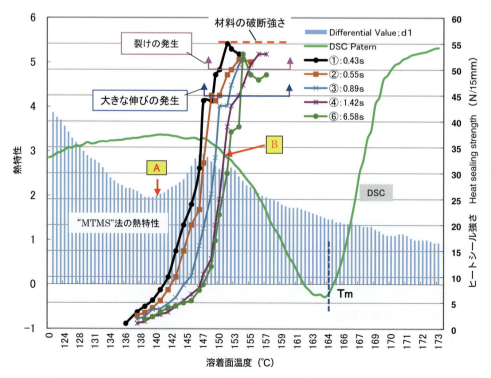

図4.12　アルミニューム入りレトルトパウチの変移特性と材料の熱特性との比較

てシーラントが軟化～粘性体化する領域で起こっていることがわかった．

　変化の発現領域は従来のヒートシールの加熱温度™の目安の［Tm；170℃］とは約22℃低いところで起こっている．［Tm］をヒートシールの加熱温度に選択する"常識"には問題がある．

3.4　加熱速さのヒートシール強さ発現に及ぼす考察

　図4.11(a) CPP 50 μmの測定結果を使用して考察する．図中に10 N/15 mmの［線分X］を引いた．このラインと各ヒートシール強さ特性の交点から垂線を下してX軸の溶着面温度を読み取ると，各特性の溶着面温度は［① 133.5，② 136，③ 137.5，④ 140，⑤ 142，⑥ 144.5℃］となり，加熱速さの変化により同一ヒートシール強さの温度の移動がわかる．

　次に溶着面温度の138℃から垂線（線分Y）を立てる．この垂線と各ヒートシール強さ特性の交点から①，②は凝集接着状態になっているので同一値を示すが［① 23，② 23，③ 11，④ 6，⑤ 3，⑥ 1N/15 mm］の③～⑥に同一加熱温度に対するヒートシール強さの発現変移を読み取ることができる．同一のCUTでも加熱温度が変わると加熱速さは変化する．この加熱速さの計算例を表4.1の中段に示した．このデータを利用して溶着面温度をパラメータにした加熱速さに対するヒートシール強さの発現変移を詳細に解析した結果を**図4.13**に示した．

　図のX軸上に併記した①～⑥は表4.1で定義しているカバー材のCode番号である．

　溶着面温度128～137℃（137℃のグラフは省略してある）がこの材料の剥れシール範囲でヒート

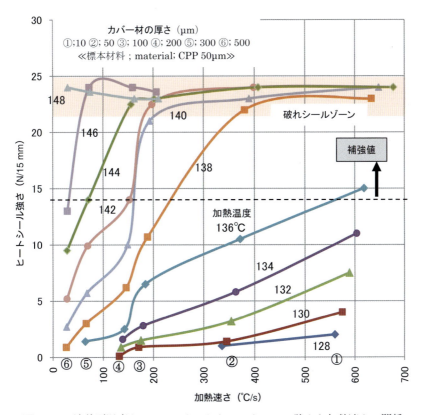

図4.13　溶着面温度をパラメータにしたヒートシール強さと加熱速さの関係

シール強さの変移は加熱速さに対して直線的に変移している．

CUTが④［0.56 s］〜③［0.43 s］付近に変移の変曲性がみられる．

溶着面温度が144℃以上になると加熱が低速でも直ちに凝集接着領域に変移している．

変移現象は常用の加熱時間帯で顕著に起こっているので，この現象が通常のヒートシール操作に強く関与していることになる．この材料はヒートシール強さが［14N/15 mm］以上になると伸びの特性が顕著に表れる．補強により伸びの影響を排除したことによって発生現象の検討が容易になった．従来のヒートシール特性の評価は，加熱速さが200℃/s以下の領域に偏重していたことがわかる．

3.5 【Hishinuma効果】は超短時間帯で起こっている

図4.13は，加熱速さをパラメータにして，【Hishinuma効果】の動態を確認した．ここでは，溶着面（接着面）温度応答をパラメータにして，【Hishinuma効果】の動態を観る．

表4.1のCUTが③［0.43 s］を用いて，加熱体表面温度が138℃と140℃の例の検討をした．

③の条件では138，140℃の加熱は共に剥れシールの領域である．加熱時間を0.10〜10秒に変化したときのヒートシール強さを測定し，従来のヒートシール特性の基準を図4.11（a）に付記した．138℃と140℃の溶着面温度応答データからそれぞれの加熱時間に相当する溶着面温度を抽出する．抽出した溶着面温度を変数にして発現したヒートシール強さを図4.14に示した．各ヒートシール強さにその加熱時間と加熱速さ（過渡加熱）を併記した．138，140℃の加熱の平衡温度の到達時間は約2秒であった．

加熱時間を順次短くしたヒートシール強さは138℃加熱では約0.5秒，140℃加熱では約0.3秒まで同等のヒートシール強さを示した．この時の溶着面温度をみると138℃加熱では約4℃低い134℃，140℃では約28℃低い112℃であった．

加熱速さは溶着面温度応答の立ち上がり部が一番速く，平衡温度に近づくと順次低下する特性

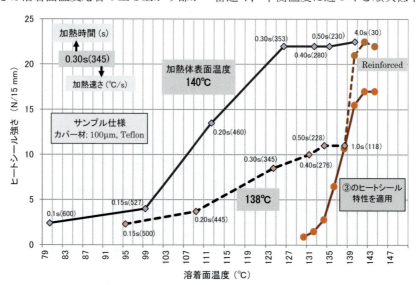

図4.14　溶着面温度をパラメータにしたヒートシール強さの発現変移

3. 実験と結果の考察

を有している（平衡加熱状態では"0"となる）. すなわち加熱時間を短くすると加熱速さが速くなり,加熱温度の低下によるヒートシール強さの低下を加熱速さが補っていると解析できる.

　加熱時間を順次短くして得られたヒートシール強さをプロットすると溶着面温度が138℃,140℃の点から分岐した新規な特性が得られた. 発見現象は従来の理解（常識）と異なったヒートシール特性を示している. 加熱速さがヒートシール強さの変移への関与が更に明確になった. 加熱体表面温度が138℃の0.15秒（500℃/s）で, 2.3 N/15 mmのヒートシール強さが95℃で発現している. 140℃の0.1秒（600℃/s）では2.4 N/15 mmのヒートシール強さが80℃で発現している. このケースの場合, 従来の方法では溶着面温度は約128℃以上と理解されているから, 動的なヒートシール強さの発現は従来の常識を大きく覆していることがわかる.

　加熱時間（速さ）がヒートシール強さに関与していることはヒートシール現象が《加熱温度》と《ヒートシール強さ》の2次元現象ではなく,《温度》,《ヒートシール強さ》,《時間》の3次元現象であることがわかった.

　従来, 平衡温度加熱のヒートシール強さを材料の固有特性としてヒートシール管理をしてきたが, 実際の現場では温度上昇中の中断による過渡加熱制御をしているので, 発現しているヒートシール強さは加熱速さが大きく関与していることがわかる.

　このことは, 従来のヒートシール管理を抜本的に見直す必要のあることを示唆している. しかし, 加熱温度と加熱時間の組み合わせを考慮して【Hishinuma効果】を留意すれば確実あるいは新規な剥れシールの工業的展開が可能になることも示唆している.

　従来, 加熱によるプラスチックの結晶構造の変化の間欠には, 数十秒～数分かかると言われていたが, この実験では0.1秒で大きく変化していることがわかった.

3.6 【Hishinuma効果】は高速加熱すると同一強さの発現には加熱温度が低温化する

　表4.1のCUTが③［0.43 s］を用いて加熱速さによる加熱温度の低温化を解析した. 138,140℃の加熱の平衡温度の到達時間は約2秒であった.

　加熱時間を順次短くしたヒートシール強さは138℃加熱では約0.5秒, 140℃加熱では約0.3秒まで同等のヒートシール強さを示した. この時の溶着面温度を参照してみると138℃加熱では約4℃低い134℃, 140℃では約28℃低い112℃であった.

　加熱速さは溶着面温度応答の立ち上がり部が一番速く, 平衡温度に近づくと順次低下する特性を有している（平衡状態では"0"となる）. すなわち加熱時間を短くすると加熱速さが速くなり,加熱温度の低下によるヒートシール強さの低下を加熱速さが補っていると解析できる. この測定データを加熱体表面温度をパラメータに, 溶着面温度を変数にして書き換えた結果を図4.15に示した.

　溶着面温度が平衡温度に到達した従来のヒートシール特性を基準（図4.11（a）から③を選択）に加熱時間を順次短くしたヒートシール強さの変化を付記した.

　加熱時間を順次短くして得られたヒートシール強さをプロットすると溶着面温度が138℃,140℃の点から分岐した新規な特性が得られた. 発見現象は従来の理解（常識）と異なったヒート

— 49 —

第4章 ［改革技術3］：ヒートシール強さの発現に《加熱速さ》が関与していた【Hishinuma効果】の発見—ヒートシール強さは3次元現象だった—

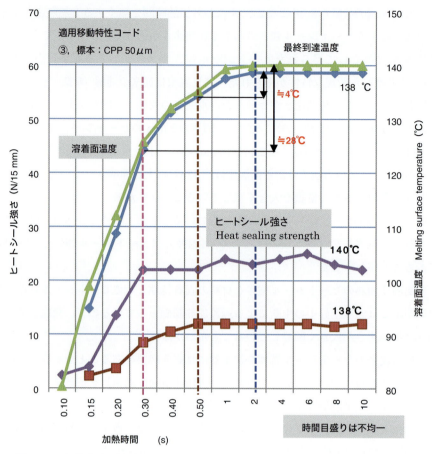

図4.15 加熱体表面温度をパラメータにした加熱時間とヒートシール強さの関係

シール特性を示している．この現象を好適に捉えて新規な利用法の開発に結び付けたい．

4．【Hishinuma効果】の発現メカニズム推定

4.1 分子量分布による発現メカニズムの推定

【Hishinuma効果】の発現変移を観測すると材料の分子量分布の狭いものの変移は小さい．co-polymerを混入した材料の変移が大きいことから，分布分子量が関与していることが想定される．プラスチック材の溶融特性はエントロピー（J/K）が関与するから，分子量分布を元に発現メカニズムを推定した．

図4.16に分子量が［M1］，［M2］，［M3］の混合体モデルを示した．分子量の大小でエントロピーは異なるので，各分子量体の反応温度は異なり，分子量の小さい［M1/T1］から順次［M2/T2］，［M3/T3］となる．図4.14，図4.15の知見から［(高速化)≒(加熱の低温化)］と置き換えてそのメカニズムが理解できそうである．

MTMSキットを利用して，過渡加熱中の圧着を途中で止めて，その接着状態を観察した．その図4.17に示した．高速系では，加熱源からの熱供給斑の影響が顕著に表れている．

— 50 —

4.【Hishinuma 効果】の発現メカニズム推定

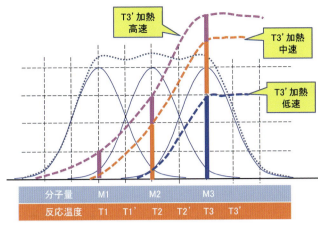

図 4.16　分子量分布のあるプラスチック材の「加熱速さ」による熱接着強さの発現変移のシミュレーション

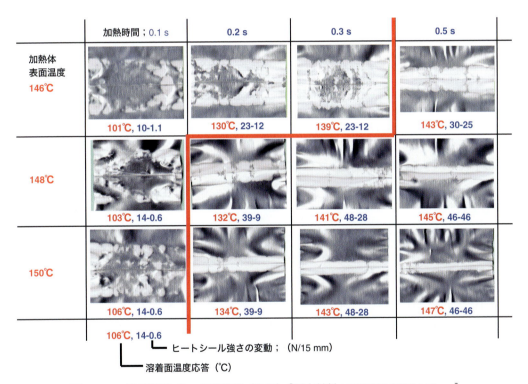

図 4.17　高速過渡加熱の接着状態（事例）［標本材料；PET/AL/CPP；50 μm］

部分的であるが，110℃未満でも【Hishinuma 効果】によって，接着現象が発生している．

従来，プラスチック材の接着完成時間は数十秒かかるとされてきたが，【Hishinuma 効果】は［0.1 s］付近で発生している．

4.2　接着子の挙動解析

加熱速さに感応する熱接着面剥離状態の観察から熱接着子をモデルにした構造図と感応メカニズム図 4.18 に示した．

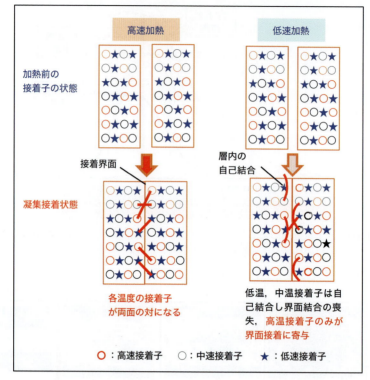

図 4.18　加熱速さによる熱接着強さの発現変移の模式図

4.3　レトルトパウチの実際に起こっている重大な影響；ダブル加熱の影響

　シート，フイルムの製袋工程では，必ず「縦」，「横」の加熱が行われる．そのコーナーは必ず 2 回打ちが行われる．

　ヒートシールエッジを直線に仕上げることが「良し」とされているから，製袋工程では確実に凝集接着が行われている．製袋品に充填直後には包装工程で 2 度目の加熱シールが行われる．レトルトパウチ包装の実際の不具合の再現事例を示す．

　図 4.19 は不具合の発生個所を示した．筆者は複数回の発生事例は事例を確認している．

　不具合の再現実験条件を図 4.20 に示した．最適化条件の列挙すると次のようになった．

(1) ［10N/15 mm］以上のヒートシール強さを得るためには以上の加熱が必要．
(2) 「密封」を完成するためには，製袋時温度（予熱温度）に対して，「密封」が完成する加熱温度は 142/152℃，144/152℃，146/152℃，148/156℃ となる．
(3) 界面温度帯の 140℃ より上の予熱の場合は［152 – 156℃］の本加熱を要求している．
(4) 2 度目の加熱温度は，予熱より約 8℃ の高目を要求している．
(5) この配慮は製袋工程でも同様である．
(6) 《界面温度制御》を適用することで，リアルタイムの適格な温度管理ができる．

5. 結 論

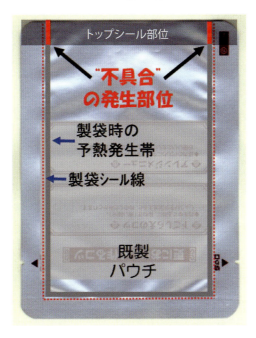

図 4.19 製袋時の縦シールの予熱によるシール不全の発生個所

		\multicolumn{9}{c}{トップシールの加熱温度(溶着面温度)とヒートシール強さ (CUT=0.89s)}
	加熱温度(℃)	138	140	142	144	146	148	150	152	154	156
		\multicolumn{6}{c}{剥がれシール帯(界面接着)}	\multicolumn{3}{c}{破れシール(凝集接着)}
ヒートシール強さ (N/15mm)		1.8	3.7	4.8	8.4	16	26	43	47	52	
		↓	↓	↓	↓	↓	↓	↓	↓	↓	
予熱温度 (℃)	124	○	○	○	○	○	○	○	○	○	○
	126										
	128	○	○	○	○	○	○	○	○	○	○
	130	×	△	○	○	○	○	○	○	○	○
	132	×	×	△	○	○	○	○	○	○	○
	134	×	×	×	△	○	○	○	○	○	○
	136	×	×	×	△	○	○	○	○	○	○
	138	×	×	×	×	△	△	○	○	○	○
	140	×	×	×	×	×	△	△	○	○	○
	142	×	×	×	×	×	×	△	△	○	○
	144	×	×	×	×	×	×	△	△	○	○
	146	×	×	×	×	×	×	△	△	○	○
	148	×	×	×	×	×	×	△	△	△	○
	150	×	×	×	×	△	△	△	△	○	○
	152	×	×	×	×	×	×	△	△	○	○
	154	×	×	×	×	×	×	○	○	○	○

×：接着しない，△：接着力 2N/15 mm 程度，シール条件：CUT≒0.89 s, カバー；0.1 mm テフロン

図 4.20 製袋時の縦シールの予熱と的確なトップシール温度の関係
　　　　［標本包装材料：PET12/AL7/CPP70］

5. 結 論

　本発見現象【Hishinuma 効果】は次のような特徴を示す．
(1) 高速，高精度の溶着面温度計測技術の導入によって，未知のヒートシール現象の発見ができた．
(2) 発見現象は多くの汎用プラスチック材料に共通的に発見されている．

— 53 —

第4章 ［改革技術3］：ヒートシール強さの発現に《加熱速さ》が関与していた【Hishinuma効果】の発見―ヒートシール強さは3次元現象だった―

(3) 材料の厚さ，ラミネーション材やカバー材の付加はヒートシール強さの発現変移に関係する．引張強さの最大値は僅かに減少する．

(4) ヒートシール強さの発現は《溶着面温度》，《ヒートシール強さ》，《加熱時間》の3次元現象であることがわかった．

(5) 本現象は従来からのヒートシール強さの《発現バラツキ》（横断性）の主要な原因であるかもしれない．

(6) ヒートシール技法の議論に加熱温度は加熱速さの定量が可能な「溶着面温度」の適用が不可欠となろう．

(7) 本発見は「剥れシール」帯の安定的利用と共に新規な制御法の進展に寄与できるであろう．

(8) 発見現象の高分子学的なメカニズムの検証を関係各位に期待したい．

■謝　辞

　発見現象の背景や新規性についてのご検討，ご指導を戴いた小山 武夫 技術士，小野 擴邦 東京大学名誉教授に感謝を申し上げる．本実験のために仕様の明確な材料のご提供を戴いた材料メーカー各社に紙面より御礼を申し上げる．

■参照文献

1) ASTM F88-07a,[4] (2007), 制定 ; 1968
2) 菱沼一夫，日本包装学会誌 Vol.17, No.1 p.53 (2008),
3) KAZUO HISHINUMA, 17th IAPRI World Conference on Packaging, P2-36, (2010)
4) Geroge L. Hoh (Donald A.Vasallo,E.I.) Du pont de Nemours and Company, US Patent No.4, 346, 196, p.6 Aug.24, 1982
5) ASTM F2029-08 Standard Practices for Making Heatseals for Determination of Heatsealablility of Flexible Webs as Measured by Seal Strength (2008) 制定 ; 2000
6) 菱沼一夫，日本包装学会誌 Vol.14, No.2 p.119-130 (2005)
7) 菱沼一夫，第 20 回日本包装学会年次大会要旨集，D-1, p.134-135 (2011)
8) 菱沼一夫，日本包装学会誌 Vol.14, No.4 p.239 (2005)
9) 菱沼一夫，日本包装学会誌 Vol.15, No.5 p.271-281 (2006)
10) 菱沼一夫，日本缶詰協会；「缶詰時報」Vol.90, No.12 p.77-87 (2011)
11) 日本特許第 4623662 号 (2010)
12) 菱沼一夫，日本包装学会誌 Vol.15, No.1 p.32-33 (2006)

第5章　[改革技術2]：「密封」と「易開封」を同時に達成する"一条シール"の実際

1.　ピロー袋のセンターシール部の密封化

1.1　はじめに

　ヒートシールの歴史は既に80年以上の歴史を持っていて，プラスチックの包装材料への加工には不可欠な技法になっている．

　封緘（シール）部には大別して，「密封」と「易開封」が求められるが，製造者の品質維持には「漏れ」と外部よりの「異物混入」の防御が絶対的な命題として，先ずあげられる．他方，消費者は使い勝手の主要事項である「易開封性」の達成がある．商品の製造者には「品質確保」と「顧客満足（CS）」の両立の責務がある．

　ヒートシール技法では，「加熱温度」，「圧着時間」，「圧着圧」が操作要素として，伝統的に継承されている．しかし，これらの要素に対する合理的な定義や研究が未だに乏しく，経験則に委ねられている．不明なままの論理展開が剥れシールの積極的な利用やヒートシール面の「密封」と「易開封」の開発の妨げになっている．

　歴史的に展開されているヒートシール技法の**図2.1**に示した**9アイテム/20操作**項目について，従来法が凝集接着に偏重してしまった背景を**"MTMS"**キットで取得できる「溶着面温度応答データ」を基に検討した．

　本章では軟包装体の漏れが常態化しているピロー袋の合掌貼り段差部をモデルにし，次の3点を基点にして，「密封」と「易開封」の両立できる新論理の構築経過を報告する．

　① 弱い剥れシール帯［1.7N/15 mm］での密封成立の発見と利用

　② 微細線条突起の局部圧接と平面圧接の複合操作によって段差部の漏れの抑制

　③ 表層基材の軟化特性に合わせるシーラントの剥がれ領域の一致させる新包材の設計法

　本章のヒートシール標本の作製は**"MTMS"**キット[1,2,19]，密封性の評価は微細部の漏れが検知できる「探傷液法」[3,4]の目視観察によった．そして従来の凝集接着偏重の弊害の検証の中で生まれた新ヒートシール技法[5,15,16]の呼称を"一条シール"と名付け，商標登録した．

　本章ではその過程を，標準的に利用されている包装材料の表面からの伝導加熱方式のヒートジョー方式による加熱方法を主体に論じる．

1.2　理論：従来のヒートシール技法の抜本的見直し

　プラスチックの熱接着は，図2.1で示した9アイテム/20操作項目に展開して，複合的に構成

している.
① 温度：加熱体（ヒートバー）の調節値，加熱体の表面温度，溶着面温度
② 加熱時間：機械のインターバル，平衡温度に到達（95%応答），過渡温度の到達
③ 圧着圧：面圧着，局部圧着
④ 加熱体表面の細工：平滑面，テフロンシートカバー，ギザギザ面，ローレット仕上げ
⑤ 包装材料の設定仕様：密着性，剥れシール帯
⑥ ヒートシール強さの定義：標本の作成方法（第24章に詳細を提示）
⑦ 引張試験法：グリップ間距離，引張速さ
⑧ ヒートシール面の漏れ検査法：圧縮法，探傷液法，真空法

従来の"常識"【D.F.S】によりヒートシール面を直接利用した「密封」と「易開封」の課題の対処は，多くの『誤認』によって困難とされてきた.

本章の新ヒートシール技法"一条シール"の開発は，これらの『誤認』に対して真っ向からの取り組み検証することで新天地を切り開いたのである.

1.2.1 ヒートシール技法への永年の期待

ヒートシールの世界的な基幹基準になっている《ASTM-F88（1968年制定）》はヒートシールの評価に「強さ」と「開封性」の両立を要請している[22]. しかし「難開封」が包装製品に対する消費者の不満（非バリアフリー）の筆頭になっている.

1.2.2 最新の考案による熱接着（ヒートシール）の基本の再認識

ヒートシール技法は簡単な加熱によって，プラスチックフイルムやシート材の重ね面を簡単に熱接着できる特徴がある. 図5.1に示したように加熱温度の上昇によって軟化が始まり，接着面に接着現象（配向力）が起こり，順次接着強さが上昇する. 立ち上がりの接着は接触面のみの界面接着 $[T_1 \sim T_2]$ となり，外力によって剥離する界面接着となる. 更に温度が上がり溶融温度に近づくと $[T_2 \sim]$ 接着層（シーラント）は溶融状態になって，一体化する凝集接着のモール

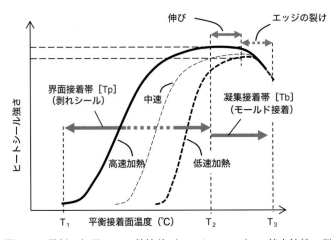

図5.1 最新の知見による熱接着（ヒートシール）の基本特性の説明

ド状態になる．

　図5.1には「加熱速さ」を変化した3個（高,中,低速）のヒートシールモデル（【Hishinuma効果】）を併記した[6-9]．実際には，同一材料でも厚さが変わったり，加熱体の表面に配したテフロン材の厚さによって「加熱速さ」が変化する．【Hishinuma効果】はこの程度の応答変化でもヒートシール強さの発現に大きく影響していることがわかった．

　従来，ヒートシール強さの発現は加熱温度に一元的に依存するものとしてきたが，通常の取り扱いで起こる「加熱速さ」の変化でもヒートシール強さの発現は変動する．また，同じ材料でも装置や部署の違いでヒートシール強さの計測値が異なることが多発して，ヒートシール強さの管理に混乱を起こし，ヒートシール技法の信頼性の低下につながっていた．このために「加熱速さ」の影響が収斂する高温域［$T_2 \sim$］の常用化を誘導したり，モールド接着が常態的に利用されている．しかしこの領域は，溶融したシーラントがはみ出す"ポリ玉"の形成が起こり，ピンホールが発生したり，エッジ切れを起こすので，ヒートシールの欠陥として絶えず課題になっている[10]．

1.2.3　従来のヒートシール技法の特性と見直し

　ヒートシールの接着強さは，接着面をそれぞれの所定温度の圧着／加熱後，室温に冷却した標本を短冊状の［15 mm幅］にカットして引張試験をする．その最大値を「ヒートシール強さ」と定義している．界面接着の剥れシール帯の評価は含めていない《JIS Z 238, ASTM-F88-》．界面接着，凝集接着，引張試験の状態とヒートシール強さの発現状態を**図5.2**に示した．界面接着（剥れシール）では接着面が剥離するが，凝集接着（破れシール）ではモールド状態となり，負荷によって，降伏点に達し，接着線付近が破断／裂断または他の部位に伸びが発生する特徴を示す．この状態では部分的にピンホールや裂断が起こり，密封性は失われる．

　これまで，ヒートシール議論はいかに強い接着強さを獲得するかが評価対象になっていて，強

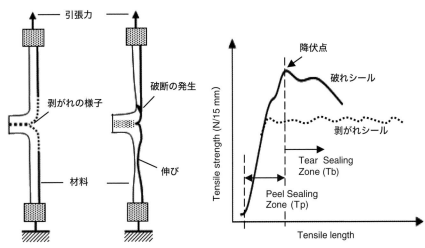

(a) 剥れシールの剥離　(b) 破れシールの破損　(c) ヒートシール標本の引張試験のパターン

図5.2　ヒートシールの接着状態の特徴

第5章 ［改革技術2］:「密封」と「易開封」を同時に達成する"一条シール"の実際

さを高めるために材料の増厚が常套手段となり，それがコストアップにつながり，軟包装の使用量削減，開封片は環境汚染のSDGs対応の課題となっている．

1.2.4 ヒートシール面の段差の貫通孔の発生メカニズム解析

現状のヒートシール技法では，ピロー袋に代表されるヒートシール面の段差部の密封はシーラントを溶融状態にして，溶融状態のシーラントの流動操作に委ねるしかなく，今日的な要求の「易開封」にはそぐわなくなっている．そして，今日のヒートシールの"強い接着"が，易開封の壁となっている．つまりはヒートシール面の「密封」は溶融状態の凝集接着（破れシール，モールド接着）が不可欠とする常識が，部分的にピンホールや裂断を引き起こしている原因である．この漏れ検知を「探傷液法」の適用によって，数 μm の貫通孔を定量的に解析できるようになった[3,4]．

1.2.5 ヒートシール面の密着に凝集接着が不可欠は間違いだった

筆者は圧接斑を 10 μm 以下になるように精密に調整されたヒートバーの面圧接で剥れシールを行った．作製された標本のヒートシール面のエッジに「探傷液」を点滴して漏れの検査をすると ［0.1 – 0.5 N/15 mm］ の微弱なヒートシール強さの帯でも従来の常識を覆し，密着が完成していることを発見した．この知見が「密封」と「易開封」を複合的に改革する"一条シール"の開発の起点になった．

1.2.6 圧着圧と加熱時間の延長の効果の乱用

ヒートシール面は 10 μm 程度の圧接斑でも接着状態に反応する．0.3秒以下の高速加熱では加熱斑によって加熱流の偏向が増幅され，不均一な接着斑（クレーター状）となっている．

このような現象に従来は，加熱時間または圧着圧の増加によって，均一な仕上がりを確保している．加熱時間または圧着圧の増加が，あたかも強い接着の発現に関与するという誤解を招いているのである（図4.17参照）．

1.2.7 ヒートシール強さと開封力の関係

ヒートシールの封緘には，トレーやカップに代表される片方が固形の場合と，軟包袋体のようにフイルムの面同士の熱接着がある．熱接着操作は共通であるが，開封力のメカニズムには大きな相違がある．カップやトレーのような固形体にフイルムを接着した場合は，その開封力は［（ヒートシール強さ）×（剥離長さ）］で表される[12-14]．

軟包袋体の場合は，球形の稜線の剥がれが起こる立体型と，一対の接着面を同時に剥がすことになるので，摘み代方式[12-14]のような最も効率的な開封方法を適用しても，強さは一面の約2倍の次式で表される．

　　　［（軟包装体の開封力）≒ 2×（容器等の固形体の開封力）］

であり，

　　　［開封力＝ 2×（ヒートシール強さ）×（ヒートシール幅）／15 mm］

となる．開封力は老若男女によって異なるが 5 ～ 20 N であるから，ヒートシール強さは［2 – 10 N/15 mm］に調整する配慮が必要である．

1.2.8　段差部の貫通孔の漏れ量の定量化

ピロー袋の段差部の漏れの発生は，以前から認識されていた．しかしその漏れ量の定量データがなく，過小評価され，放置されていた．筆者の開発した圧縮荷重による漏れ量の計測法によって定量化された．

段差部の漏れは包装体の容積に関係なく発生する．その影響指数は袋の表面積に反比例する．例えば，100×100 mm の袋の表面積は［≒ 0.01 m^2×2］となる．袋の上下のヒートシール面の一対の段差に形成された 2 本の 50 ～ 100 μm の貫通孔からの漏れ空気量中の酸素量を比較すると，汎用の CPP フイルムでは数百倍になっている．高ガスバリア性を考慮したラミネーションフイルムの場合は数万倍にもなり，看過できない[3,4]．段差部の漏れ封止の達成は包装界の至上命題となった[5,15,16]．

1.2.9　段差部の貫通孔の発生メカニズム解析

ピロー袋のセンターシール部には 4 枚と 2 枚の重ね部ができる．さらに段差部エッジには材料の屈曲部がサンドウィッチされる特徴がある．

ガセット（Gusset）折り袋の場合は，さらに 4 枚部と段差部が増える．平面の金属加熱体の平行動作で圧着されると 4 枚部に圧着圧が作用するが 2 枚部は輻射熱の加熱が主で圧接が曖昧になる．図 5.3 にガセット折り袋の段差部に貫通孔が形成されるメカニズム（モデル）を示した．このメカニズムの技術的打破が「密封」を達成する解決策になる．

1.3　実験と結果の考察

本研究では先ず従来の『誤認』が論理 / 技法に展開した経緯の論拠を解明して，新規の革新技術に展開した．

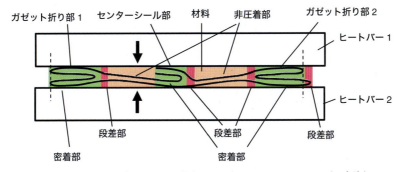

図 5.3　ガセット折り袋の段差部に貫通孔のできるメカニズム解析

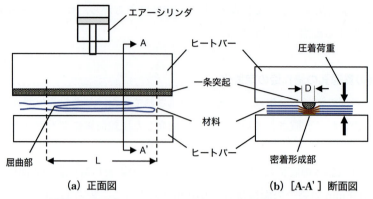

図 5.4 条突起によるピロー袋の段差部の密着化の検討

1.3.1 段差部の密封化性の検証

ガゼット折りピロー袋のヒートシール面には4枚と2枚部が混在するので，平面圧着すると[(材料2枚分)＋(屈曲部)]の構造的（原理的）な段差が存在する．

実際には図5.3に示したように非圧着部分が構成される．屈曲部の剛性はラミネーション材を含む全体の合成剛性となる．この合成剛性は加熱温度の影響を大きく受ける．

従来，密封化を図るためにローレットや"ギザギザ"圧着面を適用したり，分厚い（50μm以上）シーラントを溶融状態まで加熱して，流動状態の"モールド接着"でなんとか密封化を図っている．

プラスチック材は常温を含む低い温度帯では大きな固形性を示すが，ガラス転移温度 [Tg] を超える温度帯では軟化が始まり圧着圧による塑性変形が起こる．この軟化帯における塑性変形を利用して，ピロー袋の段差部をモデルにして，**図5.4**の方法で，段差部に微細な突起を圧接して，密着性の成否を調べた．

1.3.2 局部押し潰しの密封効果の確認

すでに平面接着の剥れシール帯でも，密着が完成していることを筆者は確認している．段差部の密着阻害要因を制御して，次の方法で密封化を試みた．

(1) ヒートジョー方式の加熱体の一方に加熱体の長手方向に沿って，直径約0.5 mmの半円形の条突起を細工した．
(2) 加熱体は空気圧シリンダの駆動機構を適用して，精密に駆動した．
(3) ラミネーション材の屈曲剛性の影響を排除するため，市販材の単体のCPP(50μm)を事例とし，シーラントの特性に限定した．
(4) 加熱は"MTMS"キットを適用して，精密に規定した剥れシール温度帯とする．
(5) 密着の評価は「探傷液法」[3,4] によった．

空気圧を調節して，条突起の圧着圧を [25 – 125 N/10 mm] とした．圧着加熱後の標本を室温に冷却後，「探傷液」を段差部に点滴して，貫通の有無をルーペで観察した．

この結果を**表5.1**に示したように135℃（溶着面平衡温度）以上の軟化状態の約42N/10 mmの圧接塑性変形で封止が確認できた．ちなみに微細な条突起部の荷重を応力（0.5 mmの1/2を断面積

1. ピロー袋のセンターシール部の密封化

表 5.1 局部押し潰しの密封効果の測定結果確認（事例：CPP；50 μm）

圧着荷重（N/10 mm・0.5 mm Φ）→		125	42	25
剥れシールの中間温度帯（Tp）の圧着状態	135℃	○	○	×
剥がれと破れシールの境界温度の圧着状態	138℃	○	○	×
破れシール温度帯（Tb）の圧着状態	**140℃**	○	○	○

として）に変換すると 25N/10 mm；10 MPa，42N/10 mm；17 MPa となる．段差部の一部を塑性変形して，密着する応力の定量化ができた．

圧接力をさらに大きくすると降伏点を超す応力となって，圧接部は白濁化して容易に破損する．圧接力には制約がある．

1.3.3　一条突起と面圧接の複合圧着方法の創成
1.3.3.1　「密封」と「易開封」の複合シール法の開発

剥れシール面の破袋耐性を材料の破断力並を確保するには，少なくとも 5 mm 以上の剥れシール面幅を必要とする．「密封」は完成しているが，"弱い"（狭い）条突起シール部に起因する破袋を防ぐために，剥れシール帯の剥離エネルギーを利用して，破袋耐性を高めることにした[5,15,16]．

この課題の達成のためには一連のヒートシール操作において
(1) 条突起シール部に 40～60N/10 mm の荷重
(2) 2 枚部に 0.1～0.3 MPa の応力を付加する

の複合操作の実施が必要である．筆者はヒートジョーのもう一方の面に弾力体を構成した複合操作によって，この期待機能の達成を図った．

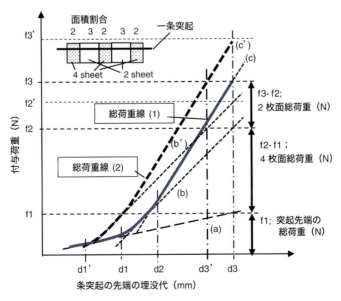

図 5.5　条突起の局部と平面の複合圧着の荷重配分モデル

第5章 ［改革技術2］：「密封」と「易開封」を同時に達成する"一条シール"の実際

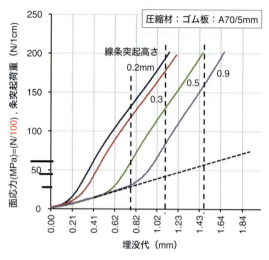

図5.6 条突起高さと発生応力の計測事例

図5.5に複合要求の圧着圧の分配方法の論理説明図を示した．

圧着操作によって，条突起は高さ分（d1）まで埋没すると4枚部の圧着が複合して進行し（d2）に到達する．さらに圧着圧が増加すると2枚部の圧着が始まり（d3）に到達する．

この時の条突起部の荷重は（a）に沿うので［f1］となる．4枚部は［f2−f1］，2枚部は［f3−f2］となる．これらの荷重バランスは，①条突起高さ，②弾性体の弾力性，③総荷重で決まるから，各パラメータを規定して必要な荷重バランスを決定する．図5.5中に示した総荷重線（2）［点線］は条突起高さを小さく（d1→d1'）した場合の圧着圧構成の変化を示している．線状突起の高さの選択による発生応力の関係を図5.6に示した[5,15,16]．

1.3.4 「易開封」下の「密封」シール実験と考察

1.3.4.1 複合シール（"一条シール"）の最適条件の探索実験

図5.5のモデルに従って条突起高さと弾性体の弾性率を検討した結果，条突起高さは0.1〜0.5mmとショアー固さ；A50〜A80弾性体の適用で，所望の新ヒートシールシステム（"一条シール"）

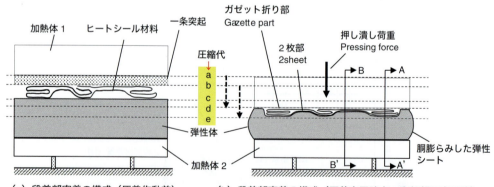

(a) 段差部密着の構成（圧着作動前）　　(b) 段差部密着の構成（圧着完了時点；突起部の表示略）

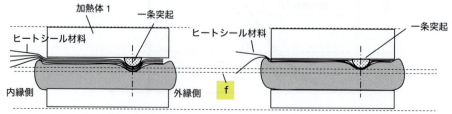

(c) ［A-A'］断面；4枚部の線条突起周辺の動作状態　　(d) ［B-B'］断面；2枚部の線条突起周辺の動作状態

図5.7 条突起の局部と平面の複合圧着の実施モデル

1. ピロー袋のセンターシール部の密封化

が構築できた．実施例を**図5.7**に示した（わかりやすくするために，縮尺は不均一になっている）．

1.3.4.2 "一条シール"条件の確認方法

"一条シール"の実施には，「1.3.3.1」で示した3つのパラメータに加えて，適用材料のヒートシール強さ特性から，所望の開封力が得られる加熱温度を摘出する．

(1) 材料にCPP；50 µm を選択，ピロー袋のセンターシールを模し，2枚部10 mm × 2，10 mm の折り曲げを作って中央部に配した標本を試験対象にした．

(2) 材料のヒートシール特性を取得して，剥れシールの低；136℃ /2.8（N/15 mm），中；140℃ /5（N/15 mm），高；144℃ /14（N/15 mm）の3種を選択する．

(3) 一条突起高さ；0.3，0.5 mm を選択．

(4) 受圧弾性体のショアー硬さ；A50，A70，A80，厚さ；3 mm，5 mm の6種を適用

(5) 面圧着相当で0.19，0.22，0.26，0.27，0.32 MPa を与えた．

表5.2 関連要素パラメータにした"一条シール"性の検証結果の一部

一条突起の高さ；0.3 mm			材料：CPP；50µm			
138℃	2枚面ヒートシール強さ；3.2N/15mm （剥がれシール）					
ショアー硬さ →	A50		A70		A80	
圧着圧[f3]（MPa）	t=3mm	t=5mm	t=3mm	t=5mm	t=3mm	t=5mm
0.19	△/×	△/×	△/×	△/×	×/×	△/×
0.22	△/×	○/×	△/×	△/×	△/×	△/×
0.26	○/×	○/×	○/×	○/△	○/×	○/×
0.27	○/△	○/△	○/△	○/△	○/×	○/×
0.32	○/○	○/○	○/○	○/○	○/○	○/×
0.35	↓	↓	↓	↓	↓	○/△
0.39	↓	↓	↓	↓	↓	○/○

140℃	2枚面ヒートシール強さ；5N/15mm （剥がれシール）					
ショアー硬さ →	A50		A70		A80	
圧着圧[f3]（MPa）	t=3mm	t=5mm	t=3mm	t=5mm	t=3mm	t=5mm
0.19	△/×	△/×	△/○	△/○	○/○	○/○
0.22	△/×	○/×	△/○	○/○	○/○	○/○
0.26	○/×	○/○	○/○	○/○	○/○	○/○
0.27	○/○	○/○	○/○	○/○	○/○	○/○
0.32	○/○	○/○	○/○	○/○	○/○	○/○
0.35	↓	↓	↓	↓	↓	○/○
0.39	↓	↓	↓	↓	↓	○/○

142℃	2枚面ヒートシール強さ；7N/15mm （剥がれシール）					
ショアー硬さ →	A50		A70		A80	
圧着圧[f3]（MPa）	t=3mm	t=5mm	t=3mm	t=5mm	t=3mm	t=5mm
0.19	△/×	○/×	△/○	○/○	○/○	○/○
0.22	○/×	○/×	○/○	○/○	○/○	○/○
0.26	○/×	○/○	○/○	○/○	○/○	○/○
0.27	○/○	○/○	○/○	○/○	○/○	○/○
0.32	○/○	○/○	○/○	○/○	○/○	○/○
0.35	↓	↓	↓	↓	↓	○/○
0.39	↓	↓	↓	↓	↓	○/○

[f3] は図5.5に示した最終荷重である

■	；密封不可域	▨	；圧縮率30％超域

a/b	a；2面部の仕上がり，b；「密封性」の可否

第5章 ［改革技術2］：「密封」と「易開封」を同時に達成する"一条シール"の実際

(6) 以上のパラメータを組み合わせて加熱作成した標本を速やかに室温の金属ブロックで冷却した後，段差部の内側に「探傷液」（"一条シール"チェッカ）を点滴して，段差部の密封性をルーペの目視検査，併せて2枚部の圧接状態を評価した．この結果，剥れシール環境下において，段差部のあるヒートシール面の「密封化」が可能であることを確認した．関連パラメータと「密封化」の関係の評価結果の一部を**表 5.2** に示した．

この実験結果から次の重要な知見が得られた．

1) 低ヒートシール強さ（3.2N/15 mm）の 138℃では 0.32 MPa 以上の高圧縮率帯（30%超）で密着と2面部の圧接が完成（圧縮率30%は弾性体の繰り返し疲労の限度から規定）．
2) 140℃（5N/15 mm）の加熱では弾性体の硬さが A70 以上の条件で，密着と2面部の圧接が完成．A50 の低圧縮帯では密着が不可である．
3) 142℃（7N/15 mm）の加熱では密着と2面部の圧接の完成範囲が拡大．

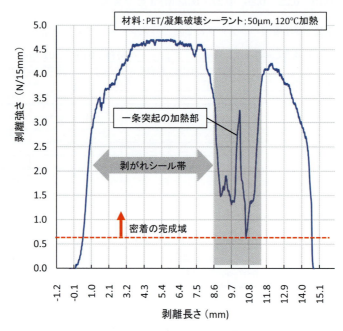

図 5.8　"一条シール"のヒートシール面の引張試験特性の測定事例

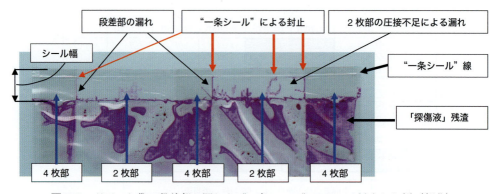

図 5.9　ガゼット袋の段差部の漏れを"一条シール"によって封止した例（部分）

— 64 —

1. ピロー袋のセンターシール部の密封化

4）138〜142℃の範囲で「密封」と「易開封」の両立完成する条件を見出した．

図 5.8 には，凝集破壊シーラントが 50 μm の"一条シール"で作成した標本の引張試験の剥れパターン例を示した．細い一条突起シール部の保有エネルギーは小さいが，破袋力を平面部の剥離エネルギーで吸収する「剥れシール帯」が用意されていることを示した．

図 5.9 には「探傷液法」の漏れ試験検査結果例（部分）を示した．一条シール部分で段差部と2 枚部の漏れが封止されていることがわかる．2 面部の役割期待は主に，内側からの破袋力を剥れシールの剥離エネルギーで吸収するためであるから，多少の貫通孔が生じても問題にしない論理である．この剥れシール強さを「易開封」にマッチングさせるシーラント設計への展開が本研究の大きな特長である．

1.3.5 "一条シール"の完成を補完する包装材料の新設計法の提案

熱接着を剥れシールに仕上げるには通常の材料では設定温度を中心にして 2〜4℃の範囲に加熱する必要がある．この対処方法には 2 つある．

①"一条シール"が可能な表層材の密着が起こる軟化温度帯にシーラントの剥れシール特性を合わせる（特許取得済み）．

②加熱体表面温度をモニターまたは調節し，加熱温度の外乱原因を排除して，溶着面温度を正確にシミュレーションする"**MTMS**"を導入する [1,2,17-19]．

本研究では汎用性が広い②の方法を採用して種々の検討をした．

1.3.5.1 包装材料の特性に合わせた正確な加熱温度調節

ヒートシールの温度調節の精度は，①温度の調節精度，②センサの精度，③センサ位置の検出バラツキ，④調節点と加熱面温度の相違，⑤冷接点補償のバラツキの 5 要素のバラツキの変動確率で決定される．従来法では，少なくみても 4℃以内のバラツキの調節は，計測工学的に困難である．機器やセンサの精度は較正によって補正できるが，周辺環境の変動バラツキは時間の経過が関与する．ヒートバーの熱伝導メカニズムを電気回路にシミュレーションした様子を**図 5.10**に示した [1,2,19]．この図解からわるように，外乱は加熱体の表面温度の変動に集約される特徴がある．いたがって，加熱体の表面温度を In-line で計測して，温度調節系のモニターまたは設定の変更をすることによって，従来の動的変動原因を統合的にキャンセルして，2℃以内の加熱精度ができるようにした [11,17-19]．

"一条シール"の実施には，一方のヒートバーの加熱面には弾性体（ゴム板）を設置する．

ゴム板の熱伝導性は低いので，加熱バーの表面温度と材料の接着面間には温度傾斜ができるので，ゴム板の表面温度の計測（モニター）を追加して，加熱温度の管理を徹底した．さらに熱伝導性の高い弾力体を導入し，表面温度の変動の減少化を試みた．本研究ではすでにこれらの手法を現場の生産機械にも反映して確認している．

— 65 —

第5章 ［改革技術2］：「密封」と「易開封」を同時に達成する"一条シール"の実際

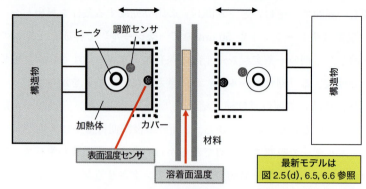

(a) ヒートシーラーモデル（ジョー型）

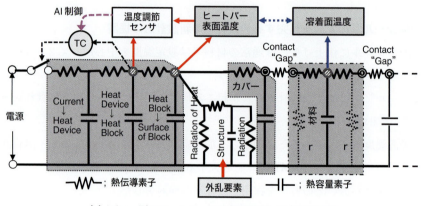

(b) ジョー型のヒートシーラの相似回路（片側の表示）

図 5.10　加熱体の表面温度を基点にした温度変動の外乱をキャンセルする新しい温度管理法の説明

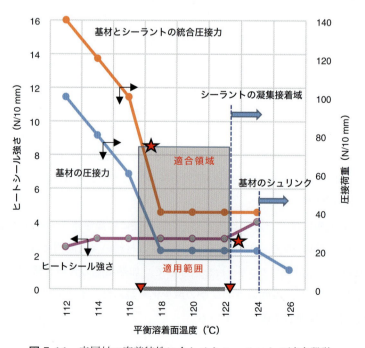

図 5.11　表層材の密着特性に合わせたシーラントの適合設計

1.3.5.2 "一条シール"の完成を補完する包装材料の新設計法の提案

段差部の密封を阻害する要因は重ね段差（材料の厚さ）と屈曲部の剛性がある．

通常のプラスチック材のヤング率は数十MPaであり，圧着による塑性変形は比較的容易である．しかし，延伸加工したOPPやOPETでは1,000～4,000 MPaと桁違いに大きくなって，段差部に構成される屈曲部の塑性変形には通常のヒートシール操作力を遥かに超える大きな荷重の付加を必要とする．従来のピロー包装のセンターシール部の漏れ対処策は，「低温化」を図った分厚いシーラント（ex. 50 μm LLDPE）を適用して，表層材が軟化する高温（約130℃以上）に加熱し，溶融したシーラントを段差部に流動させて封止をしている．あるいは，加熱体の表面にギザギザを構成した限定的な改善策があるが合理性が乏しい．

"一条シール"では微細な条突起の直交圧接で先ず「密封」を確立し，その後に荷重を面圧接に移行するから，通常の圧着圧でも密封が可能な特長を獲得している．

古くから供給されている広い温度帯でイージーピール性を有する「凝集破壊型」，「界面剥離型」，「層間剥離型」の資材を"一条シール"に適用すれば，広い温度帯で「密封」と「易開封」の両立したヒートシールが可能である．しかし，イージーピール性の発現温度帯を表層基材の軟化温度に合わせる"高温化"が必要である．

筆者は，（従来の低温化の常套手段を覆して）密封が可能な基材の軟化高温域にシーラントの剥れシール帯を合わせる材料の新設計法を発案した（世界7カ国の特許取得済み）．

表層基材（OPP）の軟化特性に調整した凝集破壊シーラント（IMX）を適用した確認方法を**図5.11**に示した．この実験から次のような知見が得られた．

1) 装置の圧接作動力の上限を80 N/10 mmに設定した．この条件に適合する供試材（OPP）の軟化開始温度は113～114℃である．
2) 適用した凝集破壊シーラントは113～122℃の範囲で約3 N/15 mmの破壊強さを示している．

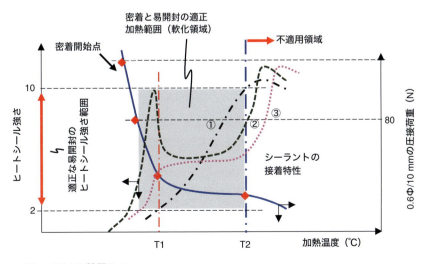

≪シーラントの種類≫；
①；co-polymer型シーラント　②；層間剥離型シーラント　③；凝集破壊型シーラント

図5.12　「密封」と「易開封」を両立させるシーラントの設計法（事例）

第5章　［改革技術2］：「密封」と「易開封」を同時に達成する"一条シール"の実際

この温度帯のシーラント材料の密着圧接力は約20 N/10 mmである.

3) 表層基材（OPP）とシーラントの密着圧接力の約20N/10 mmを加算した値が総合（平面と一条突起）の圧接力になる. 統合した密着可能温度帯は116℃〜となる.

4) 表層基材（OPP）は延伸が掛かっているので，122℃を過ぎるとシュリンクが始まるのでこの温度以上の加熱は不適格になる.

5) 関連する要素影響を考察した結果.本例の場合,低温側は圧接力の上限,高温側が基材のシュリンク開始温度となり，適用加熱範囲は116〜122℃となる.

実施事例を参照して，市場に出ている3種のイージーオープン材料を"一条シール"に反映するための新設計方法の実施モデルを図5.12に示した.

① co-polymer型のシーラントは加熱温度によって上昇する剥れシール帯を基材の密着特性に合わせる. 開封力は規定温度範囲内の剥れシール強さ値の温度に合わせた加熱制御をする.

② 層間剥離型のシーラントの場合には基材の密着可能範囲に層間剥離を起こすように層間剥離材の設計をする. 最内層のシーラントは密着可能下限温度ではエッジ切れを起こす接着状態にする.

③ 凝集破壊型シーラントの場合は基材の密着可能範囲で，凝集破壊を起こす設計をする.

1.4　結　　論

筆者が開発したヒートシール面の温度応答を直接計測する溶着面温度測定法：**MTMS**の全面的な展開と微細な漏れの定量化が容易にできる「探傷液法」の適用によって，従来技法の論理展開の不適を解明した. その検討結果を基に「密封」と「易開封」のメカニズムを詳細に検討した. そして,長年のヒートシール技法の究極的な課題であるヒートシール面を利用した「密封」と「易開封」を同時に達成できる新ヒートシール技法の開発に成功した[5].

検討経過の特徴を列挙すると次のようになる.

(1) 従来は精密な溶着面温度応答の管理法が不備であった.

(2) 学際は剥れシールでは密封ができないと『誤認』して，合理的な解決策を封じてきた.

(3) 「強い接着が良好なヒートシールである」とする『誤認』を学際は容認してきた.

(4) ヒートシール技法を支配する要素は接着面の溶着面温度応答が主要素で，時間と圧力は付随要素である. 特に時間は単独の取り扱い要素ではない.

(5) 熱接着に影響するとされてきた圧着時間と圧着圧の増加は圧接斑の補完であり，本質的な制御要素ではない.

本研究の成果は新たに次のような新機軸を提起した.

(1) 新技法（"一条シール"[*1]）に反映した論理展開は従来のヒートシール技法の改革になる.

(2) 本研究の論理を展開して，包装材料の機能設計の明確化と単純化が図れる.

[*1] 「密封」と「易開封」の革新技術の"一条シール"が開発されたが，"一条シール"の要求する振れ幅が3℃（±1.5℃）に応える温度調節法がこの時点では果たせていなかった.
第6章に掲載した《界面温度制御》の完成で実用化が可能になっている

(3) 本報告が学際に定着している凝集接着偏重の合理的脱却に寄与できる．
(4) 新技法は段差部のあるヒートシール面の密封改善には不可欠であるが，平面接着で発生する小さなしわによるシール不良の対策に展開すれば，熱接着包装の信頼性の向上とヒートシールの本質的な HACCP が図れる（ex. レトルト包装，PTP 包装，カップ包装）．
(5) 合理的開封法とリンクすれば[20,21]，「易開封」の効果はより確かになり，包装の非バリアフリーの改善に発展できる．

2. 片面式 "一条シール" [Ⅱ] の開発

2.1 はじめに

"一条シール"（Ⅰ）では，片方のヒートバーの表面に一条突起を設け，他方の面に弾性体を配した構成になっている．圧縮初期には，先ず一条突起が包装材料に直接接触し，突起の高さ分（0.3～0.5 mm）対面の弾性体に陥没して，局部圧縮をする．その後はヒートシール面全体の剥れシールを完成するために一条突起部の局部加熱に複合し，面圧着/加熱を行っている．一条突起の局部圧着によって，ピロー袋のセンターシールフィン等の段差部の漏れ孔を塑性変形で封止している．

"一条シール"（Ⅰ）は，両面操作なのでカップやトレー包装のように片方が厚い剛体の場合は，両面加熱操作ができない．2022年，この要求に応える（Ⅱ型）が開発された[23]．

"一条シール"（Ⅱ）は「一条突起」と「平面圧着」を同一面（片面）に構成して両面型と同様の機能をもたらす．

2.2 "一条シール"の開発（Ⅱ）の構成と作動説明

"一条シール"（Ⅱ）の構成を図 5.13 に示した．（Ⅱ型）の特徴は，一条突起と平面圧着の弾

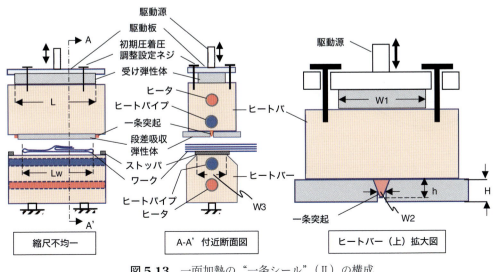

図 5.13　一面加熱の"一条シール"（Ⅱ）の構成

第5章 ［改革技術2］：「密封」と「易開封」を同時に達成する"一条シール"の実際

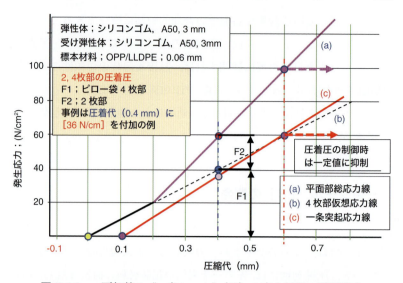

図 5.14 一面加熱の"一条シール"（Ⅱ）の応力制御の説明構成

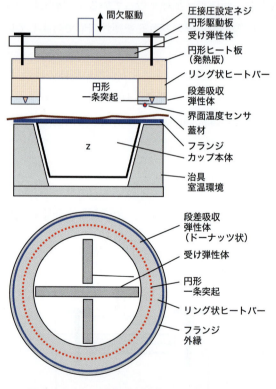

図 5.15 カップ包装に適用した【Ⅱ型】の"一条シール"方式の説明図

性体が一体になっている．一条突起の付設したヒートバーは「受け弾性体」を介して，駆動源につながっている．初期圧着圧は弾性体の圧縮係数と厚さで選択（A50-A80）し，駆動板の圧着圧で微調整する．駆動源にエアーシリンダを適用して，ヒートバーを直結駆動すれば，・駆動板，・初期圧着圧調整ネジ，・受け弾性体の付設は不要となる．圧着圧は駆動空気圧の微調整で制御できる．

（Ⅱ型）では，図 5.14 に示したパターン（b）に従って先ず弾性体の面圧着で始まり弾性体が［(H−h)＝Δh］となると一条突起は材料に直接接触を始める．(0.05 mm) 位進行すると圧縮線は一条突起への応力と複合し（a）となる．一条突起の局部圧着接触線は（b）の延長線になる．

事例の設定条件は図中に示してある．事例では，圧縮代が約 0.6 mm で「密封」と「易開封」が完成できた．

図 5.15 にカップ包装に適用した"一条シール"（Ⅱ）の構成を示した．

― 70 ―

■参照文献

1) 菱沼一夫 ,「日本包装学会誌」, Vol.14, No.2, p.119-130, No.3,p.171-179, No,4 p.233-247 (2005)

2) 菱沼一夫, 高信頼性「ヒートシールの基礎と実際」(幸書房刊) p.37-52 (2007)

3) 菱沼一夫, 第 23 回日本包装学会年次大会, d-01, p.12-13, (2014)

4) 菱沼一夫, 日本缶詰びん詰レトルト食品協会第 63 回技術大会要旨集 P.12

5) 特許第 57779291 号 (2015)

6) 菱沼一夫, 第 20 回日本包装学会年次大会, D-1, p.134-135, (2011)

7) 菱沼一夫,「缶詰時報」Vol.91, No.11, p.21-34 (2012)

8) Kazuo HISHINUMA, IAPRI 2014, MC-2-2(2014)

9) Kazuo HISHINUMA, Special Issue on WCARP-V, Vol.51, No.S1, p.22-23(2015)

10) 菱沼一夫高信頼性「ヒートシールの基礎と実際」(幸書房刊) p.55-56,76-78, (2007),

11) Chana Yiangkamolsing, Kazuo Hishinuma 17th IAPRI World Conference on Packaging O15-02, (2010)

12) 菱沼一夫, 第 19 回日本包装学会年次大会, D-4, p.106-107, (2010)

13) K.HISHINUMA, 17th IAPRI World Conference on Packaging P2-36 (2010)

14) 菱沼一夫,「缶詰時報」Vol.90,No.4, p.63-77 (2011)

15) 菱沼一夫, 第 24 回日本包装学会年次大会, b-10, p.134-135, (2015)

16) 菱沼一夫, 日本缶詰びん詰レトルト食品協会第 64 回技術大会要旨集 p.11-12

17) 特許第 4623662 号 (2010)

18) 菱沼一夫, 高信頼性「ヒートシールの基礎と実際」(幸書房刊) p.127-130 (2007)

19) 特許第 3465741 号 (1998)

20) 特許第 5435813 号 (2013)

21) 菱沼一夫, 第 24 回日本包装学会年次大会, d-11, p.54-55, (2015)

22) ASTM F88 (1968 年制定), p.1

23) 特許第第 7227669 号 (2023)

第6章 ［改革技術1］：溶着面（接着面）温度応答を直接的に制御する《界面温度制御》

本章は，原典；「缶詰時報」Vol.100, No.9（p.814-830）（2021.07）に改訂・増補を施している

1. はじめに

ヒートシール技法の究極の課題はエッジ切れのない「密封」と「易開封」を同時に達成することである．

ヒートシールを確実に達成する方策として，「温度」，「時間」，「圧着圧」[6]が制御パラメータとして取り扱われてきたが，その合理的な定義は70数年もの間，曖昧のままである．

「加熱温度」とは，時間ファクタを包含したヒートシール面の溶着面（接着面）温度応答と理解するのが的確であるが，実際は加熱体（ヒートバー）の温度調節値を管理指標にして，包装機の回分動作周期に合わせた生産量達成目的の高速な《時間制御》に依存してきた．

この《時間制御》は，ヒートシールの加熱温度ではなく生産量達成を目的にしたオープンループ制御なので，温度調節の関連要素の不確定性が外乱となり，包装材料のシール機能を発揮させる精密（3℃以内のバラツキ）な加熱温度の直接的なクローズドループのフィードバック制御ができていない欠陥がある．

ASTM F2029は加熱体の温度調節設定値を管理指標に指定しているが定量性に欠陥がある．

従来の加熱体温度の「不確かさ」は小さく見積もっても7℃以上ある．実際は，このバラツキ（外乱）の下限値が実行された場合の加熱不足を懸念して，材料の適正値より10℃以上も高いモールド接着の加熱温度帯が常套的に適用され，密封，易開封，エッジ切れトラブルの課題を歴史的に継続（放置）してきている．

筆者は，不可能と考えられていたヒートシール面温度の直接的な加熱制御（フィードバック制御）を多年に渉って研究している．複数層のフイルム重ね面の界面温度応答の研究過程で，被加熱材の表面側界面温度が，溶着面（接着面）温度応答と低温度差で直接的に把握できることを発見した．さらに，《時間制御》（オープンループ制御）頼っていた［0.3 – 0.7 s］の高速圧着時間帯では困難とされていた，溶着面温度応答を〈2℃以内の再現性〉で計測できることを発見した．この計測結果を基にヒートシール界の積年の課題（溶着面温度の直接制御）を革新する《界面温度制御》を世界に先駆けて完成した[1-3]．

ヒートシール技法の基幹課題の「密封」と「易開封」は"一条シール"[4,5]の発明で解決できているが，従来並みの高速生産性の確保は加熱精度が課題になっていて，外乱を排除できる接着面の加熱温度応答の直接制御法（フィードバック制御）の開発が強く期待されていた．

本研究の《界面温度制御》は"一条シール"の要求する加熱精度を充分に満足している．

本成果により「平衡温度加熱」の適用で確立されている数多くのヒートシール理論／技術の高速化を要求する現場への反映を容易に達成できるようになった．

包装界の海洋環境問題への当面の対処は，開封時に増加するノッチ開封片の発生を止めることである．本研究の展開で"一条シール"の平面開封機能を実践し，直接的な改善効果に貢献できる．

2. 界面温度制御の理論

2.1 熱接着（ヒートシール）の期待機能の歴史的背景

2.1.1 加熱温度，加熱時間の設定の的確性

熱接着状態は，加熱温度をパラメータにした「引張強さ」の計測で密封性の評価をしてきた．パラメータの加熱温度は対象接着面の溶着面温度応答で定義されるべきであるが，歴史を経ても計測と制御は，当初から加熱体（ヒートバー）の温度調節が精一杯で今日も継続している．さらに，それが材料との接触面（加熱体表面）ではなく，センサの取り付け点の温度調節であることに気づかず，誤認を今日まで継承していて，ヒートシール技法の合理化の大きな障害になっている（図2.5, 表1.4参照）．

2.1.2 「加熱速さ」による「熱接着強さの変移」の発見

ヒートシール操作の評価として，熱接着強さ（ヒートシール強さ）の計測法が《JISZ 0238, ASTM F88》によって規格化されている．しかし，同一材料を同一社内で適用していても，工場が別になったりすると同一結果が得られないことが，数多く報告されている．

今までは，接着強さは加熱温度に対して一元的に発現するとされていたから，不揃いの原因は，パラメータと定義している「圧着圧」や「加熱温度；加熱時間」が影響していると思われていた．筆者自身も高精度の加熱や精密な圧着調整を行っても，この現象に度々出会い困惑していた．2011年に実験中に厚さの異なるテフロンのカバー材を無意識に適用した際に，カバー材の厚さによって，ヒートシール強さが大きく変化することをたまたま発見した．

詳細を検討して，「加熱速さ」による接着強さの変移が起こる現象を【Hishinuma効果】と名付けた[7,8]．【Hishinuma効果】を反映した熱接着特性モデルを図6.1に示してある．

立ち上がり部は界面接着の剥れシールとなる．界面接着帯は単一素材では4℃未満である．co-polymerを混入したシーラント材は，今日では多くの機能性の発揮に重用されているが，Geroge L.Hoh等は[9]この材料の開発は，剥れシールの加熱温度帯の拡張が狙いであることを特許明細書で記述している．

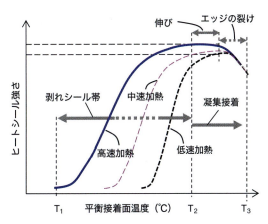

図6.1　熱接着（ヒートシール）の基本特性の説明

各材料の特徴を生かすためには，界面接着領域（剥れシール）からモールド接着の凝集接着の境界領域の適用が期待されているが，4℃以内の温度制御のバラツキ要求には，従来の加熱温度調節技術の《時間制御》では，期待に応えられない．

2.1.3 圧着圧の定義は変更になった

ASTM F2029-08 の［7.2.3.3］には「圧着圧」を 0.1～0.4 MPa を規定（菱沼：0.1～0.3 MPa を推奨[10]）として，パラメータではなく限定的な扱いに変更されている．

2.1.4 「温度」，「時間」の定義の明確化

「温度」は，溶着面（接着面）温度応答と定義されるべきであるが，これを明言する人は余りいない（主張は，実際の計測法が要求されるので）．そして，「温度」と「時間」を個別のファクタとして取り扱っているが，溶着面温度応答は「加熱温度」と「材料の伝熱応答特性」の複合であるから，分離して制御しようとするのは正しくない．この設定は，プラスチックの熱可塑性現象の基本を外してきたから，従来のヒートシール技法は合理性を失い，今日も混迷が続いている．

2.2 （今だから正々堂々と言えるようになった）従来のヒートシール操作の欠陥の解明

図 6.2 に熱接着のヒートジョー方式の基本操作を示した．［Tn1，Tn2］に温度調節された加熱体を駆動源によって，包装材（袋）を加熱/加圧接着する．合わせ面（熱接着面）の温度は下側図に示したようにステップ応答（1次遅れ）をする．熱接着では，加熱温度に応じて剥れシールの界面接着状態から凝集接着状態になり，この制御は（接着面の）加熱温度がパラメータとなる．

熱接着技法では適用温度［Ts］に到達したら速やかに加熱を中断する（ここに示した温度応答は "**MTMS**" キットの計測結果をモデル化している）．

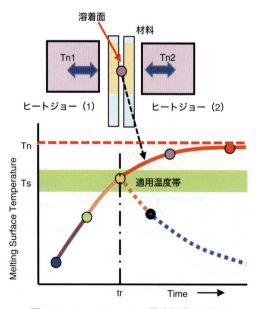

図 **6.2** ヒートシールの基本操作の説明

［Ts］に到達する時間 tr は，①加熱温度［Tn］の変更，②材料の厚さの相違によって変動する．

圧着時間 tr を tc，tb，ta に変化した時の応答例を図 **6.3** に示した．

ラボでのヒートシール特性の計測では，制御したい温度を加熱体表面に設定する．そして，平衡温度に到達する tc；［3 – 10 s］の加熱を行う．しかし，このラボの加熱速さを現場に反映したら生産性が極めて悪くなる．現場では生産量計画を優先して，選択された回分動作周期から割り出された ta 相当を経験則で選択している．しかし，この領域の温度傾斜は［10℃ /0.1 s］程度の高速になるから，

加熱時間ムラの影響が大きい．また，加熱時間（速さ）が大幅に変わるので【Hishinuma効果】によるヒートシール強さの変移が出て，ヒートシール強さ管理が複雑になっている（図4.12, 14参照）．

ラボのデータ採取方法（平衡温度加熱）と（各社のカタログデータを含む）と現場の対処（高速な過渡加熱）に隔たりがあるので，混乱が起こっている．オープンループ制御の《時間制御》から脱出して，高速域；(ta帯) も含めた溶着面（接着面）温度応答の直接制御が期待されている．安定した密封に併せて剥れシールを保証するには，バラツキを［3-4℃］以内に溶着面（接着面）温度応答を制御する必要がある．

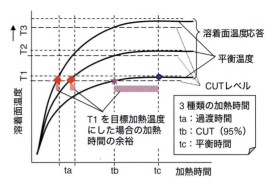

図6.3 溶着面温度応答と加熱時間の動的定義

従来，（世界的に）溶着面（接着面）温度応答を直接制御する技術がなかったので，圧着装置の加熱時間 tr あるいは，加熱体の調節温度を変更（過渡加熱条件）し，応答が Ts に到達したかどうかは，工程中の製品をサンプリングして，接着状態を目視判断や引張試験の結果を観て試行錯誤で接着の"適正性"を決めていた．

判断の個人差を避けるために，破れシールの凝集接着への偏重が"適正状態"とする【D.F.S.】が定着し，ポリ玉の発現によるピンホールやエッジ切れ課題が継続している（第2章参照）．

従来法では，凝集接着に偏重していたので，剥れシール（易開封）の制御ができないから，開封片が出る"ノッチ開封"が常態化して，熱接着面の「易開封」志向を阻害している．したがって，開封片が増え，プラスチック材の海洋汚染の原因にもなっている．

2.3　従来の加熱体の発熱温度の信頼性の改善策と《界面温度制御》の期待

従来の熱接着の加熱温度は，加熱体の温度調節の設定値を管理指標にして，加熱体（ヒートバー）の圧着時間操作で調節している．しかし，ヒートジョー方式の加熱体の温度調節において，片方のみに温度センサを装填して，他方の加熱体は調節計の出力に並列に接続されているものを多く見かける．少なくとも加熱体の加熱温度管理は材料との接触面の《加熱体表面温度》に着目する必要がある．

調節センサの設置点を起点にして，《加熱体表面温度》の変動に関係する要素の〈不確かさ〉の解析と試算結果を表1.4に示した．①，②は測定系の固有の特性に依存するので，手を加えることができないが③，④，⑤は装置の設計/構成に係るので，改善は可能である．現状の市販装置で検証すると，不確かさは少なく見積もっても［4.2-6.9℃］となっている．

材料と接触する加熱体表面温度の変動は，加熱成果に直接的に関係する．

運転中の表面温度を常時モニタ/調節すれば，③〜⑤の不確かさの外乱の検知と管理（制御）ができる．加熱体表面温度の検知は，材料との接触面の中央付近に加熱体表面から0.3〜0.5 mm 離れた位置に微細センサを装着し，運転中の加熱体表面温度をモニタする[11,12]．On-line で《加

第6章 ［改革技術1］溶着面（接着面）温度応答を直接的に制御する《界面温度制御》

熱体表面温度》のモニタ／制御をすれば，加熱面の信頼性は［①，②］の適用温度計の性能のみ
となり，一挙に精度を向上できる．

　図6.3のtbは，tcの95％付近の加熱時間を利用する．tb付近の温度傾斜は小さくなるので，
回分動作等の時間バラツキがあっても高精度の加熱体表面温度を適用すれば，的確な接着面の加
熱が可能になる．しかし，対応範囲が約0.7秒以上の制限がある．接着面の温度応答の直接検知
／制御が可能になれば，接着面の温度調節はフィードバック制御ができ，精密な加熱体表面温度
の制御に頼らなくとも，外乱による変動要素も吸収できるので，熱接着（ヒートシール）技法を完
璧に近づけられる．

2.4　従来の加熱温度管理の欠陥の検証

　従来の常套的なヒートシールの加熱操作は，

① 割り当ての操作時間（自動装置では回分時間）が先ず割り当てられる．

② 試行錯誤で設定された（温度調節値）で作成した標本をサンプリングして，引張試験（ヒー
　トシール強さ）や水没試験で，加熱条件の"是非"を判定する．（合理的な判定基準がない
　ので）現場の担当者の判断に任され，生産運転が実施されるので，密封の保証性は担保さ
　れていない．

③ 試行錯誤で得られた設定温度は，〈各位の経験則；温度変化〉から，加熱不足を起こさない
　ように数℃〜20数℃の上乗せ設定が行われる．エッジ切れを起こす凝集接着（モールド）
　状態の確保が判断の目安になっている．

④ これらのヒートシール管理は《圧着時間》が制御対象なので，真の温度管理ではない．

⑤ 現状では，温度を指標にした的確な加熱制御方法がなかったので，材料の持つ界面接着の
　剥れシール帯の特性を活かすヒートシール操作は困難になっている．

以上の結果として，凝集接着に偏重している．

3.　溶着面（接着面）温度応答を直接的に制御する《界面温度制御》の開発

3.1　現場における溶着面（接着面）温度応答の直接計測の困難性の確認

　筆者は，熱接着の理論的解析には溶着面（接着面）温度応答の計測が不可欠と考え，微細センサ（15
〜50 μm）を直接挿入して，熱接着面の温度応答を直接計測できる；溶着面温度測定法："**MTMS**"
を開発した [13,14]．

　この計測法は，加熱温度による界面接着の挙動を明確にし，溶着面（接着面）温度応答の定量
化に貢献している [15]．

　圧着／加熱工程の繰り返し操作で，温度変動する加熱体の制御や，包装材料の特性等のバラツ
キにも対応できる高精度（2〜3℃）の加熱操作ができれば熱接着（ヒートシール）の信頼性の革新
ができる．

　ラボでは，溶着面温度測定法："**MTMS**"を利用して，［0.5 – 2℃］精度の溶着面（接着面）温度

3. 溶着面（接着面）温度応答を直接的に制御する《界面温度制御》の開発

応答のあらゆるヒートシール現象の解析／評価が行われている．しかし，製品の製造工程において，全製品に溶着面温度センサを直接挿入すれば，センサの破片が製品中に残ったり，センサのコストで採算性が全く成り立たず，ラボと同様な溶着面温度の直接制御は困難である．加熱時間のバラツキの影響が小さい平衡温度加熱の［CUT 95％］を溶着面（接着面）温度応答の新制御法として提案したが，加熱時間が［〜0.7 s］の短時間加熱帯では温度傾斜大きく適格な温度管理ができず，適用が困難であった．残念ながら平衡温度加熱法は，現場からの賛同は得られなかった．苦節15年の技術開発もラボの新理論構築は現場と乖離していた．

3.2 4面材料の層間温度応答の計測の遊びから発見された《界面温度》のもたらした溶着面温度応答計測の新論理の発見／構築

加熱体表面温度が調節された加熱装置を用い，4枚重ねの材料間 (a, b, c, d) に微細センサを挿入して，"**MTMS**"測定をした時の①（加熱体表面/a），②（a/b），③（b/c）の応答を図6.4に示した．この測定において材料 (b＝c), (a＝d) とし，③を接着面とすれば，②が界面温度になる．興味本位な試みとして，応答中の②と③の温度差の計測／演算を試みた．材料厚さによって変化するが，製造現場で利用している［0.2 – 0.3 s］の短時間の各圧着時間帯の詳細挙動が計測された．この加熱時間の検証結果は平衡温度加熱［CUT（95％）；0.7–1.0 s］を大幅に下回るものであった．適用したテフロンシートの厚さは，0.05/0.10 mm と 0.05/0.05 mm で明確な相違が現れている．［(界面温度) －(溶着面温度)］は2℃以内に収斂していた．

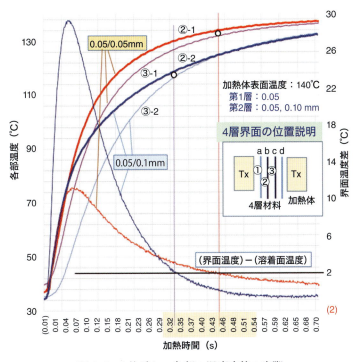

図6.4 4枚重ねの各部の温度応答の実際

4. 《界面温度制御》の能力評価と実機への反映

4.1 界面温度信号の機能の確認

《界面温度制御》の原理の図解を図 6.5 に示した．熱接着（ヒートシール）は，外面からの伝導加熱により行われ，①定温の加熱体の圧着加熱，②圧着開始に同期して発熱を開始．前者の加熱応答はステップ応答，後者はランプ状応答（直線的な上昇パターン）となる．

ステップ応答の代表はヒートジョー方式，ランプ状加熱の代表はインパルスシールである．また，接着面付近を発熱源にする超音波発熱，電磁波発熱方式もある．《界面温度計測》では，熱流が直線的透過する場合の，隣接面の温度応答計測が可能である．発熱面からの流出熱を計測すれば，同様な計測が可能である．

4.1.1 両面加熱／片面加熱の《界面温度》の動態

ヒートジョー方式とインパルスシール方式の，《界面温度制御》の原理を次に説明する．

図 6.5（a）のヒートジョー方式の加熱体の温度を Tn2＝Tn1 とすると，圧着後の接着面温度応答は室温からV字状のパターンを形成しながら上昇して，平衡温度に到達する．この応答は，周囲温度に関係なく，加熱体温度のみに依存する特徴がある．《界面温度》はカバー材と被加熱材の外側との接触面になり，この温度変化値は接着面への流入熱に比例するので溶着面温度応答の直接的な検知になる．平衡温度に到達すると流入熱もゼロに漸近する．この時の温度上昇パターンは熱接着材の熱容量で決まる．すなわち界面温度応答は熱接着材の熱容量（厚さ）の変化を含めて応答を検知をしていることになる（電気相似回路図 6.6 の C3 の充電電流を検知することになる）．

図 6.5（b）はインパルスシール方式の温度分布パターンを示した．インパルスシール方式の

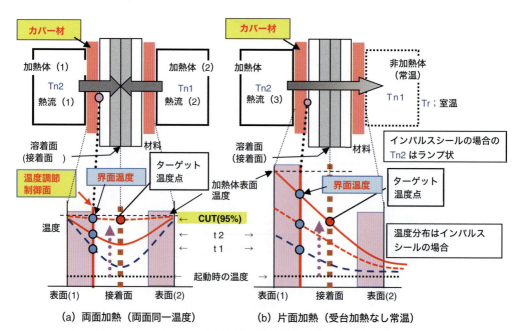

図 6.5　ヒートバーの加熱温度の動的解析；《界面温度制御》の図解

特徴は，圧着開始時点から加熱リボンに通電されるので，加熱温度は直線的に上昇する《ランプ状》加熱になる．片面加熱では，加熱側と受け台側の温度差によって加熱流は加熱側から非加熱（常温）側への一方通行となる．加熱が長時間になると加熱側の熱流で受け台側に蓄熱が起こり，受け台の温度上昇が起こる．片面加熱では，ランプ状応答なので，界面温度と溶着面（接着面）温度応答は平衡状態にはならない．

4.1.2 《界面温度応答》を電気回路に相似して，その妥当性の検証

以上の熱伝導系の相似電気回路を**図 6.6** に示した．実際は両面から同一の熱伝導が起こるが，片側のみを用いて説明する．

カバー材（R1）；界面の熱接触抵抗（R3），熱接着材の熱抵抗（r1），リーク熱抵抗（放熱）（R4）とする．待機中の界面は外気と接触しているので，放熱抵抗（R2）によって，待機温度を示している．圧着操作によって，sw1 が切り替わり，被加熱材の圧着に移り，溶着面温度応答 [Tm] は加熱源からの流入熱の過渡現象を示す．その応答は，[(R1＋R3＋r1)・C3] の一次遅れとして捉えられる．この回路における主熱流は 3 つの熱抵抗体（R1, R3, r1）を直列に通って C3 にチャージされる．したがって，熱流検知（回路中の熱抵抗の温度降下応答）は，一元的に計測できる（熱流は図 6.6 中に太点線で示してある）．

各材料の熱伝導，熱容量（材質，厚さ）の特性はそのまま《界面温度》応答に自動的に反映されるので，現場での材料毎の補正調整は不要となる．

《界面温度応答》計測による隣接面の溶着面温度応答の相似の妥当性を証明できた．

熱流検知の抵抗値（R1）の選択は重要である．大きく（厚く）すれば，熱流変化の検知感度は上昇する優位性がある．しかし R1 の挿入は系全体の熱流量を規制（減少）になり，「一次遅れ」系の応答の低下につながる．本研究／技術では加熱対象材料の厚さと応答性 [0.2〜0.5 s] を目標にしているのでカプトン®フイルム；50 μm（接着剤層込）をカバー材に選択している．

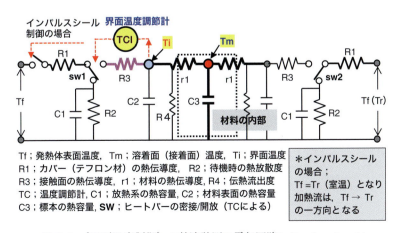

図 6.6 《界面温度制御》の熱流計測の電気回路シミュレーション

4.2 《界面温度制御》の実際化

4.2.1 ヒートジョー方式への展開

カバー材,ヒートシール材の4層で構成する加熱系において,各層間の温度応答(分布)は,図6.4に示してあるが,ここで第1層(a)を加熱体に貼り付ける工夫を見出した.

カバー材は常時,加熱状態になるから,図6.4中のa, dの予熱分の立ち上がりは少し早くなる.その表面に微細センサを貼り付ける.待機時のセンサ付近の表面は大気に露出されているから,表面は放熱温度を検知している.図6.4と**図6.7**ではカバー材に［0.05 mm；カプトンシート］と制御対象材に［テフロン；0.05, 0.10 mm］を適用した.図6.7(a)には［カプトン/テフロンシート］の重ね合わせ構成を［0.05/0.05 mm］と［0.05/0.10 mm］の2種類の組み合わせの応答を示した.

当然のことであるが［0.05/0.05 mm］に対して［0.05/0.10 mm］が遅くなっている.

《界面温度応答》は被加熱材の個別の熱容量に応じた反応をするので,厚さの変動に合わる対処をしなくてもよいことになる.材料の厚さにより,応答パターンが鮮明に変化して,《界面温度》が負荷の相違(厚さ)に適格に反応していることがわかる.

室温の被加熱材が挿入圧着されると,微細センサはカバー材と熱接着材の接触界面の温度を検知する.一旦,急激に下降した《界面温度》は,[(R1+R3+r1)・C3]の一次遅れで平衡温度に向かって上昇する.溶着面(接着面)温度応答の実際は計測はできないが,"**MTMS**"キット(M)["**MTMS**"キットの携帯型]を利用して計測した溶着面(接着面)温度応答データを図6.7(a)に付記して,確認した.

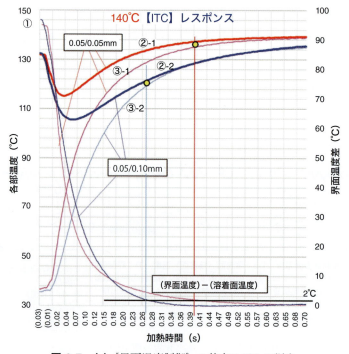

図6.7 (a)《界面温度制御》の基本モデルの誕生

4.《界面温度制御》の能力評価と実機への反映

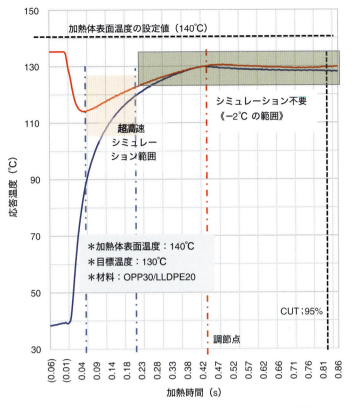

図 6.7 (b)《界面温度制御》の制御結果 (130℃)(事例)

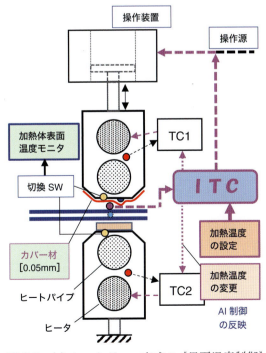

図 6.7 (c) ヒートジョー方式の《界面温度制御》の構成

　界面温度信号（熱流信号）を（高速）温度調節計に導入し，調節計の出力で圧着操作を制御すれば，溶着面（接着面）温度応答のフィードバック制御系が確立できる．

　標本試験材；[OPP30/LLDPE20] を加熱体表面温度；140℃の条件で，《界面温度》；130℃に制御した例を図 6.7（b）に示した．この時の圧着時間は 0.44 秒であった．この例の場合は，[(界面温度)≒(溶着面(接着面)温度)] となる．制御系の構成を図 6.7（c）に示した．

　《界面温度制御》の動作を述べると①熱圧着開始，②界面温度の検出，③調節計に界面温度信号を導入，④調節結果を出力，⑤操作源を遮断（圧着を開放），温度検出から始まった一連の連続（自動）操作は，設定温度の到達検知で加熱 / 圧着を操作するクローズド

第 6 章 ［改革技術 1］溶着面（接着面）温度応答を直接的に制御する《界面温度制御》

ループのフィードバック制御を確立している．

　通常のヒートジョー方式の回分動作は，カムリンク機構で作動する．おおまかな圧着操作時間は，回分動作周期の約 1/2 である．回分操作時間の 97 〜 99％の時間帯に，所定の界面温度になるように加熱体表面温度に変更するロジック制御（AI 制御）を行えば，オペレーターの知的負担は解消できる．（説明図は省略）圧着操作ユニットが単独で作動するシステムでは，検知された界面温度（最低値）で圧着操作を直接制御してもよい．

　図 2.6 に示したようにヒートパイプの挿入によって，ヒータ / ヒートバー表面間の熱伝導特性は著しく改善されることが確認されている．この知見を採用して，TC1，TC2 のセンサをヒートバー表面温度センサに置き替える簡素化可能になっている．よりシンプルなクローズドループ（フィードバック制御）が実現している．

　ヒートジョー方式の実用化試験には大型の包装機が必要になるが，図 6.9 に示したヒートバーユニットを製作して実証試験シミュレータで行った[17]．

4.2.2　インパルスシール方式への展開

　電気回路の近似解析を図 6.6 で説明した通り，《界面温度》検知性能は方向性のある熱流系において，隣接面の温度応答を直接計測できる汎用性を有しているから，片面加熱や発熱源が直線的に上昇するランプ状加熱のインパルスシールにおいても《界面温度検出》は汎用的に利用でき

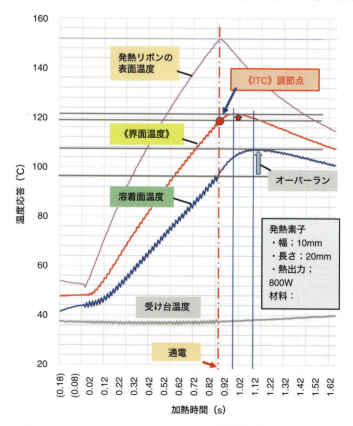

図 6.8　(a) インパルスシール方式の《界面温度制御》の構成

4.《界面温度制御》の能力評価と実機への反映

る．図6.5（b）で図示した温度分布特性の動的応答の計測事例を**図6.8（a）**に示した．

ランプ状の片面加熱では，平衡温度は発現しないので，界面温度と溶着面温度の間には，熱接着材の1枚分の熱流による温度傾斜は原理的に発生する．インパルスシール方式はインパルス状通電によってランプ状（直線的）の発熱になる．1秒位の間に数百Wの発熱をするが，発熱体（リボン）は薄く（0.2〜0.3 mm）熱容量が小さいので，負荷の熱容量（厚さ大，金属箔のラミ）よって温度上昇が制約される特性がある．ヒートジョー方式に準じた両面発熱型に変更すれば，レトルトパウチ仕様のシールも可能なる[16)]．

図6.8（b）にインパルスシール方式の《界面温度制御》の機材構成を示した．

従来のインパルスシール方式は図6.8（b）の上段に示したように予めタイマー設定した《時間制御》では，溶着面（接着面）温度応答には一切関与していない．実際の計測事例は図6.12に示したので後に説明する．インパルスシール方式の《界面温度制御》の構成は簡単である．《ITC》の出力で，発熱リボンの加熱電源を直接On-Offするので，制御の応答性は速く，0.05秒以下にできる．《時間制御》方式の従来のインパルスシール方式では何とか熱接着ができる「安物シーラ」

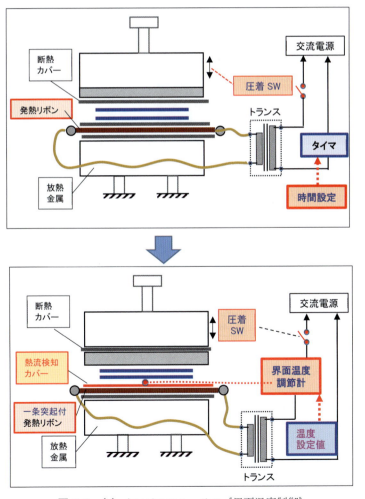

図**6.8**（b）インパルスシーラの《界面温度制御》

第6章 ［改革技術1］溶着面（接着面）温度応答を直接的に制御する《界面温度制御》

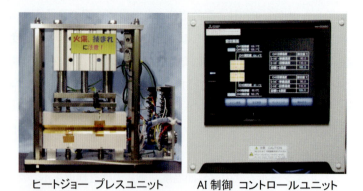

図6.9 《界面温度制御》をヒートジョー方式に展開した実用化シミュレータ（販売モデル）

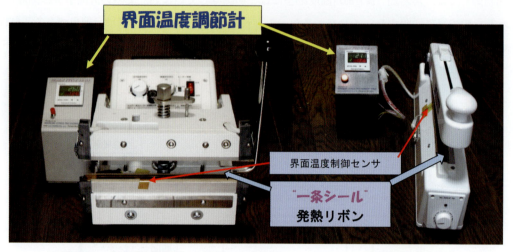

図6.10 《界面温度制御》を適用した高性能インパルスシーラの販売モデル

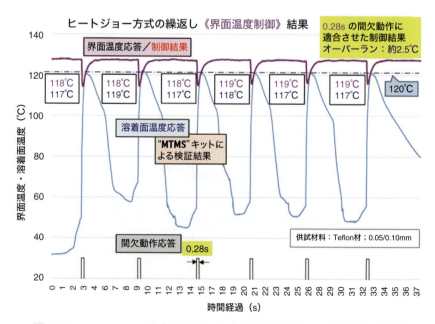

図6.11 ヒートジョー方式に適用した《界面温度制御》の制御結果（事例）

― 84 ―

であった．しかし，《界面温度制御》ユニットの付属と僅かな改造で，温度制御ができる最上位のシーラに変身している（図 **6.10** 参照）．

図 **6.9** にヒートジョー方式の《界面温度制御》シミュレータ販売モデルを示した．

図 6.7（a）ではカバー材に［0.05 mm；カプトンシート（接着層込）］と制御対象材に［テフロン；0.05，0.10 mm］を適用した．材料の厚さにより，応答パターンが鮮明な変化していて，《界面温度》が負荷の相違を適格に反応していることが分る．ヒートジョー方式の繰り返し動作の制御事例を図 **6.11** に示した．溶着面温度応答は性能検証のために "**MTMS**" キットの計測データを付記した．待機状態の温度は関係せずに到達温度の界面温度のみで制御が完結する特長が得られている．

4.2.3　インパルスシール方式の制御結果

片面加熱の温度分布は，図 6.5（b）に示したように層内には温度傾斜ができるので，接着面の平衡温度はない．したがって，界面温度との差の発生を理解した適用になる．インパルスシール方式では，加熱がランプ状になる．**図 6.12** にインパルスシールの連続運転（約 10 秒間隔）の制御結果を示した．発熱リボンの発熱温度を（熱流検知の）カバー材を介して《界面温度》計測をするので，界面温度と溶着面温度応答は材料 1 枚分の温度差になるので的確な溶着面（接着面）温度応答をシミュレーションする特長がある．

検出した界面温度値で，ヒータ電源を直接 Off にするシンプルな操作で，高精度の温度制御ができる．ジョー方式よりシンプルで高速な制御ができている．

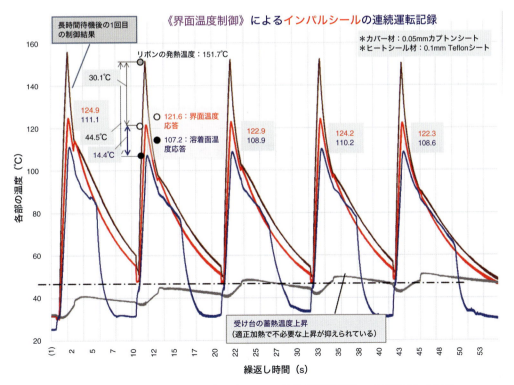

図 **6.12**　インパルスシール方式に適用した《界面温度制御》の制御結果（事例）

— 85 —

第6章　［改革技術1］溶着面（接着面）温度応答を直接的に制御する《界面温度制御》

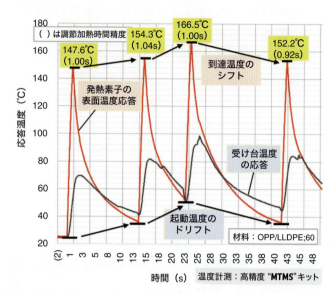

図6.13　従来の《限時制御》法によるインパルスシールの制御結果（事例）

　図6.8(b)にインパルスシール方式の従来と《界面温度制御》方式を導入した原理を示してある．
図6.13に従来の《時間制御》による制御結果を示した．この結果からわかるように時間精度がいくら優れていても，発熱リボンと受圧側の（常温より高い）残留温度は，《時間制御》に直接影響し，繰返し使用の間隔によって20℃以上の加熱温度バラツキが発生して，制御の体を成していない．インパルスシーラのメーカはこれを承知していて，約3分間隔以内の繰返し使用の制限を指示している．《界面温度制御》では，材料の外面温度を制御指標にしているので，発熱リボンや受圧体の温度変化を含めた溶着面（接着面）温度応答を計測するので，短時間の繰返し使用にも応えている．加熱が過加熱ならないので，受け台側の温度上昇も小さくなって，副次的に安定した加熱と高速化を果たしている．

5.　《界面温度制御》がもたらした従来常識【D.F.S.】の課題の革命

　溶着面（接着面）温度応答の制御が不可能とされ，気付かない間に非合理的な【D.F.S.】が定着して，（世界の）包装界にとって，重要なカテゴリである「密封」と「易開封」の品質保証技術の確立が数十年に渉ってなおざりなってきた．
　その代表的な問題を**表6.1**に列挙した．ピロー袋の段差部の「密封」と「易開封」を可能にした最新技法；"一条シール"の開発で明らかになった課題を**表6.2**に示した．
　半世紀も前から《ASTM-F88》はヒートシールの密封と易開封の両立を期待している．しかし（世界の）学際は「密封」と「易開封」の両立をほぼ困難としてきた．
　これらの難題は不的確な加熱温度の取り扱いに有ったことがわかる．（表中に★のマークを付した）
　筆者はこの課題に果敢に挑戦して，「密封」と「易開封」を同時に達成する新ヒートシール技法"一条シール"を2015年に完成した[4,5]．その改革の主体コンセプトを**表6.3**に示した．ここ

— 86 —

5. 《界面温度制御》がもたらした従来常識【D.F.S.】の課題の革命

でも従来の加熱法の不的確さが明らかになった．しかし，不可能と言われていた溶着面（接着面）温度応答の直接制御がやっと 2019 年 5 月に《界面温度制御》として完成し，高精度の温度調節が可能になり，一気にヒートシール技法の永年の課題が解消できた．

表 6.1　溶着面温度応答が直接的な制御ができないための妥協策の歴史的な一覧表

★① 凝集接着への偏重の容認
　② "強い接着" が命題（→厚いシーラントの選択）
★③ 界面接着（剥がれシール）を（疑似接着≒不良接着）として除外
★④ 加熱温度の低温化が良策の常識化
　⑤ 「密封」と「易開封」は背反原理の普及
★⑥ 接着強さのデータ整理を 5 〜 10℃ステップ《ASTM F 2029》の容認適用
★⑦ ゆっくりの加熱は安定した熱接着が完成する盲従．
　　（【Hishinuma 効果】によりその迷信を打破）　　　　　★加熱温度に
　　　　　　　　　　　　　　　　　　　　　　　　　　　　　　関係する事項
★⑧ プラスチック材の特長の発揮の加熱範囲は 2 〜 4℃の無視
★⑨ 熱接着には，[Tm] が加熱設定の目安の容認
　⑩ 「密封」と「易開封」は材料または機械の単独操作で達成できると思っている
★⑪ 《限時制御》が当たり前
★⑫ 「《溶着面温度応答》調節はできる訳がない」と信じている（世界中）
　⑬ ラボデータと現場の操作要求の相違を誰も指摘しない（指摘してはいけない不文
　　律がある）
★⑭ パソコンシミュレーションに活路を見出そうとしている
★⑮ co-polymer の混合技術は剥がれシール帯の拡張にあった．(1980 G.L.Hoh)[9]

表 6.2　「密封」と「易開封」，破袋に影響している課題一覧と加熱温度に依存する項目

従来の対処方策は，凝集接着への偏重と不合理を容認してきた．
　その代表は，
★① 高めの加熱温度の設定（10℃以上）
★② 長めの加熱時間の設定
★③ 過渡加熱の常套的選択
★④ 温度調節でない「限時調節」の採用
　⑤ 高圧着の選択　　　　　　　　　　　　　　　　　　　　★加熱温度に
★⑥ 加熱体表面のギザギザ加工　　　　　　　　　　　　　　　関係する事項
　⑦ 不便な漏れ検査方法 [17]
★⑧ 強い接着が密封の条件
　⑨ 密封における材料の剛性の無配慮
★⑩ 段差部の密封の断念
★⑪ シーラントの低温化を推奨
　⑫ 不具合対策に材料の増厚
　⑬ 不合理なヒートシール標本の作製方法 [17]
　⑭ デラミ強さと材料の伸びを計測するヒートシール強さ計測の容認 [17]
★⑮ 非合理なヒートシール強さの基準化 [17]
　⑯ ノッチ開封小片の発生
★⑰ 凝集接着帯のポリ玉生成の未対策

第6章 ［改革技術1］溶着面（接着面）温度応答を直接的に制御する《界面温度制御》

表 6.3 「密封」と「易開封」の同時達成（"一条シール"）を可能にした新論理と新技術
［ラボに眠っていた新理論，新技術は日の目を受けることになった］
★加熱法に関係する事項

【革新条件】
Ⓐ 「易開封」条件の確立
Ⓑ 段差部の「密封」メカニズムの確立
Ⓒ 表層材の軟化温度帯に合わせたイージーピールシーラントの選択

これらの達成に寄与した *DL* を列挙する次の通りである．（*Deep Learning*）

★① 加熱温度に溶着面温度（MTMS）を導入 [13]
★② 加熱体表面温度を制御対象
★③ 加熱体表面温度を指標にした溶着面温度応答のシミュレーション [13]
★④ 平衡温度加熱（CUT；95%）の導入
　⑤ 平面／平行圧着の徹底
★⑥ 局部圧着（集中圧着；一条突起）による塑性変形密着 (第5章参照)
★⑦ FHSS 法の展開 (第9章参照)
　⑧ 探傷液法の定量性確認 (第13,14章参照)
★⑨ 屈曲剛性の制御法
★⑩ 剥れシールの有効利用
★⑪ シーラントの高温作動 [5]
　⑫ 凝集破壊シーラントの積極的利用，(第5章参照)
★⑬ 低ヒートシール強さ帯［0.5〜1.0 N/15mm］の密封性の確認 (第15章参照)
★⑭ ポリ玉生成の抑制；［圧接面積の極小化］（2024）(第7章参照)
　⑮ イージーピール材の剥離特性の精密計測
★⑯ 加熱温度の《限時制御→温度制御》への技術革新の検討
★⑰ "一条シール"の主要ヒートシール技法への汎用展開（バンドシーラ，
　　インパルスシーラ）(第18.1章参照)
★⑱ 平面開封，フィン開封の導入
★⑲ 凝集接着帯の「モールド接着」の適用；（2024）(第7章参照)

---

6. 考 察

6.1 《界面温度制御》の新機能のまとめ

(1) （筆者を含め）不可能と考えられていた熱接着（ヒートシール）の接着面の温度応答を材料の表面からの熱流検知によって，高速・高精度の直接的な制御が可能になった．

(2) 新規に開発された《界面温度制御》はヒートパイプ，加熱体の表面温度モニタ／制御の連携で"一条シール"を起点にして，医療品，レトルト包装等の高度な機能要求に対応でき，永年の熱接着（ヒートシール）の合理的な操作に応えることができるようになった．

　　1) "一条シール"の併用で，表層材軟化温度帯の加熱で確実な「密封」が可能となる．

　　2) （凝集破壊型）のイージーピールシーラントを採用すれば，接着強さ［2N/15 mm］程度のヒートシール強さでも「密封」と「易開封」が同時に達成できる．

(3) 究極の《界面温度制御》と"一条シール"の実行は，加熱／圧着部の機構改造であらゆる包装装置に適用できる．

(4) プラスチックの包装材料は（海洋環境）汚染源として世界的な問題と指摘され，合理的な利用法が求められている．

(5) 《界面温度検知》は規則性のある熱流系の隣接の到達温度の検知に利用できる．

6. 考　察

（ex. 接合部が発熱する超音波シールの溶着面（接着面）温度応答）

(6) 本研究の成果は実際の包装機に展開され，毎分［57 shot］の"一条シール"包装を達成している（2021年04月現在）.

(7) プラスチック材が及ぼす環境破壊の課題がクローズアップされている.

　我々が直ぐにできることは，プラ材料の使用量の減少化と接着面を易開封にして，ノッチ開封を止めて，開封片を発生しない方策の実行である．本研究はそのツールとして有効に機能できる.

6.2　ヒートシールの歴史的課題への貢献

＊ヒートシール技法の歴史的な課題を表6.3に示した．これらの課題の多くは的確な加熱温度の調節ができなかったことに起因（★マーク）していることがわかる.

　これらの課題に抜本的に対処できる《界面温度制御》の完成は革命的である.

＊一条突起と弾性受け台を複合的に適用し，1回の操作で「密封」と「易開封」を可能にした"一条シール"は，正確に制御された加熱体表面温度の適用と平衡温度加熱；CUT（95%）のヒートジョー加熱，また，金属ベルトを採用した新バンドシーラが既に市場展開されているが，最も汎用化されているヒートジョー方式では，約0.7秒以上の圧着時間を必要としている.

＊《界面温度制御》を適用したインパルスシール方式，ヒートジョー方式，新バンドシール方式で，レトルト仕様のピロー袋包装の「易開封」，そして医療品包装等のあらゆるヒートシール技法への展開が可能であることが「分かった．《界面温度制御》の汎用性の広い機能が確認できている.

＊《界面温度制御》の実現で，ラボで眠っていたヒートシール技法の多くの新規理論／技術の現場への反映が可能になった（表6.3参照）.

6.3　ヒートシールのもう一つの主要課題；「密封」と「易開封」との連携

　永年のヒートシール技法の根幹の期待機能である「エッジ切れの起こらない「密封」と「易開封」の達成である.

　筆者は密封と易開封の発現メカニズムを分離した論理によって，ヒートジョーに新規メカニズムを構成して，1回のヒートシールの複合操作によって「密封」と「易開封」を達成する"一条シール"（Filigree Seal）を完成している.

　ヒートシール技法におけるヒートシールエッジのピンホールの発生抑制の「発生源解析」の結果から過加熱を回避して，剥れシールを形成させることが求められている．「密封」と「易開封」の"一条シール"の展開においても，的確な溶着面温度マネージメントが共通的に要求されている.

　この要求に対して，《界面温度制御》が有機的に関与する様子を**図6.14**に示した.

　《界面温度制御》の開発／連携によって，［0.3 – 0.4 s］の加熱時間帯においても《時間制御》の不具合を回避して，的確な加熱操作（フィードバック制御）が可能になった.

第6章　[改革技術1] 溶着面（接着面）温度応答を直接的に制御する《界面温度制御》

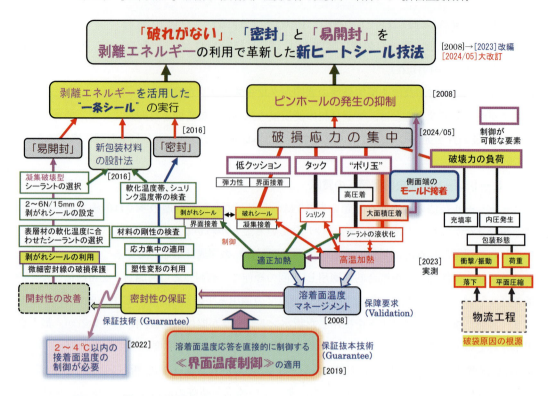

図6.14　《界面温度制御》はヒートシールの課題を抜本的に解決（革命）した構図

6.4　《界面温度制御》で取り扱う温度信号の高速化の特徴

　従来のヒートシール技法の現場で取り扱う信号は，もっぱら加熱体の温度調節に関するものであった．したがって，温度信号の変化速さは，加熱体の熱伝導による変化速さ（数10秒から数分）に応答できればよかった．今日，この温度調節計は，温度検出器の微細な直流信号を増幅し，デジタル信号に変換する方式が普通になっている．このために直流電圧をデジタル信号に変換するA/D変換が適用されている．

　周辺から入り込んでくる外乱信号を排除して，的確な制御を実行するには検知信号を制御系をクローズドループにしたフィードバック制御の完成が求められている．

　《界面温度制御》では，生産プロセスでは直接検知が困難な接着面温度を接着面の外側と加熱体（ヒートバー）の加熱面間の界面温度の検知で，接着面温度応答を直接的に計測している．接着面温度応答は，ヒートバーの表面温度のステップ応答（一次遅れ応答）となっている．《界面温度制御》では，ステップ応答を直接取り込んで，その内の一点（温度/時間）を動的に展開する．

　A/D変換は予め決めたサンプリング周期によって出された信号によって，その時点の電圧信号を取り出す．

6.5　A/Dの特徴の具体的説明

　ステップ応答信号のA/D変換の様子を**図6.15**に示した．

　A/D変換信号は，図6.15中に示したように実際のアナログ変動に対して信号変位分の遅れの

階段状に出力される．サンプリング周期は分割する時間間隔の設定で決まる．したがって，サンプリング周期間の信号変位は，アナログ信号の傾斜によって決定される．

アナログ信号の傾斜が変われば［信号変位］も追従する（図では，T1，T2，T3 による過渡応答がこれに相当する）．

検出点付近ではこの変位は，検知温度の［1%］≒1℃になるのが好ましい．

サンプリング周期を［0.1 s，0.05 s］，到達温度を 120℃とした時，到達時間を［1.0，0.7，0.5 s］とすると ヒートバーの加熱面温度は［125℃，139℃，153℃］となる．

0.1 秒のサンプリング周期の応答を**表6.4**に示した．

回分動作が [43shot/min.] 以上ではサンプリング周期が 0.05 秒より小さい変換を求めていることがわかる．

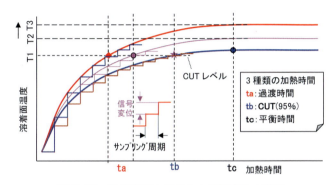

図 6.15　温度応答のデジタル変換変位の説明

表 6.4　A/D 変換のサンプリングタイム、回分速さと差分温度の比較

7. まとめ

この《界面温度制御》の論理構築と検証と新技術開発には 10 数年の熟考を要した．本発明の汎用的科学性が極めて高かったので，共通的な課題が一気に改善できた．

本研究の成果には国内外の特許認証を受けている．従って，競合他社の動向を気にせずに安心

第 6 章　［改革技術 1］溶着面（接着面）温度応答を直接的に制御する《界面温度制御》

して，ビジネス展開ができる体制が整っている．ヒートシール技法で永年，難題を抱えていた多くの関係者に幸せをもたらせれば本望であります．

■参照文献

1) 菱沼一夫，第 29 回日本包装学会年次大会要旨集, [c-03] (2020)
2) 特許第 6598279 号（登録 ;2019 年 10 月 11 日）
3) PCT/JP2020/026320
4) 特許第 5779291 号　(2015)，PCT 出願 ;・EP（ドイツ，フランス，イギリス）・アメリカ・中国,・韓国
5) 菱沼一夫，「缶詰時報」, 95(4), 15–29 (2016)
6) ASTM　F2029-08 [3.1.4.1]
7) 菱沼一夫，第 20 回日本包装学会年次大会要旨集, (2011)
8) 菱沼一夫，「缶詰時報」, 91(11),2–14 (2012)
9) Geroge L.Hoh; (Donald A. Vassallo, E. I.) Du Pont de Nemours and Company, US Patent NO.4, 346, 196, p.6, Aug.24, 1982
10) 菱沼一夫，高信頼性「ヒートシールの基礎と実際」（幸書房刊）p.60–61 (2006)
11) 菱沼一夫，高信頼性「ヒートシールの基礎と実際」（幸書房刊）p.127–130 (2006)
12) 特許第 4623662 号 (2006)
13) 菱沼一夫，高信頼性「ヒートシールの基礎と実際」（幸書房刊）p.36–52 (2006)
14) 特許第 3465741 号 (1998)，U.S. Patent US 6, 197, 136 B1 (2001)
15) 菱沼一夫，学位論文：東京大学；No.16508 (2006/4)
16) 菱沼一夫，第 60 回日本缶詰びん詰レトルト食品協会技術大会要旨集, (2019)
17) 菱沼一夫，第 30 回日本包装学会年次大会要旨集, (2021)

第7章 ［改革技術7］：凝集接着の革新；「モールド接着」の開発

(特許 No.7590046)

1. はじめに

　軟包装のヒートシール面への機能要求は，材料が保有する破断強さの全面発揮ではなく，エッジ切れのない「密封」と「易開封」の同時達成，または材料の固有破断強さに漸近した「密封」の確保である．ヒートシール幅を［10 mm］程度に設定すれば，界面接着の剥れシールの剥離エネルギーの適用で，凝集接着の破れシールより大きな耐破袋性を得ることができる．

　剥れシール標本の引張試験の最大値は，材料（シーラント）の破断強さに比して，かなり小さい．

　"一条シール"が要求する溶着面（接着面）温度応答の的確な実施が《界面温度制御》への要求である（"一条シール"；第5章，《界面温度制御》は第6章を参照）．

　従来は，接着を確実に完成させるために，［0.1 – 0.4 MPa］の面圧着圧を付与するものとしている．しかし，凝集接着状態で，規定の圧着圧を施すと，ペースト状態のシーラント材はヒートシールエッジにはみ出し，破袋の原因となる"ポリ玉"を大量に生成する．更に，表層材同士が直接接するようになって，容易な剥離を起こすようになってしまう．

　凝集接着で起こるこれらの現象を把握して，エッジ切れを起こさない包装材料の持つ固有の破断強さに漸近する新しい「モールド接着」方法を検討する．

　SDGs 対応として，行政は，プラスチック材の使用量に大きな制約の時限設定をしている．具体的な削減対応技術が求められている．本研究はこの要求に対応できる具体的手法である．本検討では「**モールド接着**」と太字で表記する．

2. 界面接着と凝集接着の特性解析

2.1 表層材の役割と新規な利用

　熱接着では，プラスチック材が溶融できる温度の発熱体（ヒートバー）で外面から圧着される．従って加熱された単一構成の材料（シーラント）はヒートバーに粘着して，形状を喪失して，熱接着操作を完結出来ない．少なくともヒートバーの表面温度で溶融しない（≒10℃以上高い）表層材をラミネーションすれば，上記の不具合を解消し，製袋，封止操作の自動化を容易に図ることができる．

　表層材には，更に，①ガスバリア性，②印刷適正，③剛性，④袋体の突き刺し強さの向上等の機能が要求される．

　一対のヒートバーで構成され，内蔵したヒータで発熱し，材料の外面からの圧着・加熱するヒー

第7章　[改革技術7]：凝集接着の革新；「モールド接着」の開発

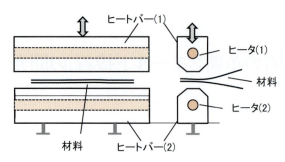

図 7.1　ヒートジョー方式のヒートシール装置の構成

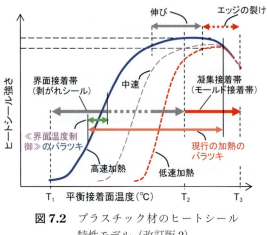

図 7.2　プラスチック材のヒートシール特性モデル（改訂版2）

トジョー方式を図7.1に示した．自動式のヒートジョー方式では1分間に数十回程度の回分動作が行われ，僅か0.5〜1.0秒の操作時間で，目的を完結しなければならない特徴がある．ヒートシール完成の主パラメータは，接着面の到達温度である．

2.2　ヒートシール強さの説明

制御された接着面温度をパラメータにした加熱標本の熱接着強さ（ヒートシール強さ）は15 mm幅にカットされた両端を摘んだ引張試験の計測群で構成される．

横軸を溶着面温度，縦軸を引張強さ（N/15 mm）でプロットしたグラフ例を図7.2に示した．

ヒートシール強さは，「加熱速さ」によって変移するので，高，中，低の3つの代表例をモデルとして記載している（【Hishinuma効果】；第4章参照）．

ヒートシール特性の界面接着帯の一部を利用するには2℃以内のバラツキに溶着面温度を制御する必要がある．

2.3　ヒートシール面の圧着圧

ヒートシール強さの完成には，ナノメートルオーダーの密着が必要である．材料の微細な凹凸面は，加熱で軟化した材料への圧着圧によって修正され完成する．

《ASTM F2029》は加熱面への圧着圧を[0.1–0.4 MPa]を規定している．筆者は溶着面（接着面）温度応答の計測の実測を基に[0.1–0.3 MPa]を提案している（文献；「ヒートシールの基礎と実際」，幸書房，p.60〜61）．

2.4　ヒートシール面の接着状態の解析

1つの加熱標本の検討において，同一の加熱速さを厳守すれば，加熱速さの影響【Hishinuma効果】を無視して議論できる．

ヒートシール強さの立ち上がりは，接着面に剥れが発生する界面接着で始まり，次第に上昇して，溶融状態で接着面がモールド状の凝集接着状態になる．凝集接着状態の引張試験強さは，包装材料の破断強さに漸近する．

界面接着帯の接着では，接着面の剥離エネルギーを利用して，「易開封」と「破袋耐性」を

2. 界面接着と凝集接着の特性解析

同時に具現化しているので，ヒートシール強さは，包装材料の破断強さよりはるかに小さい[0.5 – 10N/15 mm]程度となっている．実際に剥離エネルギーの機能を利用するには，接着面の幅は少なくとも5 mm以上の剥れシールを必要とする．

凝集接着では，接着面の剥れは起こらないので，剥離エネルギーを利用できず，大きな接着強さと材料の伸びエネルギーを利用して，破袋エネルギーを消化することになる．

2.5　ヒートシールの平面圧着は最適な方策か？

プラスチック材を熱接着しようとする時，ほぼヒートバーによる平面圧着を選択する．

剥れシールの剥離エネルギーを利用した機能性の検討が進化して，平面圧着は不動の地位を獲得している．

他方，シーラントを溶融状態にした凝集接着の平面圧着では，図7.3に示したように大量のポリ玉生成が起こっている．したがって，平面圧着の適用ではエッジ切れの発生リスクがあり，設計上の破断強さの発揮ができない課題がある．この特徴を表7.1に示した．

本章ではこの課題の改善策に取り組んでいる．

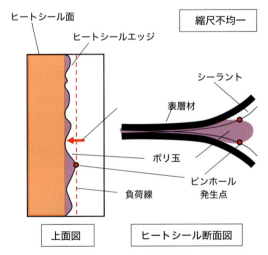

図7.3　凝集接着帯のポリ玉生成メカニズムの解析図

表7.1　ヒートシールの平面圧着は最適な方策か？

得失	加熱温度帯	
	界面接着	凝集接着
メリット	・[5 mm以上]のヒートシール幅で破袋を防御 ・仕上がりがきれい	・(保証されていない) 高ヒートシール強さ
デメリット	・ヒートシール幅が必要 ・SDGs対応性が悪い	・機能していないヒートシール幅 ・大量のポリ玉生成を起こす ・エッジ切れを起こし易い ・材料の破断強さの接着ができない ・SDGs対応性を阻害 ・シュリンクして仕上がりが見難い

第7章　［改革技術7］：凝集接着の革新；「モールド接着」の開発

2.6　（事例）レトルトパウチ材の熱接着特性

　以上の説明の理解を深めるために，平面圧着加熱の標本（レトルトパウチ材）の引張試験を用いて説明する．引張試験のアナログ出力の例を**図7.4（a）**に示した．

　レトルトパウチには，ガスバリア性を向上させるために，表層材中に高熱伝導のアルミ箔が挿入されている．このアルミ箔によってヒートバーからの大量の加熱流が系外に流出するので，ヒートバーで均一な加熱をしてもヒートシール面は，中央部が最も高くなる温度分布が発生する．実際の状態を記述すると

(1)　146℃の加熱ではヒートシール面に界面接着（剥れシール）と凝集接着が混在している．エッジ切れの発生の防御の最高のヒートシール強さの獲得の加熱温度となる．

(2)　145℃以下では全面が剥れシール状態なので，ヒートシールのエッジ切れは起こらない．

(3)　150℃以上の高温接着帯では，全面が溶融状態の凝集接着状態となるので，強固な接着状態になるが，ヒートシールエッジには，不均一にはみ出したシーラントのポリ玉が形成される．ポリ玉が，エッジに山なりに形成されると，破袋力は頂点への集中荷重となり，低破袋力でもポリ玉の頂点に集中するので，簡単にピンホールができ，ここを起点にして，烈断に連動する．凝集接着帯のヒートシール幅は破袋耐性への関与はなくなる．

　ヒートシールエッジの微細突起（ポリ玉）と破袋力の関係を**表7.2**に示した．

　破袋荷重が［20-70N/15 mm］の接着面でも，数Nの荷重で，局部的な集中荷重によって，容易にピンホールが発生する．ピンホールが起点になって烈断につながることを示している．

　凝集接着の［20N/15 mm］の場合は，山幅が5 mmでも［7N/15 mm］が破袋源となる．

　［70N/15 mm］の場合は，ポリ玉寸法が1 mmで，［5N/15 mm］が破袋源となり，容易にピンホールが発生することになる．

表7.2　「デコボコ」なヒートシールエッジに起こる集中力［ピンホールの発生力（N）］

ポリ玉寸法 (mm)／破袋荷重	15	10	5	1	0.5	0.1	0.05
20 N/15mm	20	13	7	1.3	0.7	0.13	0.07
70 N/15mm	70	47	23	5	3	0.5	0.3

2.7　剥離エネルギーの実測

　図7.4（a）のデータを元に，界面接着帯の耐破袋性を，剥離エネルギー論理で解析した事例を加熱温度のパラメータで，剥離エネルギーを計算した事例を**図7.4（b）**に示した．

　剥離エネルギーは，各温度の引張試験の剥離点の計測値を［N/15 mm → N/1 mm］に変換し，各点の剥離エネルギー（mJ）とし，検証範囲を積分し，グラフを作成した．

(1)　凝集接着の標本（150℃）では，破れ点（50N/15 mm）までの引張距離を積分した．

(2)　界面接着標本では，146℃の部分破れ点（≒11 mm）までの積分値を採取した．

(3)　170℃の破れ点（≒1mm）までの積分値を［1］とし，他の演算結果を「剥離エネルギーの倍数」として表示した．

— 96 —

2. 界面接着と凝集接着の特性解析

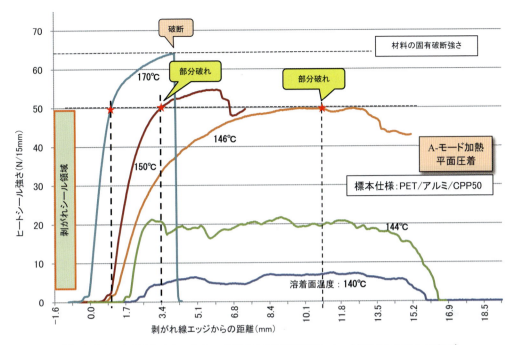

(a) 各温度で加熱されたヒートシール標本の引張試験パターン（事例；レトルトパウチ）

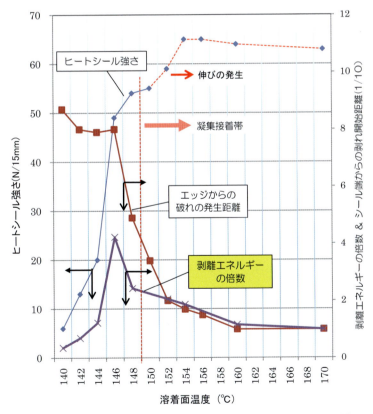

(b) ヒートシール標本の破袋性の評価試験（事例；レトルトパウチ標本）

図7.4　ヒートシール標本の引張試験と破袋性評価

— 97 —

146℃の加熱では，エッジ切れのリスクのある170℃の約4倍の耐破袋性を示している．

加熱面のエッジからの剥離開始点を見ると146℃では約0.8 mmから始まっている．

170℃の加熱では，余熱の影響で－0.5 mmから始まり，約1 mm（伸び代）で降伏点に到達している．参考に，通常のヒートシール管理の指標になっているヒートシール強さデータを併記した．詳細に解析した結果をヒートシール特性から導き出すことは困難である．

剥離エネルギー論から見ると，ヒートシール特性を評価するのに使われている「ヒートシール強さ」の単純な適用に問題のあることがわかる．

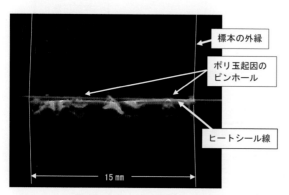

図7.5 《OPP/LLDPE》のポリ玉原因破袋の事例写真

2.8 ポリ玉起点のエッジ切れ発生の確認

［OPP/LLDPE］の凝集接着帯（116℃）加熱の引張試験を途中で止めて，エッジ切れの発生した標本事例を図7.5に示した．ヒートシール線は確立している．ヒートシールエッジを起点にしたピンホール/破断が複数点で発生していることがわかる．

2.9 複合材（ラミネーション）の凝集接着帯の破断メカニズムの解析

複合材の破断発生は次の状況に分類できる．
(1) ポリ玉が起点になってヒートシールエッジが烈断する．
　　★確率的に発生，密封機能の喪失
(2) （表層材の伸び強さ）＞（シーラントの伸び強さ）＞（デラミ強さ）
　　→ シーラントが伸びる，デラミが起こる → 表層材に大半負荷 → 表層材の破断
　　★これは，現状で破袋が起こる殆どのメカニズム，・表層材の破断から，シーラントの破断の間に応力差がある．
(3) （シーラントの伸び強さ）＞（表層材の伸び強さ）＞（デラミ強さ）
　　→ 表層材が伸びる，デラミが起こる → シーラントに大半負荷 → シーラントの破断
　　★シーラントの伸び特性から，このケースの発現はほとんどない．

(1)は，確率的に発生する"不具合"であるが，発生/即/密封機能喪失なので，看過できない．ポリ玉制御の本質的な対策が不可欠な課題である．
(2)は，構成材料の特性から決まる現象なので，包装材料の設計時のマネージメントで対策をすればよい．

2.10 破袋の応力メカニズム解析と制御方策

熱接着（ヒートシール）エッジにダメージを与える破袋力は，物流や保管中の静的な段積み圧縮力と動的な衝撃，振動が原因で起こる．

静的な［(圧縮応力)＝(剥離力)×(剥離長)］で定義されるから，［(破袋力)＜(圧縮応力)］となるように準備すればよい．

四辺形袋の場合，破袋力は内接円の接点から始まり，剥離線は円弧状に拡大／進行する．

圧縮のような静的な荷重の場合，［(剥離力)＝(ヒートシール強さ)×剥離長］＜(破袋力)から始まり，ヒートシール面の剥離が進行して，上記の関係が等しくなると剥離は停止する．

次回荷重には，この条件以下の破袋力なら剥離は進行しない．

耐破袋性はヒートシール強さとヒートシール幅の選択で制御が可能になる．しかし，落下衝撃や運搬中の振動は，パルス状で局部的にヒートシールエッジに作用する．複数回の衝撃はその都度個別に作用するので，剥がれ面の拡張による破袋耐性の利用には制限がある．

現行規定；《JIS Z 0238》では，2回の衝撃荷重の吸収を前提に耐破袋性を規定しているので，より大きい耐性規定が求められている．

以上は剥れシール帯の剥離エネルギーを利用した制御策である．

材料の持つ固有破断強さと伸びを利用した凝集接着帯の耐破袋性の新展開が期待されている．

3. ポリ玉を発生させない凝集接着法の開発

3.1 凝集接着におけるポリ玉生成のメカニズム解析

界面接着の場合，ヒートジョー方式では，剥離エネルギーを利用して，破袋エネルギーを消化するから，少なくとも 5 mm 以上の剥れシール幅を必要とする．凝集接着の場合は，材料の厚さ以上の溶着部位面積を必要としない．しかし，現状は 10 mm 程度のヒートシール幅が常套的に作成されている．

図 7.3 に通常に使われている平面圧着方式によるヒートシール面の仕上がり状況を示した．

高温の凝集接着帯シールでは，シーラントはペースト状に溶融している．この状態で圧着をすれば，ヒートシール面の溶融シーラントのほとんどは，ヒートシールエッジに押し出され，ポリ玉となる．凝集接着帯の平面圧着では，ポリ玉の生成は必然的な現象である．

改革のためには熱接着が必要な側端部を**図 7.6** のように微量の「ポリ塊」で，ヒートシール面の外側端を溶着すれば，ヒートシールエッジにポリ玉が生成をしない凝集接着が可能となる．

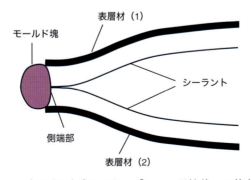

図 7.6 ポリ玉を生成させない「モールド接着」の基本構成

3.2 吐出圧があり溶融量を制限した新ヒートシール法の「モールド接着」の発案

図7.6のような要求には，[(シーラントと2枚分)×1 mm] 程度の微量のモールド塊を接着剤として付着させる思い付きを**図7.7**に示した．

微細圧縮突起（1）を直径 [0.5−1 mm] 位の半円または台形として，モールド塊の生成量の制限を行う．溶融したモールド塊は，表層材を圧力容器として袋の側端部に押し出されることによってモールド塊が形成させる．平面圧着部のヒートシールエッジ側の平面圧着部を極小化してシーラントの合わせ面の加熱を避けた様子を示した．

図7.3に示した問題のあった従来法の圧着幅10 mmに対して約1 mmとなり，生成ポリ玉量は約1/10となり，かつ平面圧着部にはみ出さないような合理的な提案となっている．これを参照して，**図7.8**の構成のヒートジョー方式を製作した．

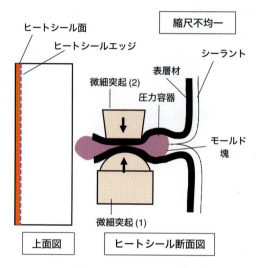

モールド接着のヒートシール面と断面図

図7.7 「モールド接着」の基本構成の具現化モデル

4．「モールド接着」の特性確認実験

4.1 半円形一条突起による「モールド接着」のインジェクション機能の確認

図7.8に示したヒートジョー方式を適用して，下記条件の「モールド接着」標本を作製し，評価した．

(1) 試験標本の種類

　＊標本材料：・レトルトパウチ；[PET/AL/CPP50]，・Tm；170℃，・シーラント；50 μm

　＊加熱・圧着条件：

　　・加熱；平衡温度加熱；170℃，2秒

　　・一条突起；半円形；0.5 mm，1 mm，3 mm

　　・平面圧着圧；0.3 MPa

　　・条突起圧；300N/100 mm ＝ 30N/10 mm

4. 「モールド接着」の特性確認実験

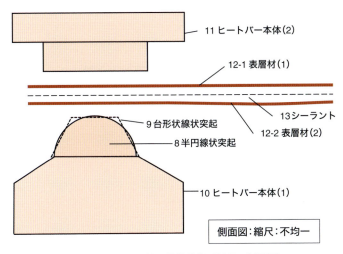

(a) モールド接着の待機状態（側面の断面図）

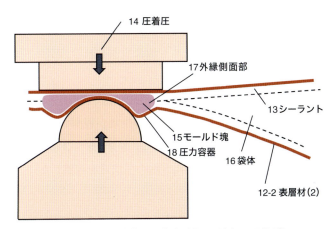

(b) モールド接着の圧着時（半円形突起の圧着例）

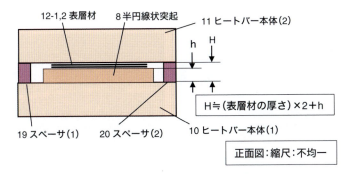

(c) 圧着圧調整用のスペーサの設置

図 7.8 「モールド接着」の実働モデルの説明図

＊材料の固有破断強さ；66N/15 mm

(2) 試験標本の種類
＊標本材料：［OPP/LLDPE20］汎用フイルム；シーラント；20μm
＊加熱・圧着条件：
・加熱；平衡温度加熱；100～116℃，1秒
・一条突起；半円形；0.5 mm，1 mm
・平面圧着圧；0.3 MPa
・条突起圧；30N/10 mm
＊材料の固有破断強さ；48N/15 mm

4.2　試験標本の「モールド接着」の仕上がりの顕微鏡検査

試験標本の「モールド接着」の仕上がりを顕微鏡観察で確認した．一条突起の底辺寸法を0.5～3.0 mmを適用した．その一例のまとめを**図7.9**に示した．
(1)「**平面圧着**」の**観察結果**；側端部にモールド塊は観察されず，シーラントの結合部にポリ玉生成の兆候が見らえる
(2)「**モールド接着**」の**観察結果**；2つの標本の［PET/AL/CPP50］，［OPP/LLDPE20］において明確にモールド塊の生成が観測された．レトルトパウチの試験では，一条突起サイズを0.5～3 mmとした．予備実験を参照して，モールド塊の生成量を調整した．

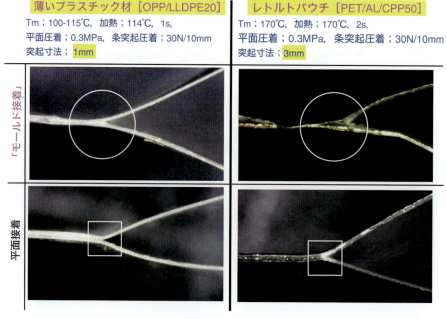

図7.9　「モールド接着」と平面接着のヒートシールエッジの顕微鏡写真の比較

4.3 レトルトパウチの「モールド接着」の引張試験評価

レトルトパウチの熱接着は，HACCP の規制対象となっていて，ヒートシール技法の中で最も高度な対応が求められている．

従来法の「平面圧着」と「モールド接着」法の引張試験パターンの計測結果を**図7.10** に示した．このグラフから加熱温度による特徴を列挙すると，

* ◆ 145℃：界面接着（剥れシール）の引張試験応答である．接着強さ（20〜30N/15mm）を示し，剥れシール状態で均一ではないが密封性は確立している．
* ● 150℃：接着幅が約2mm である．「モールド接着」加熱仕様であるが，加熱が不十分で界面接着と凝集接着が混在しているので，2.7mm の引張りで破断している．接着が不安定で図7.4（a）示した事例と一致していない．凝集接着状態の評価はできない．
* ● 160℃〜175℃：「モールド接着」（モールド塊の補強）の接着状態を示している．引張荷重による応答は，材料自体の伸びと表層材破断が複合して発生して「モールド接着」の機能を発揮している．
* 150℃，160℃の「モールド接着」では烈断至る前にヒートシール接着面が破断するので界面接着の加熱体からの不連続性の対処が要求されている．→（.3.2 に対策を示す）
* ● 170℃の引張試験応答の微分演算から評価する約3mm の伸び点で表層材の破断が発生し

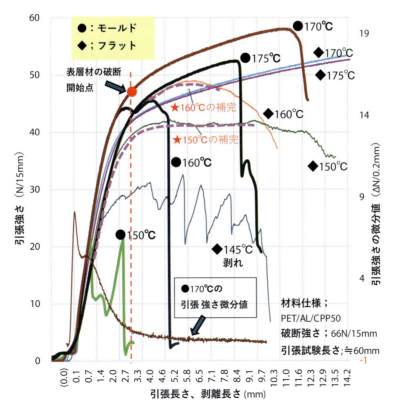

図7.10 レトルトパウチの「モールド接着」の引張試験パターンと複合ヒートバーによる"不具合"の補完

— 103 —

第7章 [改革技術7]：凝集接着の革新；「モールド接着」の開発

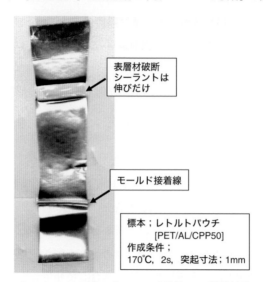

図7.11 レトルトパウチ材の「モールド接着」の引張試験の破断写真

ていると評価される．この時点では，シーラントの破断は起こっておらず，約11mmまで伸びて烈断している．

破袋メカニズムは，[2.7]の破断メカニズム定義の（3）に相当している．

図7.11のように表層材中のALが破断してもシーラントが破断するまで充填物は漏れないが，表層材が破断するので，ガスバリア性は損傷を受けている．

4.3.1　レトルトパウチの「モールド接着」の試験結果の特徴の解析

* ◆145℃の結果は平面圧着の剥離パターン；全面が剥れシール状態．
* 「モールド接着」の●150℃，●160℃は，「モールド接着」が不完成で，[20〜45N/15mm]の剥離力で接着個所が破断，「モールド接着」の効果は達成されてない．
* 平面圧着の◆160℃〜◆175℃の特徴は，「モールド接着」並みの引張試験パターンは出ているが，ヒートシールエッジの山なり仕上がりがあり，ピンホールの発生が観測される．
* 「モールド接着」の●170℃〜●175℃の特徴；引張試験パターンは滑らかに上昇して，伸び後に破断している．
* 「モールド接着」の●170℃〜●175℃は，ヒートシールエッジの破断強さは強化されていて，シーラントの伸び中に表層材の破断が起こり，材料固有の引張強さを示している．
* 引張強さの急激な変化は，シーラントの破断を示し，予期した通りの結果が観察できる．
* ●175℃は，T_mの170℃を越えているので，高温加熱変性の兆候が見られる．
* ●170℃の引張試験パターンを引張長さで微分して，変曲点を同定し，引張試験の進行を把握した．

図7.11に示したように，表層材の破断する3mm以降の応答は，シーラントだけの伸び特性である．

4.3.2 「モールド接着」と界面接着帯に発生する"不具合帯"の改善策

界面接着帯は剥がれエネルギーを利用した破袋性の確保の機能があり，「モールド接着」にはポリ玉をヒートシールエッジにはみ出させない制御性がある．図7.10に示した事例では，150℃，160℃の加熱で，耐破袋性が平面圧着の方が優位になっている．この利点を活用するために，ヒートシールフィンの削減性を譲って，「モールド接着」に"一条シール"方式を複合的に展開した．図7.12に界面接着帯との連続した新圧着方式を提示した．この方式の導入によって，●150℃は，◆150℃に，●160℃は◆160℃に移行することになる．図7.10にこの様子を追加した．この結果，145～170℃の広範囲な加熱温度帯が得られ，確実な熱接着が可能になった．

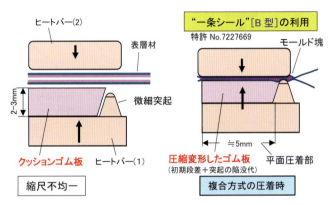

図7.12 低温側の界面接着帯のヒートシールを保証する平面圧着の付帯の複合ヒートバー

4.3.3 「モールド接着」の耐破袋性

「モールド接着」の耐破袋性は，[(接着強さ)×(伸び)]である．界面接着の剥れ長さは，ヒートシール幅で調整できるが，「モールド接着」の伸び長さは，材料の固有特性である．

◆145℃の剥れシールと●170℃の「モールド接着」の引張試験パターンを「引張長さ」または，「剥れ長さ」で積分演算すると破袋耐性を得ることができる．

ヒートシール強さ［N/15 mm］を接着強さ［N/1 mm］に変換し，X軸方向に積分した．その結果を図7.13に示した．◆145℃の積分値は当該材料の最高耐破袋性が発揮する加熱条件である．

●170℃の「モールド接着」の積分値は，◆145℃の剥れエネルギーを全領域で上まわっている．しかし，表層材は図7.13の解析結果から，約3 mmの伸び後に表層材は，断裂が起こっている．引張試験値は表層材の断裂値とシーラントの伸び力の複合である．シーラントは，烈断はしていないが，表層材の破断によるガスバリア性が損なわれるリスクが起こる．

表層材の断裂までの耐破袋性は，剥れシールの3.7 mmに相当し，「モールド接着」の優位性を確認した．引張長さは引張試験の標本長が大きくなれば比例的に大きくなるので，標本長を何時も同じ条件に揃える必要がある．本検討では50～60 mmとした．

第7章 ［改革技術7］：凝集接着の革新；「モールド接着」の開発

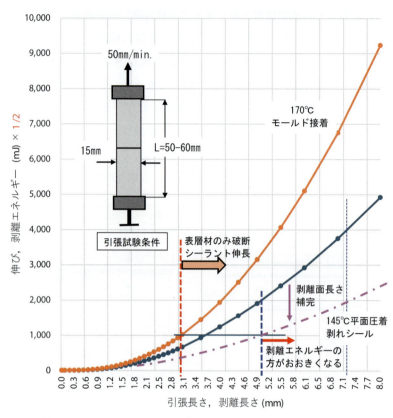

図 7.13　レトルトパウチの「モールド接着」パターン積分演算

4.4　「モールド接着」の汎用材，［OPP/LLDPE］フイルムへの適用確認

　この標本は，市場に最も多く出回っている汎用材料である．シーラントは 20 μm で薄い．

　表層材は廉価な OPP フイルムである．汎用的なこの材料に「モールド接着」が通用するかどうかの試験を行った．

　［4.1（2）］で示した条件によって，従来法の平面圧着と本法の「モールド接着」の標本の作製と引張試験を行った．その結果を**図 7.14** に示した．

(1) 平面圧着の◆112℃は界面接着状態である．引張試験パターンは剥離特性を示している

(2) 平面圧着の◆114℃～は凝集接着帯である．引張試験パターンは乱れていて，エッジ切れが多発している．その状況は図 7.4 で説明，図 7.5 に事例を示してある．

(3) ●112℃の「モールド接着」でもエッジ切れが防御されている．

(4) ●114℃，●116℃は［21N/15 mm］のヒートシール強さが獲得でき，確実に「モールド接着」の効果が発揮されている．

(5) ●118℃は，過加熱の影響が認められる．

(6) ●114℃の応答を微分すると，引張距離［1.7-2.0 mm］に変曲点が認められた．この引張距離以降にシーラントの破断が始まり，［2.5 mm］の引張で，全破断に至っていることがわかる．

5. 考　察

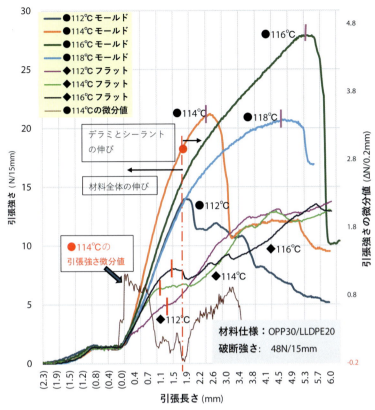

図 7.14　［OPP/LLDPE］フイルムへの「モールド接着」の適用確認

(7) 薄いシーラント材（20 μm）においても，平面圧着に勝る，「モールド接着」よる高度の密封化接着と材料の固有破断強さの獲得が可能であることがわかった．

(8) ［OPP/LLDPE］フイルムにおいて，●114℃の加熱で，完璧な凝集接着が達成できた．この加熱温度は，OPPフイルムのシュリンク温度を大幅に下回り，ヒートシール面がシワクチャになる美粧性の改善にも利用できる．

5. 考　察

5.1　凝集接着のエッジ切れの排除方策

プラスチック材の凝集接着帯の熱接着操作において，エッジ切れを排除して，材料の固有破断強さに漸近したヒートシール強さと材料の伸び特性を利用する次の方策を確立する．

(1) ヒートシールエッジにポリ玉が生成する従来法の面圧着/加熱法の欠陥条件を新規な「モールド接着」の適用で明確にできた．

(2) 袋の端側面を局部的にモールド状態にする（図7.6，7.7参照）．

(3) 包装の充填・シール工程および，製袋工程で対処する．

(4) 表層材を微細な圧力容器に模して，インジェクション装置として利用する．

(5) ヒートバーの圧着部を微細な半円または，台形の線状突起で，ミクロなインジェクション

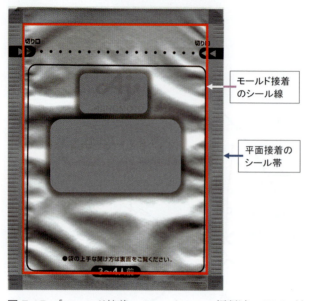

ポンプとする.

(6) ヒートシールフィン幅の短縮化を図る（図 **7.15** 参照）.

5.2 「モールド接着」のSDGsへの寄与

「モールド接着」の発案は，同時にSDGsが要求するプラスチック材の使用量の削減の直接法を結びついている.

図 7.15 のパウチサイズは［115×150 mm＝17,250 mm^2］である.「モールド接着」の導入でヒートシール幅を 9 mm 削減すると［(150×9×2)＋(115−18)×9×2］＝ 4,446 mm^2

図 **7.15**　「モールド接着」のヒートシール幅削減のSDGs対応に反映

が削減面積となる．節約率は［(4,446/17,250)＝ 26％］となる.

6.　「モールド接着」の実施方法の詳細説明

「モールド接着」の課題は，包装の充填・シール工程及び，製袋工程で対応する.
(1) シーラントの外縁側端部をモールド状態に仕上げる（図7.6参照）.
(2) シーラントの一部を局部加熱して，微量の溶融シーラントを袋の外縁側面相当箇所にインジェクションし，シーラントの合わせ面にポリ玉ができないような新規構造にする.

「モールド接着」の課題の解決方法を次に記す.
(1) ヒートバーの加熱/圧着面に半円または，台形状の微細一条突起を付設する（図7.8参照）
(2) シーラントの外縁側面部を溶融温度［Tm］付近に加熱する.
(3) 微細部の溶融したシーラントが流動して，表層材同士が接触するように半円または台形状突起の圧着圧を調整する．過加圧を抑制するためにヒートバーの両端にスペーサを設置して，
　　　［スペーサの高さ(H)］≒(表層材の厚さ)×2(一条突起高さ)］＋(台座高さ)
とする（図7.8（c）参照）.
(4) 一条突起への荷重は［20−30N/10 mm］とする.
　　この荷重は 15 mm 幅の面圧着の 0.15〜0.2 MPa に相当し，格別に大きな操作力ではないレトルトパウチ材のシーラントは厚く 50μm ある．［3 mm］の一条突起を選択した時の生成したモールド塊は充分であった．一条突起の寸法を［1 mm］でも所期の効果が得られることがわかった.

　　凝集接着の「平面圧着」の標本にはヒートシールエッジに脆弱性が確認できた.

(5) 加熱部とエッジ間の表層材を圧力容器に利用する.

(6) 微細な半円または台形状突起の加熱／圧着で,圧力容器内の溶融したモールド塊は,弱加熱部の外縁側面部にインジェクションし,袋体の側面を「モールド接着」状態にする.

(7) 半円または,台形状突起の寸法を変更して,インジェクション量を最適調節する.
　　一条突起の寸法は,シーラントの厚さに依存するが[0.25 – 1.5 mm]が適当である.
　　台座寸法はその約2倍になる.

(8) ヒートシールフィンは,適用するシーラントの厚さに対して,半円または台形状の底辺寸法は高さの約2倍位でモールド塊は完成できるから,2〜3 mmで間に合う(図7.9参照).

(9) 半円形の一条突起(1および3 mm)を用いた実施例の断面の顕微鏡写真を図7.9に示した.
　　比較に平面圧着の映像を付記した.薄いシーラントの[OPP/LLDPE20μm]でも所期のモールド塊が生成していることがわかる.レトルトパウチ材のシーラントは厚く50μmある.3 mmの一条突起を選択した時の生成したモールド塊は充分であった.
　　一条突起の寸法を1 mmでも所期の効果が得られることがわかった.

(10)「モールド接着」と従来法の「平面圧着」の特徴を図7.3,図7.7に図解した.

　1) 平面圧着法のヒートシール幅は,10〜15 mmある.全面が溶融化した状態で,高圧着されるとペースト状になった大量のシーラントは不均一にヒートシールエッジにはみ出しポリ玉を形成する.平面圧着幅を10 mmの熱接着の加熱面積の比較をすると,約10倍になる(図7.3,7.7の上面図参照).

　2) はみ出したポリ玉は,シーラントの接着面に溶着する.破袋力が作用して,負荷線とポリ玉の交点がピンホール発生点となり,烈断に結びつく(図7.3上面図参照).

　3) この状態のピンホール発生応力は表7.1のようになり,丈夫なシーラントでも数Nで破損する.

　4) (長い間)平面圧着での大量の溶融シーラントが発生する現象は見過ごされてきた.この抑制が課題解決の手段になる.

　5) 本発明では,図7.8に示したように,1 mm程度の半円または台形突起で加熱圧縮し,生成する溶融シーラントの量を制御した.

　6) 《界面温度制御》を併用して,確実な溶着面(接着面)温度応答の制御を行えば,線状のインパルスシールが利用できる.

7. 「モールド接着」の開発の効果

「モールド接着」の開発は次の効果が得られた.

(1) プラスチック材の破断強さに漸近した凝集接着(モールド接着)の的確なヒートシール方法が完成でき,強力な耐破袋性が確保できた.

(2) SDGsが要求するプラスチック材の使用量の具体的な削減技術を提示できた.

(3)「モールド接着」は,「界面接着帯」から「凝集接着帯」の移行帯に"不具合"帯が発生す

第7章　[改革技術7]：凝集接着の革新；「モールド接着」の開発

る．この改善策として"一条シール"方式を複合的に導入する方式を提示した．
この結果，145〜170℃の広範囲な加熱温度帯を得ることができた．

8. 平面圧着（"一条シール"）と「モールド接着」の機能比較

従来のヒートジョー方式の適用には無条件で平面圧着が常套化していた．凝集接着でエッジ付近の烈断が起こるのは，所定の現象としてきた．

「モールド接着」の開発によって，それは間違いであることがわかった．

従来は，高温側の加熱をいかに避けるかのマネージメントが要求されていた．

微細な状突起とラミ材の表層材によるモールド塊の生成制御で，ポリ玉の発生を抑制した「モールド接着」はこの問題を見事に改革した．

「モールド接着」は線シールなので，界面接着帯では，剥離面積が小さく剥離エネルギーは小さいので容易に破断する（図7.10参照）．

「モールド接着」では低温側のマネージメントが必要になった．

表7.3 に"一条シール"と「モールド接着」の機能比較を示した．

表7.3　"一条シール"と「モールド接着」の機能比較

制御要素	平面圧着 "一条シール"	条突起圧着 「モールド接着」
・適用加熱温度帯	・界面接着帯	・凝集接着帯
・接着状態	・剥れシール	・「モールド接着」
・突起の設置場所	・熱接着幅の中央付近	・ヒートシール エッジ近隣
・受圧クッションの利用	・耐熱ゴム板の設置	なし
・ポリ玉の生成／ 制御メカニズム	・凝集接着時の平面圧着でほとんどのシーラントの半分がヒートシールエッジはみ出す （制御不可）	・ヒートシールに隣接した太さを制限した条突起による制限量のモールド塊を作成し，ヒートシールの側端部を接着する （ヒートシール面にはモールド塊をはみ出させない）
・モールド塊の生成量の制限方法	界面温度帯の適用なので配慮せず	・条突起の寸法(幅)で生成量の制御
・突起高さ	・ 0.05-2 mm	・ 3-5 mm （エッジの平面部の加熱の回避）
・突起幅	・ 0.3-1.0 mm	・ 0.5-3.0 mm
・圧着形式	・面圧着＋条突起圧着	・ 条突起圧着
・接着状態	・「密封」と「易開封」の同時達成	・ 強靱（材料の破断強さ）
・SDGs 対応性	・ 5 mm 幅以上の剥離エネルギーを利用して破袋防御	・線状突起のシールで シール幅の極小化

— 110 —

第 8 章　［改革技術 5］：圧縮・落下衝撃の破袋メカニズムとヒートシール強さとの関係―圧縮荷重と落下衝撃荷重の挙動解析と対策―

1.　圧縮荷重と落下衝撃荷重の挙動解析と定量化

1.1　はじめに

　プラスチック製のフイルムを，三方または四方をヒートシールで密封加工した包装形態を「軟包装」と言う．この包装形態の安全性の保障の1つに，物流中の静的な段積圧縮や動的な落下衝撃や振動の破袋耐性が要求されている．

　JIS Z 0238 では対破袋性の指標として，**表 8.1** に示した 3 つの保障要件を提示している．

　これらの保障要求は，最終的には，**図 8.1** に示した包装の「個装工程」の僅か 0.5 ～ 1.0 秒の操作時間で行われる「計量・充填・シール工程」の**一発制御**に帰結する．

　従来，（性能が保証された）実際に破袋が発生する低ヒートシール強さ［1.5 – 2.0N/15 mm］の試験袋の作成ができなかったので，この規定の検証は出来なかった．しかし 2023 年に "一条シール"[1] の発明に伴って開発された［**OPP/IMX**］のイージーピール材の適用で実測が可能になった．

　本節では，規定が要求する破袋限界を共有する微弱な接着強さ［1.7N/15 mm］の標本袋を作成して，実際の発生荷重で破袋を発生させ，限界条件の確認を行い，破袋保障要求と製袋品のヒートシール強さとの関係を定量化確認し，統一化した破袋の制御方策［10N/15 mm］を明確にし

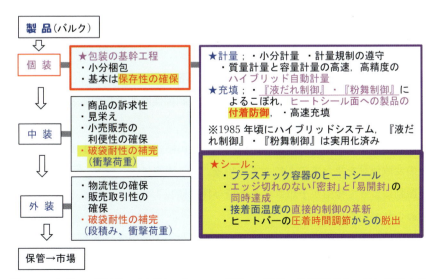

図 8.1　包装の〈計量〉，〈充填〉，〈シール工程〉は製品の品質達成を一気に実践する

― 111 ―

第 8 章　[改革技術 5]：圧縮・落下衝撃の破袋メカニズムとヒートシール強さとの関係—圧縮荷重と落下衝撃荷重の挙動解析と対策—

表 8.1　JIS Z 0238 が規定している対破袋性の指標

(a)【使用目的とヒートシール強さの目安】

使　用　目　的	ヒートシール強さ （N/15 mm）
重量物包装用袋などで，特に強い ヒートシール強さを要する場合	35　以上
レトルト用袋などで，強いヒート シール強さを要する場合	23　以上
一般包装用袋などで，内容物の質 量が大きく，やや強いヒートシー ル強さを要する場合	15　以上
一般包装用袋などで，内容物の質 量が小さく，普通のヒートシール 強さを要する場合	6　以上
パートコート又はイージーピール の袋などでヒートシール強さが小 さくてよい場合	3　以上

(b)【総質量と圧縮荷重】

総重量　（g）		圧縮荷重（N）
	100 未満	200
100 以上	400 未満	400
400 以上	2000 未満	600
2000 以上		800

(c)【総質量と落下高さ】

総重量　（g）		落下高さ（cm）
	100 未満	80
100 以上	400 未満	50
400 以上	2000 未満	30
2000 以上		25

たので報告する．

1.2　レトルト包装のハイバリアー（HA）が要求する密封保証の担保

　レトルトパウチ包装はヒートシール技法の最上位の制御性を要求している．この要求を満足すれば，すべての軟包装の要求を充足することができる．

　レトルト包装の HA 要求は，密封後の加熱殺菌で，缶詰包装と同様に 1 年以上の微生物汚染やガスバリアの変敗保証を果たすことになっている[2]．具体的には，物流，保管工程の圧縮荷重と落下衝撃・振動によって発生が予想される破袋与件を個装工程の「一発」のシール操作で確保することが求められている．

　実際の不具合の発生は，個装工程の熱接着シール操作の不的確さにあり，つまりそれは，数十年来の歴史のあるヒートシール技法が責任を負うところである．

　しかし，未だに合理的な密封化技術が普及していないことが課題である．

— **112** —

1. 圧縮荷重と落下衝撃荷重の挙動解析と定量化

包装の主幹機能である「計量」・「充填」・「封止（シール）」工程の期待機能を図8.1に要約した．
本章では，レトルト包装のHAが要求するヒートシール部の破損原因の負荷荷重の定量化を行った．そして，その負荷荷重とヒートシール強さの関係を明確にし，HACCPのCCP（重要管理点）の実践方策を確立した．さらに，《JIS Z 0238》が提示している3つ指標の統一化を明らかにした．

1.3 破袋荷重の新解析方法の展開

1.3.1 破袋荷重の作動メカニズムの解明

物流工程の圧縮や落下衝撃による破袋防御には，破袋の原因応力を詳細に解析して，個装の熱接着工程での確実な対応が必要となる．

平面圧縮や落下衝撃による破袋は，（加わったエネルギー）×n＝（荷重）×（変位量）[N･m＝J]で解析できる．nは，破袋に（加わったエネルギー）の関与率である．

レトルトパウチは，平面状のフイルム材の3辺を熱接着して製袋する．そして製品を充填した後にトップシールをして，四方シールが完成する．平面状の袋に製品が充填されると立体的になるので，小さい応力で変形して，タックができるので，レトルトパウチに加わったエネルギーは，ヒートシールエッジへの均一な荷重とはならない．圧縮や落下衝撃力はヒートシールエッジに均一に掛かるのでなく内接円の拡大となっている．長方形袋の例を図8.2に示した．

実際にヒートシールエッジに加わる開封力（破袋力）による破袋は，エッジの直角方向にどの位掛かるかによる．ヒートシールエッジには図8.3のような力が分布することになる．

ヒートシール面が剥れシールの場合は，内接円が拡大し，[（拡大線長）×（ヒートシール強さ）/1.5＝（圧縮荷重）×n]となったところで剥れは停止する．

剥離線が拡大した後に上記の式よりも大きな荷重が掛からなければ剥離線長は拡大しない特長がある．タックが発生すると，タックとヒートシールエッジの頂点が荷重分布の分割点にな

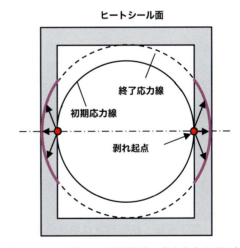

図8.2 四方袋への圧縮荷重の応力分布と剥れ線

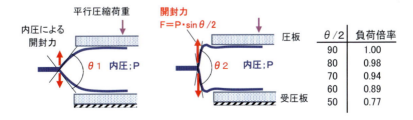

(a) 短辺にかかるモデル図　　(b) 長辺にかかるモデル図

図8.3 圧縮荷重によるヒートシールエッジに掛かる開封力の発現モデル部分図

— 113 —

第8章 [改革技術5]：圧縮・落下衝撃の破袋メカニズムとヒートシール強さとの関係—圧縮荷重と落下衝撃荷重の挙動解析と対策—

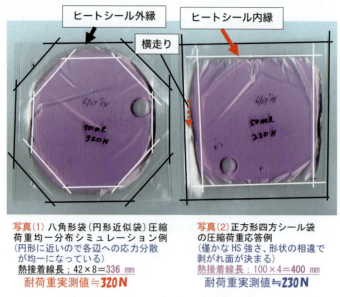

図8.4 長方形, 八角形袋の圧縮試験結果

る．参考に長方形袋と正八角形袋の荷重と剥れ状態を図8.4に示した[3]．

図8.4写真（2）の正方形袋の剥離は4辺均等にならず2辺が荷重負荷辺になっている．4辺のヒートシール辺の合計は400 mmであるがすべては関与していない．最大剥れ幅が80％当りの耐荷重は約230 Nであった[4]．

図8.4写真（1）の八角形袋の特徴は，各辺に均等に圧縮力が作用している．内接円状に圧縮力が作動することの実証になっている．各辺長の合計は338 mmで正方形よりも小さいが，耐荷重は正方形袋よりも格段に大きい320Nとなっている．

剥離応力の作用は，図8.3に示したように，ヒートシールエッジの直角成分（直角方向にかかる開封力）であるから，パウチがカートン等に装填されると袋の3次元変化が抑制され，直角成分が増大することになる．破袋の補助機能になる．

1.3.2 落下衝撃・振動荷重は単発負荷だが積分される

液体が充填された袋は，落下衝撃によって，液体は円筒形に拡張するから，円筒の直角方向に破袋力が発生する．そしてその応力は，液柱の中央付近が最も大きくなることが落下袋の剥れ状態から確認できる（図8.5参照）．

落下試験の方向は複数規定されているが，長手方向の底辺落下がヒートシールエッジに最も大きな衝撃力が掛かるので，底辺落下を検証試験に採用すればよい．圧縮試験，落下試験はエネルギー現象なので，微弱な標本袋を標本にして，検討すればよい．

筆者は，試験結果から，500 g以下の汎用の個装袋では，[10N/15 mm]のヒートシール強さで十分と判断している[4]．

— 114 —

1. 圧縮荷重と落下衝撃荷重の挙動解析と定量化

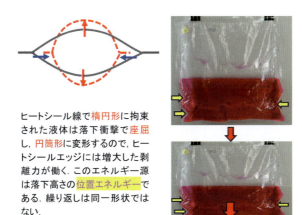

図 8.5　落下衝撃で円筒形に変形するパウチ

1.4　破袋荷重とヒートシール強さをエネルギー論で連携化

厚生省告示 370 号（JIS Z 238 と同等）では，製品の破袋耐性の指標として，①使用目的とヒートシール強さの目安，②総重量と圧縮荷重，③総重量と落下高さの 3 つの「保障；Validation」を要求している（表 8.1 参照）．

しかし，今日においても，この「保障」の制御方法の具体的展開策の「保証；Guarantee」技術が学際から提示されていない．包装製品の生産者は，トリプルスタンダードの規定で混乱している．ましてや HACCP の CCP での管理方策は曖昧なままである．

筆者は，規定の「圧縮」，「落下試験」実測し，この実測値からトリプルスタンダードの統一化を図った．そして CCP 管理方法の具体化を図った．

1.4.1　圧縮荷重に関与する熱接着帯の強さと挙動

圧縮圧の挙動の検証に，特許（No.6032450）を利用した密封性が保証された，超低接着強さ[1.7N/15 mm] の剥れシール材を適用し，実際の荷重で破袋現象を検知できるように図った．

図 8.6 (a) に袋（100 × 100 mm）の平面圧縮の圧縮代と発生荷重の挙動を示した．圧縮後のヒートシール面の剥れ状態の写真を図 8.6 (b) に示した．

1) ヒートシール面の剥れは，内接円の接触点から始まり，円弧上に拡大する．
2) 剥れの進行に伴い順次，剥離線長は増大する．
3) 剥れは，圧縮荷重の負荷直後から起こらず，約 100 N の荷重後から剥離が始まる．
　応力部位の荷重がヒートシール強さを超過するとその点から剥離が始まる．
4) 各辺の接着強さのバラツキが僅かでも，小さい辺から始まる．
5) 負荷される圧縮エネルギー（破袋力）×n は，**荷重×剥離長さ**で，剥離面の発熱によって消化される．この系で，圧縮で供給された総エネルギー（位置エネルギー）は，圧縮代と圧縮荷重の積の ［(203N)×(3 mm)＝609(mJ)］ となる．このエネルギーは 100％ヒートシール面に掛かるのでなく，・パウチの剛性，・中装のカートン等への分散で，ヒートシールエッジ

— 115 —

第8章 [改革技術5]：圧縮・落下衝撃の破袋メカニズムとヒートシール強さとの関係―圧縮荷重と落下衝撃荷重の挙動解析と対策―

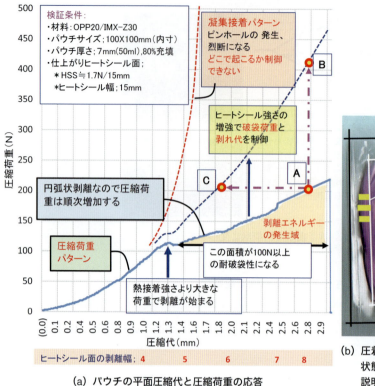

(a) パウチの平面圧縮代と圧縮荷重の応答

(b) 圧着試験後のヒートシール面の剥離状態と剥離エネルギーの計測手順の説明

図8.6 袋の平面圧縮とヒートシールの剥れ状態

の直角成分を減じる作用で，小さくなる．

6) ヒートシール強さと剥離面積（耐破袋性）は単純な比例関係である．

破袋性は，適用する材料のヒートシール強さの選択で制御することができる．

ヒートシール強さを大きくすると，図8.6（a）中にB,Cが存在できる圧縮曲線ができる．

A点を基準にして，同一の圧縮代を設定すると，その圧縮荷重は，B点（410N）になる．A点と同一な荷重とすれば，圧縮代をC点に収まるように制御できる．

平面圧縮では，ヒートシール強さの変更で，圧縮荷重の耐破袋性を制御できることがわかる．

表8.2 ヒートシール強さを変更した時の発生最大荷重（破袋荷重）の挙動

ヒートシール強さ (N/15mm)	最大荷重 (N)
1.7	206
4	484
6	726
8	968
10	1210

・パウチサイズ：100×100 mm
・圧縮代：2.8 mm
・標本包装材料：OPP20/IMX30

図8.6（a）の標本の性能を基準に，ヒートシール強さを変化した時の最大荷重の計算事例を表8.2に示した．標本材料の破断強さの実測値は［≒40N/15 mm］あり，試算範囲以上であり，演算結果に矛盾はない．

7) 圧縮試験機で負荷している圧縮荷重は，現場で発生する"破袋荷重"のシミュレーション値であり，実際値ではない．

8) ヒートシール強さが［8N/15 mm］以上になると圧縮圧は強大になり，実際とはかけ離れている．安全性を見て，［10N/15 mm］程度の設定が的確である．

― 116 ―

9) 最大（破袋）荷重を袋サイズ別に圧縮圧に変換した計算結果を**表8.3**に示した．（100×100 mm）試験標本に200 Nの荷重は，0.02 MPaになる．同一荷重を大きな袋に荷重すれば，圧縮応力は表面積に反比例して小さくなる．

《JIS Z 0238》では，充填物の集積が圧縮荷重になるリンクが規定されているが，集積自重で，破袋を起こすような大きな圧縮荷重は発生しない．袋の大きさと充填量は別々に考慮する必要がある．

表8.3 圧縮荷重の増加，パウチサイズの拡大は圧縮応力の減少となる

圧縮荷重 (N)	パウチサイズ (mm)				
	50X50	100X100	150X150	200X200	300X300
	圧縮応力 (MPa)				
50	0.020	0.005	0.0022	0.0013	0.0001
100	0.040	0.010	0.0044	0.0025	0.0003
200	0.080	0.020	0.0088	0.0050	0.0006
300	0.120	0.030	0.0132	0.0075	0.0008
400	0.160	0.040	0.0176	0.0100	0.0011
500	0.200	0.050	0.0220	0.0125	0.0014
600	0.240	0.060	0.0264	0.0150	0.0017
700	0.280	0.070	0.0308	0.0175	0.0019
800	0.320	0.080	0.0352	0.0200	0.0022
900	0.360	0.090	0.0396	0.0225	0.0025
1000	0.400	0.100	0.0440	0.0250	0.0028

・標本包装材料：OPP20/IMX30
試算の原典は、図8.6(a)の圧縮試験のデータである
表8.2の[最大荷重]と表8.3の[圧縮荷重]は同一

10) 図8.6 (b) で示した圧縮とヒートシール面の剥離標本では，既知の圧縮荷重で得られた袋の剥離面積を精密に計量できるので，破袋耐性の"センサ"として活用できる．

剥離エネルギーの計算は，ヒートシールエッジに沿って，剥離部位を一定幅（事例では2.5 mm）に分割した．ヒートシールエッジの直角方向の長さをhとする．

2.5 mm幅の剥離強さは，f（N/15 mm）からfa（N・(2.5/15)＝fa（N/2.5 mm））となる．

[1.7N/15 mm] では，[0.28N/2.5 mm] となる．剥れ高さをhとすると，2.5 mm幅単位の剥離エネルギーは [0.28×h] （J）となる．データの1つがヒートシール幅を越えないデータの集積が耐破袋性に定義することができる．

図8.6 (b) は図8.6 (a) の試験後の剥離状態を示している．203Nの荷重を掛けた時の総剥離エネルギーの手計算の合計は，136.2 mJ となっている．

圧縮源エネルギーは609 mJであるから，ヒートシール面への荷重割合（136.2/609）＝22.4％となる．大半は，タックの生成，[1.7N/15 mm] 以下の応力による材料の伸びに消費されている．

このパウチのヒートシール面の圧縮荷重1N当りの破袋防御性は，[136.2 mJ/203N＝0.67（mJ/N）] となる．

標本材料で作成した袋の剥離エネルギーを標準化し，負荷応力の計測が困難な落下時の負荷荷重の定量化の荷重計測センサとして利用する．

11) 従来，現場では，仕上がり品を平板で挟んで，50 kg・f（約500N）[人の体重並] の試験が常態化している．

表8.3を参照して，パウチサイズ（100×100 mm），圧縮荷重（200N）の圧縮圧は0.02 MPaとなる．（500N）荷重の（50×50 mm）の圧縮圧は，10倍の（0.20 MPa），（100×100 mm）は，2.5倍の0.05 MPa，（150×150 mm）は（0.022 MPa）の1.1倍を要求することになる．

[150×150 mm] より大きい袋では，ヒートシール強さの増加は求めていない．

500Nの荷重は，一袋当りの荷重として，物流，保管現場では起こりえない数値であり，超オー

－ 117 －

バースペックの規定になっている．

12) 荷重圧着圧（MPa）とパウチ面積（実際はシール辺長）をパラメータにする汎用化の再確認をする必要がある．

13) 圧縮荷重は製品に対して垂直荷重であり，耐負荷荷重の設定が論外にならないように考慮する必要がある．［10N/15 mm］以上の熱接着強さは必要としていないと推定される．

1.4.2　落下試験のヒートシール面への荷重挙動とエネルギーの計測

　落下／激突によって，発生した衝撃荷重によるヒートシール面への反応の数量化計測は難しい．筆者は，同一フイルムを使い，平面荷重試験のデータを利用して，動的荷重を的確に計量／評価できる新法を発案した．

　図8.7 **(a)** は底辺落下中の荷姿である．充填液は楕円状で落下するが，床面に激突すると円筒形に変形して，袋の円周に激突する．この応力がヒートシールエッジに加わり剥離を起こす．この力はヒートシール線に一様に加わるのではなく，発生したタックが誘導線になって，周辺部位に荷重される．m；重さ（N），g；重力加速度，h；高さ（m）とすれば，落下物の位置エネルギーは［mgh］となる．落下によって起こる破袋エネルギーの上限となる．（0.8 m，0.45 kg）の位置エネルギーは［3,528 mJ］になる．

　落下後のヒートシール面の剥離状態を図8.7 **(b)**（液は抜いてある）に示した．この結果から以下の知見を得た．

1) 落下直後のタック発生の状態を明確に把握できた．
2) タックによって衝撃荷重が振り分けられることがわかった．
3) 落下衝撃によるヒートシール面の剥離は，一様に分布せず特異箇所に集中し，平面圧縮荷重とは異なる挙動を示す．
4) 複数回の衝撃は同一箇所付近に集中し，剥離は積分される．
5) ヒートシールエッジに加わる応力は，底辺落下が最も大きい．落下試験は底辺落下に限定してもよい．
6) 落下試験で得られた標本の剥離面積を平面圧着と同様に積分計算した．

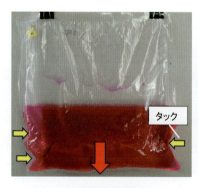 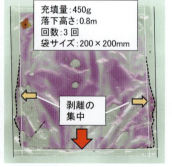

(a) 落下中の荷姿　　　　　(b) 剥離の様子（集積した3回分）

図8.7　落下試験中の荷姿と剥離の集中化の様子

パウチサイズ；［200 × 200 mm］，充填量；［450 g］，落下高さ；0.8 m（液深の中心）の条件で，3回の繰り返し落下を行った．ヒートシールの剥離面から得られた剥離エネルギーの合計は，187（mJ）であった．1回分は 62.2 mJ となる．総落下エネルギーに対して，［(62.2/3,528) ＝1.76％］になっている．落下エネルギーは他の部位に分散して，ヒートシールエッジに掛かる応力が非常に小さいことがわかった．

平面圧着の標準化データ (0.67 mJ/N) を適用して，発生した衝撃荷重と比較すると［62.2/0.67 ＝92.8 N］を得る．2回分では，［(186 N)＜(203 N)］となり，標本材料では，平面圧縮の耐荷重と比較検証すると（0.8 m）の落下が2回あっても破袋は発生しないことになる．

7）以上の知見から，①充填量；450 g，②落下高さ，③ヒートシール強さ をパラメータにした汎用的評価を**表 8.4** 示した．ヒートシール強さの上昇によって，破袋性が単純比例で向上することが分かる．

8）ここでも［10N/15 mm］以上の熱接着強さは必要としていない．

表 8.4 ヒートシール強さの増強と破袋性の向上の関係

落下高さ (m)	ヒートシール強さ (N/15mm)				
	1.7	4	6	8	10
	剥離エネルギー (mJ)				
0.2	15.6	36.6	54.9	73.2	91.5
0.4	31.1	73.2	109.8	146.4	183.0
0.6	46.7	109.8	164.7	219.5	274.4
0.8	62.2	146.4	219.6	292.7	365.9
1.0	77.8	183.0	274.5	365.9	457.4

原典データ：・充填量；450 g，・落下高さ；0.8 m，・HSS，1.7N/15mm
・標本包装材料：OPP20/IMX30

1.5 ま と め

(1) シンプルになった本検討の改革案をレトルト包装に適用して，新規な【HACCP】法を**表 8.5** に提示した．

(2) 本報告はレトルトパウチ包装が要求する HA である圧縮試験，落下衝撃試験を正面から取り組み，ヒートシール強さとの連携を明確にした．

(3) 平面圧縮，落下試験の解析には，新規に開発された「密封」と「易開封」を同時に達成できる微弱なヒートシール強さ［1.7N/15 mm］の材料を適用した．

(4) 微弱ヒートシール強さの包装材料を適用したので，従来の常識の超下限域からの検討ができた．

(5) この結果，設定，操作のバラツキを考慮しても，ヒートシール強さは［10N/15 mm］の設定が適格であることがわかった．

(6) 不要なオーバースペックを避け，包装材料設計者には，SDGs 対応にもなるシーラントの薄肉化［40 – 50 μm］の検討を期待する．

第8章 [改革技術5]：圧縮・落下衝撃の破袋メカニズムとヒートシール強さとの関係—圧縮荷重と落下衝撃荷重の挙動解析と対策—

表8.5　レトルトパウチの包装工程の【HACCP】の改革案

		【HA】保障（*Validation*）事項改革		【CPP】保証方法（*Guarantee*）	
(1)	物流／保管工程での破袋の条件の新確認	圧縮圧，衝撃荷重の制限範囲の規定	[10N/15 mm] 以上のヒートシール強さの確保 ・溶着面温度：148〜150℃の調節 ・圧着圧：0.3–0.4MPa	・リアルタイム界面温度モニタ，ロギング	
(2)	充填／シール工程の完璧な密封	(1) の圧縮圧と衝撃荷重に耐える界面接着のヒートシール強さ実施			
(3)	製袋時の縦シールの加熱温度の的確な制約	規定のヒートシールエッジ温度を保証する溶着面温度の設定	製袋工程への界面温度モニタ／制御の導入	・同上	
(4)	充填工程でのヒートシール面への製品の付着防御	「液だれ制御」の採用	・液面追随充填 ・液速制御 ・ノズルの非接触 ・液だれ制御	・同上 ・ヒートシール直後のヒートシール面の温度分布モニタ	
		"一条シール"の導入	・タックがの漏れ防御 ・玉噛み部の強制圧着	・強制密封	
(5)	使用包装機，製袋品の「認証制度」の設定	＊ (1),(2),(4) を実践できる包装機の責務を規定	・《界面温度制御》の導入 ・加熱体表面温度の制御の導入・制御対象のロギングシステム導入 ・[液だれ制御]の導入		
		＊ (3) の規定を満足する製袋品	・現場包装機と同様の製袋仕様を適用		
(6)	凝集接着が避けられない場合の対応方法	側端部のモールド塊接着	・「モールド接着」の適用	・一条突起圧着 ・165〜170℃加熱	

■参照文献
1) 特許：日本 No.5779291, アメリカ，イギリス，フランス，ドイツ，韓国，中国，タイ（2015）
2) 日本缶詰びん詰レトルト食品協会，「容器詰加熱殺菌食品の HACCP マニュアル」(2019)
3) 菱沼　一夫，第 67 回日本缶詰びん詰レトルト食品協会技術大会（2018）
4) 菱沼　一夫，缶詰時報，Vol.103,No.2 p.29-44 (2024)

2.　落下衝撃に対するヒートシール面の応力反応検討

2.1　はじめに

　ヒートシールの適正性の標準的な評価は《JIS Z 0238》や《ASTM [F88-06]》が適用されている．この規定はヒートシールエッジ（線）の引張試験による引張強さ（ヒートシール強さ）と落下，面荷重による破壊試験が基本的な評価項目になっている．

　しかし，従来の評価方法の「引張強さ」，「破壊落下距離」，「耐面荷重」の測定結果の相互関係や適用範囲の提示根拠の定義が明確になっていない．また，この評価法を着実に実行しても工程中や物流中で散発的に起こる荷重，落下，衝撃等の破壊応力によるピンホールや破袋の発生が制御しきれない状態が続いている[1]．したがって，試験結果と材料の固有性能との合理的な連携が

— 120 —

2. 落下衝撃に対するヒートシール面の応力反応検討

思うようにならない．このような背景があって，現在のヒートシールの信頼性は満足すべき状態になっていない．本項は衝撃を定量化した**「落下衝撃発生装置」**の開発とそれを適用したフイルム包装材料のヒートシール面/線の落下衝撃の応答特性の計測結果を報告する．

なお，本報告には，以下の7項目が含まれている．
(1) 分銅の落下エネルギーを利用した「落下衝撃発生装置」と特性の概要
(2) 代表的な包装材料の落下衝撃の"吸収特性"の実測結果
(3) 材料の応力方向の長さと衝撃の吸収能力
(4) ヒートシール面/線の衝撃応力反応の実測結果/ヒートシール強さとの相互関係
(5) ヒートシール面のパルス状応力反応の考察と新知見の提示
(6) 剥離接着（剥れシール）の有効利用法の裏付けの実証
(7) 剥れ易いヒートシール面を利用した物流衝撃のセンシングへの展開

2.2 ヒートシールの破壊応力

柔軟体であるヒートシール部位を破壊する応力は，剛体のように面全体に分布して作用するのではなく，接着エッジに直角成分として作用して，剥離を伴って順次，面に展開する特徴があるから，線応力の考察が必要である．接着エッジに作用する応力の発生源は，その速さの順番に列挙すると，

① 内容物の落下衝撃
② 内容物の振動，揺れによる流動衝撃
③ 外部からの面応力によるに内圧の上昇

がある．従来の引張試験法では静的な③の解明は可能であるが，①と②の原因要素の評価の適否は定かでない．

2.3 「衝撃応力発生装置」の開発

工程や物流中に起こる衝撃応力の解析には定量化された衝撃発生源を必要とする．本研究では分銅の落下の位置エネルギーを利用して運動ネルギーへの変換速度を調整する方法で所定の衝撃パルス幅の発生装置を完成した．

この概要を**図8.8**に示した．この装置の特長は分銅の落下系に制御した"クッション"を設けているところである．物質毎の衝突の発生パルス幅を調べてみるとガラス/金属（硬質）[50 μs]，金属（軟鉄）/金属（硬質）[80 μs]，木材/金属（硬質）[300 μs]，硬質ゴム/金属（硬質）[400 μs]が観察された．包装品に発生する衝撃反応幅は数十 ms 帯であるので，試験機内の"クッション"を調節して，発生する衝撃パルス幅を1桁小さい約2 ms のパルスになるようにした．この「衝撃応力発生

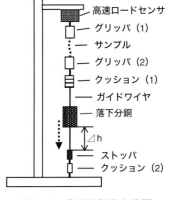

図8.8 落下衝撃発生装置

第8章 [改革技術5]：圧縮・落下衝撃の破袋メカニズムとヒートシール強さとの関係―圧縮荷重と落下衝撃荷重の挙動解析と対策―

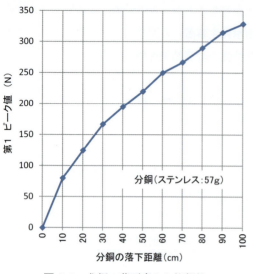

図8.9 分銅の落下高さと衝撃値

装置」に57gの分銅を装着して，落下高さ毎の第1ピーク値を採取したものを図8.9に示した．ピーク値のバラツキは5N程度が得られた．試験の目安としての実用性が確保できた．衝撃波の形状は実験結果の付加衝撃に示した．

2.4 実験方法と結果
2.4.1 代表的な包装材料の衝撃吸収性の測定結果
(1) 紙標本を使って，長さ（40〜100 mm）に対する衝撃吸収能力の変化を調べた．
(2) 各種材料の持つ固有の衝撃吸収性を調べるために，

① レトルトパウチ材（96 μm）
② コピー紙（86 μm）
③ PEシート（76 μm）

を長さ；10 cm，幅；10 mmに裁断し，「衝撃応力発生装置」で約80Nの衝撃パルスを掛けて衝撃吸収能力の相違を定性した．統合した応答パターンを図8.10に示した．材料の剛性が応答パターン影響することが定性できた．

2.4.2 ヒートシールサンプルの衝撃パルスの応答測定（事例；レトルトパウチ材）
市場に出ているレトルトパウチを使用して衝撃パルスに対する応答の実測結果図8.11に示した．

＊標本の作成条件：破れシール溶着面温度：170℃，剥れシール溶着面温度；147.5℃，標本カッ

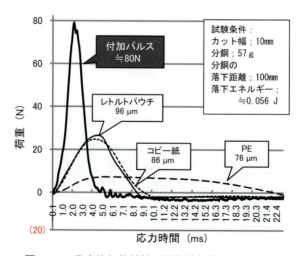

図8.10 代表的包装材料の衝撃吸収能力（実測例）

2. 落下衝撃に対するヒートシール面の応力反応検討

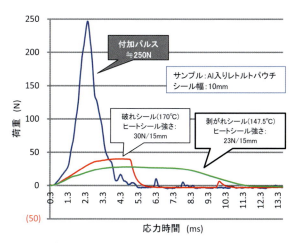

図8.11　レトルトパウチ材の剥れシールの衝撃荷重の吸収能力の実測結果

　　　　　　　　　ト幅；10 mm.
＊基本データ　：破れシール引張強さ；30N/10 mm, 剥れシール引張強さ；23N/10 mm, 基材の破断強さ；31N/10 mm.
＊実験方法　　：先ず破れシールサンプルを試験装置に掛け，分銅の落下距離を徐々に大きくして破断距離48 cm（約200N）を得た．この時の破断応力は39N であった．次に剥れシールに同じ落下衝撃を与えたら27N の剥れ応力を示した．この時の剥れ幅は3 mm であった．同一サンプルに2回目の落下衝撃を与えたところ剥れ幅は2.9 mm であった．[(2.9−3.0)×10 mm] の接着面積の剥離エネルギーは [mgh＝0.057^{kg}×9.8$^{m/s2}$×0.48^m (J)] に相似することになる．剥れシールのサンプルに80 cm（約330N）の落下衝撃を与えると破損せず，剥離応力は48 cm の衝撃と同様な28N で，剥離長さが大きくなり，大きな衝撃吸収能力を示した．

2.5　結　論
(1) 包装材料用の「衝撃荷重発生装置」の開発ができた．
(2) フイルム状材料が持つ衝撃荷重の吸収能力の測定方法を確立した．
(3) 剥れシールには低速と同様な高速な衝撃荷重の吸収能力があることが確認できた．
(4) コントロールされた剥れシールを利用して，剥離面積の計測から個装，中装包装物に掛かる局部の応力分布の計測を見出した．

■参照文献
1) 菱沼　一夫；日本包装学会誌 Vol.17, No.1, p.47-59（2008）

3. パウチ包装の衝撃荷重の受容性の計測

3.1 はじめに

本項では，高精度の落下衝撃発生装置を使って，材料の厚さと剛性の異なる数種のパウチの腹部に錘を落下させ，その加速度パターンを測定して，材質の相違の衝撃荷重の受容性の定性，更に剥れシールの剥離エネルギーの衝撃荷重吸収機能の検証結果を報告する．

3.2 ヒートシール線（面）の破壊力の発生メカニズム

ヒートシールされたパウチのヒートシール線（面）の破壊力の発生は外力による内圧の上昇によるヒートシール線（面）に対する直角成分力によって起る．

この様子を図8.12に概説した．種々荷重の荷重パターンを図8.13に示した．

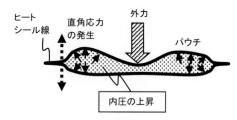

図8.12 ヒートシール線の破壊力の発生

3.3 「衝撃荷重発生装置」の性能と概要

落下衝撃の定量的な評価には，再現性の高い落下衝撃の発生装置が要求された．

試験装置の仕様の要点は，
① 正確な落下高さの設定
② 垂直な落下荷重
③ バラツキの小さい落下点
④ 落下衝撃Gの正確な計測
である．

筆者は次の性能を有する装置を自作開発して，実験に供した．

・荷重面の最大；150×150 mm
・落下高さ：0～1,000 mm（高さ設定精度；1 mm）
・加速度測定範囲；最大500 G（センサ仕様に依存）
・衝撃ピーク時間；0.5～1.0 ms
・落下錘；50～300 g・ピーク値再現性；約2％

この構成を図8.14に，発生パターンの例を図8.15に示す．

金属板と木材板の落下衝撃はほぼ同等であった．ダンボール板（厚さ；5 mm）のクッション性が確認できた．

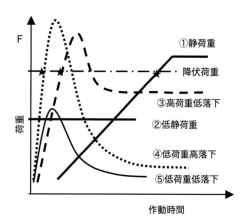

図8.13 ヒートシール線の破壊力のパターン

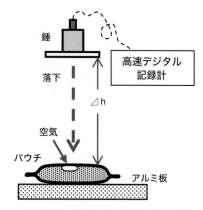

図8.14 落下衝撃試験機の構成

3. パウチ包装の衝撃荷重の受容性の計測

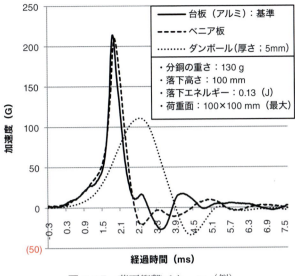

図 8.15 落下衝撃パターン（例）

3.4 衝撃荷重発生装置を用いた各種軟包装の測定
3.4.1 代表的な包装材料の衝撃吸収性の測定結果

　レトルトパウチ，PE 袋，PP 袋，輸液バッグ等の材料の厚さと剛性の異なる四方パウチの衝撃応答の測定結果を図 8.16 に列挙した．衝撃ピークが大きい程衝撃吸収能力が小さい．材料の厚さが顕著に影響していることがわかる．供試のレトルトパウチと輸液バッグは，他の標本と剛性が大きい．薄い PP と PE 袋と比較して，ショック吸収性が大きく，ピーク値が 40G まで緩衝している．

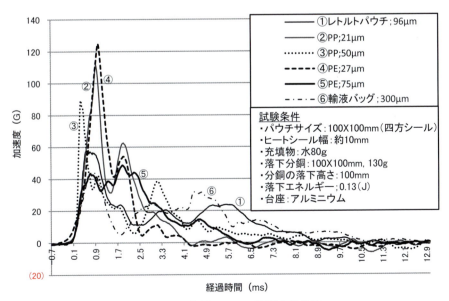

図 8.16 各種パウチの衝撃応答比較

— 125 —

3.4.2 空気の混入とサイズ相違の応答

レトルトパウチを用いて，空気の混入した場合とパウチサイズが小さくなった場合の応答を調べた結果を図8.17に列挙した．サイズは100×100 mmと70×70 mm（50%）を用いた．空気の混入袋は充填物の流動が起っていることが推定され，ピーク値は分散され低くなっている．

サイズが小さくなると充填物の流動が拘束され，かつ容積が小さいので，衝撃値は大きくなっている．袋サイズが小さくなる破袋荷重の影響が大きくなることを留意する必要がわかった．

3.4.3 剥れシールの衝撃荷重の吸収機能の検証

本研究のターゲットである剥れシールの衝撃荷重の吸収機能の検証結果を図8.18に示した．標本は食パン包装用のピールシールフイルムを適用した．このフイルムの剥れシール帯の①

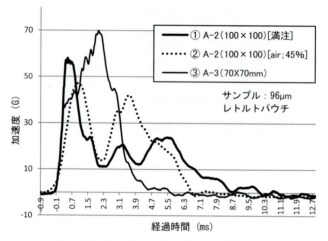

図8.17 空気入り，小サイズの応答の相違

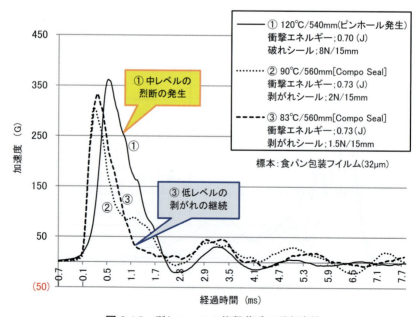

図8.18 剥れシールの衝撃荷重の吸収応答

4N/15 mm（84℃），② 7N/15 mm（90℃）の 2 種と凝集接着帯の③ 12N/15 mm の標本を作成.
③のパウチに順次（⊿h = 20 mm 毎），落下衝撃を与えピンホールの発生する衝撃値を確認した.
剥れシールパウチの①と②にはピンホールの発生衝撃を超える（⊿h = 20 mm）衝撃を与え衝
撃パターンを計測した．84℃（4N/15 mm）では単純な応答を示しているので接着面は略全剥離
して "Compo Seal"[1] のエッジで剥離が止まっている.

　剥れシールでは，低加速度での振動が起こり衝撃エネルギーの消化が行われている.

　これらの測定試験の結果，以下のようなことが結論付けられた.

(1) 包装材料の厚さ（剛性）は衝撃吸収能力に大きく関係する.

(2) 充填容量は衝撃吸収能力に関与する.

(3) 衝撃力はタックの発生によりヒートシール線に均一に作用しない.

(4) 剥れシール面は破れシールのヒートシール線よりも大きな衝撃の吸収機能がある.

(5) 合理的なラミネーションによる衝撃破損の制御の確認ができた.

(6) 剥離エネルギーをベースにして，落下，圧縮，引張強さの相関評価の目途がたった.

■参照文献
1) 菱沼一夫 ; 日本包装学会誌 Vol.17, No.1, p.47-59（2008）

第9章 ［改革技術4］：剥離エネルギー論による剥れシールの機能性を利用したヒートシール強さの新評価法：【FHSS】

1. はじめに

　軟包装のヒートシールエッジにおけるピンホールやエッジ切れの発生は関係者にとって長年の課題である.

　ヒートシールの熱接着面の性能評価方法として，引張試験によるヒートシール強さ「試験法」が広く利用されている[1-3]. しかし，接着面を強固に接着しても期待する問題解決には至っていない.

　現在は次のような不具合が発生している.

- (1) 剥れシール面の接着強さが均一にならない結果を不具合としている.
- (2) 加熱温度の変更で剥れシールの発生線の移動が不具合とされている.
- (3) (2) と同義的であるが，パウチの内側の引張強さの立ち上がり値が変化する.
- (4) 同一の材料で，加熱体の表面温度を一定にしても，厚さが変化するとヒートシール強さが変動する.
- (5) 材料の外縁の挟み位置でヒートシール強さの最大値が変化する（剥れシールの場合）.
- (6) ヒートシールエッジ（内側）の剥れを少なくしようとすると加熱を高温化しなければならない.

　従来の（世界的な）"常識"は，シールエッジからの破れが発生するような強い接着が"良好"とされていたから上記のような不具合（現象）の検討を避けて，ピンホールやエッジ切れの発生原因の追究が後回しにされ，加熱温度の「高温化」，「加熱時間」や「圧着圧」の増加等の間違った方法が改善策として適用されている.

　ヒートシールの制御の理解の背景には，加熱温度（溶着面温度）の適用が合理的であるが，加熱時間（圧着時間），圧着圧があたかも制御要素として扱う誤解がある. ヒートシールエッジ（内側）に最大強さを発現させようとしたり，シールエッジの内側がはっきりした直線状（凝集接着）になることが"好ましい"としてきた. このような方策では,ヒートシール面は何の機能もしない.

　ヒートシールエッジに発生するピンホールや破断の主要因は，過加熱によるポリ玉が原因になっている.

　ヒートシール面を剥れシールに仕上げることによって，その剥離エネルギーの利用によって，破袋応力を吸収して，合理的な展開を図ることが必要である.

2. レトルトパウチ材の引張試験パターンの実際と評価

　本章では，熱流現象の的確な理解を得て，これを［FHSS］；(Functional Heat Seal Strength)
による有効活用を図る.

　世界的に汎用利用されている《ASTM F88-＊＊》,《ASTM F2029》は日本と関係国で適用され
ている. それと《JIS Z 0238》のヒートシール強さの計測法は次のように定義されている.

・**《ASTM F88-＊＊》と《JIS Z 0238》のヒートシール強さ**（＊＊は改定時の年号番号）

　(1) JIS；破損に至る最大値の計測を規程. 該当項；[9.7],

　(2) ASTM；剥れ，またはでラミネーションの場合は80％以上のデータ範囲の平均値を求める.
　該当項；[9.7], [9.8.1], [9.8.2]

　　　※7種類の壊れ方の事例を示し，どの壊れ方をしたかの留意をアドバイスしている.
　　　発生メカニズムのコメントはない[1].

・**《ASTM F2029》**

　(1) 加熱温度の定義と精度（加熱温度は加熱体の調節温度）

　(2) 加熱時間帯と精度の定義

　(3) 加熱ステップは5〜10℃を設定（オープンループの加熱温度調節のバラツキを考慮）

　(4) 界面剥離と凝集接着を定義

・**《JIS Z 0238》**

　破断または全剥離するまでの引張荷重を加え，その間の最大値求める. 該当項；[7.3]

　　　＊剥れシールまたは破れシールの取り扱いの記載はない.
　　　＊サンプルの作成時の加熱温度に関する規定は一切ない.

・**《ASTM F88-＊＊》**[4.1] 項

　試験結果の応用について「開封性」と「密封性」への機能的展開の要請はあるが，従来の規格
の基本的な考え方は，材料の接着特性の評価であって，期待される接着の機能評価のツールに至っ
ていない.

2.　レトルトパウチ材の引張試験パターンの実際と評価 （温度分布の解析は第10章参照）

　レトルトパウチ材をAモード（ヒートシール面の外側を5mm程度はみ出させる）加熱して，剥れシー
ルから破れシール領域を《2℃ステップ》の加熱標本を作製.

　その引張試験パターンの代表例を**図9.1**に列挙した.

　引張試験パターンの横軸はヒートシール幅と対比した剥れ寸法をとった. この図の引張強さの
変化から，加熱面の温度分布を詳細にみることができる.

　① 145℃以下の加熱では全域が剥れシールである.

　② 150℃の加熱ではヒートシール幅の3.4mm付近で剥れシールと破れシールの境界温度に達
　　していることがわかる.

　③ 170℃ではヒートシールエッジ付近で凝集接着状態になって僅かな伸びの後に降伏破断をす

— 129 —

第 9 章 [改革技術 4]：剥離エネルギー論による剥れシールの機能性を利用したヒートシール強さの新評価法：【FHSS】

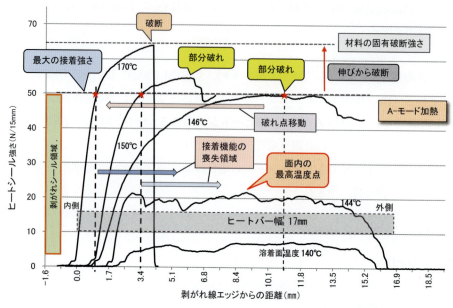

図 9.1　レトルトパウチ材の加熱温度による最高接着強さの移動の様子

る．従来の"常識"ではこの接着状態を"良"としている．

　剥れシールの最大強さの到達点は図中の矢印のように加熱面の中央付近からヒートシールエッジ（内側）に移動する．破れシール温度域の最大強さの発生点は図中に★印で示したようにヒートシールエッジに近づき最大強さ点に到達以降は材料の伸びであり，ピンホールの発生しやすい状態（ポリ玉生成域）になり，エッジより外縁側のヒートシール面の接着部位の機能は失われる．

　どうしてこの状態が"不具合"なのかの詳解を次節に示す．

3.　機能性ヒートシール強さ［FHSS］を適用したヒートシール特性の評価

　図 9.1 の元データ群からから溶着面温度を基準（横軸）にして《2℃ステップ》の①ヒートシール強さ（最大値），②ヒートシールエッジから破れの発生し始める剥れ寸法，③破れ点または全剥れの破断エネルギーと剥離エネルギーをプロットしたグラフを図 9.2 に示した．それぞれの特性を検討すると次のようになる．

1) 剥れ寸法の特性評価

　剥れ寸法は①剥れシール帯（146℃未満），②剥れと部分破れの混成帯，③余熱で発生する剥れと溶融温度帯（凝集接着）の破れシールの混在帯に大別できる．

2) ヒートシール強さの特性評価

　接着状態は［140 – 148℃］の剥れシール帯（界面接着），［148 – 156℃］の剥れシールから破れシールの移行（混在）帯，［156℃〜］のヒートシール面が全溶融する接着帯（凝集接着）に大別できる．

3. 機能性ヒートシール強さ［FHSS］を適用したヒートシール特性の評価

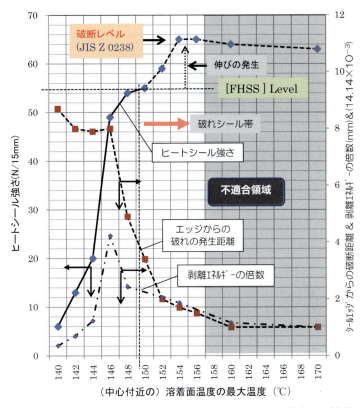

図9.2 【FHSS】を適用したレトルトパウチ材の最適加熱条件の検討

3) 剥れ寸法とヒートシール強さの統合評価

「剥れ寸法特性」と「ヒートシール強さの発現特性」を比較評価すると双方の特性の特徴はかなり明確に一致していることがわかる．従来のヒートシール強さのみの接着特性の評価法を改革した「機能性ヒートシール強さ」(Functional Heat Sealing Strength；FHSS)[4-6]を筆者は提案している．図9.2 の【FHSS】の適正ヒートシール条件は，

① 加熱温度（溶着面温度）：150℃が剥れと破れシールの境界温度を得る．

② この時のエッジからの剥れ寸法は 3.4 mm となる．

溶着面温度が156℃を超すと接着加熱面は溶融状態となる．この温度帯では加熱部と非加熱部の境界線（ヒートシールエッジ）付近と非加熱部（室温）の温度差は大きいので，溶融したヒートシーラントはヒートシールエッジにはみ出して急冷されシーラントの厚さ寸法（数十μm）に近い"ポリ玉"が形成され，ピンホールの発生の大きな要因になる．

《不適合領域》図9.2 に灰色のハッチをした．この領域を実際に適用するとピンホールが起点となって，破袋の発生を起こし易く，"危険ゾーン"である．

本例の場合には，ピンホールの発生防止には155℃以上の温度帯の加熱を避ける必要がある．図9.3 に示した「密封性」と「開封性」の"発生源解析"によれば「密封性」の確保にはピンホールの発生を抑制する剥れシールの剥離エネルギーを利用して，落下等の衝撃荷重エネルギーの吸収が有効である[15]．

第 9 章［改革技術 4］：剥離エネルギー論による剥れシールの機能性を利用したヒートシール強さの新評価法：【FHSS】

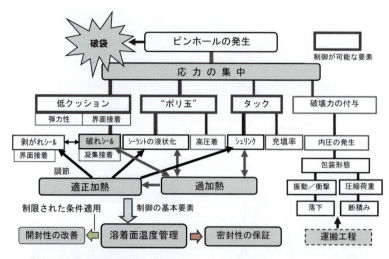

図 9.3 "複合起因解析"（QAMM）による破袋の発生メカニズム解析

剥離エネルギーは引張試験の演算範囲を選択して，微細なサンプル幅の［(引張強さ：N/15 mm)×(剥れ長さ)］の積算で求めることができる．

図 9.2 に各加熱温度の引張試験の剥れシールはシール幅全域，破れシールは破れの発生点までの積算値の比較を示した．170℃加熱の降伏破断（伸びエネルギーも含む）までの破断エネルギーは 14.14(J)×10^{-3} である．

剥れシールの有意性を検討するために，この値を元に各加熱温度の剥離エネルギーを指標化して「破袋耐性」の比較を併記した．この結果から 146〜156℃では破れシール帯よりも大きい（2〜4 倍）の「破袋耐性」を示していることがわかる．実際はこの剥れ部分と破れ部分の総和が破袋耐性となる．しかし剥れシール帯の荷重吸収能力は一過性である．平面圧縮では剥れシール線が拡張するから，繰り返し荷重が前回より小さければ剥がれは進行しない．しかし動的な落下衝撃や振動は局部的な荷重になるので，破袋荷重は積分されることを留意する（詳細検討は第 8 章を参照）．

155℃以上の加熱では破れシールエネルギーを吸収するから貫通することはないが，剥れシールの幅（1 mm 程度）は小さいので衝撃エネルギーの吸収能力は小さく破断につながる．

146℃では剥れシール帯（約 10 mm）が広いので衝撃エネルギーの吸収能力は大きく取れる．

剥れシールと破れシールが連続的に起こっている境界付近では"ポリ玉"の生成は起こらず，開封力の集中が起こってもピンホールの発生を自己抑制する機能を持ち合わせることになり，ピンホールの発生を原理的に制御できる特長がある．

密封性の保証が優先されるレトルトパウチ包装のような場合には，外縁部は凝集接着仕上げが必要である．しかし流出熱による剥れシール帯の生成調節は 3〜4 mm である．

4. 考察のまとめ

(1) 加熱面内に熱流が起これば温度分布ができると，ヒートシール強さの分布が発生する．

(2) アルミ箔のような金属体が挿入構成されると温度分布が発生し，【FHSS】の適用が有効になる．

(3) 系外流出熱流によって加熱体表面温度と溶着面温度の間にはオフセットが発生する．

(4) 熱流発生の大きい材料では破れシール接着線が接着面内で移動する．

   →　圧着不良と間違いないような配慮が必要．

(5) 破れシール線をヒートシールエッジに近づけることは過加熱を行うことになる．
同時に "ポリ玉" の生成の促進になる．

(6) Aモード（はみだし加熱）加熱のはみだし量によって溶着面温度の遷移量が変化するので，はみだし量の一定化操作が必要である．

(7) 従来規格の JIS（Z 0238）や ASTM F88-**, F2029 の試験法の適用では改善対応は困難．

(8) 接着状態／接着面内の剥れと破れシール位置／加熱温度の3要素をパラメータにした【FHSS】はヒートシールの合理的な解析手法である．

(9) 全面の破れシール（凝集接着）に対して剥れと破れシールの混在シールは「破袋耐性」を2～4倍にできる．

(10) 実際ヒートシール操作に当たっては加熱体の溶着面温度管理が有効である[7,8]．

(11) ヒートシールの信頼性を確保するために設計完了時に当該材料の熱遷移特性を計測して現場の運転条件に反映することは，レトルト包装の HACCP 対策となる．

(12) 高度の封緘性と破袋制御が要求されるシールには本報告の現象解析の適用が有効．

5. 結　論

(1) アルミ箔のような熱伝導性の大きい材料をラミネーションした包装材料のヒートシールにおいては，加熱面に大きな温度分布が発生する．
従来のヒートシール操作の "常識" を踏襲してエッジ切れを起こすような加熱／圧着仕上げは，大幅な過加熱，ピンホールと破袋の発生を "促進" していることがわかった．

(2) ヒートシールエッジに発生するピンホールや破断の主原因の《加熱方法》を特定し，改革を達成した．付随して
   ① 包装材料内の熱流よる温度分布の確認
   ② 剥れと破れシールの混在線の評価と選択
の検討が必要であることを剥離エネルギー論と【FHSS】を適用して合理的に証明した．
この結果，従来の "常識" の間違いを合理的に説明できた．

(3) 具体的にはアルミ箔をラミネーションしたレトルト包装のヒートシール面が，3～10 mm 剥れを起こすようなヒートシール操作が肝要であることを示した．

第 9 章［改革技術 4］：剥離エネルギー論による剥れシールの機能性を利用したヒートシール強さの新評価法：【FHSS】

★本章で提示した課題は，2024 年 6 月時点で革新された．

    ＊「密封」と「易開封」の同時達成技術；"一条シール"［第 5 章参照］
    ＊凝集接着帯ポリ玉生成の抑制法；「モールド接着」［第 7 章参照］
    ＊溶着面（接着面）温度応答のリアルタイムの直接的検知 / 制御；《界面温度制御》［第 6 章参照］
等の新規技術の総合的検討で，課題は解消している．

■参照文献
1) ASTM F88-7a (2007)
2) ASTM F2029 (2000)
3) JIS Z 0238 (2004)
4) K.Hishinuma, IAPRI 2010 Book of Abstracts, P2-36, p.201
5) 菱沼一夫 , 日本接着学会誌 , Vol.42,No.4, p.18-24 (2006)
6) Chana Yiangkamolsing, K.Hishinuma, IAPRI 2010 Book of Abstracts, P2-32, p.196
7) 菱沼一夫， 日本特許 , 特許第 3465741 号 ,(2003)
8) HISHINUMA K., U.S.A., Patent: US6,197,136　B1, (2001)

第10章　ヒートシール面内の温度分布の発現現象の解析と定量化

1. はじめに

　ヒートジョー方式の熱接着（ヒートシール）では，包装材料の表面から加熱して，包装材料自体の熱伝導性を利用して，合わせ面の熱接着を行っている．加熱流はヒートバーとの接触面から接着面へ到達する．二面が同一温度の場合は，平衡状態になるとヒートバーの表面温度になる．したがって，（平衡温度）＝（溶着面温度）としている．

　実際の包装工程では平衡加熱より高い温度に設定し，短時間で加熱する過渡加熱が使用されている．

　ガスバリア性の向上の包装材料には，金属箔のアルミフォイルをラミネート加工されているので，アルミ箔を通して熱流が系外（袋の内側）に大量に流出している．

　このために

(1) 平衡状態で，ヒートバーの表面温度と溶着面温度にズレができる．

(2) このズレは《数℃》になる．

(3) このためヒートバーの表面温度を均一に調節しても中央付近が最高温度になる温度分布が発生する．

(4) このズレは均一な溶着面温度調節の期待の障害になっている．

(5) ヒートシール線を鮮明にしようとすると凝集接着への偏重となる．

　本章では，このメカニズムの詳細な解析結果を紹介する．また，本章の検討知見を反映し，《界面温度制御》の展開でリアルタイムのAI制御の併用で，自動補完できるようになっている．

2. 熱接着面内の温度分布の発生原因の探求

2.1 加熱材料内の熱流解析のシミュレーション[1]

　プラスチックの接着強さは，ヒートシール面の到達温度で決定されるとされている．加熱源間の熱流通過のない最も安定した加熱ができるヒートジョー方式による材料内の熱流を電気回路に置き換えて考察すると**図10.1**のようになる．

　(a) の熱流が外部に流れ出すシミュレーションのライン（A）について見ると，(b) に示したように加熱体の非加熱部位への熱流抵抗を電気抵抗（r），熱容量を電気容量（c）に置き換えて解析する．加熱流は①溶着面を加熱する加熱面と直角の熱流（a, b）と②非加熱部位に流出する熱流（c,d）の2つに大別する．(d) 側は袋の外縁側，(c) を内縁側とすれば，熱流（c）は加熱

第10章　ヒートシール面内の温度分布の発現現象の解析と定量化

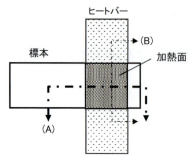

(a) シミュレーションラインの定義

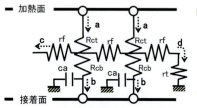

Rc*：熱伝導素子
rf：熱排出伝導素子
rt：終端の放熱素子
Ca：熱容量素子
a：加熱源流
b：接着層の加熱流
c, d：排出熱流

(b) 包装材料内の熱流構成素子の説明

図10.1　ヒートシール材料内の熱流のシミュレーション

中に連続して発生している．熱流 (d) は材料の外縁のはみ出し量によって変化する．溶着面への熱流 (b) は加熱時間の経過と共に減少する1次応答である．

(b) が減少しても (c) によって材料内には最も温度の高い個所から非加熱部に水平の熱流出は継続し，加熱が終わるまで温度傾斜が発生する．また熱流 (c) によって Rct 内に温度降下（差：勾配）ができるので加熱体の表面温度と溶着面温度の間に温度差ができる．もし材料の先端（外縁側）がヒートジョー内（加熱面内：Bモード）にあると熱流 (d) は直ちに最小になるのでこの位置が最高温度点になる．加熱線の (B) 方向は同じ理由で温度差は短時間で最小になる．したがって (B) ライン上の温度分布は直線状になると考えられる．

2.2　材料の構成厚さの変化による温度分布の挙動変化

全体の厚さは同一になるようにして 7 μm のアルミ箔をサンドイッチした3種のモデルの材料構成とレトルトパウチの例を添えて**表10.1**の標本コード a-d に示した．このモデルの構成を**図10.2**に示した．標本コード；a はアルミ箔を含まないテフロンシートだけの構成である．標本コード；b は加熱側に厚手の 100 μm シートを配した．

標本コード；c は 50 μm の薄手のシートを加熱側に配した．この意図は熱伝導性の大きいアルミ箔に対して加熱側の熱流抵抗の大小の影響がどのように現れるか調べるものである．これらの構成のサンプルを**図10.3 (a)** で定義したAモードの溶着面温度点を《"**MTMS**" キット》[2]を用いて計測した．加熱体の表面温度を 160±

表10.1　シミュレーション標本の構成の一覧表

標本コード		材料構成 (μm)
a	A+B	Teflon 100/Teflon 50
b	A/B	Teflon 100/Al. 7/Teflon 50
c	B/A	Teflon 50/Al. 7/Teflon 100
d	C	PET 12/Al. 7/CPP 70 (Retort pouch)

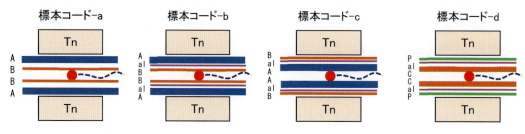

図10.2　シミュレーションモデルの材料構成図

— 136 —

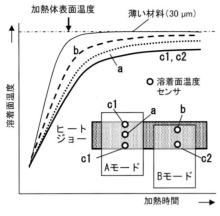
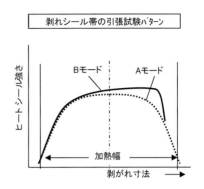

(a) モデル点の溶着面温度応答　　(b) 加熱面の相違による引張パターンの変化

図 10.3　ヒートシール面の部位別の溶着面温度応答と引張強さのパターン

0.1℃に調節して加熱を行った[3,4].

3. 結果と考察

3.1 加熱材料内の熱流解析のシミュレーションの結果

3種のモデル材料の組み合わせによる溶着面温度の分布変化の測定結果は**図 10.4** に示した．この測定結果の説明は 3.3 で示す．

3.2 挟み方法の相違（A モード，B モード）による接着面の温度分布の変動

ヒートジョーの加熱面内にヒートシール面の先端が位置する場合（B モード）と先端がはみ出す（A モード）挟みのシミュレーションは**図 10.5（a）**のようになる．この時の実際の熱流のモデルは**図 10.5（b）**のようになり，最高温度値と温度帯が遷移する理由を示した．図 10.3（a）に，この時のヒートシール面の代表的な測定ポイント [a, b, c1, c2] の溶着面温度応答モデルを示した．

材料が薄い場合は流出熱量が小さいので応答は速く，温度分布の発生は小さい．剥れシールの場合の材料のポジションの相違（A, B モード）によって起こる接着面のヒートシール強さの変移のモデルを図 10.3（b）に示した．

A モードでは加熱面の中央付近が最高になって左右対称になる．他方 B モードでは外縁部分が最大値を示すことになる．B モードの外縁付近は系外への熱流出がないので A モードより溶着面温度は高くなるのでその分ヒートシール強さも大きくなる．

3.3 材料の構成厚さの変化による温度分布の挙動変化の結果

それぞれの溶着面温度応答図を図 10.4 列挙した．実際のレトルトパウチの応答（d）を併記した．各溶着面温度応答の 0.3〜2.6 秒後の測定点 (a, c1) の 160℃との温度差をデジタルデータテーブルから取り出して**表 10.2** を作成した．応答パターンをみるとアルミ箔を含まない標本コード；

— 137 —

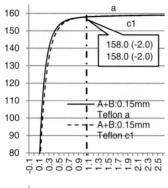

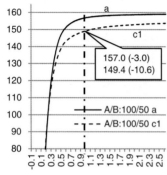

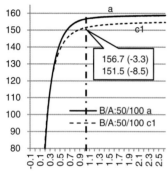

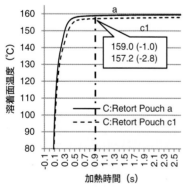

図10.4 ［Aモード］加熱の［a］，［c1］点の溶着面温度応答

aでは温度差が小さい．厚手のテフロンシートが加熱側に配した標本コード；bの温度差は薄手のテフロンシートを加熱側に配した標本コード；cより大きな温度差になっている．

この現象は熱流抵抗の大きい厚手のテフロンシートの熱流搬送能力に対して，熱伝導能力の大きいアルミ箔の系外排出能力が勝って溶着面温度面への熱移動が大きく制限されているためである．

加熱温度と接着面温度の相違の発生にアルミ箔のサンドイッチ（ラミネーション）が大きな影響を及ぼしていることが解明できた．

レトルトパウチのプラスチック部位とアルミ箔との構成をみると，加熱面側の熱流抵抗部位が薄いので，アルミ箔と加熱面が接近することになり，系外への伝導排出能力は他の構成（b, c）と変わらないが供給量が大きくなるので温度差は小さくなっている．

しかし，この影響は無視できるものではないことがわかる．1秒後の160℃との温度差を比較して見てみると［(−2.0, −2.0), (−3.0, −10.6), (−3.3, −8.5), (−1.0, −2.8)］を得た．

3.4　考察とまとめ

熱流シミュレーションと詳細な加熱実験の考察をまとめると次のような情報が得られる

(1) 材料内の熱流の挙動を電気回路に置き換えて温度差の過渡現象として解析した．
(2) 加熱面内に熱流が起これば温度分布は発生する．
(3) 発生する温度差は加熱の動的条件によって大きく変化する．加熱の立ち上がりでは顕著に現れる．
(4) 1つの包装材料の熱抵抗は溶着面方向と系外方向は同等である．
(5) 熱伝導度の高い材料は熱流挙動量が大きい．
(6) 熱抵抗の大きい材料（厚さも含む）が加熱側に位置すると供給熱流が制限され大きな温度差を発生する．
(7) 包装材料内の熱流によるヒートシール面の温度分布の発生を定量的に評価できた．
(8) アルミ箔のような金属体が挿入構成されると温度分布

3. 結果と考察

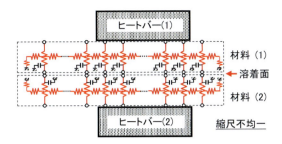

[Aモード]：外縁がヒートジョーよりはみ出している場合

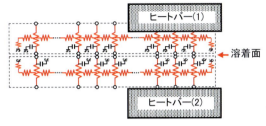

[Bモード]：外縁がヒートジョー内に置かれた場合

(a) 電気回路に近似した時の材料とヒートジョーの関係

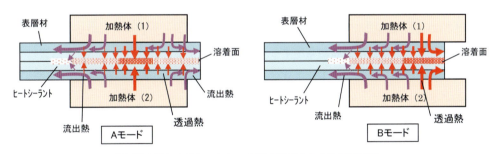

(b) 流出熱によるヒートシール面の温度分布の発生説明図

図 10.5　ヒートシール材中の熱流発生の説明図

表 10.2　材料構成と接着面温度の応答の相違（加熱面温度：160±0.1℃）

加熱時間 (s)		A+B 部位別温度	160℃との差	A/B 部位別温度	160℃との差	B/A 部位別温度	160℃との差	C：Retort Pouch 部位別温度	160℃との差
0.3	a	143.8	−16.2	126.3	−33.7	121.3	−38.7	152.4	−7.6
	c1	138.9	−21.1	121.7	−38.3	120.9	−39.1	146.0	−14.0
0.5	a	154.0	−6.0	148.5	−11.5	144.7	−15.3	158.1	−1.9
	c1	152.7	−7.3	140.5	−19.5	140.6	−19.4	156.0	−4.0
0.7	a	156.8	−3.2	154.2	−5.8	152.8	−7.2	158.7	−1.3
	c1	156.5	−3.5	146.0	−14.0	147.8	−12.2	156.9	−3.1
1.0	a	158.0	−2.0	157.0	−3.0	156.7	−3.3	159.0	−1.0
	c1	158.0	−2.0	149.4	−10.6	151.5	−8.5	157.2	−2.8
2.0	a	158.8	−1.2	158.7	−1.3	158.6	−1.4	159.4	−0.6
	c1	158.8	−1.2	152.9	−7.1	154.1	−5.9	157.8	−2.2
2.6	a	159.1	−0.9	159.0	−1.0	158.8	−1.2	159.5	−0.5
	c1	159.1	−0.9	153.7	−6.3	154.5	−5.5	158.0	−2.0

の発生は大きくなる.

(9) 7 μm のアルミ箔は熱流挙動にかなりの影響がある.

(10) 系外流出熱流によって加熱体表面温度と溶着面温度の間にはオフセットが発生する.

(11) 熱流発生の大きい材料では破れシール接着線が接着面内で移動する.

　　　→　圧着不良と間違いないような配慮が必要.

(12) 加熱温度が上昇すると破れシール接着線は内側に移動する.

(13) 破れシール線をヒートシールエッジに近づけることは過加熱を行うことになる. 同時に"ポリ玉"の生成の促進になる.

(14) A モード（はみだし加熱）加熱のはみだし量によって溶着面温度の遷移量が変化するので, はみだし量の少ないまたは一定化の操作が必要である.

(15) 従来規格の JIS（Z 0238）や ASTM F88-＊＊, F2029 の試験法の適用では改善対応は困難.

(16) レトルト包装のような高度の封緘性と破袋制御が要求されるシールには本報告の現象解析の適用が有効.

4. 結　論

(1) アルミ箔のような熱伝導性の大きい材料をラミネーションした包装材料のヒートシールにおいては加熱面に大きな温度分布が発生する. 従来のヒートシール操作の"常識"を踏襲してエッジ切れを起こすような加熱 / 圧着仕上げは, 大幅な過加熱, ピンホールと破袋の発生を"促進"していることがわかった.

(2) ヒートシールエッジに発生するピンホールや破断の主原因の《加熱方法》を特定した. 付随して, 包装材料内の熱流よる温度分布を確認した.

(3) 具体的にはアルミ箔をラミネーションしたレトルト包装のヒートシール面が 3 〜 10 mm の剥れを起こすようなヒートシール操作が肝要である.

■参照文献
1) 菱沼一夫,「ヒートシールの基礎と実際」（幸書房）(2007), p.71-73
2) 菱沼技術士事務所ホームページ：http://www.e-hishi.com/pdf/mtms-kit.pdf
3) 菱沼一夫,「ヒートシールの基礎と実際」（幸書房）(2007), p.127-130
4) 菱沼一夫, 日本特許 第 4623662 号, (2010)

第11章 ［改革技術6］：改革技術を全面的に展開した レトルトパウチ包装の【HACCP】管理の革新

レトルトパウチ包装【HACCP】の合理化の再検討と革新：Vol.103, No.2

1. はじめに

HACCP は【HA】で"不具合"（課題）事項の科学的解析に基づいた保障条件を設定し，的確な実行技術の【CCP】で不具合の発生を科学的に防御し，数値化制御により信頼性の定量化を図ることが期待されている．

レトルトパウチ包装の【HA】要求は，密封後の加熱殺菌のみで，缶詰包装と同様に1年以上の微生物汚染や変敗のないことを保証することが求められている．

具体的には，物流，保管工程において発生が予想される破袋を「起こさない強度を個装工程で確保する」ことが求められている．

レトルトパウチ包装の HACCP 管理は，包装工程の個装［計量・充填・封緘（シール）］，中装，外装，物流工程が対象になっている．しかし，不具合の発生原因は，個装工程の密封操作が原因になっている．数十年の歴史のあるヒートシール技法が主軸であるが，未だに合理的な【CCP】の展開方法が（世界的に）確立していないところに課題がある．

本報告では，【HA】が要求する物流／保管工程の危険回避策の適格性を検討し，その保証が要求する包装工程での【CCP】の確実な方策（熱接着）の達成方法を論じる．

そして，最新の密封化技術（"一条シール"）[1,2] と溶着面温度応答を直接的に計測／制御できる《界面温度制御》[3,4] の適用方策を検討し，HACCP の新管理方法を提案する．

2. 新理論の展開

表11.1 に現行の【HACCP】の実施項目とその適格性の評価を行った．課題に対して取り組みが個別対応になっていて，各課題の相互関係の考察が欠けており，対応の合理性と複雑化が課題になっている．レトルトパウチの【HACCP】の改革には，次の事項の合理的展開が不可欠である．

2.1 包装工程の着目点

包装工程は図11.1 のように構成されている．個装工程には，製品品質確保の基幹工程での適格な「小分け」と「密封保証」が期待される．シール（密封）は【HACCP】達成の基幹操作である．シールの不具合は，中装，外装，保管，物流工程で発見されることが多い．しかし，その原

第11章　［改革技術6］：改革技術を全面的に展開したレトルトパウチ包装の【HACCP】管理の革新

表11.1　現行のレトルトパウチ包装の【HACCP】の設定事項と的確性の評価

★設定内容は「容器詰加熱殺菌食品のHACCPマニュアル」:(公社)日本缶詰びん詰レトルト食品協会を参照

工程	設定内容	的確性	評価理由
計量	＊充填時の温度，量，速さ等が設定どおり作動していること	○	適格
	＊定期的に洗浄，殺菌，分解清掃を行う	○	適格
充填	＊ヒートシール面にノズルの接触，液滴の付着がないこと	？	規定がない
容器	＊しわ，変形，穴あきのないもの	○	定義がない
密封	＊密封不良は二次汚染原因になるので，【CCP】になる	○	大原則
	＊定期的に密封状態をモニタリングする	×	的確性がない
	＊ヒートシールは，緩いとシール強さが低下し，強すぎるとエッジ切れの原因になる	×	的確性がない
	＊ヒートシール強さの測定はJISなどで決められている	×	的確性がない
	＊製造現場では簡単な検査法として，両側から手で製品を圧迫し，漏れがないことでも確認できる	×	不適当
	＊ヒートバーの要件；		
	・加熱温度が±1.0℃で制御されている	×	的確性がない
	・ヒートバーの温度分布が均一であること	○	定義がない
	・プラスチックの溶融片の付着がないこと	○	適格
	・ヒートバーの表面に欠け，破損がないこと	○	適格
	＊ヒートシールの健全性		
	・シール線が直線であること	×	的確性がない
	・しわ，火ぶくれ，食品の噛み込みがないこと	○	定義がない
	・部分的なエッジ切れのないこと	○	定義がない
	・剥離（接着不全）していないこと	×	的確性がない
	＊ヒートシールのモニタリング		
	・ヒートシールの幅，強さ，シール状態の目視確認	×	的確性がない
	・開始前，作業中は1時間毎，終了時に抜き取り検査	×	的確性がない
	＊検証方法		
	・製造責任者は（作業日毎）にはシール記録を確認する	×	的確性がない
	・製造担当者は測定器の校正を行う	△	定義がない
	・充填機メーカによる定期点検（1回/年）	×	規定がない
	・改善処置記録の確認　（都度,製造担当者,製造責任者,工場長）	×	的確性がない
	＊密封装置（ヒートシーラ）密封技術に熟練し，正しい知識を有する者の監督の下に正しく調整して，適切に操作すること	○	規定がない
レトルト殺菌工程	＊レトルト釜の計測器；温度，圧力，時間等が正しく記録可能であること	○	適格
	＊計測器は定期的に校正する	○	適格
物流工程	＊製品は重量物なので積み過ぎに注意	○	定義がない
生産管理	＊管理基準を設定する際，厳しすぎると生産効率は低下し，甘くなると安全保証がが低下する	？	この規定の目的は何？
	＊統合品質保証の規定がない	×	1％程度か？

因は個装工程に対する【HA】事項の的確な反映と【CCP】の実施確認の不完全によるものである．
具体的には，製品の充填時のヒートシール面への付着と不完全な熱接着操作に限定できる．

2.2　レトルトパウチ包装の【HA】が要求する原因［圧縮・落下衝撃荷重］の解析

　レトルトパウチ包装の【HA】は，製品の変敗原因となる物流工程の圧縮や落下衝撃による破袋の原因の防御にある．それには，破袋の発生原因を詳細に解析して，個装の熱接着工程での確実な改善が必要となる．その保障要求の「発生源解析」は，既に**図11.2**に示した方策が提案

— 142 —

2. 新理論の展開

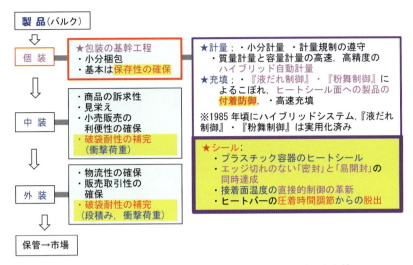

図 11.1　包装工程の役割と【HACCP】の達成課題の存在箇所

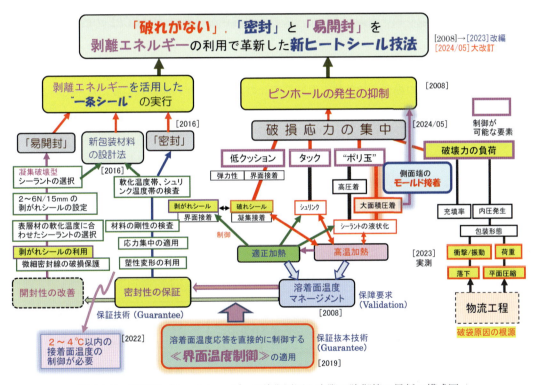

図 11.2　熱接着（ヒートシール）の破袋原因と実際の防御策の最新の構成図

されている．平面圧縮や落下衝撃による破袋は，（加わったエネルギー）×n＝(荷重)×(変位量)[N・m＝J]で解析できる．

　レトルトパウチは平面状のフイルム材の3辺を熱接着して製袋する．そして製品を充填した後にトップシールをして，完成する．平面状の袋に製品が充填されると立体的になるので，小さい応力で変形する箇所にタックができるので，ヒートシールエッジへの均一な荷重にはならない．

— 143 —

圧縮や落下衝撃力はヒートシール線の直角方向に作用して破壊力となる．

四辺形の圧縮応力は，ヒートシールエッジに一様に掛かるのではなく，四辺形との内接接点から始まる．

ヒートシール面が剥れシールの場合は，内接円が拡大し，[(拡大線長)×(ヒートシール強さ)/1.5＝(圧縮荷重)]となったところで剥がれは停止する．タックが発生した状態では，タックの頂点が荷重分布の分割点になる．

剥離応力は，ヒートシールエッジの直角成分であるから，パウチがカートン等に装填されると直角成分が減少することになる．詳細は[3.1]で解説する．

JIS Z 0238には圧縮/落下衝撃に関する規定があるが，実際の破袋が起こる接着状態での裏付けがなく，実際性に難がある．

2.3 ヒートシールのパラメータの定義の再評価

熱接着（シール）のヒートシールのパラメータは，「温度」，「時間」，「圧着圧」が"常識化"しているが具体的な取り扱い定義が不明で，この不明確さが従来の【HACCP】の的確な実践の妨げになっている．

加熱温度の定義とは，プラスチック材の[溶着面（接着面）温度応答]が本来の意味である．

しかし，ほとんどの場合，加熱体の温度調節計の温度センサの設置点温度になっているので，ヒートバーの加熱面温度と溶着面（接着面）温度応答の相違は10℃以上になっている．

これは，【HACCP】の要求する温度精度には遠く及ばない．

ヒートジョー方式は面圧着での加熱応答は，プラスチック材の熱容量と熱抵抗で決まる「1次遅れ応答」になっている．運転速さから決まる加熱時間で，所望の接着面温度を得るためには，図11.3に示したような原理で，加熱体の表面温度T1, T2, T3を変更し，抽出した標本のヒートシール強さの計測の試行錯誤で得られた加熱時間の推定値taを得るようにしている．

しかし，今までは，T1, T2, T3の変動を10℃以内での確保は難しい[5]．加熱時間は独立のパラメータではないから，運転速さが変更になれば，加熱時間の割り当てが変更になるので，同様の補

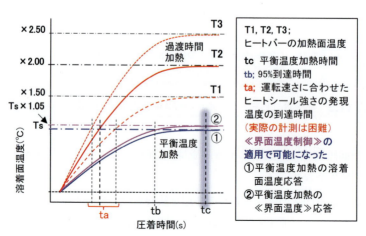

図11.3 ヒートバー発熱温度と溶着面温度応答のモデル

2. 新理論の展開

操作が不可欠である.

図 11.3 中に示したように,加熱の立ち上がり（加熱速さ）の変化は,加熱速さの変化となるので,ヒートシール強さの発現の変移【Hishinuma 効果】[6] を起こす要素にもなっている.

ヒートシール強さの運転管理の混乱原因にもなっている.

ラボの加熱は,3～5秒の長時間を掛けた平衡温度加熱 tc に依っている. ヒートバーの表面温度のリアルタイム検知で,加熱温度≒溶着面（接着面）温度になるので,《界面温度制御》を適用すれば,信頼ができる温度管理ができる.

従来は,運転中の加熱体表面温度の検知技術が無かったので On-Line の加熱状態のモニタは不可能であった. ましてや接着面温度のリアルタイムの計測 / 制御は困難であった.

2.4 加熱体表面温度制御とヒートパイプ装着の合理性の確認

既に第1章,2章で記述しているように四面型のヒートバーの各面の発熱温度は,放熱条件や構造物への伝熱によって,一様ではない. 調節結果は,センサの設置点の温度制御になる. したがって,四面の調節結果は10℃以上の相違が発生している. 制御用のセンサを材料と接触する加熱体表面から 0.5 mm 付近に設置すれば,放熱,構造物への伝熱の変動を排除して,所望の調節精度に準じた加熱が達成できる[7,8].

ヒートバーの長手方向の発熱ムラ（数℃）は放熱,伝熱変動の他に,ニクロム線の巻きムラや発熱ムラが加わるので,均一な調整は極めて困難である. この改善には加熱面とヒータの間に 8～10 mmφ のヒートパイプを設置すれば,加熱面の長手方向の温度ムラは,0.5℃程度に抑えることができる. また,ヒータとヒートパイプ間の伝熱距離の応答遅れも補正できるので,発熱源のヒータと加熱体表面間の熱移動を数倍は速める効果があり,温度調節のバラツキを減少する効果もあるので,装着は必須である.

2.5 ヒートシール強さの調節では熱接着性能の合理的な管理はできない

微生物の2次汚染やガスバリア性の喪失は,図 11.1 に示した個装工程で施した接着面の不完全や損傷によるものである. 物流や保管状態での外部から加わる破袋荷重によるヒートシールエッジの損傷が原因である.

しかし,ヒートシール強さはスカラー量であり,損傷の破袋耐性はエネルギー論であるからベクトル量を考慮することをしっかり理解する必要がある.

現在《JIS Z 0238》では,「ヒートシール強さ」,「圧縮荷重」,「落下高さ」の評価のトリプルスタンダードになっていて,現場ではどれを保証すればよいかの混乱を起こしている.

エネルギー論の併用で,一元化した論理設定が必要である.

論拠が不鮮明な ［23N/15 mm］ の規定が,合理的な不具合改善の妨げになっている.

2.6 レトルトパウチの加熱流の接着面外への流出とシール不全の発生

レトルトパウチ包装では,金属缶並みのガスバリアが要求されるので,アルミニウム箔をラミ

－145－

第11章 ［改革技術6］：改革技術を全面的に展開したレトルトパウチ包装の【HACCP】管理の革新

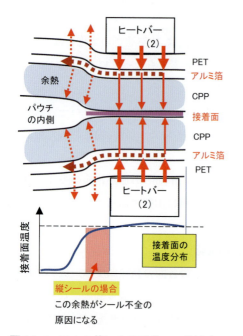

図11.4 アルミ箔による系外への熱流出のメカニズムの説明

ネーションしている．そのため汎用プラスチック材の1,000倍以上の高熱伝導体が挟み込まれているので，ヒートバーから供給される加熱流の多くはアルミ箔を通して，袋側の接着面外に流出する．この様子を図11.4に図解した．

同一加熱面温度で加熱しているにも拘わらず，外縁部は流出先が制限されるので，ヒートバーの表面温度に収斂する．内縁側は制限がないので，非圧着面に連続した温度傾斜ができる．それは接着強さの計測パターンから検証できる（図11.10参照）．

大きな熱流出の不具合の状態は，図11.5(a)，(b)，(c)に示した[9]．製袋時の非圧着面への流出熱で【Hishinuma効果】を起こし，包装工程での最終のトップシールの際の密封不良を起こす原因になっている．ボトムサイドでも同様な"不具合"は発生する．"不具合"の詳細は[3.5]で解説している．

2.7 何故レトルトパウチのトラブルにピンホール／エッジ切れが多いのか？

レトルトパウチに適用されている材料自体の破断強さは［100 N/15 mm］やヒートシールエッジの破断強さは［50–60 N/15 mm］を有している．しかし我々が観る不具合品は，いとも簡単にピンホールを発生したり，ヒートシールエッジの断裂を起こしている．常套手段として，シー

トップシールの加熱温度（溶着面温度）とヒートシール強さ (CUT=0.89s)

加熱温度(℃)	138	140	142	144	146	148	150	152	154	156
	剥がれシール帯（界面接着）						破れシール（凝集接着）			
ヒートシール強さ (N/15 mm)	1.8	3.7	4.8	8.4	16	26	43	47	52	

「モールド接着」の適用域

予熱温度(℃)

	138	140	142	144	146	148	150	152	154	156
124	○	○	○	○	○	○	○	○	○	○
126	○	○	○	○	○	○	○	○	○	○
128	○	○	○	○	○	○	○	○	○	○
130	×	△	○	○	○	○	○	○	○	○
132	×	×	△	○	○	○	○	○	○	○
134	×	×	×	△	○	○	○	○	○	○
136	×	×	×	×	△	○	○	○	○	○
138	×	×	×	×	×	△	△	○	○	○
140	×	×	×	×	×	×	△	○	○	○
142	×	×	×	×	×	×	△	△	○	○
144	×	×	×	×	×	×	×	△	△	○
146	×	×	×	×	×	×	×	△	△	△
148	×	×	×	×	×	×	△	△	△	△
150	×	×	×	×	×	△	△	○	○	○
152	×	×	×	×	×	△	○	○	○	○
154	×	×	×	×	×	△	○	○	○	○

×：接着しない、△：接着力 2N/15 mm程度、シール条件：CUT≒0.89s, カバー；0.1 mm テフロン
［標本材料；PET12/AL7/CPP70］

図11.5（a） 製袋時の縦シールの予熱と的確なトップシール温度の関係

— 146 —

2. 新理論の展開

ラントを 100 μm 位まで増厚しているが，この対応は適格ではなく，悪循環を起こしている．運転速さの低下を恐れて加熱の高温化により補完し，シーラントはより溶融状態になり，高圧着でシーラントは，シールエッジにはみ出し，ポリ玉を生成する．接着面はシーラントが無くなり，アルミ箔が"ドン付"状態になり，接着性能は失われる．ヒートシールエッジのポリ玉の微小幅（0.03 mm）に破袋力が加われば，その点は容易にピンホールが発生し，ピンホールを起点にして，烈断に進行する．その発生源図解を**図 11.6** に示した．ポリ玉によって容易に烈断する論理は表 7.2 に示してある．

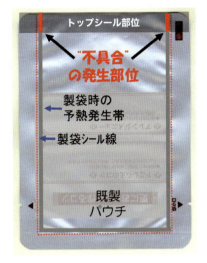

図 11.5 (b) 製袋時の縦シールの予熱によるシール不全の発生箇所

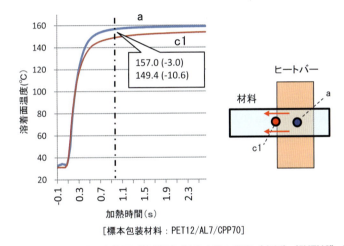

図 11.5 (c) 製袋時の縦シール時の溶着面（接着面）温度応答の実際（事例）（"MTMS" キットによる計測）

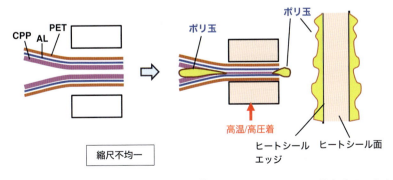

図 11.6 何故，レトルトパウチの熱接着エッジにピンホールが発生するのか？

3. 今日のレトルトパウチの熱接着に関与する諸事項の性能確認

3.1 破袋荷重とヒートシール強さの連携論

　レトルト包装の【HA】は，物流，保管中に発生する密封機能の損傷による微生物汚染と変敗の防御を要求している．この課題に対する現場の対応は，中装，外装による軽減策はあるが，本質的には，発生原因の発生メカニズムを的確な熱接着技術（ヒートシール技法）により保証を確保する．

　厚生省告示370号≒JIS Z 238では，製品の破袋耐性の指標として①【使用目的とヒートシール強さの目安】，②【総重量と圧縮荷重】，③【総重量と落下高さ】の3つの「保障；Validation」を要求している．しかし，今日においても，この「保障」の制御方法の具体的な「保証；Guarantee」技術が学際から提示されていない．

　包装製品の生産者はトリプルスタンダードの規定で混乱している．増してや【CCP】での管理方策は曖昧になっている．

　筆者は，規定の「圧縮」，「落下試験」を実践して，この実測値から【総重量と圧縮荷重】，【総重量と落下高さ】の評価方法は，ヒートシール強さを基幹とした規制条件の連携性を検証し，規制の保証方法を提示した．そして【CCP】管理方法の具体化を図った．以下にその展開を提示する．

1) 圧縮荷重に関与する熱接着帯の強さと挙動

　詳細は第8章に詳述した．

　圧縮圧の挙動の検証に特許（No.6032450）を反映した超低接着強さ［1.7 N/15 mm］の剥れシー

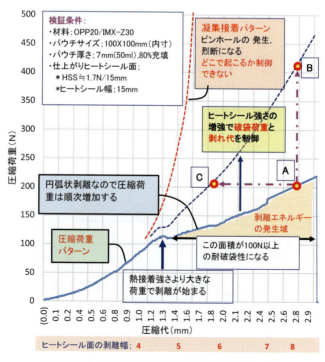

図11.7（a）　パウチの平面圧縮代と圧縮荷重の応答

— 148 —

3. 今日のレトルトパウチの熱接着に関与する諸事項の性能確認

ル材を適用し，僅かな荷重でも現象の検知をできるように図った．

図 11.7（a）に平面圧縮の圧縮代と発生荷重の挙動を示した．圧縮後のヒートシール面の剥れ状態の写真を図 11.7（b）に示した．

破袋性は，適用する材料のヒートシール強さの選択で制御することができる．

ヒートシール強さを大きくすると，図 11.7（a）中に B 点，C 点が存在できる圧縮曲線ができる．A 点を基準にして，同一の圧縮代を設定すると，その圧縮荷重は，B 点（410 N）になる．A 点と同一な荷重とすれば，圧縮代を C 点に収まるように制御できる．

平面圧縮では，ヒートシール強さの変更で，圧縮荷重の耐破袋性を制御できることがわかる．

図 11.7（a）の標本[10]の性能を基準に，ヒートシール強さを変化した時の最大荷重の計算事例を表 11.2 に示した．標本材料の破断強さの実測値は［≒40 N/15 mm］あり，試算範囲以上であり，演算結果に矛盾はない．

2）ヒートシール強さ［8 N/15 mm］以上

ヒートシール強さが［8 N/15 mm］以上になると，圧縮圧は強大になり，実際とはかけ離れている．安全性を見て，［10 N/15 mm］程度の設定が的確である．

3）最大（破袋）荷重を袋サイズ別に圧縮圧に変換した計算結果（表 11.3）

［100×100 mm］試験標本に 200 N の荷重は，0.02 MPa になる．同一荷重を大きな袋に荷重すれば，圧縮応力は表面積に反比例して小さくなる．

《JIS Z 0238》では，充填物の集積が圧縮荷重になるリンクが規定されているが，集積自重で，破袋を起こすような大きな圧縮荷重は発生しない．袋の大きさと充填量は別々に考慮する必要がある．

図 11.7（b）は図 11.7（a）の剥離状態を示した．既知の圧縮荷重で得られた袋の剥離面積を精密に計量できるので，破袋耐性の"センサ"として活用できる．

203 N の荷重を掛けた時の総剥離エネルギーの手計算の合計は，［136.2 mJ］となっている．

圧縮源エネルギーは［609 mJ］であるから，ヒートシール面への荷重割合は［136.2/609］＝22.4％となる．大半は，タックの生成，［1.7 N/15 mm］以下の応力による材料の伸びに消費されている．

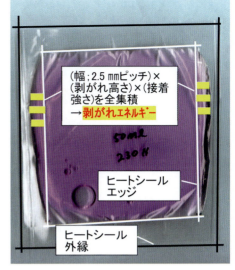

図 11.7（b）圧着試験後のヒートシール面の剥離状態と剥離エネルギーの計測手順の説明

表 11.2 ヒートシール強さを変更した時の発生最大荷重（破袋荷重）の挙動

ヒートシール強さ (N/15mm)	最大荷重 (N)
1.7	206
4	484
6	726
8	968
10	1210

・パウチサイズ：100×100 mm
・圧縮代：2.8 mm
・標本包装材料：OPP20/IMX30

第11章　[改革技術6]：改革技術を全面的に展開したレトルトパウチ包装の【HACCP】管理の革新

表11.3　圧縮荷重の増加，パウチサイズの拡大は圧縮応力の減少となる

圧縮荷重 (N)	パウチサイズ(mm)				
	50X50	100X100	150X150	200X200	300X300
	圧縮応力（MPa）				
50	0.020	0.005	0.0022	0.0013	0.0001
100	0.040	0.010	0.0044	0.0025	0.0003
200	0.080	0.020	0.0088	0.0050	0.0006
300	0.120	0.030	0.0132	0.0075	0.0008
400	0.160	0.040	0.0176	0.0100	0.0011
500	0.200	0.050	0.0220	0.0125	0.0014
600	0.240	0.060	0.0264	0.0150	0.0017
700	0.280	0.070	0.0308	0.0175	0.0019
800	0.320	0.080	0.0352	0.0200	0.0022
900	0.360	0.090	0.0396	0.0225	0.0025
1000	0.400	0.100	0.0440	0.0250	0.0028

・標本包装材料：OPP20/IMX30
試算の原典は，図11.7(a)の圧縮試験のデータである
表11.2の[最大荷重]と表11.3の[圧縮荷重]は同一

　このパウチのヒートシール面の圧縮荷重1N当りの破袋防御性は，[136.2 mJ/203 N＝0.67（mJ/N)]となる．

　標本材料で作成した袋の剥離エネルギーを標準化し，負荷応力の計測が困難な落下時の負荷荷重の定量化の荷重計測センサとして利用する．

4）現場での誤った試験の状態化の是正の必要性

　従来，現場では，仕上がり品を平板で挟んで，50 kg·f（≒500 N）[人の体重並]の試験が常態化している．

　圧縮荷重とパウチサイズを変更した時の圧縮圧の関係を**表11.3**に示した．

　パウチサイズ（100×100），圧縮荷重（200 N）の圧縮圧は0.02 MPaとなる．（500 N）荷重の（50×50）の圧縮圧は，10倍の（0.20 MPa），（100×100）は，2.5倍の0.05 MPa，（150×150）は（0.022 MPa）の1.1倍を要求することになる．

　[150×150 mm]より大きい袋では，単位荷重が減少するので，同一の圧縮荷重でのヒートシール強さの増加は求めていない．500 Nの荷重は，一袋当りの荷重として，物流，保管現場では起こりえない数値であり，超オーバースペックの規定になっている．

5）荷重圧着圧（MPa）とパウチ面積（実際はシール辺長）の再認識

　荷重圧着圧（MPa）とパウチ面積（実際はシール辺長）をパラメータにする汎用化の再確認をする必要がある．

6）圧縮荷重の適正化

　圧縮荷重はヒートシール線に対して垂直荷重であり，耐負荷荷重の設定が論外にならないように考慮する必要がある．[10 N/15 mm]以上の熱接着強さは必要としていないと推定される．

3.2　落下試験のヒートシール面への荷重挙動とエネルギーの計測

　落下/激突によって，発生した衝撃荷重によるヒートシール面への反応の数量化計測は難しい．筆者は，同一フイルムを使い，平面荷重試験のデータを利用して，動的荷重を的確に計量/評価

－150－

3. 今日のレトルトパウチの熱接着に関与する諸事項の性能確認

できる新法を発案した．

図11.8（a）は底辺落下中の荷姿である．充填液は楕円状で落下するが，床面に激突すると円筒は変形して，袋の円周に激突する．この力がヒートシールエッジに加わり剥離を起こす．この力はヒートシール線に一様に加わるのではなく，発生したタックが誘導線になって，周辺部位に荷重される．m；重さ（N），g；重力加速度，h；高さ（m）とすれば，落下物の位置エネルギーは［mgh］となる．落下によって起こる破袋エネルギーの上限となる．落下高さ0.8 m，重さ：0.45 kgの位置エネルギーは3,528 mJになる．落下後のヒートシール面の剥離状態を図11.8（b）（液は抜いてある）に示した．この結果から

(1) 落下中のタック発生の状態を明確に把握できた．
(2) タックによって衝撃荷重が振り分けられることがわかった．
(3) 落下衝撃によるヒートシール面の剥離は，一様に分布せず特異箇所に集中し，平面圧縮荷重とは異なる挙動を示す．
(4) 複数回の衝撃は同一箇所付近に集中し，剥離は積分される．
(5) 衝撃波は底辺落下が最も大きい．落下試験は底辺落下に限定してもよい．
(6) 落下試験で得られた標本の剥離面積を平面圧着と同様に積分計算した．

パウチサイズ；［200×200 mm］，充填量；450 g，落下高さ；0.8 m（液深の中心）の条件で，3回の繰り返し落下を行った．ヒートシールの剥離面から得られた剥離エネルギーは，187（mJ）であった．1回分は62.2 mJとなる．落下エネルギーの総量に対して，［62.2（1回分の剥離エネルギー）／3,528（位置エネルギー）＝1.76％］になっている．落下エネルギーのヒートシールエッジに掛かる応力が非常に小さいことがわかった．

平面圧着の標準化データ［0.67 mJ/N］を適用して，発生した衝撃荷重と比較すると

［62.2/0.67＝92.8 N］を得る．2回分では，［(186 N)＜(203 N)］となり，標本材料では，平面圧縮の耐荷重と比較検証すると（0.8 m）の落下が2回あっても破袋は発生しないことになる．

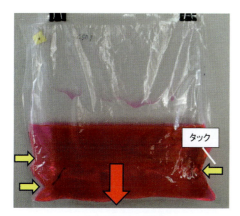 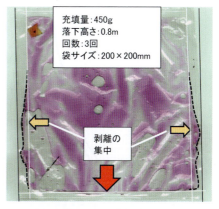

(a) 落下中の荷姿　　　　　　　(b) 剥離の様子（集積した3回分）

図11.8　落下試験中の荷姿と剥離の集中化の様子

第11章　[改革技術6]：改革技術を全面的に展開したレトルトパウチ包装の【HACCP】管理の革新

表11.4 ヒートシール強さの増強と破袋性の向上の関係

落下高さ(m)	ヒートシール強さ (N/15mm)				
	1.7	4	6	8	10
	剥離エネルギー (mJ)				
0.2	15.6	36.6	54.9	73.2	91.5
0.4	31.1	73.2	109.8	146.4	183.0
0.6	46.7	109.8	164.7	219.5	274.4
0.8	62.2	146.4	219.6	292.7	365.9
1.0	77.8	183.0	274.5	365.9	457.4

原典データ：・充填量；450g，・落下高さ；0.8m，・HSS；1.7N/15mm
・標本包装材料：OPP20/IMX30

7）以上の知見から

①充填量；450g，②落下高さ，③ヒートシール強さ（HSS）をパラメータにした汎用的評価を**表11.4**示した．ヒートシール強さの上昇によって，破袋性が単純比例で向上することがわかる．ここでも［10 N/15 mm］以上の熱接着強さは必要としていない．

3.3 レトルトパウチの熱接着に関与する諸事項の相関

レトルトパウチの熱接着に関与する諸要素を溶着面温度をパラメータにし，一覧にしたものを**図11.9**に示した．この図からレトルトパウチ包装に関与する溶着面（接着面）温度応答を一挙に観察することができる．

1）DSCと"MTMS"の熱特性の比較／解析

DSC（示差走査熱量計）は，一定の熱を与えながら，試料の熱物性を温度差として捉え，試料の状態変化による吸熱反応や放熱反応を測定する．溶融開始〜完了するまでは吸熱が起こるので試料温度は下降して，その後，上昇する．上昇の完了時点をTmと定義して，熱接着の加熱の目安温度として，普及している．

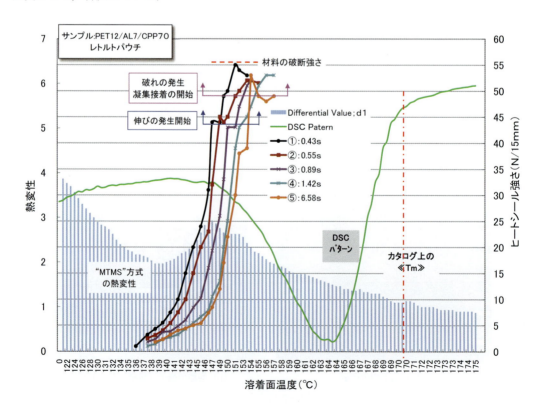

図11.9 レトルトパウチの熱接着に関する諸特性の一覧

3. 今日のレトルトパウチの熱接着に関与する諸事項の性能確認

表 11.5 レトルトパウチの熱接着における DSC と "**MTMS**" の熱特性データの比較

方式		第1変曲点	第2変曲点	第3変曲点	発現温度 加熱速さ(0.6s)	23N/15mm の発現温度	凝集接着 開始温度
DSC	積分型	130	164	170 [Tm]			
"**MTMS**"	微分型	139	148	152			
熱接着 発現温度					138	144	152

[標本包装材料：PET12/AL7/CPP70]

"**MTMS**" 法は，ステップ状の加熱に対する接着面の温度応答の微分データによって熱変性特性を簡易に検出する筆者が開発した方法である[11].

この比較データの特徴を**表 11.5**に示した．各変曲点と熱接着特性の3つの発現温度［発現開始；138℃,（23 N/15 mm）の発現；144℃,凝集接着の発現開始；152℃］を対象にしてみると，"**MTMS**"法の各変曲点温度が熱接着の発現特性と近似しているが，DSC の変曲点とは大きな相違がある．特に従来の加熱温度の目安値になっていた Tm は，ヒートシールの適正制御温度帯から 20℃も高温側になっており，この "常識" がピンホール，エッジ切れのトラブルを招いている可能性が大きい．

3.4 【FHSS】によるレトルトパウチの各接着面温度の剥離パターンと剥離エネルギー論での適正加熱温度の検討（第9章参照）

現在，汎用的に利用されているレトルトパウチ材を標本に選択し，【FHSS：Functional Heat Seal Strength】[12] の解析を行った．

ヒートシール後の引張試験において，剥れシール状態を精密に計測して，加熱／圧着の適正性をヒートシール幅または破断発生点までの剥離エネルギーの計測で解析した．**図 11.10，11** に検証事例を示した．

(1) 本実験に適用したレトルトパウチの仕様：PET12/AL7/CPP70

(2) 本実験では，圧着面の外縁を約 2 mm（A-1 モード）のはみ出させた．ヒートシール温度を順次変化し，ヒートシールエッジ（内側）を剥した接着状態を観察した．

(3) 破れシールの発生が，ヒートシールエッジから何 mm で発生するかを精密に計測した．

(4) 破断の発生点までの剥離エネルギーを計測して，加熱温度との関係を評価した．

(5) 破断は［50 N/15 mm］で起こっていた．

(6) 標準的な現行品の【HA】に関係する熱接着特性を**図 11.10,11** から導き出すと**表 11.6**のようになる．170℃加熱では，ほぼエッジ付近，150℃;3.5 mm，146℃;11 mm（中央付近），145℃以下では，ほぼ全域が剥れシールである．

従来の "常識" では，ヒートシールエッジに剥れのないの "一直線"（破れシール；凝集接着）を求めている．すなわち Tm 付近の 170℃の適用を指示している．

(7) 圧縮，落下試験の検討から［10 N/15 mm］の適正性が導き出されているが，実際のレトルトパウチでは，［10 N/15 mm］の剥れシールの加熱は 142℃であった．

(8) 図11.10, 11にエッジからの剥れ代,破断点までの剥離エネルギーを演算した剥離エネルギー

— 153 —

第 11 章　[改革技術 6]：改革技術を全面的に展開したレトルトパウチ包装の【HACCP】管理の革新

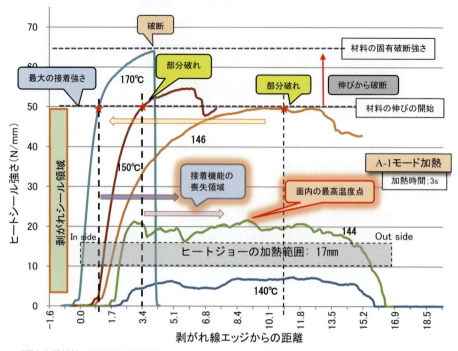

図 11.10　各加熱温度毎のレトルトパウチの剥離試験パターン

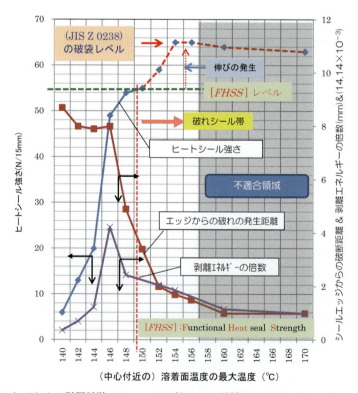

図 11.11　レトルトパウチの引張試験パターンから得られた剥離エネルギーとヒートシールエッジの様子

3. 今日のレトルトパウチの熱接着に関与する諸事項の性能確認

表11.6 現行レトルトパウチの接着特性の【HA】の保障性

仕上がり	溶着面温度 （℃）	ヒートシール強さ （N/15mm）
"一直線のヒートシール エッジ"；0 mm	170	50
4 mm の剥れ	150	50
11 mm の剥れ	146	50
全面剥がれ	145	40
［23N/15 mm］ の発現温度	144	23
［10N/15mm］の接着：［破 袋対策には十分な強さ］	142	10
熱接着発現開始温度	130	0
レトルト殺菌温度	121	0

［標本包装材料：PET12/AL7/CPP70］

の最大の加熱値は146℃加熱であった．

(9) "常識的"に適用されている［23 N/15 mm］の発現は，144℃付近になる

(10) 破袋試験を通して得られた，適格性に対して，現行規定は"超オーバースペック"と言える．

3.5　製袋時の縦シール接着面外への予熱によるシール不全の発生の実際

トップシールの両端のこの課題は，従来，あまり取り上げられていなかった．目視検査でも発見できるからトップシールの不具合の大半は本件が原因となっていると考えられ，看過できない課題である．

［2.5］で述べた接着面外への予熱による接着不全の発生は，製袋時の過加熱が原因で，充填後のトップシール時に発生する．現在まであまり認識されていない【CCP】の重大な管理項目となる．

発生個所は図11.5（b）に示した．管理方法のまとめを図11.5（a）に示した[9]．

対策は，製袋時のエッジ近辺の加熱を142～144℃になるように，図11.5（c）を参照して，中央付近温度の−7℃付近となるから製袋時の溶着面温度制御値を［149−152℃］とし，ヒートシール強さ；10～20 N/15 mm 付近の剥れシールに厳密に制御し，充填後のトップシール温度を146～152℃にする制御が不可欠となる．

この "不具合" の主たる原因は製袋時の過加熱が原因である．製袋時の縦シール温度によってエッジ温度が140℃を越えないような加熱温度の設定が必要である．その簡易な検知は加熱後の標本を抽出して，3～5 mm の剥がれを確認される．これによって，充填後のトップシールは，溶着面温度が155℃の加熱で「密封」が確保できる．

《界面温度制御》を導入すれば，計測機によって確実な温度管理ができる．

160℃以上の加熱が必要な場合は，第7章に示した「モールド接着」を適用する必要がある．

— 155 —

第 11 章 ［改革技術 6］：改革技術を全面的に展開したレトルトパウチ包装の【HACCP】管理の革新

4. レトルトパウチの熱接着の完璧な制御法のまとめ

4.1 従来法の適格性の検討

　以上の詳細の諸解析から表 11.1 に示した現行法の課題群の非合理性を定量的に確認することができた.

4.2 革新法による【HACCP】の実践

　レトルトパウチ包装の【HA】は，物流中の製品の変敗の防止を保障することである.

　これにはレトルトパウチの包装材料と完璧な密封操作を個装工程において保証することになる.

表 11.7　レトルトパウチの包装工程の【HACCP】の改革案

	【HA】保障（*Validation*）事項改革		【CPP】保証方法（*Guarantee*）	
(1)	物流/保管工程での破袋の条件の新確認	圧縮圧，衝撃荷重の制限範囲の規定	[10N/15mm] 以上のヒートシール強さの確保	・リアルタイム界面温度モニタ，ロギング
(2)	充填/シール工程の完璧な密封	(1)の圧縮圧と衝撃荷重に耐える界面接着のヒートシール強さ実施	・溶着面温度：148～150℃の調節 ・圧着圧：0.3-0.4MPa	
(3)	製袋時の縦シールの加熱温度の的確な制約	規定のヒートシールエッジ温度を保証する溶着面温度の設定	製袋工程への界面温度モニタ/制御の導入	・同上
(4)	充填工程でのヒートシール面への製品の付着防御	「液だれ制御」の採用	・液面追随充填 ・液速制御 ・ノズルの非接触 ・液だれ制御	・同上 ・ヒートシール直後のヒートシール面の温度分布モニタ
		"一条シール"の導入	・タックがの漏れ防止 ・玉噛み部の強制圧着	・強制密封
(5)	使用包装機，製袋品の「認証制度」の設定	*(1)，(2)，(4)を実践できる包装機の責務を規定	・≪界面温度制御≫の導入 ・加熱体表面温度の制御の導入 ・制御対象のロギングシステム導入 ・[液だれ制御]の導入	
		*(3)の規定を満足する製袋品	・現場包装機と同様の製袋仕様を適用	
(6)	凝集接着が避けられない場合の対応方法	側端部のモールド塊接着	・「モールド接着」の適用	・一条突起圧着 ・165～170℃加熱

［標本包装材料：PET12/AL7/CPP70］

表 11.8　《界面温度》，溶着面温度と加熱体表面温度の相互関係の実際（事例）
【AI 制御のメガデータ】

			加熱体表面温度と圧着時間毎の到達界面と溶着面温度応答					
		圧着時間→	0.8		1.0		1.2	
		回転数(rpm)→	38		30		25	
		部位→	界面	溶着面	界面	溶着面	界面	溶着面
加熱体表面温度	150	到達温度	141	131	143	135	144	137
		温度差	−9	−19	−7	−15	−6	−13
	160	到達温度	150	138	152	142	153	145
		温度差	−10	−22	−8	−18	−7	−15
	170	到達温度	160	148	162	152	163	155
		温度差	−10	−22	−8	−18	−7	−15
	175	到達温度	163	150	166	154	167	158
		温度差	−12	−25	−9	−21	−8	−17

※温度差；（加熱体表面温度）−（界面，溶着面温度の検知値）

4. レトルトパウチの熱接着の完璧な制御法のまとめ

この要求に対する不具合の発生源解析と具体的な改革策を**表11.7**にまとめた．

改革した加熱条件（AI制御のメガデータ）の実施例を**表11.8**に例示した．

的確な熱接着の定量的な展開に必須だった破袋荷重の定量的なメカニズム解析ができて，図11.1に示した熱接着（ヒートシール）の課題構成の定量的評価法が確立できた．

従来の大課題であった運転結果のロギングデータとして，《界面温度制御》の（一例）を図

TIME	INDEX	Number of shots	Interface temperature	Heat bar setting change temperature	Heat bar surface temperature
36:00.1	1	30	1199	1240	1242
36:02.1	1	30	1200	1240	1242
36:04.1	1	30	1208	1240	1241
36:06.1	1	30	1199	1240	1242
36:08.1	1	30	1198	1240	1241
36:10.1	1	30	1198	1240	1240
36:12.1	1	30	1202	1240	
38:15.9	1	30	1192	1237	1238
38:17.9	1	30	1201	1237	1238
38:19.9	1	30	1202	1237	1238
38:21.9	1	30	1202	1237	1238
38:23.9	1	30	1202	1238	1238
38:25.9	1	30	1202	1238	1238
38:27.9	1	30	1202	1238	1239
38:29.9	1	30	1200	1238	1239
38:31.9	1	30	1202	1238	1239
38:33.9	1	30	1200	1238	1239
38:35.9	1	30	1200	1238	1238
38:37.9	1	30	1200	1238	1238
平均値			**1200**	**1239**	**1239**
+			1208	1242	1242
−			1181	1236	1238
			界面温度	設定値	表面温度
			±1.4℃	±0.3℃	±0.2℃

（ロギング温度）×10^{-1}

図11.12 《界面温度制御》を適用した運転状態のロギングデータ（事例）
・運転速さ，・実際の界面温度，・ヒートバーの設定温度の実際，・ヒートバーの表面温度の実際

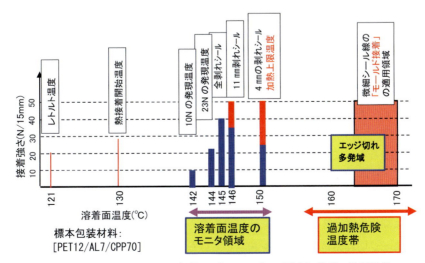

図11.13 レトルトパウチ包装の【HACCP】の最適加熱帯の検討結果

第11章 ［改革技術6］：改革技術を全面的に展開したレトルトパウチ包装の【HACCP】管理の革新

11.12に示した．「運転速さ」，「界面温度」，「ヒートバーの設定温度の変更」，「ヒートバーの表面温度の実際」を自動でモニタし，ロギングできるようになった．

表11.6を参照して，レトルトパウチの【HA】保障要求の最適値を一線上に羅列したものを**図11.13**に示した．レトルトパウチの【HACCP】の保障を1つの加熱温度に集約できることがわかった．この要求を満たす温度は，到達溶着面温度：［148～152℃］を得ることができた．【CCP】の保証は，運転中の《界面温度》のリアルタイムモニタのみで達成できる（人手による接着強さや漏れ試験の抜き取り検査は不要になる）．

レトルトパウチ包装の【CCP】では，・包装機械，・パウチの仕上げ仕様の保証の達成は，全て申請者のノルマになっていた．

表11.7に示したように，達成ノルマは，包装機械メーカー，パウチ生産者に協業／委託が可能であることが明らかになった．

材料の固有の凝集破断強さの保証が困難であったが，「モールド接着」[13]の開発（2024/07）で，この課題の対処策が明確になった（第7章参照）．

5. ま と め

(1) シンプルになった本検討の改革案を表11.7に提示した．

(2) 本報告ではレトルトパウチ包装が要求する【HA】である圧縮試験，落下衝撃試験を正面から取り組み，ヒートシール強さとの連携を明確にした．

(3) 平面圧縮，落下試験の解析には，新規に開発された「密封」と「易開封」を同時に達成できる微弱なヒートシール強さ［1.7 N/15 mm］の材料を適用した．

(4) 微弱ヒートシール強さの包装材料を適用したので，従来の常識の超下限域からの検討ができた．

(5) この結果，設定，操作のバラツキを考慮しても，ヒートシール強さは［10 N/15 mm］の設定が適格であることが分かった．

(6) 不測原因で発生するヒートバーの圧着不良（0.3 MPa以下），（142℃以下の）加熱不足，玉噛みによる接着不全は《界面温度》のリアルタイムモニタで即座に検出し，運転を遮断できるようになった．

"一条シール"の局部高圧着機能を充填後のトップシールに導入して，・確実な密封，・ヒートシール面のタック，・玉噛みの改善・補完が図れる．

(7) 筆者の知見からも，従来のピンホールや烈断の"不具合"の発生は160℃以上の過加熱より生成される"ポリ玉"が原因であると推定した．

(8) 従来は，不具合が発生するとシーラントの増厚（ヒートシール強さの増強）が常套手段であった．そのために加熱温度応答の低下分を補完するために，加熱温度の上昇によるポリ玉生成を増加させ，エッジ切れ頻発の悪循環を起こしていた．

(9) 生産に適用する計量・充填・シールの包装機と製袋パウチの【CCP】が明確になった．包装

機と包装材料の供給者の認証制を設定して, 業界の協業制を図ることができるようになった.

(10) 当面は, 現行のパウチ材の汎用的仕様に沿った改革案を提示した. 本検討の結果, レトルトパウチ包装の【HACCP】の信頼性として [3.5σ ≒ 99.95％の良品率] 程度を保証できるようになる.

(11) 不要なオーバースペックを避け, 包装材料設計者には, SDGs 対応にもなるシーラントの薄肉化 (40～50μm) の検討を期待する.

■参照文献

1) 菱沼一夫, 缶詰時報, Vol.95, No.4, p15-29 (2016)
2) 特許：日本 No.5779291, アメリカ, イギリス, フランス, ドイツ, 韓国, 中国, タイ (2015)
3) 菱沼一夫, 缶詰時報, Vol.100, No.9 p.15-32 (2021)
4) 特許：日本 No, 6528972, アメリカ, EU; 審査中 (2023)
5) 菱沼一夫, 缶詰時報, Vol.100, No.9 p.19 (2021)
6) 菱沼一夫, 第20回日本包装学会年次大会 (D-1), (2011)
7) 菱沼一夫, ヒートシールの基礎と実際 (幸書房), p.127-130 (2006)
8) 特許：日本 No.4623662 (2006)
9) 菱沼一夫, 第21回日本包装学会年次大会, (2012)
10) 菱沼一夫, 第67回日本缶詰びん詰レトルト食品協会技術大会 (2018)
11) 菱沼一夫, ヒートシールの基礎と実際 (幸書房), p.36-52 (2006)
12) Chana Yiangkamolsing, Kazuo Hishinuma 17thIAPRI World Conference on Packaging p.15-02, (2010)
13) 特許取得：特許 No.7590046 (2024_11)

第12章　ヒートシールの化学

「ヒートシールの基礎と実際（幸書房）」第2章の改訂，追補

1. はじめに

　プラスチックには加熱によって固体から液状化し，再冷却によって元の固体状に戻る熱可塑性と加熱により軟化して流動性を起こした後に縮合，硬化して不溶融となる熱硬化性を示すものがある．熱可塑性プラスチックは，加熱により溶融し，冷却すれば元の状態に戻る．ヒートシールは母材界面が溶融状態で接着し，冷却して強固な接着となる．

2. プラスチック材料の熱可塑性の利用

　プラスチックの熱的特性による分類を**表12.1**に示した[1]．
　ヒートシールに利用されるのは熱可塑性プラスチックで結晶性と非結晶性に分類される．結晶性のプラスチックは分子が3次元的に規則正しく配列しているが,非結晶性不規則に並んでいる．一般的に非結晶性のプラスチックは非結晶の隙間が可視光線の波長よりかなり大きいので透明である．
　プラスチックが有する容積，熱膨張，比熱，熱伝導，弾性率の物性は温度によって顕著な変化が現れる．非結晶性ではガラス転移温度［Tg］，結晶性では液状化する溶融温度［Tm］が特異点である．この発現温度は材料によって異なっている．包装材料では結晶性と非結晶性のプラスチックを混合したり，複合して利用することがあるので,材料の中に［Tg］と［Tm］が共存する．液状化する溶融温度［Tm］は強い接着を発現させる加熱温度とリンクする．弾性率の変曲点の「Tg」は軟化によって，塑性変形を起こし，ヒートシール面の密封性に関係するものである．"一条シール"はこの現象を積極的に利用している（第5章参照）．

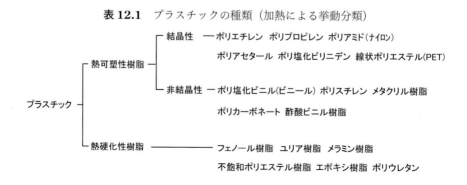

表12.1　プラスチックの種類（加熱による挙動分類）

表**12.2** に代表的な熱可塑性プラスチック
の融点温度を示した．[Tg]，[Tm] と接着
が発現する溶着面温度帯の事例を表**12.3** に
示した．

熱接着層（ヒートシーラント）としてよく利
用されるポリエチレン　ポリプロピレンの溶
融は 100 ～ 150℃で起こすが，ポリアミド（ナ
イロン）や PET は 170℃以上である．

表**12.2**　代表的な熱可塑性プラスチックの融点

高分子名	繰り返し単位	融点（℃）
ポリエチレン	$-CH_2 CH_2-$	140
ポリプロピレン	$-(CH_3)CH CH_2-$	180
ポリ塩化ビニル	$-CH_2CHCl-$	273
ポリスチレン	$-CH_2CH(C_6H_5)-$	250
ポリビニルアルコール	$-CH_2CH(OH)-$	270
ナイロン6	$-(CH_2)_5CONH-$	228

廉価が要求される場合には，ポリエチレンやポリプロピレンが単体で使われることも多いが，
機能を改善するために，この温度の違いを利用して，ナイロン，PET を表層材料として使用し，
接着層にポリエチレン，ポリプロピレンを使うラミネーションが多く利用されている．

表**12.3**　代表的なプラスチック包装材料の［Tm］とヒートシール強さが発現する溶着面温度帯

材料名	溶融温度 [Tm]	ガラス転移点 [Tg] 軟化温度	ヒートシール強さが発現する溶着面温度帯（℃）
ポリエチレン（低密度）	102 ～ 115	75 ～ 86℃（軟化温度）	100℃～
ポリプロピレンレトルトパウチ	155 ～ 170	150 ～ 155℃（軟化温度）	140℃～
ポリプロピレン co-polymer "ニホンポリエース"	－	－	116℃～
生分解性プラスチック（PLA）	165 ～ 170 "テラマック"	57（Tg） "テラマック"	62℃～ "*Biophan PLA121*"

3.　ヒートシールの接着

3.1　ヒートシールの接着結合力

接着強さの発現に関係するミクロな要素は下記の項目である．

① 化学結合力

② 水素結合力

③ 分子間力（Van der Waals Force）

④ 投錨効果

⑤ 相互拡散

一般の接着では化学結合が主となり，その他の結合が複合的に作用して強固な接着を生み出し
ている．熱可塑性プラスチックを利用したヒートシールは分子間力が主体的に作用する接着であ
り化学結合に比して弱い．分子間力（Van der Waals Force）は分子間距離の 6 乗に反比例するので，
分子間距離が離れると大きく減少する結合力である[*1].

[*1] Van der Waals Force は双方の分子間距離で定義され，距離の 6 乗に反比例するとされてきたが，接着面は面 / 面，球 / 球，
平行な円筒，直行する 2 つの円筒があり，石英ガラスの平面の 25 ～ 300 nm の間隔の引力を原子間力顕微鏡（AFM）での
計測事例では，その引力が距離の 3 乗に反比例し，分子間力は Van der Waals Force の定説よりも遠方までの相互作用が及
んでいる報告がある[2].

3.2　ヒートシールの接着面モデル

　ヒートシールの接着面は，熱可塑性プラスチックが物理的に溶融して，接着面の高分子が"絡みあう"か"めり込む"現象を起こしている．

　ヒートシールの接着面は一様ではなく微細な島状スポット結合の集合体である．温度の上昇と共に結合スポットが増加する．接着層が溶融し，溶着が発生する加熱温度付近では，加熱温度の上昇と共に接着面の溶融面積が増加し，溶着強さが増大して一定になる．

　温度上昇と共に接着強さが立ち上がる部位の採取試料の接着面に力を加えると界面から剥がれるので，剥れシール（Peel seal）と呼ぶ．接着強さが一定になった領域では，分子が相互に混じりあって接着界面は明確には存在しないため，大きな接着強さが発現する．破れシールの引張強さは材料の伸び応力と同等か少し大きく，接着層は破壊されていない．破れシールの破壊は接着部の周辺で起こるので，破れシール（Tear seal）と呼んでいる．剥れシールと破れシールの接着面の模式図を図 12.1 に示した．

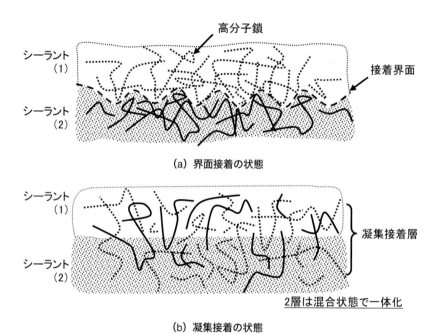

図 12.1　剥れシールと破れシールの接着面の模式図

3.3　ヒートシールを利用するプラスチック材料（包装材料）の特徴

　ヒートシールは軟包装（Flexible Package）の代表で，省エネ型包装としてフイルムやシートを利用した多くの袋や容器の包装に用いられている．包装の重要な機能は，封緘（シール）と外部からの酸素の侵入防御，被包装品の香気成分やガス化成分の透過飛散防御（ガスバリア）である．

　包装材料には内部，外部からの物理的応力による破損しない強度が要求される．

　ヒートシールの加熱の方法はヒートジョー，インパルス方式等は材料の表面から加熱して接着面を加熱するので，加熱面の材料の表面の方が接着面より高温になる．

3. ヒートシールの接着

単一フイルムの場合には，表面から溶融状態になるので，加熱後は表面が固結するのを待たなければならない．一般の包装材料は，表層にヒートシーラントより溶融温度の高いプラスチックを用いた共押出しフィルムや溶融温度の異なるフィルムを貼り合せたラミネーションフィルムが作られ，ヒートシールの作業性の改善，自動化，高速化が図られている．ラミネーションフィルムにはガスバリア機能を加えた多層フィルムも近年多く用いられている．レトルト包装のパウチに使用される包装材料の断面の電子顕微鏡写真を図12.2に示した．代表的なフィルムの構成例を図12.3に示した．

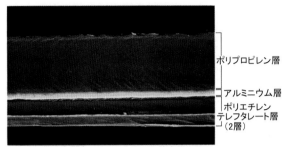

×500 レトルトパウチ食品の包装容器の断面

（独法）農林水産省消費センターホームページより引用

図12.2 食品用レトルトパウチの電子顕微鏡写真

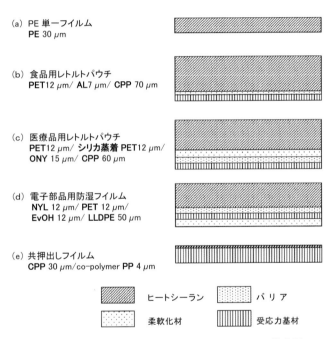

図12.3 代表的な包装用プラスチックフィルムの構成例

3.4 剥れシールに期待される機能の実践方法　追補

従来の軟包装の課題は，「密封」の確保が至上命題であった．開けられない「摘み開封」や見つけるのに苦労する「ノッチ開封」は，消費者のバリアフリーの首位に位置付けられ嫌われている．「密封」と「易開封」の同時達成ができる新論理・技術の"一条シール"が開発され改善が可能になっている．（第5章参照）

"一条シール"には，剥れシールのシーラントが不可欠である．

シーラントには大別して次の3種ある．

① PE系，PP系の界面接着帯の剥れシール：剥れシール温度幅；2～3℃

剥れシール温度帯が狭くイージーピール材への実用化は難しい．

② シーラントの凝集破壊の適用：ex. 三菱ケミカル；Modic™

剥れシール帯の温度，接着強さの利用域が広く実用性が大きい．

③ シーラントと表層材の接着層の凝集剥離；熱接着部の熱変性の利用

広く利用されている．凝集剥離は巧く作動するが，シーラントのエッジ切れ強さが大きく，

上手く機能しない欠陥がある（ex. ポテトチップス包装）．

上記からイージーオープン用には，凝集破壊シーラントの適用を推奨する．

■参照文献

1) 日本包装技術協会編；包装技術便覧, p.372, （社）日本包装技術協会 (1995)
2) 小野擴邦, 接着の技術, Vol.26, No.3, p.3, 日本接着学会 (2006)

第13章　探傷液法による「密封」の漏れ検知と簡易化；"一条シール"チェッカ

1. はじめに

　各種プラスチック包装材料のガスバリア性の精密な計測は既に可能になっているが，ヒートシール加工後の接着面の定量的な密封性の検査法は未だ確立していない．プラスチック材料のガスバリア性が十分であっても，ヒートシール接着面において接着不良や貫通孔が生じると，包装体の密閉性や安全性を損じる．従来は，大したことがないと看過してきた．

　ヒートシールしたプラスチックフィルム接合部の各種検査方法を表13.1に示した．包装体に生じるピンホールや接着欠陥による密封不良はピンホール検出機や食品包装リーク検出装置，リークテスターなどにより検査可能であるが，高価な上に汎用性，簡便性や定量性に乏しい．

　最近，図13.1に示したように，金属材料表面の微細な凹凸やクラックの検出に使用されている探傷液法[1,2]が包装体の熱接着面の微細な漏れ検査に利用されている．実際には，ピロー袋のセンターシールフィンの段差部や不測の重なりに発生する貫通孔の検知に広く利用されている．

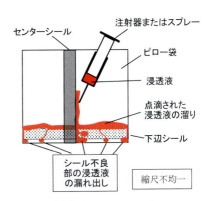

図13.1　探傷液によるヒートシールの不具合部位の検査方法

表13.1　ヒートシールしたプラスチックフィルムの接合部の検査方法

	方　法	試験法の規格名
①	目視検査	--------------------
②	破壊試験	1. 破裂試験［JIS Z0238, ASTM F1140, F2054］ 2. ヒートシール強さ［JIS Z0238, ASTM F88-, F2824-］ 3. 水圧試験［JIS Z 0238, ASTM D3078］ 4. 染色試験［JIS Z 0238］
③	微生物の培養 / 促進試験	1. 製品の腐敗 2. 重量の増加 / 現象
④	濡れ試験	1. 真空［JIS Z 0238, ASTM D3078］ 2. ヘリウム試験
⑤	試験機の適用	1. 映像［ASTM F1886-］ 2. 赤外線 3. 紫外線 4. 超音波
⑥	浸透液法	1. 染色浸透試験（ASTM E1417/E1417M, JIS Z2343-1 　　ISO 11607-1） 2. 多孔質包装材料（ASTM F1929-15） 3. 探傷液法（"一条シール"チェッカ）

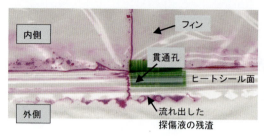

図13.2 「探傷液」の市販包装品のセンターシール段差部の貫通孔の測定事例

図13.2の実施例に示すように，この探傷液法を活用することによりヒートシールの局部の漏れを容易に検出できる．最近では東南アジア諸国を含め広く現場で普及しつつあるが，探傷液法をヒートシールした包装体に応用した学術的な研究例はなく，検出能力の定量性評価に課題が残っている．また，探傷液法は微小接着面の接着状態の検証への応用[3]，一条シールの開発[4-6]，ASTM F1929への準拠[7]，"一条シール"の基材とシーラントの選定方法[7]などへの応用が広がっている．

2. ピロー袋のセンターシール部の貫通孔を利用した検知性能の検証

JIS Z 2343-1~6にその仕様が規定されている「探傷液」は元々，エンジンのような金属加工表面の20μ以上の微細クラックの検査に使われている．ASTM F1929-15は不織布表面のポーラス部位の浸透性の目視検査の補助法として開発されていて，通過量の定量的な適用は難しかった．本検討は微細な貫通孔の検知と定量性能の獲得を図った．

3. 食品，医薬品現場用の探傷液法の実用化

通常の「探傷液」の溶媒は鉱物性が使われている．この検査液を包装現場に持ち込むことは製品中への混入，揮発性故に職場空間への散乱が起こり，好ましくない．

溶媒に発酵アルコール，食品用の色素が使われている（株）イチネンケミカルズの探傷液のOEM供給を受けた．

ピロー袋のセンターシールフィンの段差部に出来る貫通孔をモデルにして，検証した数μmの微細孔の検知をモデルに性能確認をした．そしてヒートシール面の漏れ検査の実用性を確認した．この検査液を"一条シール"チェッカ（利用ノウハウ付き）と名付け市販している．

4. "一条シール"チェッカの応用

"一条シール"チェッカを応用した新技術の開発ができている
(1) 超低シール帯（1.7N/15 mm）の密封性能の検証（第14章に掲載）
(2) "一条シール"の開発に貢献（第5章に掲載）
(3) ASTM F1929より簡便で，検知性能が高いこと確認（第15章に掲載）
(4) 不織布のTyvek®でも液滴通過を確認している（第15章に掲載）

5. 結　　論

本検討では，ヒートシールの不具合により生じたピロー袋の貫通孔にて探傷液法を応用することにより，ヒートシール面上の微細部位と平均径が数 $10\,\mu$m からなる貫通孔を可視化できることを示した．

■参照文献

1) ASTME1417/E1417M
2) JIS Z 2343-1
3) 菱沼一夫；第 25 回日本包装学会年次大会要旨集 (f-07)，p.104-105
4) 菱沼一夫；「缶詰時報」, Vol.95, No.4,p.15-29, (2016)
5) 重ね部段差に適応しうる複合ヒートシール構造 (特許第 5779291 号
6) 複合ヒートシール構造を形成するヒートシール装置と方法 [特許第 6257828 号
7) 菱沼一夫；日本包装学会誌，Vol.26, No.4, p.157-184(2017)

第 14 章 「探傷液法」によるピロー袋の貫通孔の発生原因の究明と漏れ量の定量化

傷液法および定圧縮試験法によるヒートシール部の密封性評価に関する研究，包装学会誌　Vol.27　No.4 (2018) を引用，補完，改訂を加えた．

1. はじめに

　各種プラスチック包装材料のガスバリア性の精密な計測は既に可能になっているが，ヒートシール加工後の接着面の定量的な密封性の検査法は未だ確立していない．

　プラスチック材料のガスバリア性が十分であっても，ヒートシール接着面において接着不良や貫通孔が生じると，包装体の安全性や密閉性を損じる．

　包装袋に生じるピンホールや接着欠陥による密封不良は，食品用ピンホール検出機や食品包装リーク検出装置，リークテスターなどにより検査可能であるが，発生源改善の機能はなく，高価な上に汎用性や簡便性に乏しい．

　ヒートシールしたプラスチックフィルム接合部の各種検査方法を表 13.1 に示してある．

　最近，金属材料表面の微細な凹凸やクラックの検出に使用されている「探傷液法」[1,2] が包装袋の微細な漏れ検査に利用されている．実際には，ピロー包装袋のセンターシールの段差部や不測の重なりに常態的に発生する貫通孔の工程内での検知に広く利用されている．**図 14.1 (a)** にその実施例に示すように，この探傷液法を活用することによりヒートシール部の漏れを容易に検出できる．最近では東南アジア諸国を含め広く現場で普及しつつあるが，探傷液法をヒートシールした包装体に応用した学術的な研究例はなく，検出能力の定量性評価に課題が残っている．また，探傷液法は微小接着面の接着状態の検証への応用 [3]，一条シールの開発 [4-6]，ASTM F1929 への準拠 [7]，基材におけるシーラントの層の選定方法 [8] などへの応用も期待できる．

　本報告では，ピロー包装のセンターシールの段差部に定常的に発生する数十〜百数十 µm の貫通孔の発生所在を確認し，その発生源とメカニズムを確定した．そして，溶着面温度測定法を用いて精密に調節した試験標本を作製した．この標本に所定量の空気／水を注入し，サンプル包装袋上方からの圧縮試験法を利用して，垂直方向，平行かつ均一な圧力（荷重）を掛け，その厚さ方向の変化を 10 µm 以内の精度で計測し，包装袋からの微小漏れ量に対する圧力と貫通孔のサイズとの関係について評価した．

　これを包装材料のバリア性と比較し，貫通孔の漏れ量の位置付けを明確にした．

　適用した探傷液は，鉱物系材料を排して，発酵アルコールと食品用着色剤を原料にした OEM 製品を滴用し，包装工程の安全・安心を配慮した．

2. ピロー袋のセンターシールの貫通孔の発生メカニズム

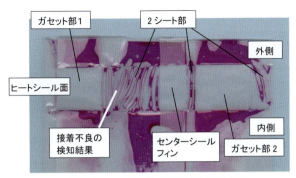

(a) ガセット袋の接着不具合箇所の事例

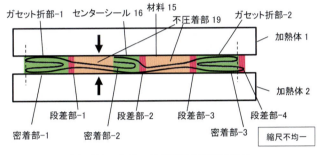

(b) ガセット袋の接着不具合箇所の解析

図 14.1　ピロー袋（ガセット袋）の2枚部の接着不良の実際

2. ピロー袋のセンターシールの貫通孔の発生メカニズム

2.1　ガセット袋のヒートシール面の圧着状態の解析

図 14.1（b） に示したように，ピロー袋やガセット袋（Gusset）には，同一ヒートシール面にフイルムが2枚部と4枚部が混在する．フイルム1枚の厚さが50 μmとすれば，2枚部；100 μm，4枚部は200 μmであるから，（段差）＝200－100＝100 μm となる．

探傷液（"一条シール"チェッカ）を袋内に点滴し"貫通"状態の漏れ検証を図14.1(a)に示した．圧着荷重は4枚部に集中負荷しているから完璧な密着となっている．2枚部の圧着は不全なので，探傷液は自由に移動して，系外に流出している．

段差部付近の切断面の光学顕微鏡写真を**図 14.2** に示した．

(a) は剛性A50, 厚さ3 mmのシリコンゴムを挟んで，約0.3 MPaで加熱圧着している．(b) はヒートバーの直接圧着である．(a) は弾性体の変形で，貫通孔は縮小しているが密封には至っていない．

段差の近辺の折り曲げ部は，圧着圧によって4枚部が底辺になる三角形の貫通孔が構成される．この三角形の斜辺には，折り曲げ部が支点になって，圧着圧によって大きなテンションが掛かる．この空洞を封止するためには，折り曲げ部の支点効果を消滅させる必要がある．

従来は，フイルム全体をペースト状まで加熱し，流動化のモールド状態にして，密封化を図っている．そのためにシュリンクの掛かったOPPのラミネーションフイルムでは，シュリンクが発生するので，ヒートシール面はシワクチャになる．接着面を界面接着帯に仕上げることはでき

— 169 —

第14章 「探傷液法」によるピロー袋の貫通孔の発生原因の究明と漏れ量の定量化

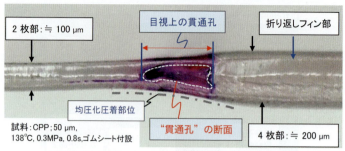

(a) 受け台に耐熱ゴムシート付設した時の貫通孔の状態

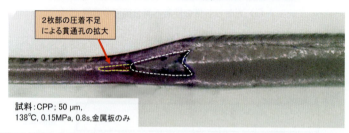

(b) 金属平板の圧着による貫通孔の状態（2枚部の圧着不足による"貫通孔"の拡大が見られる）

図14.2 実際の"貫通孔"の断面図（顕微鏡写真）

ないことが常套化していた．

この対応策として"一条シール"が発明されている．詳細は第5章に記述してある．

3. ピロー袋の貫通孔の漏れ量の定量化

3.1 漏れ量検知の圧縮試験法

包装材料の圧縮／引張試験では，圧縮力や引張力の高精度計測が求められるが，計測距離の精度は1mm程度が容認されている．

本課題では，全体で数mm内の微小変位に対してμmオーダーでの計測が要求される．そこで，引張試験機と荷重計（高荷重型デジタルフォースゲージ）に対して次の工夫を施した．

(1) 荷重計の選択

標準のロードセルは設定のフルスケールに対して約1mmの撓みを与えている．本研究では1Nの荷重を用いて変位検出をしているため，例えばフルスケール50Nの荷重計を適用すると十分な感度が得られるが，1Nの荷重検出時に［1mm×1N/50N＝0.02mm］となり，変位が約20μmずれる．そこで本研究では，敢えて最大感度が1Nある5,000Nの高荷重計を選択することにより，荷重検出時の変位が［1mm×1N/5,000N＝0.2μm］となるように工夫した．

(2) 引張試験機の荷重方法

汎用の引張試験機では荷重方向が変化する際に駆動部のずれと荷重計の取り付け部の撓みが加わり1mm程度のずれが生じるため，本研究では特別装置（自作）を付加して5,000Nのロードセルに，予め50〜100N圧縮荷重を掛けて，撓み等を発生除去した上で圧縮試験を実施し，1/10μmオーダーの変位計測の精度を確保した．

(3) 圧縮試験における圧着方法

圧着面積は、幅 65 mm、長さ 50 mm に設定した．圧着板は、変位を正確に計測するために試験標本に正確な垂直荷重が掛るように、スライド式の圧着板を使用した．また、圧着圧は漏れ検出感度に直接的に影響するため、実際の加圧に近い 7～21 N とした．加圧は引張試験機の加圧調節ではなく、金属板の錘を乗せた定圧着とした．

3.2 貫通孔をもったピロー袋試験体の作製方法

プラスチックフィルムには包装材料として市販されている厚さ 50 μm の未延伸ポリプロピレン（CPP）フィルムを用いた．このフィルムを用いて内寸幅 65 mm、長さ 50 mm のピロー袋を作製した．ヒートバーの一方に圧着の均一化図るために数 mm の耐熱弾性体を設置し、剥離から破れが生じるヒートシール温度の境界付近の 138℃および 140℃を選択し、ヒートシール圧力圧 0.3 MPa、平衡温度加熱 CUT（98%）約 1.5 秒でシールし、通常的に発生しているサイズ貫通孔（目視幅を約 80 μm および 150 μm）に調整した標本を作製した．貫通孔の長さはヒートシールバー幅の選択と手作業剥離により 10 mm および 5 mm に加工調整をした．

加熱は MTMS キットを適用して、保証した溶着面温度である[9]．

3.3 通気、通水量の測定方法

試作したピロー袋に注射器を使って約 40 ml の空気と水を注入後、速やかに粘着テープで封止した．自作開発製作した**図 14.3** に示す圧縮装置を用いて、空気と水を充填した 2 種のピロー袋の沈降変位測定を行った．印加した荷重は、7, 14, 21 N である．圧着応力は荷重が 14 N の時、$[14/65 \times 50 \times 10^{-6} = 0.004\ \mathrm{MPa}]$ となる．印加時間は最長 300 分間であった．

沈降変位は、圧縮試験機の変位検出機能を利用し、約 1 N の垂直荷重で約 1/5,000 mm および 0.1 N の荷重検出精度であった．印加時間約 100～300 分間の沈降変位をパソコンで自動記録した．漏れ計測後、段差部に探傷液（「ヒートシールチェッカー」；OEM；タイホーコーザイ）を点滴し、貫通孔サイズを顕微鏡下で計測確認を行った．

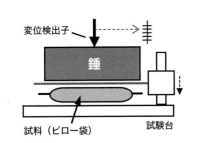

図 14.3 定荷重圧縮の通気、通水量の計測方法

4. 結果および考察

4.1 貫通孔と漏れ量および圧力との関係について

ヒートシールの不具合による貫通孔を持ったピロー袋に対する上面からの荷重量と空気または水の漏れ量は、比例関係にあるので、荷重を大きくすると時間当たりの漏れ量が増え、検出精度は上昇するが、過大な荷重によって、貫通孔が拡大損傷を受ける可能性が考えられる．本研究では比較的小さい 7～21 N の総荷重で実験を行った．毛細管の流量特性は加圧（荷重）量に比例

第14章 「探傷液法」によるピロー袋の貫通孔の発生原因の究明と漏れ量の定量化

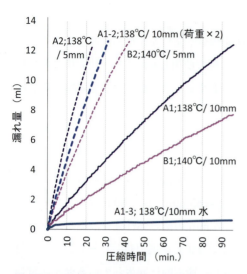

図14.4 貫通孔の寸法変化による空気と水の通過量（一対）の測定結果

し，毛細管の長さに反比例するので，貫通孔長さ10 mm で計測後，その試験体のヒートシール面を 5 mm まで剥離して同一試験体から長さの異なる2つのサンプルを作製した．図14.3 に示した試験装置を用いて空気および水を充填したピロー袋に対して圧縮試験を行った．約 90 分の実測結果をプロットしたものを**図14.4**に示した．このグラフの傾斜からそれぞれの条件下の時間当たりの漏れ量を演算した．貫通孔からの漏れ量は，袋サイズに関係なく同一である．実際の袋のバリア性との比較する場合には，比較袋の大きさを設定する必要がある．ここでは，パウチ袋（寸法：20 cm × 20 cm）に対して，その表面の酸素透過量を模擬的に算出した結果および実測通過量データを併記し，貫通孔の漏れ量とモデル袋のバリア性の比較を**表14.1**に示した．

ここで，パウチ袋の両面を透過するので透過面積は $[0.2 \times 0.2 \times 2 = 0.08\ m^2]$ になる．

フタムラ化学フィルムバリア計算アプリ[10]より，CPP の酸素透過量は $[1,200\ cc/Atom・m^2・24h]$ であるので，パウチ袋の表面酸素透過量は $[96\ cc/Atom・24h]$ となる．測定結果 A1（10 mm）と比較すると，空気中の酸素量を補正して $[(107,712 \times 0.21 / 97) ≒ 222]$，A2（5 mm）に対しては 885 倍が得られる．以上の結果より，酸素バリア性の低い CPP 材料においても貫通孔の漏れは格段に大きいと言える．それゆえ，アルミ蒸着やアルミ箔ラミネートされた高バリア材料の場合，例えば日立化成（株）製アルミ蒸着フィルムの酸素透過量は $[1.0\ cc/Atom・m^2・24h]$ であるので，貫通孔からの漏れ量は 1,000 ～ 10,000 倍大きくなり，微細貫通孔の影響は無視出来なくなる．

また様々なサイズのパウチ袋に対して同サイズの貫通孔が生じた場合，漏れ量の影響はパウチ袋の大きさに反比例するため，小サイズの包装袋には更なる留意が必要となる．

本探傷液法により従来困難であった微細部の漏れ量の検証が容易になり，ヒートシール技法の合理化に寄与していると考えている．

表14.1 ピロー包装のセンターシールの微細貫通孔（一対）の通気，通水量の計測結果と評価

条件	貫通孔寸法 (μm)	圧縮圧；(5+2)=7N 2.2KPa 水 (cc/24hr)	空気 (cc/hr)	空気 (cc/24hr)	atmに変換 ×46	0.08㎡に変換 ×576	4.4KPa (cc/24hr)	6.6KPa (cc/24hr)
A1；138℃/10mm	≒150	10.5	7.8	187	8602	107712	584	754
A2；138℃/ 5mm		—	29.6	710	32660	408960	—	—
B1；140℃/10mm	≒80	—	4.9	118	5428	67968	—	—
B2；140℃/ 5mm		—	18.0	432	19872	248832	—	—

計測条件：貫通孔 A；約 150 μm，B；約 80 μm，計測時間；100～300 分の連続計測値を元に [cc/hr.]，[cc/24hr.] を算出．
透過量比較は（20×20 cm×2面）＝0.08 m² 袋の表面積に換算

— 172 —

探傷液法が表示するヒートシール面の微細な貫通孔の漏れ定量化によって，プラスチック包装のバリア性に大きく影響するレベルであることを検証できた.

5. 結　論

　本研究では，ヒートシール不具合により生じた貫通孔を有するピロー袋に対して探傷液法を応用することにより，ヒートシール面上の平均径が数 10 μm からなる貫通孔を可視化できることを示した．また，定圧荷重で印加可能な圧縮試験機を開発し，空気および水を充填したピロー袋に対して圧縮試験を行うことにより，圧縮時間と貫通孔長さおよび平均幅と漏れ量との関係を提示した．

　ヒートシール部に生じた貫通孔長さ 10 mm の場合よりも 5 mm の場合の漏れ量が多くなり，ヒートシール温度 138℃のサンプルの方がシール温度 140℃のサンプルよりも漏れ量が多くなることを示した．今後，一般的な包装袋に発生するピンホールや破袋等への影響評価にも探傷液法と流出量計測の応用が期待できる．

　また，探傷液法で可視化できる数 10 μm の貫通孔は微粒子や微生物等の通過が可能な大きさであり，ガスバリア性評価のみならず内容物汚染防止等の評価にも利用されることが期待できる．

　元々，探傷液法は金属等加工表面の 20 μ 以上の微細クラック，ASTM F1929-15 は不織布表面のポーラス部位の浸透性の目視検査の補助法として開発されていて，通過量の定量性の議論への適用は難しかった．

　本研究では筆者が独自に開発した微細変位計測法を適用して，微細貫通孔の空気と水の透過量の定量化を図ることができた．

　検知対象部位に微量の探傷液の点滴だけの簡易な微細部位の寸法計測で，漏れ量の定量化が可能になり，「密封性」の保障（Validation）要求の保証（Guarantee）手段して応用できるようになった．

　ヒートシール技法においては，本報の適用で，微弱な接着状態（0.5-1 N/15 mm）でも密封が完成することの確認ができる革新性を有している．最も密封と易開封を厳密に要求している医療用不織布（Tyvek®）の微生物バリア性の保証技術に貢献している[11].

■参照文献
1) ASTME1417/E1417M
2) JIS Z2343-1
3) 菱沼一夫；第 25 回日本包装学会年次大会要旨集 (f-07)，p.104-105
4) 菱沼一夫；「缶詰時報」，Vol.95，No.4，p.15-29，(2016)
5) 重ね部段差に適応しうる複合ヒートシール構造 (特許第 5779291 号 (JP 5779291 B))
6) 複合ヒートシール構造を形成するヒートシール装置と方法 ［特許第 6257828 号 (JP 6257828 B)］
7) 菱沼一夫；日本包装学会誌，Vol.26，No.4，p.157-184(2017)
8) 基材におけるシーラントの層の選定方法 (特許第 6032450 号 (JP 6032450 B))
9) 菱沼一夫；高信頼性「ヒートシールの基礎と実際」（幸書房刊），p.37-52，2007
10) URL:http://www.futamura.co.jp/calcbarrier.html
11) 菱沼一夫；第 27 回日本包装学会年次大会要旨集 (e-04)，p.34-35

第15章 密封特性の解析と革新；ヒートシール強さは密封化の必須条件ではなかった

1. はじめに

ヒートシール技法の究極の課題は「密封」と「易開封」の同時達成である．

従来，「密封」には強い接着が要求され，モールド状の接着（凝集接着，破れシール）が不可欠とされていた．したがって，複合材（ラミネーション材）では，表層材の熱軟化温度帯より低い温度帯で作動するシーラントが良好とされている．

「探傷液」による漏れ検査法の定量化が証明されて[1]，[0.5 N/15 mm] の微弱なヒートシール面の密着の是非が確認できるようになった．

"一条シール"は，この新事実を巧みに利用して，ピロー袋等の段差部のあるヒートシール面の「密封」と「易開封」を複合的に達成した新ヒートシール技法[2-4] である．

現状の汎用資材（OPP）の適用において，表層基材の屈曲剛性の軟化特性の多大な影響が明らかにされた．

本報告では，"一条シール"の密封機能を阻害する従来の包装材料の設計法に焦点を合わせて，段差部の密封化阻害与件の改善方法を検討した．そして，シーラントの作動温度の"高温化"による改善方法を提示する[5]．

2. ヒートシール面の密着を阻害する要因の解析と対策

ヒートシール面の接着力の発現は加熱（溶着面温度）がパラメータとなって，温度の上昇によって順次上昇して，剥れシール（界面接着）から破れシール（凝集接着，モールド接着）に移行する．従来の漏れ試験は，ガラス容器に水を張り，その中に空気を封入した標本を水没し，容器内を陰圧にして，標本から漏れ出す気泡の目視観察，あるいは標本にアンモニア水を充填して，その周りにアンモニア検知液を湿潤した濾紙で覆って，発色の有無で検出していた．しかし，材料のバリア量に近い微量な接着面等の漏れを定量的に検査する方法がなかった．「探傷液法」の漏れ検査能力の定量化が証明され，微細部の密着性の評価ができるようになって[1] [0.5 N/15 mm] 程度の微弱なヒートシール面の密着の是非が確認できるようになった．

2.1 段差部の密着不全メカニズムの解析と現状の対応策

ガセット折りピロー袋のヒートシール面には4枚と2枚部が混在する．これを平面圧着すると（材料2枚分）＋（屈曲部）の構造的（原理的）なギャップができる．

－174－

図15.1に示したように7カ所の屈曲部と2枚部の不圧着帯が構成される．屈曲部の剛性は加熱による軟化の影響を大きく受ける．従来，密封化を図るためにピンホールの生成を覚悟して，ローレットや"ギザギザ"圧着面を強引に押し付けたり，分厚い（50μm以上）低温シーラントを溶融状態

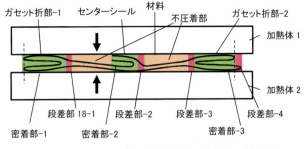

図15.1 ガセット袋の平面圧着で発生する段差部

まで加熱して，シーラントの流動で"モールド接着"を起こさせ，なんとか密封化を図っている．

2.2 ヒートシール強さと密封性

代表的なシーラントの平面圧着の密封化条件を表15.1にまとめた．接着状態の実際を図15.2に示した．CPPの単一フイルムの場合，①110℃/(0.2 N/15 mm)，②LDPEでは，94℃/(0.1 N/15 mm) で材料の持つ固有特性の密封化を示した．

③[OPP/LLDPE]のラミネートフイルムでは，106℃で密封化ができるものの [7-10 N/15 mm] の高接着強さを要求している．④[OPP/CPP]の組み合わせでは，113℃/(0.4 N/15 mm) を要求している．この一連の実測データからOPPが関与した組み合わせの密封化には，①高圧着，②加熱の高温化の特徴を発見することができる．更に探求するとPPにおいては，軟化が始まる [113℃] のキー温度を見出すことができる．

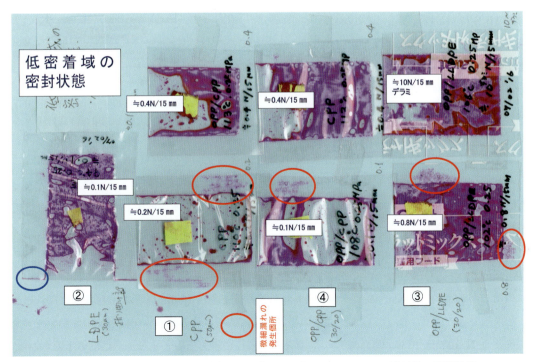

図15.2 低ヒートシール強さ帯の"一条シール"チェッカによる密封性の実測結果

— 175 —

第 15 章 密封特性の解析と革新；ヒートシール強さは密封化の必須条件ではなかった

表 15.1 代表的なシーラントの密封化条件

材料	ヒートシール強さ (N/15mm) [圧着圧；0.25MPa], [最短平衡温度加熱]						
	0.1	0.2	0.3	0.4	0.5	0.8	7〜10
CPP (50)	108	110		113			
LDPE (25)	94				95		
OPP/LLDPE (30/20)						102	106 (デラミ)
OPP/CPP (30/20)	108			113			

表 15.2 代表的なプラスチック包装材料のヤング率（公開されている文献類から抽出）

材料名	PP			PE		NY		PET
	CPP	OPP	LLDPE	LDPE	HDPE	CNY	ONY	PET
ヤング率 (MPa)	40〜60	1700〜3900	10〜25	3〜7	10〜20	50〜400	950〜1100	4000〜4200

2.3 プラスチック材の剛性の調査

汎用のプラスチック材の剛性の調査結果の例を**表 15.2**にまとめた．これらの剛性(ヤング率)は，数 MPa 〜 4000 MPaの範囲で広く分布している．

透明性や引き裂き性の良さが重用されて，多用されている OPP は，格段に大きい剛性を示し，2.2 項の検討結果と関係性が強く，「密封性」に大きく関係していることがわかる．

2.4 実際に即した密封特性の計測法の開発

大きな剛性を示す［OPP］のラミネートフイルムは，低温での密封化は困難であるが，加熱によって軟化する領域を利用すれば密封は可能である．

図 15.3 に示した計測法（著者の開発）を用いて軟化温度帯の圧着力と密着性を調べた．密着には少なくとも接着面を 10 μm 以下に圧接する必要がある．折り曲げ長さが 10 mm の被試験材料の内側に密着検出材として，厚さが 10 μm 程度の LLDPE，LDPE の薄いフイルム装着し，0.3 〜 0.5 mm の一条突起を圧接する．CPP を例にすれば，軟化温度〜シュリンクの始まる温度域の加熱（溶着面温度）をする．

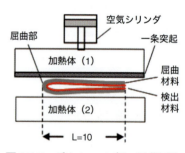

図 15.3 重ねシール部の局部圧し潰し効果の確認方法

それぞれの温度で空気圧シリンダの圧力を調製して，圧着力を順次変更する．圧着後，冷却した標本の屈曲部に「探傷液」を点滴して貫通の有無を調べ，封止する最低圧(N/10 mm)を計測する．

2.5 「密封」と「易開封」を両立するシーラントの選択法の開発

実測例として，OPP（45 μm）の溶着面温度と密着圧の関係を**図 15.4** に示した．図には検出用に適用した LLDPE（15 μm）のヒートシール特性を併記した．10 μm 以下の密着状態になれば封止を検知できる状態になっている．通常の平面圧着に適用される 0.2 〜 0.4 MPa の駆動源を参照すると 80 N/10 mm（0.3φの断面積当り）になるから，この値を上限とする加熱温度の下限をみる．延伸がかかった材料は昇温するとシュリンクするので，上限温度は，この温度値が制約となる．

3. 「密封」と「易開封」を両立するシーラント設計の汎用化論理の設定

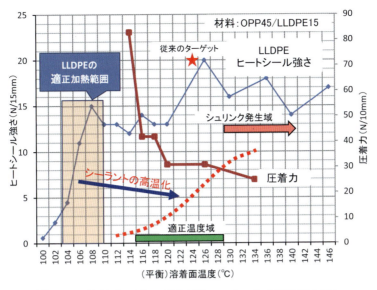

図 15.4 基材（OPP）の軟化特性シーラントの高温化モデル

　既存の［OPP/LLDPE］の標本の界面接着帯は 103 〜 110℃となっている．しかし，この温度帯は OPP の軟化温度帯より低く，変形による密着制御は，困難であることがわかる．

　圧縮試験の結果から OPP の密着が可能な軟化温度帯の下限は 115℃となっている．129℃ありからシュリンクが始まりので，この値が上限となる．

　その結果，115 〜 129℃が適格温度帯となる．この温度帯では，低温化を目的とした LLDPE のシーラントは完全な溶融状態になっていて，接着面の剥離性は失われている．

　本研究では密着適正温度帯に剥れシール特性を持った高温化シーラントを適用することによって，「密封」と「易開封」の両立が達成できる新論理（"一条シール"）を得た．

　図 15.4 中に昇温化したシーラントの調節例を示してある．

3. 「密封」と「易開封」を両立するシーラント設計の汎用化論理の設定

　基材の軟化特性に合わせた密着と同時に剥れシールを発現させるシーラントの設計モデルを図 15.5 に示した．

　制御要素は次のようになる．
① 基材の密着が可能な軟化温度点の検出
② 延伸材にあっては，シュリンク開始温度の検出
③ ①の密着可能の開始温度において，[2 – 6 N/15 mm] のヒートシール強さのシーラントの選択
④ シュリンク開始温度付近で [2 – 6 N/15 mm] のヒートシール強さのシーラントの選択
⑤ 規定温度帯で [2 – 6 N/15 mm] のヒートシール強さを任意に設定できるシーラントの選択

第 15 章 密封特性の解析と革新；ヒートシール強さは密封化の必須条件ではなかった

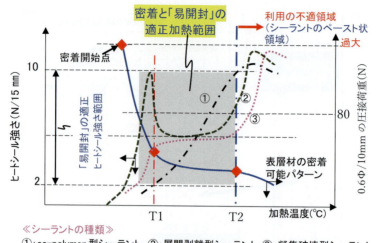

図 15.5　基材の軟化特性に合わせたシーラントの新設計モデル

4．まとめ

(1)「密封」と「易開封」の現象は別次元であることがわった．
　（包装機械または包装材料の片方の調節で目的を果たそうとするのは不合理である）
(2)「包装機械」と「包装材料」の機能分担を明確に定義することができ，"一条シール"の容易な完璧化が図られた．
(3) シーラントの低温化がヒートシールの課題解決の適格な方策でないことを示した．
(4) プラスチック材の「界面剥離」，「層間剥離」，「凝集剥離」特性の適格な適用法を明示した．
(5) 適正温度範囲内の加熱の制御には，加熱体の表面温度管理を現場に導入する必要がある[6,7]．
(6) 本報告が学際に定着している凝集接着偏重の合理的脱却に寄与できれば幸いである．

　なお"一条シール"の詳細は，第 5 章参照．

■参照文献
1) 菱沼一夫，第 23 回日本包装学会年次大会，d-01, p.12-13, (2014).
2) 菱沼一夫，第 24 回日本包装学会年次大会，b-10, p.134-135, (2014).
3) 特許第 5779291 号，(2015),
4) 菱沼一夫,「缶詰時報」, Vol.95, No.4, (2016).
5) 特許第 6032450 号，(2016)
6) 特許第 4623662 号，(2010),
7) 特許第 3465741 号，(2003)

第16章　軟包装の「易開封」の検討；フィン・タブ開封の理論と実際

缶詰時報，Vol.90　No.4　(2011) の引用，改訂，補完

1. はじめに

カップ／トレーやフイルム包装の「難開封性」は包装品の UD（ユニバーサルデザイン）の筆頭課題に挙げられ，包装界の重要課題となっている．

今日，包装品の"イージーオープン"（易開封）は，

① ノッチ等の切り欠き細工の付加

② ヒートシール面のピール性の利用

③ ハサミやカッターによる切り開き

が適用されている．これらの方策の写真を**図 16.1** に列挙した．

現在の多くの商品には"ノッチ方式"の引裂き開封方法が適用されている．この方法では破られた袋等の破片はテーブル上の"ゴミ"となって散乱して，マイクロプラスチックの発生源となり，視認できない河川・海洋の汚染源になっている．ノッチ開封は，再封（リシール）を困難に

(a) 摘み剥がし　　(b) 引き裂き　　(c) 叩き

(d) 喰いちぎり　　(e) 刃物でカット　　(f) ハサミで切る

図 16.1　現状の代表的な開封方法

して開封後の包装機能は失われている．ノッチの細工に，製造工程では付加工程を必要としている．本質的な開封方法として，ヒートシール面の剥離方式の展開が期待されている．

2. 軟包装体（フレキシブル包装）の開封性解析

本項では次の項目に付いて論じる．
(1)《摘み開封》の応力メカニズムを解析して開封方法の標準化を図る．
(2) 破袋発生のメカニズムを参照して [1,3] 開封性の制御方法を確立する．
(3) 人手の開封操作は 20N を超えると困難になる．
  消費者はわずかでも剥れが起れば開封を完成する努力をする生活習慣ができている．
  消費者の"知恵"の応力シミュレーションから妥当性を検証する．
(4) 開封性の《6つの支配要素》：
  ① 摘み代
  ② 摘みラインとヒートシールエッジまで距離
  ③ ヒートシール強さ
  ④ 剥れ幅（ヒートシール幅）
  ⑤ 包装材料の伸び強さ
  ⑥ 開封操作力の上限を明らかにする
(5) 市場商品の開封性の評価と改善方法に付いて論じる．

2.1 軟包装体の開封性解析の方法
2.1.1 「開封性」と「密封性」を支配している要素の整頓
「密封」の確保には強いヒートシールが必要とされていたから，「開封性」と「密封性」を支配している力学は表裏の関係にあるとされていた．双方の現象を同じテーブルで議論する必要があり，一方を優先すると他方に不具合が発生するとされてきた．「開封性」を基点に「易開封」と「密封性」の関係する要素の相互関係を**表16.1** に示した．ここではハッチを施したイージーピール，タブとリップの易開封を中心に解説する．

開封性と密封性の設計には次の項目の選択順位に考慮が必要である．
「封緘性」達成の期待機能と易開封性との関係；
(1)「密封」と「易開封」のメカニズム的確な理解
(2) 密封性を保証する精密接着の要求
  ① ガスバリア性の達成
  ② 微生物バリア性の達成
  ③ 落下等の衝撃荷重耐性の確保
(3) 道具による開封を止む無しとするコンセプトの排除

— 180 —

2. 軟包装体（フレキシブル包装）の開封性解析

表 16.1 開封性を構成する諸要素の分類表 (ハッチ部分が本項の対象域)

期待機能	機能の分類	発現機能	実施機能	方法	備考
開封性	封緘性保証	機械的接着	・機械的強度の確保 ・エッジ切れを起こすような接着	・凝集接着	・材料の引張強さ増強 ・材料の増厚
		密封性	・ガス、微生物バリア性 ・ピンホール/破れの防御 ・衝撃荷重の吸収	・界面接着	・ポリ玉の発生防御 ・剥離エネルギーの利用
	易開封 (イージーオープン)[ユニバーサル・デザイン対応]	イージーピール	・エッジ切れのない剥離の発現	・同一加熱温度による剥がれシールとエッジ切れの操作	・加熱温度帯の制御 ・ヒートシール面の層間デラミ
			・接着面の剥離	・界面接着	・界面剥離の利用 ・剥がれシール帯の温度調節 ・剥離エネルギーの利用 ・包装材料の固有性能の利用
		イージーオープンタブとリップ(イージーピール機能との組合せ)	・摘み代の設定 ・外側からの開け易さ	・リップの設定 ・タブの設定	・外側からの易剥がれ性 ・界面剥離の利用 ・層間デラミの適用
		イージーカット	・ノッチの設置 ・引裂き線の細工	・切込加工 ・レーザー加工 ・延伸加工	・加工プロセスの付加 ・切取り破片の発生 ・斜めカットの抑制
			・ミシン目	・ミシン目の加工	・包装の内外が貫通 ・包装の気密性が不可 ・密封性と開封性の両立はできない

(4) 少々の密封性の後退を了承にした易開封性の実現の排除

　① 設定論理が不明確なギザギザ，ローレット面等の間引き接着

　② エッジ切れの容認

　表 16.1 に示された実施手段は凝集接着または界面接着の選択になる．開封性の実践には先ず，開封操作の応力解析が必要である．

　具体的には図 16.1 に示した袋の「摘み開封」の応力メカニズムの解析を行い，ヒートシール強さとの関連付けを行う．それはヒートシールの剥れシール機能をどのように反映させるかに掛かっている．すなわち，開封性の制御の最終は物理的条件（密封化）の実施と包装材料の基本性能を適格に発揮させる溶着面温度の制御に帰結する．

2.1.2 「摘み開封」の応力メカニズムの基本のモデル化

　破壊（開封）荷重は荷重点と接着線の最短距離に作用して円弧状に拡張剥離することは既に確認されている [1, 3-6]．

　柔軟な包装体の胴部のたるみを摘まむ開封方法の応力メカニズムのモデルを**図 16.2** に示した．両側の 2 点の摘み箇所の荷重メカニズムの片面を示している．正方形に四方シールされた袋（パウチ）の開封を例にして，開封性の課題を整頓する．

　対角線の交点の A 点を摘まんで引張ると開封力は円状に分布するから袋のヒートシール面の内側の内接点に先ず荷重が掛る．応力点は 4 カ所になる．

　A 点を開封点に選ぶと開封したいヒートシール面の選択ができない．したがって適切な開封点

— 181 —

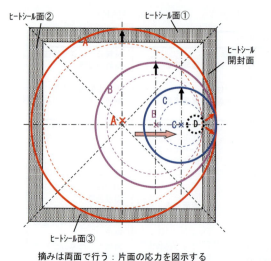

図 16.2　摘み開封の応力メカニズム解析

は交点を通る水平線上の剥がしたいヒートシール面に近い，A点より開封したいヒートシール線側の選択に制限される．摘み操作によってヒートシール線を主体にした立方体を形成するから，包装体内の容積は増加するので袋内は陰圧になる．袋は大気圧によって押しつぶされて開封操作による2次的な開封の阻害要因が発生する．図 16.2 上では A→B→C→D に移転させる必要がある．摘み点の位置によって，ヒートシール面の剥れ長が変化することもわかる．ヒートシール線を基準にして剥れが最小の剥れ長（円弧長）にすれば，摘みによる容積変化量も最小になることがわかる．

2.1.3　「摘み開封性」の応力メカニズムのシミュレーション

荷重点を固定して，剥れの円弧長に比例して直線状に増加する開封力の変化を解析する．シール面の易開封性の成功例を**図 16.3** で示した．このような剥れ開封の摘み点を基点にした開封メカニズムの解析モデルを**図 16.4** に詳細を示した．摘み力を点荷重としてシミュレーションすると荷重点から最も近いシールエッジに先ず点荷重として作用を開始する．接着面が剥れシールの場合，剥れ線は摘み点を荷重点とした半径の円弧になる．

円弧長は剥れ幅に比例して増大する．シール幅が増大すれば（図ではcx→C）円弧長は拡張する．剥れが（C）に到達した後，開封ラインはシール幅上の円弧分のみとなるので開封力は急激に減少し，［(15 mm のヒートシール強さ)×(シール幅/15 mm)×2］倍に漸近する．エッジ切れするシールの場合は荷重が起点（Tearing or Peeling Origin）に集中するので《ヒートシール強さ》よりも小さい荷重で破断が起る．しかし，引裂き応力は破断

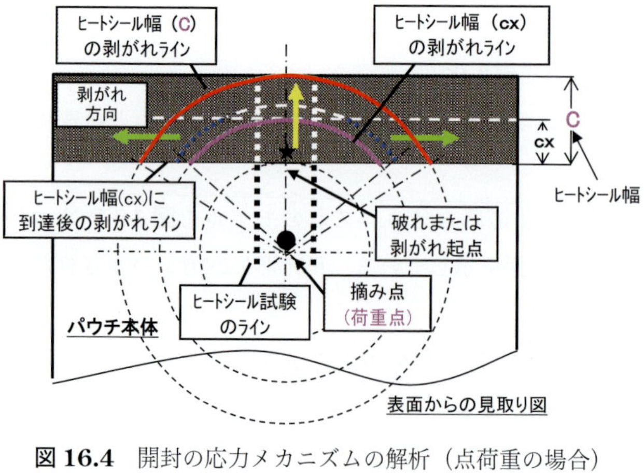

図 16.3　本章の目指す易開封の目標方法

図 16.4　開封の応力メカニズムの解析（点荷重の場合）

2. 軟包装体（フレキシブル包装）の開封性解析

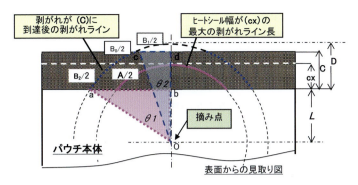

図 16.5 シミュレーションモデルの円弧長の計算方法

点を起点にして円弧状となるからシールエッジに沿った引き裂きにはならない．摘み点（Picking point）は任意に選択できるが，摘み点と開封したいシール面が最も近い位置に設定する制約がある．円弧長のシミュレーションの演算方法を **図 16.5** に示した．

　・（荷重点〜剥れ起点）の距離；L
　・剥れ幅；cx（変数）
　・シール幅；c

とすると，円弧長は上記の3要素によって決まる次式で表すことができる．

■ （cx ≦ C）の場合

直角三角形 oab から円弧角 θ_1 を求めることによって円周長との割合で円弧長（A/2）が求まる．

$$\cos\theta_1 = L/(L+cx) \rightarrow \theta_1 \quad (L>0) \tag{1}$$

$$A = 2\pi(L+cx)\times 2\theta_1/2\pi = (L+cx)\times 2\theta_1 \tag{2}$$

■ （cx ＞ C）の場合

（cx ≦ C）の範囲は［A］となる．
（cx ＞ C）の範囲は円弧の一部が欠ける．

円弧長の全体を $B_0/2$，欠け部分を $B_1/2$，剥れ部分を $B_2/2$ とすると，ここで円弧長の全体 B_0 は直角三角形 oab から（1）式と同様に円弧角 θ_1 を求める．

切り欠き部分 B_1 は直角三角形 ocd から円弧角 θ_2 を次式で求める．

$$\cos\theta_2 = (L+C)/(L+D) \rightarrow \theta_2 \quad (L>0) \tag{3}$$

以上から剥れ部の円弧長は次式で求められる．

$$B_2 = B_0 - B_1 = 2\pi(L+D)\times 2(\theta_1-\theta_2)/2\pi = (L+D)\times 2(\theta_1-\theta_2) \tag{4}$$

θ_1, θ_2 は $\cos\theta_n$ の演算値から求める．パラメータ（L, C）及変数（cx）はシミュレーション範囲に応じてステップ状に設定して演算する．L＝0, 10, 20, 30 mm，C＝5, 10, 15, 20 mm，cx＝0, 1, 2 … 30（mm）と変化させる．（ヒートシール強さの計測幅）＝15 mm として，上記の剥離長の演

算結果をモデル化する．開封操作によって剥れライン長の増加は剥離面積が増大するので，厳密（官能的開封性）には強さの議論だけでなく剥離の仕事（剥離エネルギー）の議論が必要になる．ここでは強さを主体に論じている．

2.1.4 「摘み代」を考慮した基本応力モデルの補正

前項2.1.3の基本応力モデルでは開封荷重を点として扱った．しかし，材料には応力強さの制限があり点荷重では容易に荷重点の破損が起り実際的ではない．実際の開封操作では包装袋の摘み点付近を折り重ねて引張る"縦摘み"と"横摘み"がある．2つの摘み方の図解と定義を図16.6に示した．

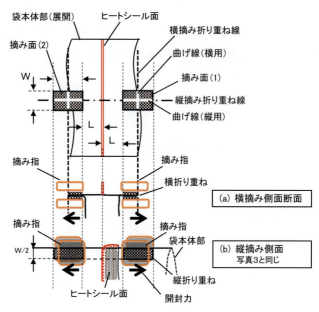

図 16.6　縦摘み，横摘みの方法と定義

"縦摘み"ではヒートシールフィンは折り畳みが必要になる．"縦摘み"では"横摘み"の摘み代を折り畳むので約2倍の線荷重になる．（展開すると横摘みと同一の摘み代になる）カップ/トレーのタブは"横摘み"方式である．

線応力を考慮した基本応力モデルの補正方法の展開図を図16.7に示した．

折り重ねの摘み代に均一に開封力が加わったとすると摘み代の展開線に開封力は直線状に分布する．展開線上の各点の個別荷重は基本応力モデルと同様に付加するから，縦摘みの展開線幅の垂線とヒートシールエッジの交点の内側は各点の円弧応力が合成されて直線状になる．

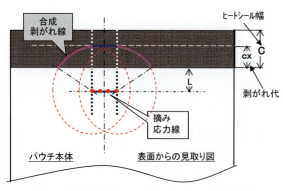

図 16.7　摘み線が加わった時の剥がれ長の増加の補正説明

外縁部分は基本応力モデルで定義した点応力が円弧状に作用する．摘み代による開封では基本応力モデルに［(円弧線長/15)×(15 mmのヒートシール強さ)］相当分の開封力が付加される．

摘み代を考慮したシミュレーションのシール幅内の開封では何時も摘み代の展開幅に相当する開封力がバイアスされる．この場合の剥れ線長を［A_C］とすれば（2）式を次のように変形する．

$$A_C = A + (摘み代展開長) = (L+cx) \times 2\theta_1 + W \tag{5}$$

剥れがシール幅の外縁に到達後（cx＞C）は［W］分の剥れはなくなるから開封力は摘み代の外端部分のみとなり（4）式に従った開封力パターンになる．すなわち［W］の剥れ力が"0"になるのでこのバイアス開封力は一気に消滅し，点荷重の場合と同様なシール幅内の円弧部分のみになる．

切欠き部分と残存剥れ部分を［Bn］，［An］，ヒートシール面のヒートシール強さを［Fhs］として，切欠きが発生する前の総開封力を［F_{01}］，残存部分の開封力を［F_{02}］とすると開封力は2つの領域に区分され，次式のようになる．

$$Fo_1 = (An) \times Fhs \quad (N) \quad (cx \leq C) \tag{6}$$
$$Fo_2 = (Bn) \times Fhs \quad (N) \quad (cx > C) \tag{7}$$

2.2 結果と考察

2.2.1 シミュレーションモデルの演算

モデル化した演算式（2），（4）にL＝0, 10, 20, 30 mm　C＝5, 10, 15, 20 mmのパラメータ設定をして，変数をcx＝0, 1, 2…30（mm）と変化した計算結果の一覧表を作成し，（ヒートシール強さの計測幅）＝15 mmとして，剥れ長を15 mmの倍数計算をして標準化すれば精密な開封力を求めることができる．

2.2.2 摘み代を補正した開封力パターンの作成

摘み代は人の指先の寸法で決まるので摘み代の実測値の約10 mmを採用した．

L＝0, 20 mm，W＝0, 10 mm，シール幅＝5, 10, 15, 20 mmの場合の演算結果を**図 16.8**に示した．

基本シミュレーション（W＝0）に対して摘み代長さに相当する開封力が上乗せになっている．しかし剥れが終端（シール幅）に到達すると開封力は点荷重の開封力に一気に転換している．

摘み点がヒートシールエッジに近づくに従って

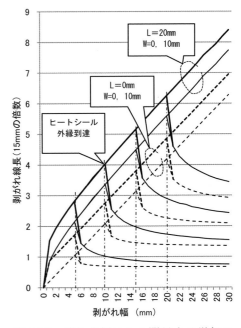

図 16.8　摘み代幅による開封力の増加の様子［L＝20 mm and 0 mm の比較］

表16.2 摘み距離 / 剥がれ幅と開封力の関係
（W＝10 mm）

L	剥がれ幅 (mm)	剥がれライン長 (15mm の倍数)	開封力 (N) 5N/15mm	開封力 (N) 10N/15mm
20	5	2.81	14	28
	10	4.03	20	40
	15	5.16	27	53
	20	6.25	31	63
10	5	2.38	12	24
	10	3.46	17	35
	15	4.53	23	45
	20	5.59	28	56
0	5	1.71	9	17
	10	2.76	14	28
	15	3.81	19	38
	20	4.86	24	49

▨：開封が困難な領域

開封力は小さくなる顕著な特性を示している．開封制限範囲（〜20 N）を図16.8 中に付記した．20 N の論拠は ［2.2.3］ に記した．摘み代（W）が 10 mm の時，L＝0, 10, 20 mm，ヒートシール強さを 5 N/15 mm，10 N/15 mm，剥れ幅を 5 mm ステップで変化させた時の開封強さの関係を調べる．この演算結果を**表16.2** に示した．L＝10, 20 mm の 5 mm の開封には 24 と 28 N を要していて 20 N を超えているので人手の開封は困難である．同様に 5 N/15 mm でも 15 mm の開封で 23，27 N を要し困難である．L＝0 の場合の困難領域は 10 N/15 mm では剥れ幅が 10 mm 以降，5 N/15 mm では 20 mm 以降となる．

以上の解析から開封性を支配する次の《4 項目》の要素を発見した．

① 摘み代（W）

② 摘みラインとヒートシールエッジまで距離（L）

③ ヒートシール強さ（N/15 mm）

④ 剥れ幅（cx）

2.2.3 消費者の出せる開封力の計測

スナック包装商品の一方を荷重計にはさみ他方を親指 / 人差し指で摘んで引張り，滑りの発生点の強さを計測した．

① 小学生低学年（男）：10 〜 15 N，② 小学生高学年（男）：15 〜 18 N

③ 成人男子：20 〜 25 N，④ 成人女子：15 〜 20 N を得た．

これらの値は開封性設計の基本となる．本報では 15 〜 20 N を制限範囲に設定して検証をした．

2.2.4 開封力を支配する《6 要素》の相互関係

本シミュレーション結果を実際に反映するには《4 項目》に《人の操作力》と包装材料の《破断または伸び強さ》が追加されて《6 要素》となる．6 要素の相互関係を**図16.9** に示した．

材料の破断または伸び強さ，人の操作力（人が変われば別），ヒートシール幅は設計時に 1 元的に決まるから，製造工程や開封時の制御要素にはならない．①摘み代（Pluck line size; W），②摘みラインとヒートシールエッジまで距離（L），③ヒートシール強さが消費者レベルの改善対象になる．ヒートシールは確実に剥れシール領域に調節することが要求される．これらの仕組みを理解することによって適格な開封性制御が可能になる．

図16.9 に荷重線の位置（L），摘み代（W），ヒートシール幅（C）ヒートシール強さ（Fhs）に代表値を設定した場合の剥れ線長（A），開封力（Fo）の計算結果を例示した．この事例では袋材の引張強さは 12 N/10 mm 以上が要求されていることが判明する．

表16.3 を参照してこの条件に該当する材料は，PP フイルムの場合は 50 μm であることが

2. 軟包装体（フレキシブル包装）の開封性解析

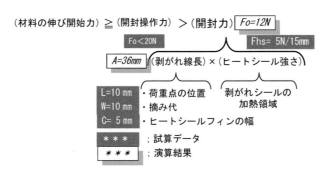

図 16.9 開封性を支配する《6 要素》の相互関係

表 16.3 代表的な包装材料の伸び/破断強さ

材料の種類	厚さ(μm)	伸び/破断力 (N/10 mm)
PE Film	30	4
PE Film	80	9
PP Film	50	12
スナック包装材	70	**55**
カップの蓋材	100	**47**
レトルトパウチ	90	60
食パン包装材	30	7

わかる．

2.2.5 シミュレーションモデルの実効性の測定

PP co-polymer をヒートシーラントにしたフィルム状の材料（日本ポリケム㈱; NT-50）を使用して，4 N/15 mm の剥れシール状態を発現するように開封面を 117℃でヒートシールした．ヒートシール幅（Fin 幅）を 15 mm に作成した．荷重点は L＝10 mm を選択した．人の摘み方法に相当する摘み治具を作成して，5 mm の折り重ね部分に均等に荷重するように挟んだ（縦摘み：Pile）とヒートシール線に平行な"横摘み"（Flat）を 100 mm/min. の引張速度で開封パターンを計測した．

摘み線を折り重ね線から 10 mm 外した縦摘みの開封パターンも併記した．これらの測定の統合結果を**図 16.10** に示した．

カップやトレー包装のような一方が剛性体の場合の剥れラインは直線状になる．初期の開封力は小さい間は軟包装のヒートシール面も剛性が上まるので，横摘みの開封開始直後は「横摘み」の操作力は直線状に分散が起こって大きな開封力になっている．初期開封力が大きいので，約 10 mm の剥れで，開封力は 18 N に到達した．

縦摘みの場合は折り重ね線を確実に摘む場合と外した場合では開封力に大きな相違がでる．また，縦摘みの場合のヒートシール面は折り曲げて折り曲げ線と同一体に変形する必要がある．

図 16.10 の「縦摘み」は折り重ね線を確実に摘んでいる．折り曲げ線は他の部位より変形厚みがあるので，摘み力は他の面より折り重ね線の方に集中し，開封パターンは点応力の剥れ特性が現れた．約 12 mm の開封で 18 N に到達した．

図 16.11 に示したように「縦摘み」の摘み面が折り重ね線を含まないと 1 カ所の摘み点は，実は 2 点の開封を同時に実施したのと同等になる．このメカニズムを平面の展開図として**図 16.12** に示した．

この状態は「横摘み」開封を同時に 2 カ所行ったことになる．

摘み線を折り重ね線から 10 mm 離した開封パターンの 2 mm の開封で 18 N に達し，4 mm で約 20 N，6 mm で 30 N となっており，人手での開封は困難になった．この検証は消費者が摘み

第 16 章 軟包装の「易開封」の検討；フィン・タブ開封の理論と実際

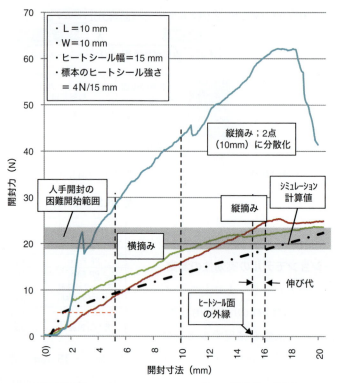

図 16.10 シミュレーションモデルの実効性の評価

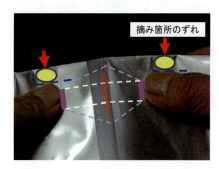

図 16.11 摘み箇所が折り重ね線を外した状態

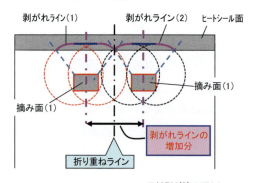

図 16.12 折り目線を外した時の開封応力の分布（剥がれ線の増加）

場所を限定せずに摘み点を自由に選んで開封する場合に相当する．この開封方法が開封性クレームの主原因になっている推定される．

これらの結果から次の知見が得られた．

(1) 供試材料では開封荷重が 20 N を超えるあたりから伸びが発生して開封は困難になった．開封性の設計に当たっては「開封性の 4 要素」に加えて包装材料の伸び特性を加える重要性がわかる．

(2) 縦（Pile）／横（Flat）の摘み方向の初期開封力に顕著な相違がある．

(3) ヒートシール幅＝ 5 mm 程度の開封では縦／横の開封力に大きな差はない．

(4) 柔軟な包装の場合にはヒートシール幅が 5 mm を超すと実際の開封パターンはモデルと乖離して行く．これは皺や伸びによって，開封力が均一に分散することによって応力線が拡張するものと推定される．

(5) 摘み箇所の限定が易開封に重要な要素であることがわかる．
(6) 「縦摘み」折り重ね線を外した開封操作は開封を困難する大きな要因である．

2.2.6 市販品の評価と改善事例

本報のシミュレーションモデルの論理を適用して市場品の開封性の検証を行った．

(1)「スナック包装品」の開封性試験

試験方法は次の通りである．
1) 購入した包装品をシミュレーション方法に則って開封パターンを測定
2) メーカーのヒートシールの一部を切り取って，引張試験を行いヒートシール強さの計測をする．
3) 商品の胴部の包装材料をサンプルにし，溶着面温度を変化させてヒートシール強さ特性を測定する．この特性から適正加熱温度を選択する．
4) 商品の胴部の包装材料をサンプルにして適正加熱温度で製袋を行い開封性能を計測する．

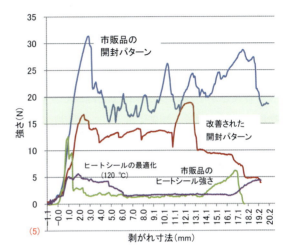

図 16.13 市販品（スナック包装）の開封性調査と改善事例

これらの試験結果を図 16.13 に統合して示した．

市販品の開封性は開封初期に 30 N を超えており，人の摘み力では開封が困難である．この材料のヒートシールの引張試験パターンを見ると層間剥離のパターンを示しているが，初期のエッジ切れ強さが大きすぎるので人手での層間剥離の発生が設計どおりに作動していない．

初期破断力を 6 N/15 mm 以下になるようにヒートシールの加熱温度を調節してヒートシール強さを変更した．この開封試験から包装材料の設計は適正であることを確認した．この事例の不具合は製造工程のヒートシール管理に課題があることがわかる．包装材料の適正加熱条件の検討方法は図 16.14 の説明で記す．

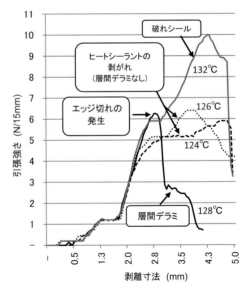

図 16.14 層間剥離型の易開封性包装材料のヒートシール特性の評価事例

(2) 層間剥離包装材料のヒートシール特性の計測と機能の評価

イージーピール包装材料として層間剥離材料が普及している．この包装材料は薄いヒートシー

ラントを溶融状態にしてヒートシールエッジに溶出した"シールライン"（ポリ玉[10]群）を形成する．ヒートシール面は所定温度以上の加熱でデラミを起こす層間材が設置されている．

開封操作（直角応力）によって容易にエッジ切れを起こし加熱面はデラミ力の易開封を果たしている．この材料（市販品）のヒートシール特性の測定事例を図16.14に示した．このような測定によって開封力の制限強さ内のエッジ破断と層間剥離強さが起こる適正加熱温度の確認ができる．この例では124〜126℃が剥れシールゾーンであるが接着面全体が［5–6 N/15 mm］ある．5〜6 N/15 mm を表16.2を参照して評価してみると易開封性の適正性の度合いがわかる．

128℃は初期の引張強さは約6 N/15 mm あるが，開封の初期は開封力が狭い範囲に掛かるので6 N/15 mm の強さは問題にはならない．2〜3 mm の開封で破断している．その後は［2.5–3 N/15 mm］の層間剥離（デラミ）状態になっているので，開封が進行して円弧長が大きくなっても接着強さが小さいので容易な開封ができる．図16.13の事例は使用材料の不具合ではなく工程管理に問題があると評価する．

2.2.7　消費者の易開封の工夫の検証

開封に苦労している消費者は道具を使う前に何とか開けようと苦労している．その代表的な次の方法がある．

① ピロー包装の合掌貼りと開封ヒートシール面との交点に開封荷重を掛ける．
② なるべく摘み点を開封面に近付ける．
③ 少しでも開封が起ると摘み点を開封面に持ち替え移動する．

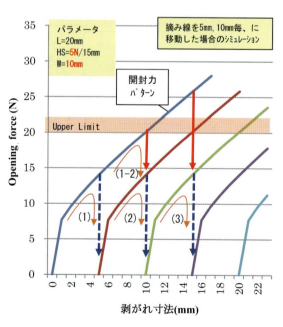

図 **16.15**　なんとか開封しようとする消費者の知恵の妥当性の検証

これらの開封行動を本研究のシミュレーションモデルに則って解析をしてみると
(1) ①〜③に共通する知恵は摘み点と開封線の距離（L）を小さくするものである．
(2) 摘み点を持ち替える操作も（L）を小さくする動作に他ならない．
持ち替え操作の合理性の解析結果を図**16.15**に示した．

この例は15mmのヒートシール幅(Fin幅)を（L=20 mm）の荷重点で（5 mm×3回）または（10 mm＋5 mm）の2回の開封操作の変更例を示した．もし持ち替えなしの場合は15 mm の開封には26 N が必要となり開封の終了は困難であり，持ち替え開封が有効であることがわかる．

2.3　ま　と　め

(1)　ヒートシール面の剥れを利用した《摘み方式》の開封応力メカニズムの解析に成功した.

(2)　的確な開封性の実施には開封操作力に開封線への集中化が肝要である.

(3)　開封性を支配する《6要素》の発見と相互関係を確定した.

(4)　適格な開封には剥れシールの適用が不可欠である.

　　「開封性」と「密封性」の両立化にも"剥れシール状態"が必須[3,7-9].

(5)　開封力は［(剥れ線長)×(ヒートシール強さ)］で決定される.

(6)　剥れ線長は次の要素で決定する.

　①　摘み代（W）

　②　摘み線からヒートシール線の距離（L）

　③　ヒートシール幅（C）

　④　縦摘み折り重ね線からの離れ距離

(7)　材料の伸びまたは破断の発生力は設計の操作力より大きく設定する必要がある.

(8)　人手の操作開封力は20 N以下に設定する必要がある.

(9)　汎用的にはヒートシール強さの上限を10 N/15 mm付近に置く必要がある.

　　初期開封力が20 N以下の剥れシールの接着ならば，摘み点の移動操作を併用すれば，開封の達成が可能である.

(10)　摘み点を開封エッジに近付けたり，開封途中の持ち替えの消費者の経験則は合理的である.

(11)　エッジ切れを利用する場合，エッジに沿った切れ調節は困難である.

(12)　ピロー包装の合掌貼り部は剛性が高いので応力集中の起点効果がある.

(13)　カップ/トレー容器の蓋材接着用のフランジは剛性体として扱う開封シミュレーションが必要である.

(14)　開封性のメカニズム解析と制御方法が確立できたので，封緘性との両立検討の合理的な道筋ができた.

(15)　摘み治具の設定は開封性の改善商品化に有効である.

■参照文献

1)　菱沼一夫, 日本接着学会誌, 42(4)18 (2006)

2)　ASTM F88-07a,（2007）, 1968制定

3)　菱沼一夫, 日本包装学会誌, 17(1)18 (2008)

4)　菱沼一夫, 第12回日本包装学会年次大会予稿集, p.86 (2003)

5)　K.HISHINUMA K., PACK EXPO The Conference, Chicago, (2004)

6)　K.HISHINUMA K., US特許, US6,952,956B2, (2005)

7)　菱沼一夫,「ヒートシールの基礎と実際」幸書房, p.151-, (2007)

8)　HISHINUMA K., HEAT SEAJING TECHNOLOGY and ENGINEERING for PACKAGING DEStech Publications, U.S.A, p.199- (2009)

9)　菱沼一夫, 日本特許第4616287号；「剥れと破れシールの混成ヒートシール方法」,(2010)

10)　菱沼一夫,「ヒートシールの基礎と実際」幸書房, p.55,76, (2007)

3. カップ包装の易開封性の検討

Rigid 包装（Cup, Tray）の開封力解析と液はね防御の検討，＊開封シミュレータの開発，＊液はね防御シールの開発　第20回
日本包装学会年次大会発表を引用，改訂，補完

3.1　はじめに

　本項ではカップやトレー包装の蓋接着面の一方が固形（rigid）な場合の開封応力のメカニズム
と UD の課題となっている"液はね"のメカニズム解析の検討と制御方法を提示する.

　液はねの発生は容器に垂直方向の位置変動が起っていることである. この変動は開封操作の人
手の筋肉の弾力性にある. 筆者は引張試験に人手の弾力性相当を付加し，引張強さと系内の加速
度を同時に計測できる《開封シミュレータ》を開発して，開封操作に関係する応力の挙動解析を
行った. 併せて開封力軽減と液はねの双方を同時に制御できる《V字シール法》について論じる.

3.2　Rigid 包装のヒートシール面の応力特性の特徴

3.2.1　Rigid 包装と Flexible 包装の開封応力の相違比較

　開封性が議論される包装にはプラスチックフイルムが適用された flexible 包装とカップのよう
なヒートシール面の一方がシート状の剛体の rigid 包装がある. flexible 包装では開封力によって
応力が均一分布するように自由変形できるので，剥れ線は円形状になり立体的に開封する [2]. 他

表16.4　Rigid 包装と flexible 包装の開封性の特徴比較

	開封ライン	開封形態	応力方向	液はね性	開封量/剥がれ量	仕事率
Rigid 包装	直線	平面	90°	同方向	1:1	1
Flexible 包装	円形	立体	180°	90°	2:1	1/2

方，rigid 包装では一方が剛
性で自由変形ができないので
剥れ線は直線状になる特徴
がある. Flexible 包装の場合の2点間の開封方向は
180° に作用するので，剥れ長さと開封操作長さ（1:
2）となり，単位開封操作量の仕事は1/2となる.

　他方 rigid 包装では90° 方向の剥がし操作になる
ので，操作量と剥れ長さは（1:1）となる. 開封に
費やすエネルギーは同一であるが仕事率は flexible
に対して2倍になるから rigid 包装の方が官能的に
は「難開封」に感じる. 特徴の比較を**表16.4**に示
した.

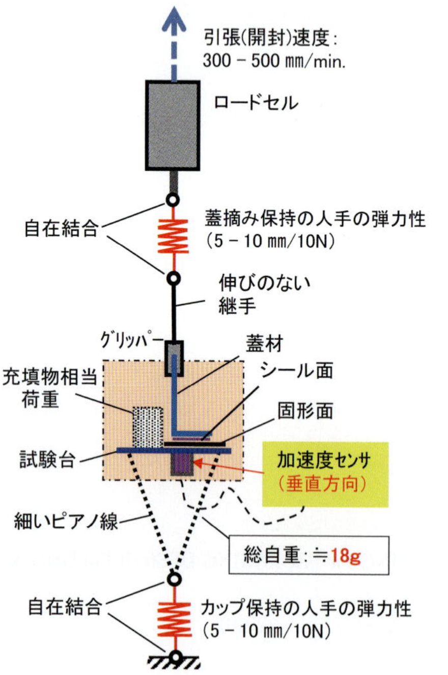

図16.16　カップ包装の開封シミュレータ
の概略［基本構成］

3.3　カップ包装の《開封シミュレータ》の開発

3.3.1　人手の開封操作のシミュレーション

　完全に固定された容器に応力変化があっても中身
に加速度は発生しない. 包装容器の開封の際に起こ
る液はねは，系内の弾力系に開封力の一部がチャー
ジされることと伸び分の移動が起こっている. 開封

— 192 —

操作を定量的に解析するために図 16.16 に示したような《開封シミュレータ》を開発した．主な特長は人手の筋肉の作動に相当する［≒10 N/5 mm］弾力系を引張試験機構に付加したところである．更に引張強さと加速度を同時に計測できるようにした．

3.3.2　液はね原因の究明
　　―加速度発生とその計測法―

引張試験の系内に弾力要素が入った時の引張試験のパターンに及ぼす効果の実測結果を図 16.17 に示した．開封距離の拡張と弾力体にチャージされる反応力の挙動がよくわかる．

3.4　実験と結果
3.4.1　市場包装品の開封特性の測定

開封シミュレータによる市販品のヨーグルトカップとコーヒー用ミルクカップの開封性の実測事例を図 16.18 に示した．開封衝撃の加速度の比較のため両方とも充填物は抜き取ったものである．

ヨーグルトカップは大きな開封力を要しているが開封終了時点の衝撃はコーヒーミルクの方が 70G の大きな値を示している．ヨーグルトカップの終了時点の開封力はアルミ箔の熱伝導による剥れシール帯の発現効果が出ている[3]．

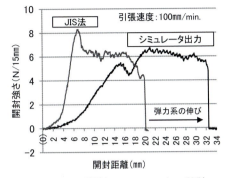

図 16.17　開封シミュレータの引張試験パターン

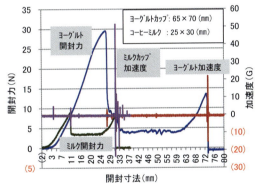

図 16.18　開封シミュレータによる市販カップ包装の開封力と開封衝撃の測定

3.4.2　液はね防御モデル改善性の評価

カップのシール包装には開封力の適正化と開封時の衝撃の双方の同時改善が期待されている．

そのためには開封シール強さの減少と開封シール幅の変化率の低減化が必要である．

開封開始と終了箇所に《V字シール》を設けた新モデル図 16.19 を提案した．

図 16.20 に開封力の減少化，図 16.21 に加速度の減少化効果の実測結果を示した．

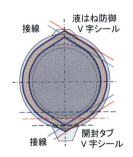

図 16.19　V字シールモデル図

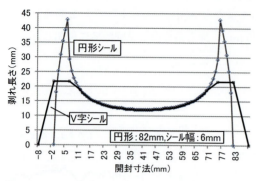

図16.20　V字シールによる開封力と加速度の低減シミュレーション

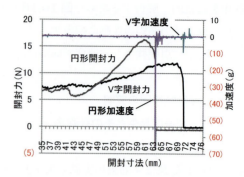

図16.21　V字シールによる開封力と加速度の低減化効果の測定

3.4.3　液はね加速度の定性化

液はね発生の実測は既知の加速を与え目視によって評価した．10Gが制限領域と定性化した．

3.5　まとめ

検討結果をまとめると次のようになる．

(1) Rigidな面の開封は円形剥れではなく直線的剥れである．
(2) Rigid面を含む開封応力特性はflexible包装のそれとは異なる．
(3) カップの開封特性の解析用に弾力要素を持つ「開封シミュレータ」を開発した．
(4) 液はねは容器の保持系の弾力要素にチャージされた開封操作エネルギーによって起こることを見出した．
(5) 小重量（数g～数10g）の容器の開封操作中に発生する〈加速度〉の計測方法を開発した．
(6) 加速度の発生の大小は容器の充填重量に関係する．
(7) 鋭角な最終剥れは大きな加速度の発生源になる．
(8) 高温加熱／高圧着で発生する"ポリ玉"は大きな加速度発生源になり，設計仕様を喪失させる．
(9) 容器の垂直方向に10G以上の加速度が加わるとこぼれに結びつく"液はね"が発生する．
(10) 円形シールに《V字シール》を設けた開封力の演算モデルを開発した．
(11) 《V字シール》は開封力と液はね防御の双方に有効である．

■謝　辞

液の飛び出しと加速度の関係の定性観測にIDEX社の《BF-50UT》，《BF-100PS》のご提供を戴いた．

■参照文献

1) （ASTM F88-*）
2) 菱沼 一夫：缶詰時報，Vol.90, No.4 p.63-77 (2011)
3) 菱沼 一夫：第19回日本包装学会年次大会予稿集 p.26-27 (2010)

4. ヒートシール面のギザギザ，ローレット仕上げの期待は？
―ヒートシール面の密着性の確保の歴史を観る―

4.1　はじめに

　1930〜1940年代のアメリカ特許を参照すると，当初は，ボール盤の上下装置やパンタグラフ方式が適用され，いかに平行圧着を達成するかに苦慮していたようである．未だ今日のように電子式の制御装置の汎用化がなかったから，温度調節はバイメタル式の温度センサーをヒートバーに直接取り付けて電源を直接On-Offしていたようだ．

　軟包装は，PE材のような単層フイルムから始まった．外面からのヒートバー等の発熱体の圧着によって，表層からの加熱が主に適用された．当時はプラスチック材の特性に合わせた精密な加熱温度調節は困難であったので，合わせ面を目標温度に加熱するには，材料全体が溶融温度近くになっていた．加熱後は，被加熱部がドロドロになって，取り外し操作ができないので，剥離性の良いテフロンシートでカバーしたり，片面加熱で2枚目のシートの剛性を残す配慮をしていた．加熱後は外力を与えないようにしながら空冷または冷却板の圧着で強制冷却をして仕上げている．テフロンシートがプラスチック材の熱接着技法に不可欠となった経緯である．また，溶融シーラントが包装機の関連部位に付着すると機械の動作不具合になる．テフロンシートのカバーは掃除のし易さためでもあった．

　テフロンシートを不要化する革新技法の開発がヒートシール技法のブレークスルーとなる"一条シール"と《界面温度制御》がこの革新技術となった．

4.2　ラミネートフィルムはテフロンシートの代役を果たすようになった

　単一フイルムの熱接着は，もっぱら合わせ面の熱接着である．包装容器に求められる機能は，熱接着だけでなく，ガスバリア性，包装容器の変形の抑制，包装製品の特長の訴求性表現がある．接着以外の機能要求が出てきて，それぞれの要求に合った材料を選択して，張り合わせるラミネーション技法が普及してきた．

　テフロンシートを使う熱接着（ヒートシール）技法は，溶融したシーラントの封じ込めに役立っていた．ラミネーション材にシーラントの溶融温度より高いフイルムを選択すればテフロンシートと同様な機能を持たせることができる．

4.3　溶融シーラント制御ができるようになって，次は「密封」の確保である

　プラスチック袋はフイルムまたはシートを裁断して，3〜4方の熱接着で完成する．平面状の袋に包装物が充填されると立体形になるので，熱接着面には"タック"できる．この面を平坦にしてから圧着しないと"タック"部の密封化に失敗する．この状況を**図16.22**に示した．袋は包装機のグリッパーによって移送，伸長され密封面をフラットにする．充填後の最終シールの優劣は"タック"消滅の是非にかかっている．

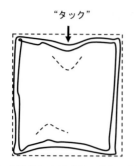

(a) 充填物による"タック"の発生

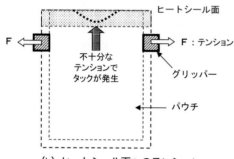

(b) ヒートシール面へのテンション

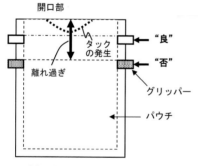

(c) グリッパーの正しい掴み位置

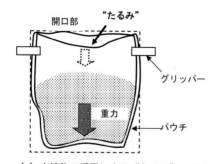

(d) 充填物の重量による"たるみ"の発生

図 16.22 充填後のシール面に発生する
タックとその制御法
「ヒートシールの基礎と実際（幸書房）」
の図 5.3, 5.4, 5.5, 5.6 を引用

4.4 ギザギザシールの発案と遷移；縦式から横式の変換

2000年初頭と思われるが，当初のギザギザシールは図 16.23（a）に示したようにヒートシール面に対して縦式であったものをアメリカの包装界への視察で筆者は観ていた．グリッパー方式が適用できない場合もタックを排除する引張力は，三角形の1辺の長さの材料に対して，2辺分の操作が働くからヒートシール面に大きな引張力が発生しヒートシール面に緊張を与える巧い発案に感動した（図 16.24 参照）．

多分，縦式では，漏れ方向と同一線なので，突起部以外の平面部の密着が不十分で漏れ発生が多かったと推定される．

暫くするとギザギザはヒートシール面の長手方向に変わっていた．（多分，日本での発案と思われる）漏れ方向と直角に突起線を設けることで，漏れの遮断が可能と発案したと思われる．平面圧着では改善ができたと思われるがピロー袋のセンターシールフィンの付け根の封止は適っていない．ヒートシール面の緊張機能は失われ，相変わらずモールド接着帯の加熱が必要となっている．

4.5 "一条シール"技術によるギザギザシールの密封性の検証

2015年に公開された「密封」と「易開封」の同時達成が可能な"一条シール"を適用して，同じ材料でも，表層材の軟化温度帯の［115℃］加熱で「密封」を達成している．

ギザギザシールでは，モールド接着（凝集接着帯）の加熱を要求していて135℃以上を示しており，熱接着の加熱範囲がモールド接着に限定的になっている．斜面部と突起部の圧着圧の複合均一化機能がないことが理由である．

界面接着帯での「密封」には，10 μm レベルの圧着面のギャップの自動調節が必要である．

4. ヒートシール面のギザギザ，ローレット仕上げの期待は？ ―ヒートシール面の密着性の確保の歴史を観る―

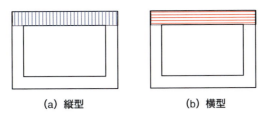

(a) 縦型　　　(b) 横型

図 16.23　ギザギザシールの縦型，横型のモデル図

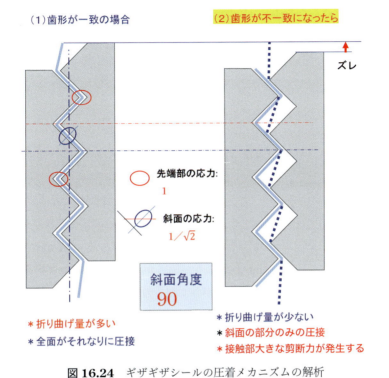

図 16.24　ギザギザシールの圧着メカニズムの解析

表 16.5　ギザギザシールと"一条シール"のピロー袋のセンターシール密封機能の比較
・供試材；[OPP20/LLDPE30]　・面圧着圧；0.2MPa

方式	特徴	密封化の加熱温度	OPPの加熱状態	接着状態
(1) ギザギザシール	・突起と谷部分は全荷重 ・斜面；($1/\sqrt{2}$) ・クッション性なし ・(ギザギザ1本当りの分配荷重)/(ギザギザ個数) ・圧着面の均一化性；ない	・135℃	凝集接着帯 (シュリン発生)	・モールド接着
(2) "一条シール"	・条突起が陥没する迄全荷重が一条突起に集中 ・陥没後は一条突起と平面部複合圧着 ・クッション受圧；(0.3-0.8mm) ・クッション性は同時に圧着面の均圧化機能となる	・115℃	軟化温度帯	・条シール部は塑性変形密着 ・平面圧着部は均圧圧着となる

ギザギザシールと革新技術の"一条シール"の特徴比較を表 16.5 に示した．

― 197 ―

4.6 ローレット仕上げはギザギザシールの延長線

ローレット仕上げは平面圧着ではなく，突起圧着の論理はギザギザシールと同様である．概念図を図 16.25 に示した．突起の有効圧着面積と空間を同一とすると加熱面積は約 50％となり，圧着面応力は約 2 倍となる．加熱波は図中に示したように円弧状になる．

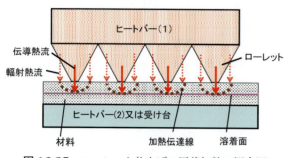

図 16.25 ローレット仕上げの圧着加熱の概念図

加熱が短時間（不足）の場合は線状の接着不全が発生する．この不安を避けるには，凝集接着帯の加熱設定が必要となる．

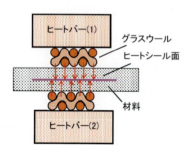

図 16.26 テフロン含侵のグラスウールシートの圧着加熱の概念図

4.7 テフロン含侵のグラスウールシートのカバー効果の検証と革新提案

グラスウールを適用した場合の圧着モデルを図 16.26 に示した．グラスウールの織目のピッチは厚さに比例して決まる．厚さの約半分がピッチなる．0.1 mm 厚の場合は［0.05 mm］となり，厚さが 0.1 mm 以下の選択を行えば，加熱圧着ムラは小さくなるので，ローレット仕上げの利用を避けて，界面接着温度帯を自由に活用できる．

4.8 ヒートシール面に細工を施す理由は別にもある

(1) ヒートシール接着面の発泡の覆い

複合フイルムの作成にはシーラントと表層材の接着には溶媒が含まれる接着剤が適用される．［加熱温度 / 溶媒の蒸気分圧］以上の圧着圧を掛けないと発泡する．

実際の密封には問題がないが，この現象は"シール不具合"と扱われてきているので，制御できない場合はヒートシール面にも印刷をしたり，ローレット仕上げやグラスウールの織目で覆うことが常套手段として定着している．

上記で述べたようにローレット仕上げの粗目レベルでは凝集接着帯の加熱が必須となっている．

(2) ヒートシール面に混入した夾雑物の圧着破壊の期待
(3) ヒートシール面のピカピカ仕上がりを回避；織目仕上がりが"安心"の常識
(4) 「密封」と「易開封」の同時達成は，"一条シール"と《界面温度制御》の革新技術の連携で，ピロー袋のセンターシールフィン部の課題を含め，界面接着ができるようになったヒートシール面の見栄えのためには，厚さが 0.05 ～ 0.08 mm のテフロン含侵グラスウールシートやエアーブラストの「梨地仕上げ」で，従来の要望も実施できる．

第17章 医療用不織布包装の熱接着面の微生物バリア性の《*Validation*》の検討

1. はじめに

Tyvek®に代表される医療包装用不織布（多孔質包装材料）は通気性を有した材料として，広く利用されている．医療用包装を主体に2016年来，再びヒートシールの *Validation* の課題がアメリカで提起されている．医療用不織布の微生物バリア性能は完璧に保障（規定）されているが，透明フイルムとの組み合わせの熱接着面の微生物バリア性と開封時の微片発生防止の保障（*Validation*）の保証の課題は未だ残されている．筆者は「密封」と「易開封」を統合的に制御できる"一条シール"[1-3] を提唱している．この根幹技術を適用して，医療用不織布包装の保障の保証（*Guarantee*）の検討を行った．

2. 医療用不織布包装の特徴

医療用不織布は多孔質材料で構成され気体透過性が大きい特徴がある．気体透過性を利用して常温でのガス殺菌が適用できる．一般的には被包装品が容易に見えるクリアフイルムとの組み合わせで利用されている．

2種の材料は熱接着（ヒートシール）で加工される．医療用不織布の安全性の *Validation* は JIS T 0841-1, 2（ISO 11607-1, 2）で厳密に規定されている．その要点は，（1）接着面の微生物バリア性の確保，（2）摘み易開封，（3）開封面から微片の発生防御である．この熱接着面には 0.1 µm 以下の密封性の要求と微片が発生するノッチ式やハサミ等の器具を使った開封が実際的に規制されている．ヒートシール技法としてはレトルト包装と同様に超高度の「密封」の達成が求められている．

3. 保障（*Validation*）要求を保証（*Guarantee*）する方策の構築

3.1 保証のための与件の整頓

多数の保障項目から主要項目を**表 17.1** に整頓した．「温度」「接着状態」「圧着方法」に分類して保証の対処策を検討した．「密封性」の検証は ASTM F1929 で規定されているが，本研究では不織布の浸透透過がより高い感度で検出できる探傷液法[4] を利用した．

第 17 章　医療用不織布包装の熱接着面の微生物バリア性の《*Validation*》の検討

表 17.1　医療用不織布包装の *Validation* 事項の実行方法

	規定の項目No.		保証技法	
		加熱温度	接着状態	圧着方法
① 定めた条件下で微生物の侵入を防止することを確実にするシールの特性	(1) 3.19	○		○
② 材料は，しわまたは局部的な厚薄がないもの	(1) 5.1.9	○	○	◎
③ 材料は，粒子状物質および毛羽立ちの許容レベルを示さなければならない			○	
④ シール幅およびシール強度に関して，製造業者が定めた要求事項に適合させる		◎	○	◎
⑤ 引き剥がし開封特性は，無菌開封に影響する材料の層剥離または破れがなく，連続し，かつ，均一でなければならない		◎	○	◎
⑥ シールは，微生物バリア性をもたなければならない			○	◎
⑦ 設計パラメータ内で動作する装置	(2) 5.2.1	◎	○	○
⑧ ソフトウェアバリデーション		○	○	○
⑨ 重要なプロセスパラメータを規定	(2) 5.2.2	◎	○	○
⑩ 重要なプロセスパラメータを管理し，監視	(2) 5.2.3	◎	○	○
⑪ 定めた値を超えた場合の警報，機械停止	(2) 5.2.4	○		
⑫ 無菌バリアシステムはパラメータの上限および下限内で製造し，定めた要求事項を満たす特性の提示	(2) 5.3.2	○		○
⑬ シールの状態　1) 規定のシール幅について，シールが無傷である	(2) 5.3.2	○		◎
2) シールの貫通または不完全なシール		◎	○	◎
3) 破袋または破れ		◎		◎
4) 材料の剥離または分離		◎	○	
⑭ 材料は，定めた値または最低限の物理的特性に適合	(1) 5.1.7	○	○	○
⑮ 無菌バリアシステムの完全性を実証しなければならない	(1) 6.3.1	○	○	○
⑯ 多孔質包装材料の微生物バリア試験の物理的試験で，無菌バリアシステムを確立	(1) 6.3.2	◎	○	○

Validation 規格：JIS T 0841-1,2 (ISO 11607-1,2)　　　　　　　　　　　　　0.1-0.4 MPa

3.2　*Validation* 要求の保証要求の具体化

① 適正温度帯の加熱保証：加熱体表面温度モニタによる溶着面温度応答制御[5,6]

② 易開封：[3 – 5 N/15 mm] のヒートシール強さの実施による [10 – 18 N] の摘み易開封力の保証

③ 微細剥離片の発生防御：界面剥離，凝集破壊シーラントの適用[7]

④ ヒートシール面の微生物バリアの達成：不織布の粗面とシーラントの密着の達成

3.3　*Validation* の保証モデルと必要機能

接着面の保障要件を具現化した微細な構成をモデル化したものを図 17.1 に示した．このモデルには 4 つの接着面がある．

① 不織布と表層材のシーラント接着面

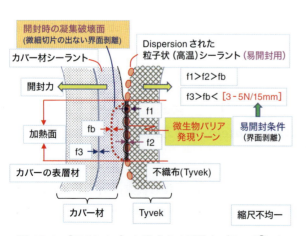

図 17.1　《*Validation*》を達成する不織布（Tyvek®）とカバー材の熱接着の構成

② ディスバージョン（易開封用の微粒子の噴霧）によるスポット接着の引張層

③ クリア材とシーラントのラミネーション面

④ シーラントの凝集破壊面，微生物バリア（密封化）は①と②の接着面が関係する．

バリア性の確認は，接着面に探傷液を点滴して，その浸透状態の観察でできる．それぞれの接着面の接着強さが（f1＞f2＞fb），（f3＞fb＜[3－5 N/15 mm]）の関係に接着状態を制御できれば，微片の発生のない「易開封」が達成できる．この条件を満たす加熱温度調節と材料の適用が要求される．単なるヒートシール強さの管理では①～④の状態を定量化するのは困難である．

4. 提案モデルの特性検証；"一条シール"の展開

4.1 検証条件

(1) 適用資材：

  1) 不 織 布；DuPont 社 Tyvek1073B

  2) カバー材；① DuPont 社サンプル

            ② OPP/LLDPE

            ③ OPP/E.P. シーラント（凝集破壊型）[J フイルム製]

(2) 加熱ユニット："**MTMS**" キット；① 汎用ユニット

                     ② "一条シール" ユニット

(3) 加熱温度計測：① 精密級 "**MTMS**" キット

             ② "**MTMS**" キット（M）[携帯型]，平衡温度加熱

(4) 引張試験　　　：引張速さ；50 mm/min，掴み間距離；約 50 mm

(5) 密封性試験　　：発酵アルコールに食紅の溶解液（"一条シール"チェッカ）

(6) 剥離面の観察：目視，顕微鏡

Tyvek® フイルムと表層材との接着メカニズム解析を**図 17.2** に示した．

通常の圧着圧（0.1～0.3 MPa）では接着面の密着は不十分で浸透液は自由に通過する．

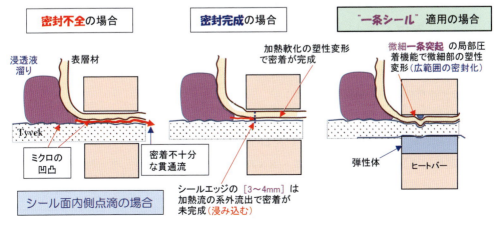

図 17.2　Tyvek の熱接着面の密封メカニズムの解析

第 17 章　医療用不織布包装の熱接着面の微生物バリア性の《Validation》の検討

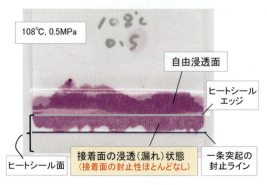

図 17.3　"一条シール"の封止性の達成と"チェッカ"による浸透封止の確認事例

従来法では加熱を高温化して溶融接着に頼ることになる．"一条シール"での「密封化」は温度を上げずに，材料の軟化状態の局部圧着の塑性変形を利用するので，ディスバージョン材を含めて，密着を可能にできる．"一条シール"の適用で，剥がれ片の出ない「密封」を可能にできるので，溶融接着を確実に回避して，安心した生産ができる．この様子を**図 17.3** に示した．

4.2　検証結果

Tyvek® と供試材との熱接着状況をまとめて**図 17.4** に示した．

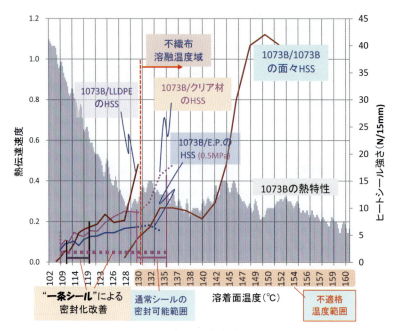

図 17.4　Tyvek 1073B の密封化（微生物バリア性）の採用条件の検証

(1) Tyvek® の熱特性診断から 130℃から溶融領域に入る．上限は 132℃を得る．
(2) 表層モデル材の界面／凝集境界温度：
　　Ⓐ LLDPE は 105℃
　　Ⓑ D 社サンプルは加熱対象域で 1〜1.5 N/15 mm
　　Ⓒ 凝集破壊型；加熱対象域で 1.5〜3 N/15 mm である．

「易開封」には，［6 N/15 mm］以下に仕上げる必要がある．この要件を考慮すると加熱温度は 130℃以下となる．

Tyvek1073B との接着標本の接着面に浸透液を点滴して浸透を見た．接着面が界面剥離状態を

観ると**表 17.2** のようになった.

表 17.2 各試験材と Tyvek® との微生物バリア性と易開封性能の検証結果

組み合わせ材	密封化温度帯 (℃)	接着強さ (N/15mm)	"一条シール"付加による 密封化温度帯 (℃)
OPP/LLDPE	110-120	3-6	110-120
OPP/凝集破壊型シーラント	(118)-128	3-6	106-135
T社推奨材	128-135	9-18	112-135

5. 考　察（主要事項のみの列挙）

(1) 引張試験の剥離パターンから不織布のシート製作工程の圧接斑が原因と観察できた. 微生物バリア性の保障→保証の管理には, 10 μm オーダー表面粗さでも密封できるヒートシール技法の適用が要求されている.

(2) 新規に開発された複合的に「密封」と「易開封」可能にする "一条シール" の適用で統合的な課題改善ができる.

6. 結　論

新ヒートシール技法の "一条シール" の適用によって JIS T 0841-1,2（ISO 11607-1,2）の要求する医療用不織布（Tyvek®）包装の *Validation* をほぼ達成し, 保証方法（製造技法）を提唱できた.

■参照文献

1) 菱沼一夫, 缶詰時報, Vol.95, No.4 (2016),
2) 特許第 5779291 (2015)
3) 特許第 6257828 (2017)
4) 菱沼一夫, 第 23 回日本包装学会年次大会, d-01 (2014)
5) 特許第 3465741 (1998)
6) 特許第 4623662 (2006)
7) 特許第 6032450 (2016)

第18章　新技術を実践展開したバンドシーラ［Ｉ］，インパルスシーラ［Ⅱ］，ハイブリッドシーラ［Ⅲ］機械の革新
"一条シール"と《界面温度制御》の開発がもたらした新規な成果の紹介

Ⅰ．バンドシーラにおけるスライド加熱の革新
― 加熱体とベルトの摺動摩擦の自動調節法の開発；金属ベルトの採用 ―

1.　はじめに

　シール寸法の制限を受けないバンドシーラは，包装袋の熱シーラとして多用されている．バンドシーラはワークをベルトに挟んで，そのベルトと発熱体との摺動（スライド）接触によってワークの熱接着面の加熱と圧着処理をする．ヒートシールの圧着には，0.1 ～ 0.3 MPa の応力が必要である．この大きな応力は，固定発熱体（金属）とベルト間に大きな摺動摩擦力が発生する．回避策として，摩擦力を低下させるために，熱伝導性の低いテフロンベルトが適用されている．それでも，未だにベルトの損傷，発熱体の摩耗，磨耗紛の発生，加熱体の長さの制限，加熱時間の長時間化等の課題がある．また，「密封」と「易開封」を同時に達成する革新的ヒートシール技法の"一条シール"ができない．改革には基本的な原因である，《摺動摩擦の低減 / 安定化》と加熱応答の高速化を解決する必要がある．

　具体的には，

　① 一条突起加工の圧着を可能にする．

　② 加熱と圧着を分離しても通常の熱接着が可能である．

　③ 加熱体と摺動ベルト間を 0.1 mm オーダーのギャップ調整ができる．

ということにより，金属ベルト適用，加熱応答の高速化，加熱体の長尺化，の抜本的改善を図り，バンドシーラによる"一条シール"が可能となる[1-3]．

　0.1 mm のギャップの採用は摩擦力対策としては，画期的であったが，ワークの厚さ変更，変動，ジャミングを起こしたときの装置の破損等，現場への展開には，専門的な技能を必要とすることがわかった．

　本研究では加熱体を柔軟な紐で宙吊りにして，摩擦力による加熱体の下流への円運動移動を起こさせ，自己制御機能によるギャップ調整の自動化に成功した[4]．

2. バンドシーラにおける加熱体とベルトの摩擦力

2.1 従来のバンドシーラの構造

　従来のバンドシーラはベルトで挟んだワークを搬送中に加熱/圧着を同時に行い，冷却圧着を連続的に行っている．加熱圧着ゾーンでは 0.1 MPa 以上の応力が必要．この圧着圧はベルトと加熱体の摺動摩擦力となり，ベルトの引張負荷となる．従来の概略構造を図 18.1 に示した．

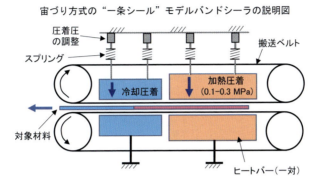

図 18.1　従来のバンドシーラの構成

2.2 ベルト材質と摩擦力

　バンドシーラの摩擦力の計測結果を図 18.2 に示した．グラスウールのテフロン含浸ベルトの 100〜160℃の加熱帯の 0.1〜0.3 MPa の滑り強さは約 2 N/cm² 程である．ステンレスベルトでは 4.5〜10 N/cm² となっている．0.03 MPa 程度の応力で［ステンレスベルト／真鍮］の摺動運転をすると摺動面に明らかな損傷が起こった．0.1 MPa でテフロン含浸ベルトの摺動運転をすると摺動微粉が発生した．ギャップを約 0.1 mm に調整して，［ステンレスベルト／真鍮］の摺動運転では損傷が起こらなかった．0.1 mm ギャップ設定の有効性がわかった．図 18.2 中にこの有効域（左下）をマークした．

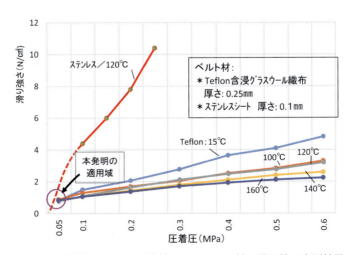

図 18.2　加熱体とテフロン材料とステンレス材の滑り性の実測結果

2.3　0.1 mm ギャップの溶着面温度応答の計測

0.1 mm ギャップ帯の応力は約 0.01 MPa であった．摩耗等が改善されても熱伝達が低下しては論外になる．この応答の"**MTMS**"キットでの実測結果を図 18.3 に示した．平衡温度加熱（CUT；95%）応答で比較すると［テフロン材；0.18 MPa；1.3 s］，［テフロン材；0.1 mm gap, 3.4 s］，［ステンレスベルト 0.1 mm 厚, 0.1 mm gap, 0.7 s］が得られ，0.1 mm ギャップの低摩擦力と熱伝導の両立が発現していることを確認できた．

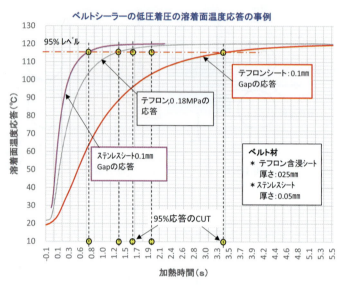

図 18.3　0.1 mm ギャップの熱伝導性の検証結果

3.　宙吊り方式の構造と新バンドシーラの特長

3.1　宙吊り方式の原理

宙吊り方式の発案はひらめきであった．一対の加熱体の上側の 4 点を柔らかい金属線で吊るし，自由運動ができるようにする．加熱体の進行方向の後端の部分拡大を図 18.4 に示した．長さの違う 2 種の吊り紐はギャップ生成の感度を示している．摺動面への初期応力は加熱体の自重（約 30 N）を利用した．ベルト上に上部の加熱体を置き 4 本の紐を 1 N 程度の強さで張り，垂直に吊るす．ベルトが駆動されると加熱体は摺動面の摩擦力によって下流側にシフトすると，吊り上がって，摺動面にギャップを生成する．摩擦力はギャップとの反比例的に減少するからバランスが取れたところでシフトは自己制御で停まる．実際は微小なハンチングを起こしている．吊り紐の長さは自己制御感度に関係する．図 18.4 の演算例から，シフト量（L）を 3 mm 位に設定するとよく，紐の長さは 50～70 mm 位がよい．

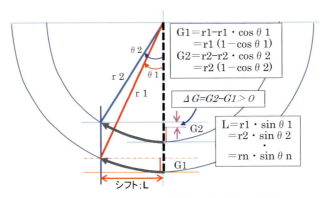

図18.4 宙吊り方式の詳解図（後端部の軌跡）

3.2 宙吊り方式の特性

宙吊り方式の実際のシフト量をパラメータにして，圧着力と浮き上り量（ギャップ）を演算と実測値を複合して，図18.5に示した．この事例の場合，シフト量が［2.0 – 3.0 mm］辺りに自己制御中心があり，ギャップ値が［0.05 – 0.10 mm］に調整されている．シフト量を2.5 mm以下に抑えることで圧着力の制御が可能となる．この図から本研究の特長が理解できよう．

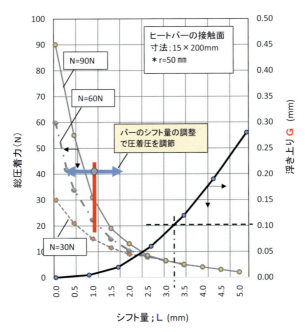

図18.5 宙吊り方式の自己制御によるギャップの調整性能

3.3 考　察

本報告では，微小圧着力域の検討結果を示した．

圧着圧と摩擦力の関係は［$F=\mu \cdot N$］である．熱接着に必要なのはFであるから，加熱体の表面を低摩擦係数の薄膜処理をすれば，0.1 MPaレベルの圧着圧の施術は可能であり，本研究の汎用化は可能である．

4. まとめ

従来のバンドシール方式ではヒートシール面の特別な細工ができない．"一条シール"用では加熱と圧着を分離して，加熱終了直後（1秒以内）にダイロールによって圧着をしている．その構成を図18.6に示した．

したがって"一条シール"用には，本研究成果が直ぐに利用可能となり，微細ギャップの調整不要化が現場操作の簡易化に結び付いた．

さらに，ベルトの損傷の課題が大幅に削減できた．

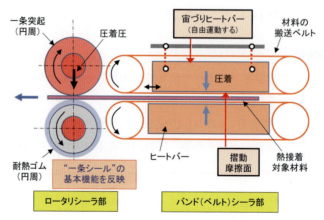

図18.6 加熱と圧着を分割した"一条シール"への宙づり式の拡張モデル

■参照文献
1) 菱沼一夫，缶詰時報　Vol.95, No.4, p.15-29 (2016)
2) 特許第 5779291 号
3) 特許第 6257828 号
4) 特許第 6632103 号

II．インパルスシーラの革新；《界面温度制御》の開発がもたらした成果の紹介

1．はじめに

インパルスシーラは，簡単な構成（廉価）で，単一フイルムの熱接着ができるシーラとして多く利用されている．従来装置の加熱温度調整は，通電時間の調整で行い，冷却後の接着状態を目視で観察し，加熱時間の適否を判断している．加熱温度がヒートシール条件になっていないので，繰り返しの使用で，ヒートバーの温度が上昇し，オーバーヒートになる．通電時間を小さくして，間があくと加熱不足を起こす弱点がある．繰り返し利用の制限が設けられている．加熱時間から温度を指標にした調節方式の供給が期待されている．

革新技術の《界面温度制御》では，発熱体からの注入電流を検知して溶着面（接着面）温度応

答を検知する．この新方式を展開したインパルスシールの革新を提示する．
《界面温度制御》の詳細は第6章参照．

2. 《界面温度制御》を導入したインパルスシーラ

インパルスシーラの電気回路の近似解析の**図18.7**に示した．《界面温度》検知性能は方向性のある熱流系において隣接面の温度応答を直接計測できる汎用性を有しているから，片面加熱や発熱源が直線的に上昇するランプ状加熱のインパルスシールにおいても《界面温度検出》は汎用的に利用できる．**図18.8(b)**で図示した温度分布特性の動的応答の計測事例を**図18.9**に示した．

ランプ状の片面加熱では，平衡温度は発現しないので，界面温度と溶着面温度の間には，熱接着材の1枚分の熱流による温度傾斜は原理的に発生する．インパルスシール方式はインパルス状通電によってランプ状（直線的）の発熱になる．1秒位の間に数百Wの発熱をするが，発熱体（リボン）は薄く（0.2～0.3 mm）熱容量が小さいので，負荷の熱容量（厚さ大，金属箔のラミ）によって

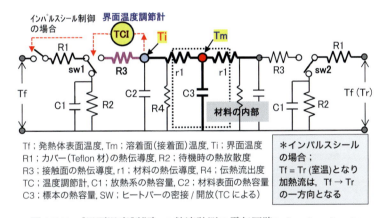

図18.7 《界面温度制御》の熱流計測の電気回路シミュレーション

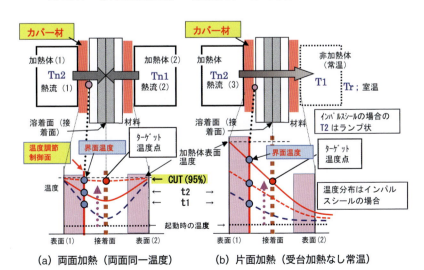

(a) 両面加熱（両面同一温度）　　(b) 片面加熱（受台加熱なし常温）

図18.8 《界面温度制御》の図解

— 209 —

第18章 新技術を実践展開したバンドシーラ［Ⅰ］，インパルスシーラ［Ⅱ］，ハイブリッドシーラ［Ⅲ］機械の革新

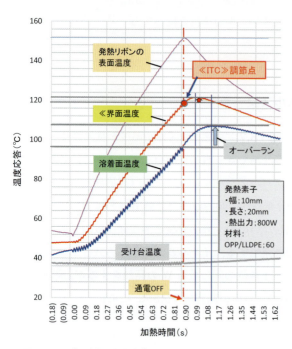

図 18.9 《界面温度制御》のインパルスシール方式の構成

温度上昇が制約される規制がある．ヒートジョー方式に準じた両面発熱型に変更すれば，レトルトパウチ仕様のシールも可能になる．図 18.10 (b) にインパルスシール方式の《界面温度制御》の機材構成を示した．

従来のインパルスシール方式は図 18.10 (a) に示したように予めタイマー設定した《時間制御》では，溶着面（接着面）温度応答には一切関与していない．実際の計測事例は図 18.14 に示したので後に説明する．インパルスシール方式の《界面温度制御》の構成は簡単である．《ITC》の出力で，発熱リボンの加熱電源を直接 On-Off するので，制御の応答性は速く，0.05 秒以下にできる．《時間

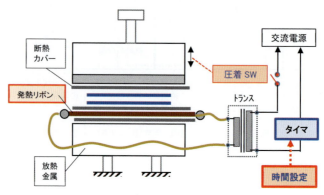

(a) 従来型のインパルスシーラ

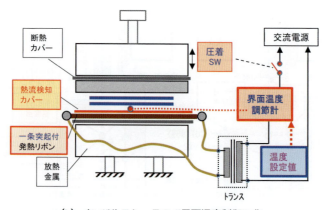

(b) インパルスシーラの《界面温度制御》化

図 18.10 従来法と《界面温度制御》方式の概要

― 210 ―

Ⅱ．インパルスシーラの革新；《界面温度制御》の開発がもたらした成果の紹介

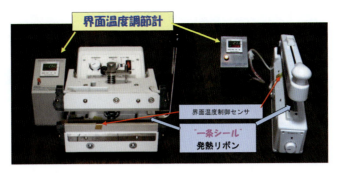

図 18.11 《界面温度制御》を適用した高性能インパルスシーラの市販モデル

制御》方式の従来のインパルスシール方式では何とか熱接着ができる「安物シーラ」であった．しかし，《界面温度制御》ユニットの付属と僅かな改造で，温度制御ができる最上位のシーラに変身している．図 18.11 に市販 OEM モデルを示した．

3．《界面温度制御》のヒートジョー，インパルスシール方式への展開した制御結果（事例）

3.1　ヒートジョー方式の制御結果

図 18.12 ではカバー材に［0.05 mm；カプトンシート（接着層込）］と制御対象材に［テフロン；0.05，0.10 mm］を適用した．材料の厚さにより，応答パターンが鮮明に変化していて，《界面温度》が負荷の相違に対して適格に反応していることがわかる．ヒートジョー方式の繰り返し動作

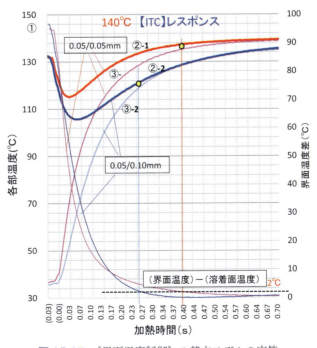

図 18.12 《界面温度制御》の基本モデルの応答

— 211 —

第18章 新技術を実践展開したバンドシーラ［I］，インパルスシーラ［II］，ハイブリッドシーラ［III］機械の革新

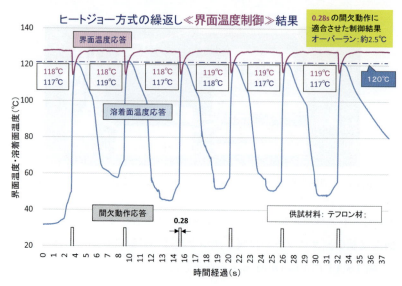

図 18.13　ヒートジョー方式に適用した《界面温度制御》の制御結果（事例）

の制御事例を図 18.13 に示した．溶着面温度応答は性能検証のために "MTMS" キットの計測データを付記した．

3.2　インパルスシール方式の制御結果

片面加熱の温度分布は，図 18.8（b）に示したように層内には温度傾斜ができるので，接着面の平衡温度はない．したがって，界面温度との差の発生を理解した適用になる．インパルスシー

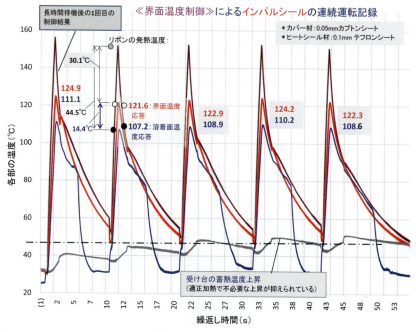

図 18.14　インパルスシール方式に適用した《界面温度制御》の制御結果（事例）

— 212 —

Ⅱ．インパルスシーラの革新；《界面温度制御》の開発がもたらした成果の紹介

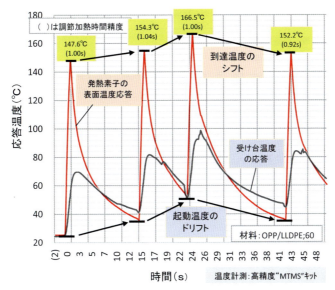

図 18.15 従来の《限時制御》法によるインパルスシールの制御結果（事例）

ル方式では加熱がランプ状になる．**図 18.14** にインパルスシールの連続運転（約 10 秒間隔）の制御結果を示した．発熱リボンの発熱温度を（熱流検知の）カバー材を介して《界面温度》計測をすると，界面温度と溶着面温度応答は時間的に接近するので発熱温度のバラツキを軽減できるメリットもある．

検出した界面温度値で，電源を直接 OFF にするシンプルな操作になるので高精度の温度制御ができる．ヒートジョー方式よりシンプルで高速で優秀な制御ができている．

図 18.10 にインパルスシール方式の従来と《界面温度制御》方式を導入した原理を示してある．

図 18.15 に従来の《時間制御》による制御結果を示した．この結果からわかるように時間精度がいくら優れていても，発熱リボンと受圧側の（常温より高い）残留温度によって，《時間制御》に直接影響するので，繰返し使用の間隔によって 20℃ 以上の加熱温度バラツキが発生していて，制御の体を成していない．インパルスシーラのメーカはこれを承知していて，3 分間隔以内の繰返し使用の制限を指示している．《界面温度制御》では，材料の外面温度を制御指標にしており，発熱リボンや受圧体の温度変化を含めた溶着面（接着面）温度応答を計測するので，短時間の繰返し使用にも応えている．加熱が制御温度域を超えないので，受け台側の温度上昇も小さくなって，副次的な加熱の安定化を果たしている．

4．《界面温度制御》がもたらした従来常識【D.F.S.】の課題の革命

溶着面（接着面）温度応答の制御が不可能とされ，気付かない間に非合理的な *De Facto Standard* が定着して，（世界の）包装界にとって，重要なカテゴリである「密封」と「易開封」の品質保証技術の確立が数十年に渉ってなおざりになってきた．

その代表的なアイテムを**表 18.1** に，ピロー袋の段差部の「密封」と「易開封」を可能にした

第 18 章　新技術を実践展開したバンドシーラ［Ｉ］，インパルスシーラ［Ⅱ］，ハイブリッドシーラ［Ⅲ］機械の革新

表 18.1　溶着面温度応答が直接的な制御ができないための妥協策の歴史的な一覧表

★①凝集接着への偏重の容認
　②"強い接着"が命題（→厚いシーラントの選択）
★③界面接着（剥がれシール）を（疑似接着≒不良接着）として除外
★④加熱温度の低温化が良策の常識化
　⑤「密封」と「易開封」は背反原理の普及
★⑥接着強さのデータ整理を 5〜10℃ステップ《ASTM F 2029》の容認適用
★⑦ゆっくりの加熱は安定した熱接着が完成する盲従。
　（【Hishinuma 効果】によりその迷信を打破）　　　　★加熱温度に
　　　　　　　　　　　　　　　　　　　　　　　　　　関係する事項
★⑧プラスチック材の特長の発揮の加熱範囲は 2〜4℃の無視
★⑨熱接着には，［Tm］が加熱設定の目安の容認
　⑩「密封」と「易開封」は材料又は機械の単独操作で達成できると思っている
★⑪≪限時制御≫が当たり前
★⑫「≪溶着面温度応答≫調節はできる訳がない」と信じている（世界中）
　⑬ラボデータと現場の操作要求の相違を誰も指摘しない（指摘してはいけない
　　不文律がある）
★⑭パソコンシミュレーションに活路を見出そうとしている
★⑮co-polymer の混合技術は剥がれシール帯の拡張にあった．(1980 Hoh)[9]

表 18.2　「密封」と「易開封」、破袋に影響している課題一覧と加熱温度に依存する項目

　従来の対処方策は，**凝集接着**への偏重と不合理を容認している．
　その代表は，
★①高めの加熱値の設定，（10℃以上）
★②長めの加熱時間の設定，
★③過渡加熱の常套的選択，
★④温度調節でない「限時調節」の採用，
　⑤高圧着の選択，　　　　　　　　　　　　　　★加熱温度に
★⑥加熱体表面のギザギザ加工，　　　　　　　　関係する事項
　⑦不便な漏れ検査方法 [17]，
★⑧強い接着が密封の条件，
　⑨密封における材料の剛性の無配慮，
★⑩段差部の密封の断念，
★⑪シーラントの低温化を推奨，
　⑫不具合対策に材料の増厚，
　⑬不合理なヒートシール標本の作製方法 [17, 18]，
　⑭デラミ強さと材料の伸びを計測するヒートシール強さ計測の容認 [17, 18]
★⑮非合理なヒートシール強さの基準化 [17, 18]
　⑯ノッチ開封小片の発生

最新技法；"一条シール"の開発で明らかになった課題集を**表 18.2**に示した．

　半世紀も前から ASTM-F88 はヒートシールの密封と易開封の両立を期待している．しかし（世界の）学際は「密封」と「易開封」の両立をほぼ困難としてきた．

　これらの難題は不適格な加熱温度の取り扱いにあったことがわかる（表中に★のマークを付した）．

　筆者はこの課題に果敢に挑戦して，「密封」と「易開封」を同時に達成する新ヒートシール技法"一条シール"を 2015 年に完成した[1-3]．その改革の主体コンセプトを**表 18.3**に示した．ここでも従来の加熱法の不適格さが明らかになった．しかし，不可能と言われていた溶着面(接着面)温度応答の直接制御がやっと 2019 年 5 月に《界面温度制御》として完成し，ヒートシール技法

— 214 —

Ⅱ．インパルスシーラの革新；《界面温度制御》の開発がもたらした成果の紹介

表18.3 「密封」と「易開封」の同時達成（"一条シール"）を可能にした新論理と新技術
[ラボに眠っていた新理論、新技術は日の目を見ることになる]

Ⓐ「易開封」条件の確立 [18]
Ⓑ段差部の「密封」メカニズムの確立 [18]
Ⓒ表層材の軟化温度帯に合わせたイージーピールシーラントの選択 [18]
これらの達成に寄与した *DL* を列挙する次の通りである．（*Deep Learning*）
★①加熱温度に溶着面温度（MTMS）を導入 [13]
★②加熱体表面温度を制御対象とした溶着面温度応答のシミュレーション [13]
★③加熱体表面温度を指標にした溶着面温度応答のシミュレーション [13]
★④平衡温度加熱（CUT：95%）の導入，
　⑤平面/平行圧着の徹底，
★⑥局部圧着（集中圧着；一条突起）による塑性変形密着 [5,18]，
★⑦FHSS法の展開 [19]，
　⑧探傷液法の定量性確認 [20]，
★⑨屈曲剛性の制御法，
★⑩剥がれシールの有効利用，
★⑪シーラントの高温作動 [5,18]
　⑫凝集破壊シーラントの積極的利用，
★⑬低ヒートシール強さ帯 [0.5 - 1.0 N/15 mm] の密封性の確認
★⑭ポリ玉生成の抑制，
　⑮イージーピール材の剥離特性の精密計測，
★⑯加熱温度の《限時制御→温度制御》への技術革新の検討，
★⑰ "一条シール" の主要ヒートシール技法への汎用展開（バンドシーラ，
　　インパルスシーラ），
★⑱平面開封，フィン開封の導入

の永年の課題が解消できた．

5．考　察

5.1　《界面温度制御》の新機能のまとめ

(1) （筆者を含め）不可能と考えられていた熱接着（ヒートシール）の接着面の温度応答を材料の表面からの熱流検知によって，高速・高精度の直接的な制御が可能になった．

(2) 新規に開発された《界面温度制御》はヒートパイプ，加熱体の表面温度モニタ/制御の連携で "一条シール" を起点にして，医療品，レトルト包装等の高度な機能要求に対応でき，永年の熱接着（ヒートシール）の合理的な操作に応えることができるようになった．
　1) "一条シール" の併用で，表層材軟化温度帯の加熱で確実な「密封」が可能となる．
　2) （凝集破壊型）のイージーピールシーラントを採用すれば，接着強さ [2 N/15 mm] 程度のヒートシール強さでも「密封」と「易開封」が同時に達成できるようになった．

(3) 究極の《界面温度制御》と "一条シール" の実行は，加熱/圧着部の機構改造であらゆる包装装置に適用できる．

(4) プラスチックの包装材料は（海洋環境）汚染源として世界的な問題と指摘され，合理的な利用法が求められている．

(5) 《界面温度検知》は規則性のある熱流系の隣接の到達温度の検知に利用できる．
　（ex. 接合部が発熱する超音波シールの溶着面（接着面）温度応答）

(6) プラスチック材が及ぼす環境破壊の課題がクローズアップされている．

— 215 —

第 18 章　新技術を実践展開したバンドシーラ［Ⅰ］，インパルスシーラ［Ⅱ］，ハイブリッドシーラ［Ⅲ］機械の革新

　我々が直ぐにできることは，プラ材料の使用量の減少化と接着面を易開封にして，ノッチ開封を止めて，開封片を発生しない方策の実行である．本研究はそのツールとして有効に機能できる．

5.2　ヒートシールの歴史的課題への貢献

(1)　ヒートシール技法の歴史的な課題を表 18.1 〜 3 に示した．これらの課題の多くは的確な加熱温度の調節できなかったことに起因（★マーク）していることがわかる．

　これらの課題に対処できる《界面温度制御》の完成は革命的であることが証明できた．

(2)　一条突起と弾性受け台を複合的に適用し，1 回の操作で「密封」と「易開封」を可能にした"一条シール"は，正確に制御された加熱体表面温度の適用と平衡温度加熱；CUT（95％）のヒートジョー加熱，また，金属ベルトを採用した新バンドシーラが既に市場展開されているが，最も汎用化されているヒートジョー方式では，約 0.7 秒以上の圧着時間を必要としている．

(3)　《界面温度制御》を適用したインパルスシール方式，ヒートジョー方式，新バンドシール方式で，レトルト仕様のピロー袋包装の「易開封」，そして医療品包装等のあらゆるヒートシール技法への展開が可能であることわかった．《界面温度制御》の汎用性の広い機能が確認できている．

(4)　《界面温度制御》の実現で，ラボで眠っていたヒートシール技法の多くの新規理論／技術の現場への反映が可能になった（表 18.3 参照）．

5.3　ヒートシールのもう 1 つの主要課題；「密封」と「易開封」との連携

　永年のヒートシール技法の根幹の期待機能である「エッジ切れの起こらない「密封」と「易開封」の達成である．

　筆者は密封と易開封の発現メカニズムを分離した論理によって，ヒートジョーに新規メカニズムを構成して，1 回のヒートシールの複合操作によって「密封」と「易開封」を達成する"一条シール"（Filigree Seal）を完成している．

　ヒートシール技法におけるヒートシールエッジのピンホールの発生抑制の「発生源解析」の期待は，過加熱を回避して，剥れシールが求められている．「密封」と「易開封」の"一条シール"の展開においても，的確な溶着面温度マネージメントが共通的に要求されている．

　《界面温度制御》の開発／連携によって，0.3 〜 0.4 秒の加熱時間帯においても《時間制御》の不具合を回避して，的確な加熱操作（フィードバック制御）が可能になった．

6.　ま　と　め

　この《界面温度制御》の論理構築と検証と新技術開発には 10 数年の熟考を要した．本発明の汎用的科学性が極めて高かったので，共通的な課題が一気に改善できた．

　本研究の成果には国内外の特許認証を受けている．したがって，競合他社の動向を気にせずに安心して，ビジネス展開ができる体制が整っている．ヒートシール技法で永年，難題を抱えてい

た多くの関係者に幸せをもたらせれば本望である．

■参照文献
1) 特許第 6598279 号（登録；2019 年 10 月 11 日）
2) PCT/JP2020/026320
3) 特許第 5779291 号（2015），PCT 出願；・EP（ドイツ，フランス，イギリス）・アメリカ ・中国，・韓国

Ⅲ. 接着面の到達温度の制御ができるハイブリッドヒートシーラの開発

1. はじめに

プラスチック材の熱接着（ヒートシール）は，発熱体（ヒートバー）の圧着で成り立っている．

所望の接着面温度に到達したら圧着を開放すれば，確実な加熱ができることを関係者は熟知しているが，その対応制御技術が未開発であることに苦労している．長い間，経験則で，加熱体の圧着時間の調整で何とか対処している（**図 18.16** の [ta] を参照）．

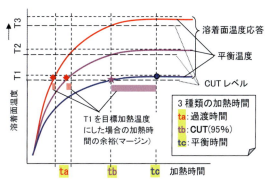

図 18.16 生産運転時の加熱温度の設定の仕方

ヒートバーの材料との接触面温度は，原理的に 10℃以上のバラツキが発生している．実際の加熱は推定でしかなく，この状態では，材料の設計性能（2〜4℃の加熱幅）の調節は果たせず，包装品の生産者が期待しているヒートシール面の「密封」と「易開封」の品質確保ができない大きな課題となっている．

ヒートバーの加熱面に微細センサを装着して，接着面に注入される熱流の検知で，リアルタイムで溶着面（接着面）温度応答を検知する《界面温度制御》[1-4] が開発され，実際の溶着面（接着面）温度応答を知ることができるようになった．この信号を利用して加熱操作を制御すれば，加熱温度や圧着時間の変動の影響を受けない本質的（フィードバック制御）な熱接着操作ができるようになっている．しかし，従来の回分式シールでは，回分動作の圧着時間中に重いユニットを自由に離脱制御ができず，圧着終了時点で所望の加熱が得られるようにヒートバーの加熱面温度をカスケード制御で調節している．

インパルスシールでは，リボンヒータの通電時間をタイマーで制御しているが，通電時間を正確に制御しても，受け台の温度，圧着やヒータの発熱ムラが原因で，接着面温度の確保は同様に困難である．本項の「ハイブリッドヒートシーラ」では，主加熱のリボンヒータの表面（材料との接触面側）に界面温度センサを装着し，受け台側とリボンヒータの背面にヒートバーの予熱源を構成した．ヒートバーの予熱温度は，材料の接着特性の発生温度以下の（ex.90〜100℃）とする．

ヒートバーの予熱は，界面温度の上昇を速めるように働く．ヒートバーの温度変動等の外乱は，

第18章　新技術を実践展開したバンドシーラ［Ⅰ］，インパルスシーラ［Ⅱ］，ハイブリッドシーラ［Ⅲ］機械の革新

到達界面温度の検知時間の変動となるが，温度調節の不具合にはならない．

　ヒートバーの表面に"一条シール"機構を装着すれば，センターシールフィンのあるピロー包装の「密封」と「易開封」も軟化温度帯で可能となる．本報告の「ハイブリッドヒートシーラ」は従来のヒートシーラの欠点／欠陥を長所に変えた改革が行われている．

2. ハイブリッドシーラの理論

2.1　ヒートシール機能の的確な達成

　プラスチック材を適用した熱接着（ヒートシール）は，エッジ切れがない「密封」と「易開封」の同時達成である．従来は定義の曖昧な「温度」，「時間」，「圧力」がヒートシール強さの制御パラメータになっている[5]．的確な革新には，「温度＝溶着面（接着面）温度応答の適用」，「時間＝材料の固有の熱伝導速さを採用」，「圧力＝接着面が塑性変形で密着が確立する圧力の適用」とする必要がある．的確な実践対応の中心は，高速な加熱が行われている包装工程の運転中のヒートシール面の加熱応答を把握し，《界面温度制御》を利用して，より高速，単純化することにある．

2.2　ハイブリッドシーラの原理説明

　ヒートジョー方式のヒートバーの多くは，カムリンク機構で機械的に駆動されている．所望の温度を検知し，加熱を瞬間に離脱できるようにしても0.2秒以上を要し，的確な制御ができない．汎用化されているインパルスシールでは，ヒータリボンの通電操作によって発熱／停止調節を直接行っているから，遮断は容易であり，さらに熱容量が小さいので，Off後のオーバランは0.1秒程度になる．本報告ではヒートジョーによる予熱に併せて，本加熱をヒータリボンのOn-Offで行い，高速化と外乱（加熱温度，応答時間，熱伝導ムラ）を《界面温度》検知の僅かなバラツキで処理する新しい方策を見出した．その構成を図18.17に示した．

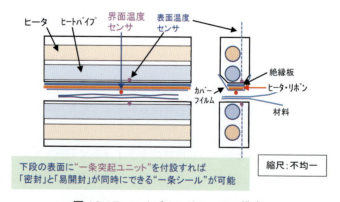

図18.17　ハイブリッドシーラの構成

2.3 ハイブリッドシーラの制御回路

ハイブリッドシーラには最先端の汎用電子部品を適用した．加熱流制御にトライアック，界面温度の処理には高速のPLCの利用，機械部品の省略化が図られている．この構成を図18.18に示した．

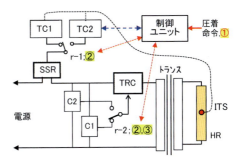

TC1；待期温度調節計，TC2；調節温度計，SSR；電源リレー，TRC；トライアック・電流調節，C1,C2；負荷電流設定回路，ITS；≪界面温度≫センサ，HR；ヒーターリボン（発熱体）

図18.18　ハイブリッドシーラの電気回路構成

3. 実　験：ハイブリッドシーラの特性（各実験の集約）

図18.19にハイブリッドシールの動作説明を示した．待機中はバイアス温度に調節されている，①圧着開始（通電開始）加熱は直線的（ランプ状）に上昇，②界面温度設定値に到達，通電は遮断，③冷却確認で圧着は開放を示している．

待期温度85℃，界面温度設定133℃のハイブリッドシールの実働結果を図18.20に示した．

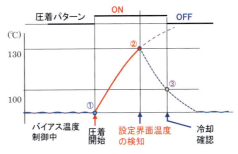

図18.19　ハイブリッドシーラの動作説明

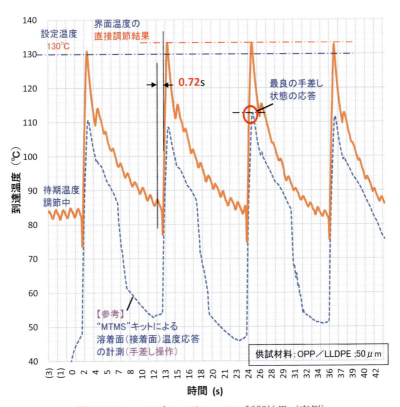

図18.20　ハイブリッドシーラの制御結果（事例）

4. ま と め

(1) ヒートシール技法の永年の課題（期待）であった，現場の包装工程での接着面の温度応答の直接管理がとうとうできる革命が得られた．

(2) 現場の包装工程において，［±1.0℃］の制御が可能になった．

(3) 「密封」と「易開封」を同時に達成できる"一条シール"[6-8]を安心して現場に展開できるようになった．

(4) ハイブリッドシールは，単発のシーラだけでなく，全自動式包装機のヒートシールユニットにも利用できる．

(5) ハイブリッドの予熱ユニットの簡略化が必要である．

■参照文献

1) 菱沼一夫，特許第6598279号, 2019
2) 菱沼一夫，PCT出願；PCT/JP2020/026320, 2020
3) アメリカ特許（2023/02），EU特許認証 (2024)
4) 菱沼一夫，缶詰時報, Vol.100, No.9. p.15-32, 2021
5) ASTM F2029-16 ,p.2 (2021)
6) 菱沼一夫，缶詰時報 ,Vol.95, No.4. p.15-29, 2016
7) 菱沼一夫，日本特許 ;No.5779291, 2015,
8) 菱沼一夫，PCT認証；2015，個別審査特許；アメリカ，イギリス，フランス，ドイツ，中国，韓国

第19章　包装工程への *AI* 制御の展開

Ⅰ. 包装工程の *AI* 化の検討：熱接着（ヒートシール）技法の *Deep Learning* の検討

1. はじめに

　今日の包装製品の品格は，①消費者の要求の把握と達成，②その市場規模の考慮，③規制の達成，④要求品格（保障）の保証設定，⑤製造の基幹技術の保証，⑥コスト低減，の諸要素を複合的に評価して判断する方法が要求されている．

　具体的には，コンピュータ技術の汎用化を利用し，従来の知見をメガデータとして参照して，期待要求（保障）を《*DL*：*Deep Learning*（深層学習）；QAMM 診断[1] を応用》し，その最適解を導き出す人工頭脳処理（*AI*；*Artificial Intelligence*）方式の開発が期待されている．

　しかし，基幹論理やメガデータの収集と合理性の確認がないと，その評価解は発散してしまう．

　包装プロセスの *AI* 化には現状の《包装技法》と《包装材料》の的確な評価と問題点の把握が必須である．その合理的な展開（解析）に *DL* が有効とされている．

　包装の基幹技法の《計量》，《充填》，《封緘》に付いて，本報告では第1報として《封緘》技法の代表であるヒートシールを取り上げる．

2. *AI* の展開モデルの構成

2.1 *AI* における *DL* の位置付け

　AI は今日の難題解決の手段として一世を風靡している．難題の解消には難題を構成する諸課題（メガデータ）の合理的な深層解析（*DL*）が不可欠である．**図 19.1** に製造工程の難題の改善における *AI* の適用と *DL* の展開構成（菱沼案）を示した．

　AI/DL の展開の特徴は，汎用化（廉価になった）されたコンピュータシステムを利用して，膨大な関連情報を容易に料理できるようになり，従来の設定閾値，二者択一制御を複数択一，領域制御が可能になっている．

　その反面，制御ポリシーには設計者の意図（恣意）が容易に反映されるようになるので，その設計プログラムに対する上位者の理知的なマネージメントが期待される．

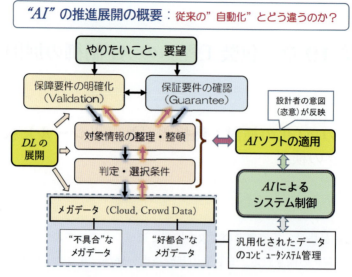

図 19.1　包装工程の AI 制御の展開基本

3. 包装の基幹操作における《封緘》の特徴

　包装の基幹工程は，《計量》，《充填》，《封緘》である．仕上がり品質を維持させるために運転速さを低下させたり，人手の介添えによって精密さを確保できる．しかし，プラスチック材を適用した封緘；ヒートシールは，ナノスケールの接着メカニズムの加熱操作であり，《μm オーダー》と《数℃以内》の加熱操作が要求される．いくら丁寧な手動操作を施しても不具合の改善ができない特徴がある．本報ではヒートシール技法に求められている究極的の課題である《エッジ切れ防御》，《密封》，《易開封》を達成した"一条シール"[2,3]の開発知見の深層学習（DL）の経過を参照して，AI への展開事例として報告する．

4. ヒートシール技法における代表的な DL 対象事項の列挙

4.1　ヒートシール技法に関係する検証項目

　今日，ヒートシール技法の操作に関する事項を列挙すると，温度，加熱速さ，時間，圧着圧，加熱体表面の細工，漏れ検査，包装材料の仕様，ヒートシール強さ，引張試験の 9 項目がある．これらはさらに 19 項に細分化し，考査した．そして，最終的には，《エッジ切れ防御》，《密封》，《易開封》の合理的な達成を本研究は目指している．

4.2　課題のある DL 項目の列挙

　従来の対処方策は，凝集接着への偏重と不合理を容認している．
　その代表は，
　① 高めの加熱値の設定
　② 長めの加熱時間の設定

③ 過渡加熱の常套的選択

④ 温度調節でない「限時調節」の採用

⑤ 高圧着の選択

⑥ 加熱体表面のギザギザ加工

⑦ 不便な漏れ検査方法 [4]

⑧ 強い接着が密封の条件

⑨ 密封における材料の剛性の無配慮

⑩ 段差部の密封の断念

⑪ シーラントの低温化を推奨

⑫ 不具合対策に材料の増厚

⑬ 不合理なヒートシール標本の作製方法 [4,5]

⑭ デラミ強さと材料の伸びを計測するヒートシール強さ計測の容認 [4]

⑮ 非合理なヒートシール強さの基準化 [4]

4.3 「密封」と「易開封」の同時達成を可能にした DL 事項

半世紀も前から《ASTM-F88》はヒートシールの密封と易開封の両立を期待している．しかし(世界の)学際は「密封」と「易開封」の両立をほぼ困難としてきた．筆者はこの課題に果敢に挑戦して，同時に達成する新ヒートシール技法 "一条シール" を 2015 年に完成した [2,3]．

その改革の主体コンセプトは,

Ⓐ 「易開封」条件の確立 [5]

Ⓑ 段差部の「密封」メカニズムの確立 [3]

Ⓒ 表層材の軟化温度帯に合わせたイージーピールシーラントの選択 [6]

これらの達成に寄与した DL を列挙する次の通りである.

① 加熱温度に溶着面温度 (**MTMS**) を導入 [7]

② 加熱体表面温度を制御対象

③ 加熱体表面温度を指標にした溶着面温度応答のシミュレーション [7]

④ 平衡温度加熱 (CUT；95%) の導入

⑤ 平面 / 平行圧着の徹底

⑥ 局部圧着 (集中圧着；一条突起) による塑性変形密着 [2,3]

⑦ FHSS 法の展開 [8]

⑧ 探傷液法の定量性確認 [9]

⑨ 屈曲剛性の制御法

⑩ 剥れシールの有効利用

⑪ シーラントの高温作動 [6]

⑫ 凝集破壊シーラントの積極的利用

⑬ 低ヒートシール強さ帯［0.5 – 1.0 N/15 mm］の密封性の確認[10]
⑭ ポリ玉生成の抑制
⑮ イージーピール材の剥離特性の精密計測
⑯ 加熱温度の《限時制御→温度制御》への技術革新の検討
⑰ "一条シール"の主要ヒートシール技法への汎用展開（バンドシーラ，インパルスシーラ）
⑱ 平面開封，フィン開封の導入

4.4　DL の残されている課題：加熱温度の《限時制御》から《温度の直接管理》への脱出！

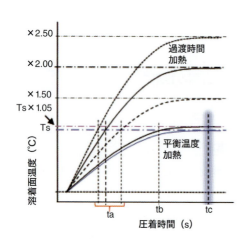

図 19.2　同一温度に加熱するための 3 種の加熱パターン

図 19.2 に平衡温度（tc），CUT（tb）と過渡応答（ta）加熱のパターンと同一加熱温度の条件を示した．

図 19.2 は "**MTMS**" キットを使ったラボでの計測は容易であるが，この知見を現場に反映できる計測・制御技術は未完である．ヒートシール技法の主制御要素は溶着面温度応答であることがわかった．加熱体表面温度を元に高精度の溶着面温度応答のシミュレーションが可能になり，［CUT；95％］の平衡温度加熱では，温度の直接的管理が可能になっているが，［10℃/0.1 s］の上昇速さのインパルスシールやヒートジョー方式の過渡応答加熱では，《限時制御》に頼らざる得ない現状であり，提示された的確な理論も現場への普及を妨げている．

5.　考　　察

［0.2～0.5 s］の過渡応答状態の加熱温度の直接管理法の研究が進み，具体的な温度制御技術の提示が可能になっている．ほぼ完ぺきなヒートシール技法への到達の目途が見えてきた．今後の展開をお待ち戴きたい．

■参照文献
1) 菱沼技術士事務所 URL；http://e-hishi.com/qamm.html，
2) 菱沼一夫，「缶詰時報」，95(4)，15–29 (2016)，
3) 特許第 5779291 号，
4) 特許第 6632103 号
5) ASTM F88，
6) 特許第 6032450 号，
7) 菱沼一夫，日本包装学会誌，14(2)，119-130，14(3)，171-179，14(4)，233-247 (2005)，
8) 菱沼一夫，「缶詰時報」，90(11)，415-515 (2011)，
9) 菱沼一夫，日本包装学会誌，Vol.27,No.4, p.217-224，
10) 菱沼一夫，第 54 回日本接着学会年次大会要旨集（3CJ-2），

II．AIの包装工程への実践事例

1．はじめに

　製造工程では安定した品質と効率を維持するために，プロセス変量を適格に維持するフィードバック制御，変量の相互干渉が起こる系では，カスケード，フィードフォワードやファジー制御が古くから利用されてきた．AIの展開には先ず制御対象項目の取り扱いの合理性を精査して，把握が曖昧な項目を深層学習（DL）して，合理的に対処することが求められる．具体的にはDL事項を基本物理量の《温度，時間，力，電磁波（光，色，電波）》が現象発現にどう関与しているかを突き詰め，人の判断に類する曖昧な制御を回避することが肝要となる（技術士の重要な役割期待）．個別的な研究や解析と技術開発が進んでいる医療，自動車の安全対策へのAIの適用は格別として，AIに展開される諸条件や【D.F.S】の扱いが，多くの国民の幸福に展開されることが望まれる．

　大量の製品製造に自動化技術は欠かせない．しかし，その適用には《人の介添え》/《自動化投資》のコストパフォーマンスの単純検討が長く主流となっている．その結果，人件費の安い地域への技術と雇用シフトがグローバル化していて，国際問題に発展している．

　図19.3は，（筆者が1980年代作成した）製品造りや種々の論理構築が人類の長い歴史の過程でどんな与件に変換しているかを総括的にまとめたものである．モノ造りには社会科学論を主体にした論理（儲け主義，政治的，歴史的，思想的，宗教的等）が強く関与している．これに対して自然科学論が的確に反映するかに掛かっている．小規模の組織体でのアンバランスな運用は，製品の品格不備やパワーハラスメントの原因となっている．マイクロエレクトロニクス／コンピュータ技術の発展で人手作業の自動化は一層容易になって，AI名の元に人手作業コストの低価格化評価が懸念される．世間でもAIによる失業者の増加が懸念されている．

　図19.4はAIの導入を含めた《自動化》の実践推進方法をまとめたものである．この中でAIの対象になるのは《知的介添え》の自動化をDLを活用して具現化するところにある．本稿では

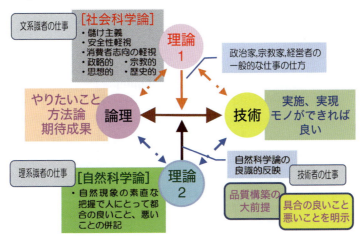

図19.3　モノ創りに関与している数々思惑の構成

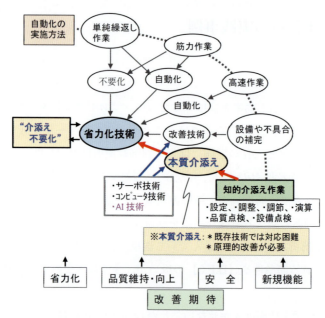

図 19.4　AI が反映する新規な省力化の展開

包装プロセスの基幹操作である計量／充填工程の《介添え作業》を徹底的に分析／解析し，高度の計測・制御技術を活用し，最終的にコンピュータ制御を適用した《介添え不要化》システムの構築の検討例を示し，AI への展開をした．

2. 介添え作業の AI 化の実際展開

2.1 （標本事例）液体計量・充填工程（調味料）の介添え作業の分析と分類処置

検討事例プロセスの概略を図 19.5 に示した．図 19.6 に，この《介添え作業》の実際の詳細

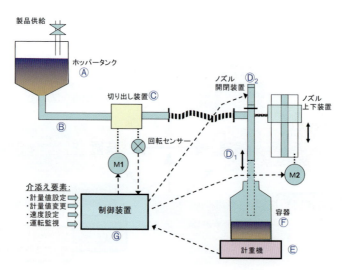

図 19.5　介添えを必要としている液体調味料の充填工程のモデル

― 226 ―

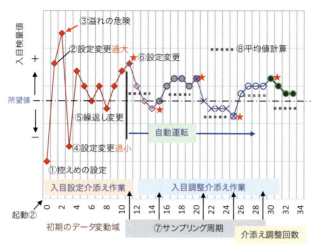

図 19.6　自動式計量・充填工程の介添えの実際

を時系列に示した．自動運転に移行するまでの設定値の設定，設定量の動的な是非判断，演算等の知的作業が課せられている．この例では完全自動運転まで約 40 項目の操作を要している．この操作はオペレータの知的能力に委ねられて工程の生産性に大きな影響を与えている．オペレータには，計量品質，稼働性（生産性），トラブルによるライン汚染の清掃作業等の過大な労力が課されている．

2.2　採取データ評価（QAMM 診断）

採取した《介添え作業》事項［メガデータ］を図 19.7 に示した【QAMM 方式】で DL を行う．【QAMM 方式】の特長は，保障事項（期待事項）の列挙ではなく，"期待通りに行かない"阻害要因（保証事項）を列挙する．その取捨選択は合理的な「理論1」，「理論2」基づく．そのメガデータを図 19.8 の方式でさらに・設計上の課題，・人手作業，・曖昧な不具合原因に分類．大別され曖昧な不具合項目を更に DL して，AI 化に向かう．

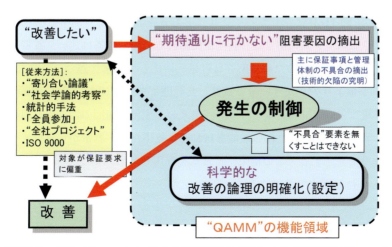

図 19.7　保証（*Guarantee*）要求を直接議論の対象にする QAMM 展開マップ

第19章 包装工程へのAI制御の展開

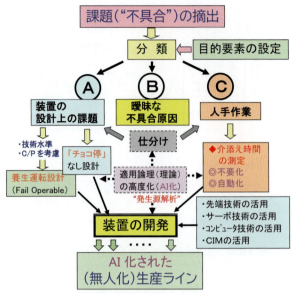

図 19.8　DL対象項目の設計への分類

3.「発生源解析」による DL 事項の更なる検討

3.1　介添え作業を要求する事項の DL 突進

　列挙された介添え事項を計量・充填工程の構造（静的）と動作（動的）に分けて，その課題が「容量式」（★）と「質量式」（☆）のどちらに関与しているかをマークした．容量式がマークされた課題は質量式を適用すれば，問題は解決できることを発見した（**表 19.1** 参照）．

3.2　質量式の計量速さ"遅さ"への対処

　質量式計量装置の正確さは良く知られているが計量速さが遅く，高コストにも関わらず生産性が低いので，通常は容量式が常用されている．

　DL を更に進め，**図 19.9** に示したハイブリッド方式を開発した．図中に示したように容量式はロータリー式やピストン式の切り出し装置が使われるので，応答は速い．質量式は質量検出器に掛かる慣性力とノイズ対策のために応答は容量式に比して非常に遅い．ハイブリット式では，容量式のバラツキ量より少し大きい量を減算した範囲まで，高速の容量式（駆動系回転パルス数）で切り出し残りを質量式で補填計量を行う．容量式の支配量は毎回の切り出し回転数と質量計量値から演算し，容量式計量の切り出し性能を自動的に見出だす．容量から質量式への切り替え自己学習は 3 回程度で完了する．この結果，質量式を採用しても高精度を保って，1 回当たりの計量時間を t_b から t_n に短縮化できている．

3.3　質量式で起るブラック計量値の AI 補正

　低速の質量計量では，計測対象外になる事件はほとんどない．しかし，容量式計量の速さでは

— 228 —

Ⅱ. AI の包装工程への実践事例

表 19.1 計量・充填工程の「不確かさ」の成分分類

	部位		・静的要素（原理，寸法）		・動的要素（速度，時間）
A	ホッパー タンク	★	・高さ，落差 ・内圧	★	・液深の変化速度
B	配管		・長さ ・太さ ・曲がり易さ ・内面の滑らかさ	★	・変曲性
				★	・送液圧による変形
				★	・空気溜まり切り出しずれ
C	切り出し 装置	★ ☆	・最小切り出し能力	★	・切り出し量の変動 （高速：滑り，低速：漏れ）
				★	・回転数の計測エラー
				☆	・停止時のオーバーラン
D_1	充填 ノズル		・ノズルの口径 ・ノズル先端のレベル	☆	・垂れ ・切り出し流速
					・注入時間
					・液たれ ・泡立ち
D_2	閉止弁	★ ☆	・シール漏れ ・閉止時の押し出し量	★ ☆	・作動時間 ・送液圧による作動遅れ
					・流速増による押し出し量の増加
					・漏れによる空気の吸い込み
E	計量機	☆	・最小質量感度	★	・応答速度
		★	・比容積感度	☆	・衝撃荷重
		☆	・デジタル表示感度		・荷重の慣性力の遅れ
F	容器	☆	・重量のバラツキ	☆	・高い重心の横揺れ
		★	・容量のバラツキ	☆	・風袋の慣性力の遅れ
				☆	・容器形状による液面上昇の相違
G	制御機	★ ☆	・プログラム処理時間 ・インターフェイスの応答遅れ	★ ☆	・サイクルタイム ・プログラム形式

主に　★容量計量，　☆質量計量　に関与

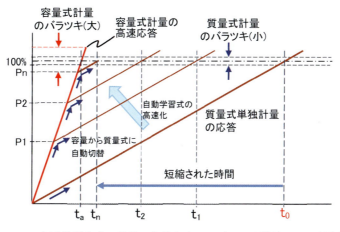

図 19.9 自己学習方式の質量 / 容量方式ハイブリッド計量による高速化

— 229 —

第 19 章　包装工程への AI 制御の展開

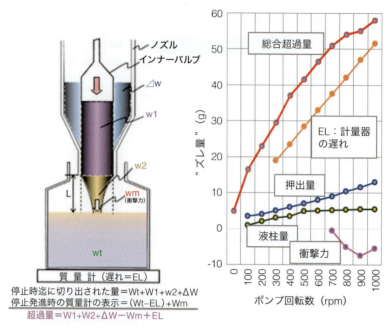

図 19.10　質量式計量の非検出事項の AI 補完の事例

制御値に"ズレ"が起こる．その解説を図 19.10 に示した．高速計量で所望値を検知してバルブを作動させる．シャットオフ時にノズル内とノズル先端から液面の空間に在った液柱分等は質量計量の範囲外になる．この量はポンプの回転数がパラメータとなって変化する．4 箇所の発生源の詳細を計測し，オーバーラン量をモデル化して，設定値から減じる AI 制御を付加した．この"ズレパターン"を品種毎にファイルに保存して，再度の生産時は，品種名を I_oT 指令するだけで自動運転するように AI 対応をしてある．

3.4　充填ノズル挿入ミス発生の信頼性検証

検討した計量・充填工程の介添え作業の中には，充填ノズルの挿入ミスの非常停止の再開処置がある．この改善の DL を行いノズル径の合理的設定，ボトルの位置決め精度を高めるためにサーボ制御による慣性制御を実施して改善を図った．ノズル径の適正化の論理展開を図 19.11 に示した．3 つの要素の 2 乗平均値から各要素の調節精度を確定とノズル径を決定した．各要素の実際の調節精度は試算値より精度が上がったので，[3σ≒3/1000] より小さい [1/2000] 以下の実績を得た．

4.　AI 制御システムの構築 (IoT；Internet of Things の完成)

種々の検討結果を AI 制御システムに反映した．事例を図 19.12 に示した．この図は 1 チャンネルの構成を示していて，処理能力によって多連化する．事例写真（a）の例は 12 チャンネルである．多連採用の場合には 1 カ所に不具合が発生する全連の停止になる．復旧の介添えを設定せ

— 230 —

Ⅱ．AIの包装工程への実践事例

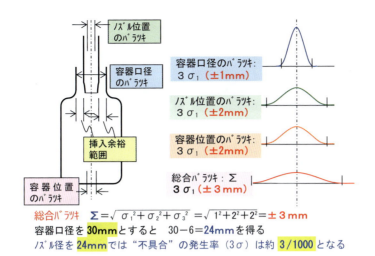

図 19.11 設計性能の作動信頼性の検証事例（ボトル挿入ミスの検証）

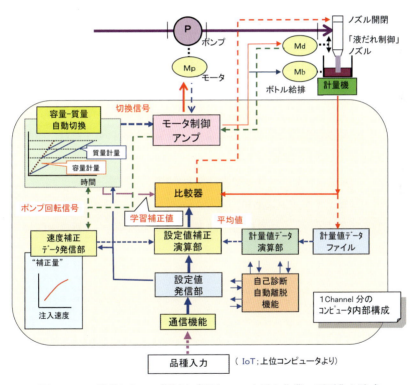

図 19.12 徹底した DL 解析を応用して、介添え作業の不要化を達成

ずに「自動切り離し」機能を付加して，"Fail Operable"にしている．このシステムはコンピュータシステムで構築されているので，即 I_oT 化ができている．この開発技術が展開されている実際を図 19.13 に示した．

— 231 —

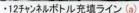
・12チャンネルボトル充填ライン (a)　　・ノズルの自動位置決めライン (b)

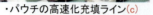
・パウチの高速化充填ライン(c)　　・IoT化された別室のモニター室

図19.13　AI制御が実践され，無人化した包装工程（事例）

5. まとめ

(1) 難解な「介添え作業」をテーマにAI展開を具体的に提示できた．
(2) 製造工程では介添え作業が常態化して，省力化の改革が期待されている．
(3) 本報告では「介添え作業」の的確な解析と技術化で，介添え不要化（常時オペレーションの無人化）に成功した．
(4) 課題の発生原因を基本物理量で説明できるまで「発生源解析」をすれば，曖昧な判断プログラムの設定を回避するAIが実施できる．
(5) 2者や複数択一の推定プログラムはむやみに使わない．
(6) 統計学，計測・制御工学を大いに活用．
(7) 自動化の目的を「省力化」，「品質維持・向上」，「安全対策」，「新規機能付加」のどれにするかを明確に設定する．

第20章 保障(*Validation*)と保証(*Guarantee*)の常識

諸規格の《*Validation*》性の検証と《*De facto standard*》の適用によるヒートシール技法の保証性の向上

1. はじめに

消費者の包装製品への期待は「易開封」である．また，商品の製造者は「密封」保証が責務となっている．永くヒートシール技法の保障(*Validation*)は《JISZ 0238》，《ASTM F88, F2029》の公的規格と学際の経験的常識【D.F.S.：De facto standard】が支配してきている．

しかし，ヒートシール技法の主パラメータである加熱温度の適格な定義が成されず，加熱体の温度調節に委ねられているので，仕上がりは凝集接着帯に偏重して，包装材料の本来の機能発揮を妨げ，「密封」と「易開封」の両立の達成を妨げてきている．

筆者は「密封」と「易開封」を複合的に達成する"一条シール"を開発した．この革新技法を支えた【29項目】の新規【D.F.S.】を参照して，ヒートシール技法の保証(*Guarantee*)を高めた取り組みを提示している．

2. ヒートシール原理の確認と保障から保証への展開

2.1 保障(*Validation*)から保証(*Guarantee*)への展開の再確認

今日，技術的な課題は公的規格と業界常識の【D.F.S.】を参照して，製品の保証(*Guarantee*)するモノ創りが行われている．この構成モデルを図20.1に示した．

従来の保障項目は，

① 期待値の列挙

② あるべき最終仕様の限定

③ 不具合事項の羅列

④ "有識者"の常識

となっていた．その規定の達成方法や理論的根拠が明記されない特徴がある．

諸現象は温度，時間，応力そして光(電磁波)によって起こるから製造には，基本要素の直接的な制御が求められる．

従来の *Validation* の保証は経験則的な限定的技術(主に事後検査による補完が前提)によるモノ創りが常套になっている．

本章では保障の要求項目を個別に精査し，新規な【D.F.S.】を開発し，提示されている保障事項の合理性の検討を加える．

第20章 保障(Validation)と保証(Guarantee)の常識

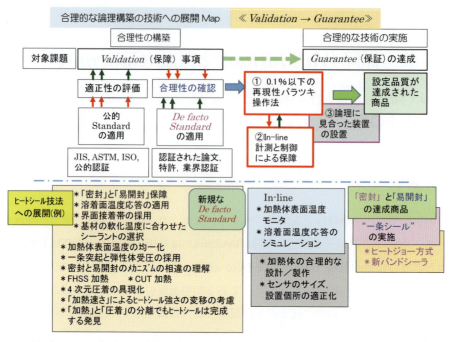

図20.1 保障(Validation)事項の合理性の検証と新《De facto standard》の導入による確実な保証達成

すなわち,

① 高度な再現性要求

② 制御対象事項のIn-Lineの計測と制御

③ ①,②,の実践に見合った合理的な製造装置の供給

HACCPの論理を応用した人の介添え要素を排除した構成を設定した.そして,明確化された制限条件範囲における期待品質の保証(Guarantee)を可能にした.

2.2 ヒートシール原理の再確認

表20.1にまとめたようにプラスチック材の熱接着は,材料の持つ熱可塑性を利用している.その現象は配向力(van der Waals force)のナノサイズ環境である.加熱/圧着直後の冷却によって操作は完了する.所定の加熱温度帯で接着面のギャップを0.1 μm以下に接近して,配向力の作動環境におく.このために0.1〜0.4 MPa加圧を行う.圧着応力下で冷却すると分子の自由な再結晶化が抑制され,接着面には圧着応力が残留して,接着力となる.

配向力の発生環境は加熱がパラメータになって,補助的に加圧を要求している.

保障(Validation)の保証は,この要求を確実に実践することである.

表20.1《ヒートシールの基本原理》保障(Validation)の真髄

①プラスチック材の熱接着面を加圧によって,190 nm以下の環境に置き,
②数秒以内の昇温加熱によって接着面の構成分子を活性化する.
③接着対面に分子間に配向力が発生する.
④加圧状態で冷却すると結晶化が抑制され接着面に加圧応力が残留し,熱接着力が完成する.
⑤加熱が溶融温度(Tm)以上になるとモールド状態になり,接着対面は融合する.

— 234 —

2. ヒートシール原理の確認と保障から保証への展開

2.3　保障の保証のための新【D.F.S.】

公的規格の設定経過と代表的な新【D.F.S.】を**表 20.2** に示した．［機能・特徴］の課題に対する新【D.F.S.】を示した．今日のヒートシール技法の革新をしている筆者の開発【D.F.S.】を併

表 20.2　熱接着（ヒートシール）技法の公的規格と【D.F.S.】の変遷

時期	関連公的規格等	機能・特徴	新【D.F.S.】発案	文献
1950～1960	プラスチック材の市場展開	簡易な加熱体圧着による熱接着技法の展開		
1968	ASTM F88 制定	HSの計測法、密封と易開封の要請	熱接着標本の引張試験法	
1980	溶着面温度計測法の開発	接着面温度の直接計測法の開発	接着面温度の検出法の開発	
1981	JIS Z 0238 制定	HSの計測法、荷重試験、漏れ検出、その他	熱接着標本の引張試験法等の［日本語版］	
1996	溶着面温度計測法；"MTMS"	溶着面温度応答のIn-lineモニタ方法の提案	溶着面温度のシミュレーション法(MTMS)の提案	1) 2)
1998	溶着面温度計測法；"MTMS"	溶着面温度測定法："MTMS"をTokyo Pacckで公開	"MTMS"測定装置の公開	1) 2)
2000	ASTM F2029 制定	加熱温度の規格を新規 設定、HSSの関係、圧着圧を≪0.1-0.4MPa≫を提示	加熱温度を参照した試験法	
2002	溶着面温度計測法；"MTMS"	溶着面温度測定法："MTMS"をIAPRI2001(Chicago)で発表	デモ発表： MSU；The School of Packagingに導入決定	1) 2)
2006	加熱体表面温度の直接調節	加熱体表面温度のIn-lineモニタ化、	溶着面温度のシミュレーション実践　開始、温度変動の外乱制御	3) 4)
2006	剥離エネルギーの活用	剥離エネルギー理論の展開	剥がれシールの機能性の提案	5) 6)
2011	【Hishinuma効果】	HSSの変動原因の究明	「加熱速さ」がHSSの発現変移に関与	7)
2014	探傷液法	微細接着部位(10μm)の密着の確認法確立	探傷液法の定量性の確認報告	8)
2015	"一条シール"	包装材料の剛性が「密封」の成否に直接関与の発見	フイルムの剛性が密封性に関与の報告	9)
2015	"一条シール"	「密封」は応力操作、「易開封」はシーラントの設計	「密封」と「易開封」は独立メカニズム報告	10) 11)
2015	"一条シール"	新規≪D.F.S≫を統合的実践；［"一条シール"］	HS面の密封と易開封を同時に達成する新技術の提唱	12)
2016	探傷液法	「密封」には強い接着の常識を否定	微接着帯でも密封が可能の発見	13)
2017	新ラミネート加工方法	剛性が低下する軟化温度帯に易開封特性が発現する包装材料設計	表層材の軟化温度帯に合わせたシーラントの新設計法の報告	14)
2017	ヒートバーの宙吊り	加熱と圧着を分離して旧来の弱点を改革した新規のバンドシーラの開発	4次元圧着(線状圧着)の新HS方式の開発報告	15)
2019	≪界面温度制御≫	材料のヒートシール外面温度をヒートバーの表面に設置したセンサでリアルタイム検知	材料の外面温度を元に溶着面温度応答をリアルタイムでAIシミュレーション	16)
2023	レトルトパウチ包装の【HACCP】の革新	【HA】の根拠であった破袋原因の圧縮、衝撃荷重の実測結果を元に耐破袋性の革新	低ヒートシール強さの標本により、実際の破袋条件を実測	17)
2024	「モールド接着」	平面圧着では全面が溶融状態、大量のポリ玉がヒートシールエッジに生成	微細条突起による側端部をモールド接着する	18)

HSS：Heat Sealing Strength　　　　　　　　D.F.S.： De facto standard

— 235 —

第 20 章　保障（*Validation*）と保証（*Guarantee*）の常識

記した．詳細説明は文献欄の参照を期待する．

3.　注目すべき新【D.F.S.】

(1)　"一条シール"の開発は，新【D.F.S.】の数々はヒートシール技法の究極的課題であったヒートシール面の「密封」と「易開封」が実際にできる包装機械と包装材料の具体的製作に"一条シール"が展開できたことである．

(2)　そして，開封時の小片発生，非バリアフリー等の課題のあるノッチ開封に抜本的なメス入れることができるようになった．

(3)　新【D.F.S.】はレトルトパウチの HACCP，医療用不織布包装の微生物バリア性の保証確保で実証されている．

(4)　バンドシーラでは熱伝導の小さいグラスウールテープが常用されていた．ヒートバーの宙吊りで，金属ベルトが適用できるなって，数々の改革ができた[1]．

(5)　従来，ヒートバーによる「平面圧着」が常套手段としてきたが，凝集接着をしても，材料の破断強さの獲得前にエッジ切れを起こしている．平面圧着による大量のポリ玉生成が原因であった．凝集接着温度帯のヒートシールには，一条突起の「モールド接着」が不可欠であることが発見された[2]．

4.　考　　察

　これらの新【D.F.S.】の活用によって，最高レベルのヒートシール技法が要求されるレトルトパウチ包装や医療用不織布の微生物バリア性の保証が達成できるようになった．

■参照文献
1)　特許第 6257828 号
2)　菱沼一夫，第 33 回日本包装学会年次大会 (2024)

第21章　包装技法の品質管理

Ⅰ. **QAMM**（マネージメントの数量化手法；**Quantitative Analysis Management Method**）の展開

1. 従来の経営 / 組織運営の課題

日本の今日の工業経済を支えた原動力は，第2次世界大戦で荒廃した日本の戦後復興において，欧米並みの豊富な"物"の容易な取得であった.

「欧米に追いつき，追越せ」が国民的目標で，日本の企業が主体となって邁進した.

世界の先端を切って民生レベルの「品質管理」の浸透と日本人の特徴であった勤勉と立地条件が相俟って「高品質」の製品を世界に送り出し，貿易立国として成功した.

日本式生産方式も同時に世界に進出を果たした. 工業製品は世界的に共通化してきて同様な生産手段は世界の至るところに構築され，物不足は解消されて行った.

21世紀は，「大量生産」や「増収・増益」の20世紀型の経営はもはや成り立たなくなりつつある. 日本の工業製品は国際的に"A級"の認識が確立し，「高級品」の品質水準が確立されて，必ずしも"A級"品に拘る必要のない状況が進行した. "B級"品ビジネスの存在も発生している. 21世紀型のビジネスには「大量生産型」，「増収・増益型」から再び「高品質レベル化」をターゲットにする経営コンセプトが求められている. 具体的には，不具合の議論が［%］（2.5σ）から［3.5〜4.0σ］に移ってきている.

そのために必要なことは，"曖昧"，"About"，"成り行き"，"勘と経験"等の不確定なマネージメントを排して，経営指標，手段，原理，技術，人，設備，顧客ニーズ，"不具合"解析等に定量的なマネージメントを導入することである.

20世紀型の経営の失敗と成功をベースに筆者が開発した「数量化マネージメント手法」；**"QAMM"**は，21世紀型の経営ニーズに対応する.

2. **"QAMM"** の展開基本

従来の経営の"不具合"の改善は，ややもするとボトムアップ方式が採用されたり，出来合いの"改善システム"が導入された「全員参画」型が適用されている. 例えこの結果が成功したとしてもその組織体は"世間並み"になっただけである. "不具合"の取り扱いも「どうしたら良いか？」を誰かの責任の追及を覆した議論が普通化している. これでは真の"不具合"の改善に確実に到達することは稀にしかない. 多くの場合，経営資源の無駄使いとなる.

第21章　包装技法の品質管理

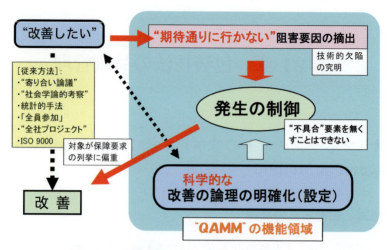

図21.1　"QAMM"による品質改善の展開マップ

本質的（革命的）な不具合解析法を図21.1に示した．

"QAMM"の展開の基本は大きく分けて3点に集約する．
(1) "不具合"は経営方針／事業方針（マネージメント）に"何"が阻害をしているか？
(2) "不具合"を「現象」として捉える（人のやっていることも「現象」とする）．
(3) 改善は「制御」と定義する．

何故なら，人が"不具合"と感じることを「自然現象」として捉え，解消するのではなく"不具合"につながらないように「制御」する．

例えば"落ちる"，は地球上の絶対的自然条件である．落ちる原因の「万有引力」は解消できない．"落ちる"ことによって起こる壊れや変形を，材料を強くしたり，壊れるまでの落下エネルギーが生じないようにしたり，"落ち"ないようにしたり，途中で受け止めることで「制御」できる．方法の選択はコスト（実施の難儀さも含む）の指標で選択する（図21.2参照）．

改善の最終判断はマネジメントされた「技術」が確実に反映されることである．"QAMM"は"不具合"やテーマに熟知した特定の少数（精鋭）者の活動で実践できることが特徴である．

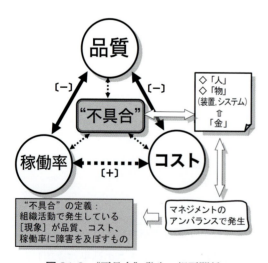

図21.2　"不具合"発生の相互関係

― 238 ―

Ⅰ．**QAMM**（マネージメントの数量化手法；Quantitative Analysis Management Method）の展開

3．「発生源解析」による"不具合"事項の的確な確定

"不具合"の原因を最終的に合理的に確定する．「複合起因解析」の展開方法を**図 21.3（a）**に示した．

この手法の特徴は以下の通りであり，解析中にこの展開を外すと失敗する

① 対象　課題の部位の選択（機械装置において部位名を選択する）

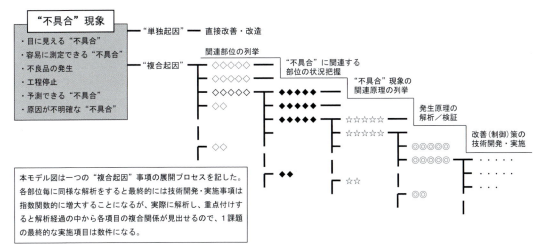

（a）"複合起因解析"の展開モデル

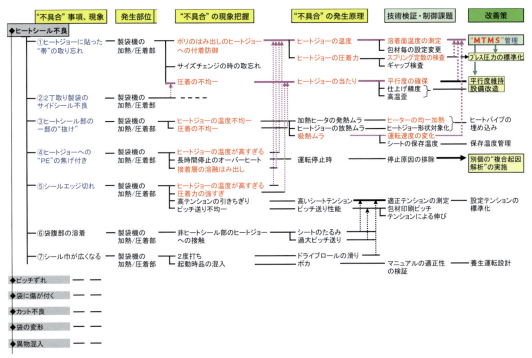

（b）製袋品の客先クレームの"複合起因解析"（事例）

図 21.3

— 239 —

② "不具合"に関連する部位の状況白

③ "不具合"現象の関連原理の列挙

④ 発生原理の解析／検証

⑤ 改善（制御）策の技術開発・実施

　すなわち，「発生源解析」は"不具合"要素の物理学的な解析・検出であり，物理現象の制御に他ならない．製袋品の客先クレームの解析への適用例を**図21.3（b）**に示した．改善策が具体的にまとめられている．結論が得られない事項は，その項目を新規な「発生源解析」として，物理的制御対象が確定できるまで展開する．

4.　発生確率に応じた対応，"不具合"検知・除外のマネージメント

4.1　「1％理論」

　"不具合"の程度の重大性を定性的に把握することは，効率的な取り組みの第一歩である．我々は発生頻度によって評価している．一般的には，[1/100]（％）を目安にしている．

　発生確率に応じたシステムの特性を分類した「1％理論」を**表21.1**に示した．

　[1%]程度の確率で発生する"不具合"は，人目の観察で容易に確認できるから，頻度は大きくても改善は容易である．品質保証では，人目では発見しにくい[1/1,000]以下の"不具合"の対応である．統計学の「正規分布」の良品評価の[3.5 – 4.0 σ]の達成が求められている．

表21.1　「1％理論」

発生確率	特　　徴
1/100〜1/10³ [1〜0.1％]	・期待成果に対して，単一要因の明かな欠陥がある ・改善は容易　[単一現象の"ゆらぎ"]
1/10⁴〜1/10⁵ [100〜10 ppm]	・観察での発見は困難 ・発生確率の高い2つ以上の関連要素（"現象"）の摘出が必要 ・関与現象検知器の設置が有効
1/10⁶〜1/10⁸ [1〜0.01 ppm]	・発生確率の高い3つ以上の関連要素の摘出 ・発生確率高い3つ以上の関連要素の起因推定が必要 ・関連要素の変動検知器の設置が有効 [高信頼検知]

4.2　低発生率の発現の"不具合"の特徴

　"不具合"の発生を詳細に観察・解析してみると表21.1に併記したように低発生率の"不具合"が時間的に一致する複合作用で発生していると推定できる．

　「発生源解析」によって得られた原因事項の動作状態（バラツキ）を個別に計測し，複合状態を演算すると発生確率を推定することができる．

　発生確率を[1/10,000]以下に制御するには，バラツキの大きい事項を2個以上の選択する必要がある．[1/100,000]以下の課題解消には3個以上の選択ができれば同様な対応ができる．対象事項が予防保全の対象なら，対象事項のバラツキをOn-lineでモニタして，"不具合"の発生を事前に抑制もでき，不良品を発生（生産）させない本質的な品質管理ができる．

— 240 —

4.3 "不具合"の発生確率に応じた包装プロセスの品質保証対策

実際の工程での上記の課題の対処方法を図21.4に示した．

高確率で発生する"不具合"と低確率の案件の取り扱いを分類する．具体的な対応策は「発生源解析」によって，的確性を評価する．

最終的には，①（先ず）発生源の撲滅，②（止むを得ず）完全排除策の開発，③（保険機能として）高信頼検知法の開発（Fail Safe 設計）である．

最終的な検査装置は確定されている"不具合"項目の On-Line バラツキ検知に限定するものであり，高価な検査装置を要求しない．"不具合"の発生前に作動させるので，稼働率の損傷は起こるが，"不具合"製品の市場への流出は防御できる．

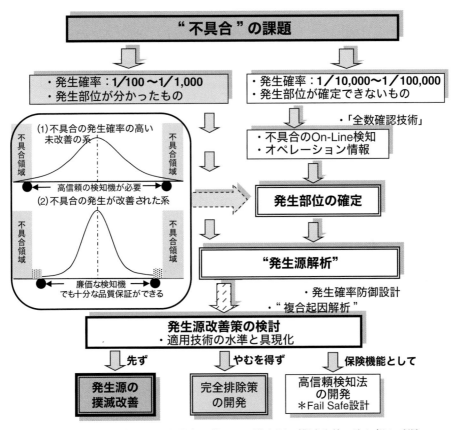

図21.4 "不具合"の発生確率に着目した発生源の撲滅改善の取り組み手順

5. 工程設計と製作への展開

QAMM 診断を利用したヒートシール技法の"不具合"の悪循環の対処策を図21.5に示した．的確な論理に基づいた対応技術の開発が不可欠であることがわかる．"一条シール"，《界面温度制御》技術がヒートシール技法の改革に貢献していることがわかる．

第 21 章　包装技法の品質管理

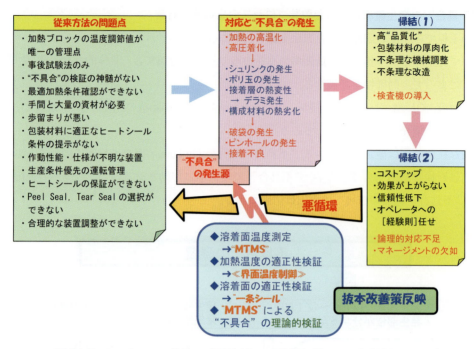

図 21.5　ヒートシール技法の"不具合"の悪循環（"QAMM"解析のまとめ）

II．「正規分布」の巧みな利用

1．正規分布による信頼性保証の仕方と確認

1.1　正規分布の説明

　いろいろな現象の多くは，データが平均値の付近に集積するような分布を示す．

　正規分布（ガウス分布）は，確率論や統計学で用いられている確率分布の一つである．

　平均値を中心にして左右対称である．

　確率変数が1次元正規分布ならば，

　　平均値；μ, 分散；$\sigma^2 > 0$　とすると正規分布は，次式で表される．

$$f(x) = \frac{1}{\sqrt{2\pi\sigma^2}} \exp\left(-\frac{(x-\mu)^2}{2\sigma^2}\right)$$

　σをパラメータに標本データ［x］の存在分布を知ることができる．

1.2　「正規分布」の利用

　普段，制御結果の信頼性を論ずるとき，背景には正規分布理論があるが，適格に認識していないこともあって，改善への展開に結びついていない．

　製造システムでは，製品の品質，設備の稼働性等，構成要素毎に定義して論ずる必要がある．例えば，包装の充填量のバラツキ，ヒートシールの加熱温度のバラツキ，ロット毎の稼働率変動，

チョコ停回数等である．製造工程では，重要なファクタの No.3 位までの管理をするとよい．

正規分布の分散値を**表 21.2** に示した．σ をパラメータした数値は式で演算できるが，汎用的には数値表を利用した方が簡便である．数表から得られた数値（x）の平均値を中心に両側にその分布をグラフ上にプロットすると**図 21.6** のようになる．数値表は「数学ハンドブック」やインターネット等から引用すると便利である．

例えば，秤による計量物の重量，回分操作の加熱温度等のバラツキは，そのシステムの性能によって変化する．バラツキ原因の分散を [2/3] に縮小制御した場合の信頼性の改革例を図 21.6 中に示した．

表 21.2　正規分布分散値（抜粋）

信頼区間 σ	信頼度（存在率）百分率(%)
0.319	25
0.674	50
0.994	68
1σ	68.269
1.282	80
1.645	90
1.960	95
2σ	95.45
2.576	**99**
3σ	99.73
3.291	99.90
3.5σ	**99.97**
3.891	99.99
4.0σ	99.994
4.417	99.999
4.5σ	99.9993
4.892	99.9999
5.0σ	99.99994
5.327	99.99999
5.731	99.999999
6.0σ	99.9999998

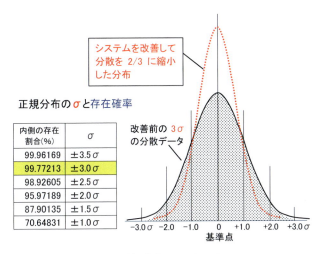

図 21.6　正規分布のモデルグラフ

1.3　制御対象を所望の信頼性範囲に位置づける方策の事例

（1）ボトル充填工程のノズル挿入ミスを防御して，品質維持と稼働率改善を果たした事例

液体製品の瓶詰工程のチョコ停は，ノズルの挿入ミスが大きな課題になっている．

その課題要素の構成を**図 21.7** に示した．構成要素のバラツキは図中に示した．

この系の運転中の総合バラツキは ［Σ＝±3 mm］ となる．容器の口径は 30 mm であるから瓶口径に対する余裕は，［(30−6)＝24 mm］ となる．

ノズル径を 24 mm とすれば，不具合の発生率（3σ）となり，ノズルの挿入ミスは，約 3/1,000（≒0.3％）を査定できる．不具合の発生をもっと小さくするためには，構成要素のバラツキを小さくする必要がある．手っ取り早い方法は，運転速度は遅くなるがノズル径を小さくすればよい．改善の制御対象は①ノズルのブレ，②ボトルの位置決めである．この充填工程は直列 12 本のノズル方式で構成されている．ノズル挿入ミスが発生すると当該レーンのみが充填操作を中止して，他のレーンは通常の充填操作を行う《Fail Operable》にしてあって，運転を中止せずに計画の時間内に仕込まれた製品の充填を行っている．

実際のプロセスに反映した充填機の運転の成果では，2,000 Shot/バッチの運転でも，ノズル

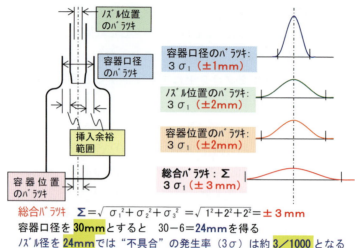

図21.7 正規分布理論をボトル充填工程に適用した信頼性の検証（事例）

図21.8 設計に正規分布理論を展開した ボトル充填工程

挿入ミスは起こらなかった．実際の運転では，バラツキが設定した値より小さかったことになる．設定値を維持するような定期的なメンテナンスで，10数年間の運転でも性能を維持している．実施事例を**図21.8**に示す．

(2) 正規分布管理の汎用化

1つの原因で起こる不具合は，その原因の解消が必須である．

扱いに困る多くの不具合は，2つ以上の原因が同時刻に起こって，複合的に発生するケースである．このケースでは，別の部位で発生する"不具合"の目視は不可能であるから，原因と思われる部位に（廉価な）検知器を設置して，電気的な検知／記録が有効である．

「1%理論」によって，この基本論理が展開できる．1%の確率で起こる2つの不具合の同期発生確率は［(0.01×0.01)＝1/10,000］となる．したがって，複合起因で発生する不具合なら，2つの原因を解消しなくても，扱いやすい原因の1つを制御すれば，1/10,000の信頼性を確保できる．

3つの複合起因で発生する場合は，不具合の発生は論理的には［1/10,000 – 1/1,000,000］となる．

「1%理論」の展開は，PPMオーダーの不具合発生の制御の可能性を示唆しているが，この必須要件は，想定される不具合項目の自動検知が必要である．

ヒートシール技法では，《界面温度制御》が有効に機能する．

1.4 「正規分布」を総合的な信頼性確保に反映した包装工程の発生源撲滅改革

正規分布理論を展開しても，1/100,000〜1/1,000,000発生源の撲滅は困難である．

不具合の撲滅（排除）には，現物検知と除外となる．しかし，検知／除外装置の信頼性が正規

Ⅱ．「正規分布」の巧みな利用

分布論で保証されていることが前提である．

　この「正規分布」を総合的に展開し，発生源を撲滅する展開を図21.4に示した．

　"不具合"の課題発生確率が［1/100 – 1/1,000］と［1/10,000 – 1/100,000］に分類する．

　［1/100 – 1/1,000］のケースは，「1％理論」で定義したように複合原因の1つの改善でよいことになる．

　［3σ］管理では，99.97％，［2σ］は，95.45％が良品扱いとなる．厳密さを要求しない場合には，［3σ］から［2σ］に管理基準を変えるだけで［99.97－95.45＝4.52％］が良品扱いとなる．

　［1/10,000 – 1/100,000］のケースは3項目以上の不具合が複合的に関与しているので，厳密な"発生源解析"を行って，発生源項目を確定する必要がある．そして"発生源"の撲滅を図る必要がある．

　超低頻度の不具合は，改革の技術的な困難さやコストパフォーマンスから，必ずしも直接的な改善に結び付けられない．止むを得ず，完全な排除策を図る．この場合，その排除策の信頼性が問われる．"高級"な排除装置ではなく，例えば，残存物の排除には，当該装置を180°反転して，重力で落下除外する等，自然現象を利用した排除法が得策である．

　更に止むを得ず，検知する場合は不具合の発生原因となる要素（装置の動作）をシンプルなセンサ（ex. リミットスイッチ）でOn-Line検知して，製造装置をシャットダウンするFail Safeを適用する．図21.7の事例では，当初，ノズル位置のバラツキと容器位置のバラツキを数万円のリミットスイッチで常時モニタをしていたが，予防保全で設計能力が維持できたので後に撤去した．高価な映像装置を適用する必要はなかった．

第22章　回分操作の溶着面（接着面）温度のステップ応答の巧みな利用

1.　はじめに

　ヒートシール技法の回分加熱において，ステップ状に加熱された，溶着面（接着面）温度応答は，「ステップ応答」，「一次遅れ」と言われ，抵抗とコンデンサーの電気回路で表されている．厳密には，溶融温度帯を通過するとき，吸熱反応で僅かな遅れが現れるが，応答時間等の把握には便利である．

　図22.1はMTMSキットを適用して，平衡温度がT1，T2，T3の溶着面温度応答を計測したものである．平衡温度状態（tc）になれば，溶着面温度応答はヒートバーの表面温度に漸近するので，溶着面温度応答に準じた加熱標本を作製できる．加熱時間の長いラボでのヒートシール試験は容易だが，実際の短時間（ta）の過渡応答圧着での「到達時間」と「到達温度」はMTMSキッ

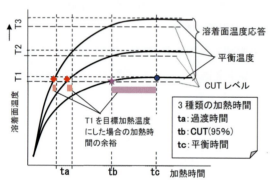

図22.1　MTMSキットを使った溶着面温度応答の取得例

トの計測データが不可欠である．MTMSキットのデータを参照すれば，実際の作動状態の溶着面温度の適格性をチェックできる．しかし，作動中の現場での溶着面温度応答の計測は容易でない．過渡加熱の溶着面温度応答のシミュレーション方法の検討結果を以下に示す．

　詳細なシミュレーションは，前著の「ヒートシールの基礎と実際（幸書房）」の［9.4］p.130-139に記載してある．本章では簡便な方法を紹介する．

2.　ステップ応答のシミュレーションによる過渡加熱応答の推定

　ステップ状に圧着されるヒートバーによる溶着面（接着面）温度応答は，次式に示す一次遅れ応答で表される．各ファクタを次のように設定する．

　　To；応答温度（℃），Ti；設定温度（℃），Tr；室温（℃），t；加熱時間（s），
　　Tc；時定数（s）

$$To = (Ti - Tr) \cdot \left(1 - e^{-t/Tc}\right) + Tr$$

— 246 —

この式の意味は，溶着面（接着面）の到達温度（To）は，ヒートバーの表面温度（Ti）が，1次的に支配し，その速さは，材料の熱容量（Tc）できまる．基準応答は，$[Tc=1]$，$(Ti-Tr)=1$ とし，Excel 上で $\left(1-1/e^{-\frac{t}{Tc}}\right)$ を演算して，作図する．Excel 上で，$[t]$ をパラメータにして $(1-1/e^t)$ を演算すればよいのだが $[e^t]$ を「数学ハンドブック」から取り出せばよい．

温度条件は $(1-1/e^t)$ に $(Ti-Tr)$ を乗じた結果に Tr を＋すればデータ群が完成する

これをグラフ化すれば任意のステップ応答が得られる．この手順を**表22.1** に示した．

シミュレーションの時間設定は立ちあがり初期の $[1\,s]$ までは $[0.2\,s]$ を選ぶ．選定した時間に相当する $[e^t]$ を文献から引用する．後は Excel のアプリを利用して作図迄進める．表22.1には，基本操作の部分のみを記した．

実際の $[Ti]$，$[Tr]$，$[Tc]$ を入れて演算すれば，所期の応答曲線を得ることができる．

このデータからもヒートバーの圧着加熱の熱特性を定量的に理解できる．

ヒートシールの操作では何時も現場の「時間生産性」から回分動作の高速化が求められる．ヒートシール操作は回分時間の約半分（50％）になっている．

$[30\ \text{shot/min.}]$ の回分時間は $[60\,s/(30\ \text{Shot})=2\,s]$ となるからヒートシールが使える時間は $[1\,s]$ となる．$[1\,s]$ は，平衡時間に対して $[60\%]$ であることがわかる．すなわち未だ温度傾斜の大きい過渡時間加熱になっている．

表22.1 Excel を使ったステップ応答の作図の仕方

設定値	Ts=1 文献から引用	$(Ti-Tr)=1$ Tr=0℃	実際の条件を入れて計算
t（s）	e^t	$(1-1/e^t)$	[To]
0	1.000	0	＊
0.2	1.221	0.181	＊
0.4	1.482	0.325	＊
0.6	1.821	0.451	＊
0.8	2.222	0.550	＊
1.0	2.521	0.603	＊
1.6	4.96	0.798	＊
2.0	7.38	0.864	＊
3.0	20.01	0.926	＊
4.0	54.5	0.982	＊
5.0	149	0.993	＊

3. パソコンの《図形ソフト》使った更なる簡便法

パソコンの図形ソフトを使った応答の作成簡便法を**図22.2** に "**MTMS**" キットの採取データ又は上記のシミュレーションで得た $[110℃]$ のデータを基準温度応答とした．曲線アプリで，基準応答上をプロットして，コピー曲線を作る．同一材料のシミュレーション曲線は，始発点を同じにして高さ方向のみ（時間軸の倍率を固定して）の拡大とする．所望温度の平衡温度線まで拡張して，シミュレーション曲線（1），（2）を作成した．

シミュレーションを利用するには，$[95\%]$ の到達点を基点にする．基準応答の95％応答値は $[105.5℃]$ である．$[140℃]$ の線とシミュレーション応答の交点は，ta(1)＝$[0.42\,s]$ と $[170℃]$ の交点は ta(2)＝$[0.30\,s]$ となった．ヒートバーの接触面温度の調整で，溶着面温度応答の変更が推定できた．この知見から，逆に ta(n) を決めて，$[170℃]$ との交点ができるようにマウス操作をすれば，平衡温度の加熱温度応答からヒートバーの加熱面温度設定値を知ることができる．

第 22 章　回分操作の溶着面（接着面）温度のステップ応答の巧みな利用

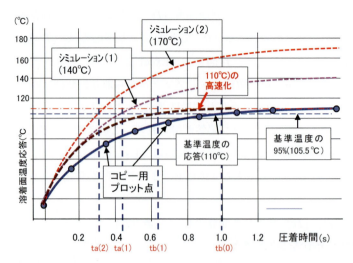

図 22.2　パソコンを使った任意の応答の作成方法

　実際にはヒートバーの温度調節値を調整して，おおよその確認ができた後に "MTMS" キットを適用して，実機の溶着面温度応答の確認をする．

　材料の厚さが薄くなった場合のシミュレーションは，縦の倍率を変えずに，時間軸方向の縮尺を小さくすれば，シミュレーションが完成できる．図中の例では，[tb] を 0.62 秒まで短くした場合を示した．

　この方法を使えば，ヒートシール操作の任意の操作をパソコン上でシミュレーションできるので，設定した運転条件の適否のおおまかな判定ができる．

　《界面温度制御》を導入すれば，ta(n)は直接計測できるので，上記のシミュレーションは不要になる．

　過渡温度加熱点までの加熱時間は，平衡温度に対して，大幅な短縮になる．すなわち加熱時間が高速になり，【Hishinuma効果】（第4章参照）の影響が大きくなるので，低速加熱に対して大幅なヒートシール強さの変移のあることに留意．しかし，《界面温度制御》（第6章参照）の開発によって的確な溶着面（接着面）温度応答の制御が可能になっているので実際に合わせた補正が容易である．

第23章 "一条シール"と《界面温度制御》の開発がもたらしたヒートシール技法の30有余年のアーカイブと革新のまとめ

最新のヒートシール技法の改革情報 ―"一条シール"の発明がもたらした経験則からの脱皮― 日本包装学会誌：Vol.26, No.4 (2017) 参照，最新情報による補完，改訂

"一条シール"の開発は，ASTM F88(1968年制定)要請してきた剥れシールへの展開の回答となり，ヒートシール技法の革命を果たしている．その実用化には，的確な溶着面（接着面）温度応答の制御の技術が求められていた．これに対応できる技術として《界面温度制御》が完成され，ヒートシール技法の期待の「車の両輪」が完成し，2024年時点で，ヒートシール技法の革命を果たしている．詳細は各章に記述したが，全体のアーカイブの要点をまとめた．

1. はじめに

ヒートシールはプラスチック材の熱可塑性を利用して，簡単な圧着加熱で容易に材料面の接着ができる特徴がある．包装用のプラスチック材の開発と連動してヒートシール技法は進展し，その歴史は既に半世紀を超えている．歴史上の古典的な誤認が今日も支配していて新規なニーズや技術展開の妨げになっている．

今やプラスチックの包装材への利用は，圧倒的な市場展開が図られ，日本では約10個／日・人（約10億個／日）が包装製品に展開されていると推定される．

エンドユーザー（商品製造社，消費者）は，当初の単なる機械的な溶着から，接着面の破袋耐性の向上，ノッチ方式に依らない易開封性の達成等の，新たな機能展開へ期待を高めている．

合理性の不明確な従来の「温度」，「時間」，「圧力」をパラメータにしたヒートシール管理の今日の状況を計測・制御工学的に診ると《閉鎖的論理》に陥って，破綻し始めている．

『ヒートシールの *Validation*』[1]がアメリカの学際から再び提起され，抜本的な改革が求め始められている．日本においても速やかな改善対応が必要であろう．

ヒートシール技法の今日的なターゲットは「密封」と「易開封」の両立である[2]．

これを達成した"一条シール"[3-10]の技術展開は，従来の誤認を克服し，新理論の統合化を果たした．この技法を支えた新知見を基に従来のヒートシール技法の問題点を筆者のノウハウの全面開示をすると共に総説する．

紙面の都合で詳細説明を割愛した個所の論拠は提示した引用文献の参照を期待する．

第 23 章 "一条シール"と《界面温度制御》の開発がもたらしたヒートシール技法の 30 有余年のアーカイブと革新のまとめ

2. "一条シール"の開発がヒートシール技法の革新を実証した

2.1 ヒートシール面の「密封」と「易開封」はヒートシール技法の究極の課題

「密封」と「易開封」は包装の重要な基本機能である. プラスチック材の熱接着面の評価に際して, ASTM F88−[4.1]は「接着強さ」だけではなく「剥れ強さ」の評価を同時に求めている[2].

今日, 定量的に *Validation* されたヒートシール面を利用した「易開封」方式は提示されておらず, ノッチ方式やイージーカット方式が「易開封」の主流となっている.

これらの方式は消費者の要求を満足できず, いつも非バリアフリーの筆頭に挙げられている. この課題の発生には, 「密封」には「"強い接着"が不可欠」の"常識"が原因となっている. そして, 低温作動化と分厚いシーラントの採用が, 凝集接着偏重への誘導となっている.

筆者は「探傷液法」の微細部位の漏れ検知能力[11, 12]を利用して, [0.1 〜 0.2 N/15 mm]帯の接着特性を検証し, 加熱によるラミネーション表層材の剛性軟化を利用した密封性のメカニズムを検討した.

その結果, 従来の"常識"を覆し, 微弱ヒートシール強さ帯での密封を見いだすことができた. この知見をベースに統合的な検討を重ねて, ヒートシール面の「密封」と「易開封」を複合的に達成する"一条シール"の開発に成功した.

新技法の開発は, 従来のヒートシール技法の革新そのものであり, ヒートシール現象の新規解釈と数々の誤認を見出した. 以下に"一条シール"の発明で見出された詳細を記す.

2.2 "一条シール"の開発で発見された新規の論理と技術事項

ヒートシール技法のヒートシール面において「密封」と「易開封」を同時に達成することは古典的な理論と論理では困難とされてきた.

筆者は剥れシールの機能性に着目し, ヒートシール技法を構成する個別操作の合理性を永年追求してきた.

"一条シール"の完成に寄与した合理化事項は, 真にヒートシール技法の革新であった.

本論の詳細記述に先出しし, これらの項目と革新事項を先ず紹介する.

革新事項とそのまとめの 16 項目を第 1 章の表 1.1 に示した. "一条シール"の開発に展開された新論理, 新技術と従来(古典的な)論理 / 技術の比較検討を次に記す.

3. 現行の公的規格の課題

3.1 ヒートシール技法の公的規格とその問題点

世界中に標準的に普及しているヒートシール規格は, 1968 年に制定された《ASTM F88−》が基幹規格として君臨している. これに付随して《JIS Z0238》が 1981 年制定されている. 両規格は《ヒートシール強さ》の評価のみに特化していて, ヒートシール技法の基幹パラメータである加熱温度に関する規定は一切ない.

− 250 −

3. 現行の公的規格の課題

2000年になって加熱温度に関する《ASTM F2029》がやっと制定されている.

加熱温度の取り扱いを取り上げた《ASTM F2029：7.3》では［5℃］ステップより，狭い計測結果の比較を避けている.加熱温度に対する規定が最近まで制定されなかったところに，ヒートシール技法において《加熱温度》の汎用的な取り扱いに関し多くの課題が未解決であると言える.JISを始め加熱温度に関する規格は未だにない.ISOには，未だにヒートシール技法の規格がない.アメリカにおいて《ヒートシールの *Validation*》がやっと取り上げられたが，今日世界的に見てもヒートシールの加熱温度を保障した包装機は見られないし，供給者はノルマと思っていないようだ.

3.2 既存の公的規格の特徴比較

《ASTM F88, F2029》と《JIS Z 0238》の共通的な事項の比較を**表23.1**にまとめた.

基幹事項の《ヒートシール強さ》の計測方法に相違があるので，測定結果の *Validation* にも相違がある.

筆者が提唱している **"MTMS"** [13-15] を参照するとその特徴（欠陥）がより明確になる.

この基本的相違は規格を適用する各国のヒートシール文化の相違として，今日に大きな影響を及ぼしている.

表23.1 ヒートシールの公的規格の仕様（ヒートシール強さ，加熱温度）の定義比較

	ヒートシール強さの計測法				加熱温度の規定	計測結果のValidation
	標本幅(mm)	標本長さ(mm)	計測方法	引張速さ(mm/min.)		
ASTM F88	10～25	76×2	平均値	200～300	なし	計測結果をValidation せず
JIS Z 0238	15	100以上	最大値	300±20	なし	適格でないが規定性強い
ASTM F2029	ASTM F88に準拠				加熱体温度	計測結果をValidation せず
"MTMS"	<15	25～35	目的によりパターンから抽出	50付近	溶着面温度	計測結果をValidation する

3.3 公的規格にみるヒートシールを評価する諸試験項目

《ASTM F2029》が加熱体の調節温度を元に〈加熱方法〉，《ASTM F88-》や《JIS Z 0238》は〈引張試験〉，〈破裂試験〉，〈落下試験〉，〈漏れ試験〉を標準的に規定してきた.

包装現場のヒートシールの問題点を摘出すると表1.2のように不具合を「標準化」して，列挙ができる [16].現状は規定と実際の課題との連携が薄く，規定の現場対処性に多くの課題が潜在している.

3.4 基幹の公的規格がカバーしていない "不具合" 項目

今日，ヒートシールの課題は，①加熱温度，②応答時間（加熱応答），③加熱速さ，④圧着圧，⑤加熱体の表面細工，⑥漏れ検査，⑦包装材料の仕様，⑧引張試験方法，⑨ヒートシール強さ（順不同）の9項目群を複合して評価する必要がある.

— 251 —

第 23 章　"一条シール"と《界面温度制御》の開発がもたらしたヒートシール技法の 30 有余年のアーカイブと革新のまとめ

しかし，現行の公的規格の総合的評価 / 解析能力は不十分であり，表 1.3 のまとめのような課題が鬱積している．

4.　《ヒートシールの *Validation*》の期待（定義）

PACKEXPO2016 において，ヒートシール関連機械の出展社はこぞって『ヒートシールの *Validation*』を課題として取り上げていた．2002 年の問題提起が再来している．この課題の提起は FDA が主導していると考えられる．

筆者は《ヒートシールの *Validation*》の具体的な展開として，次の課題を設定している．
(1)　Tamper resistance の確立〈Defense から Protect〉
(2)　ヒートシール面の「密封」と「易開封」の保証
(3)　(1)，(2) を確実に達成するための合理的な加熱方法の確立（高精度な溶着面温度応答の管理技術の確立）

ヒートシール技法の近代化は，第 2 章，図 2.1 の 9 項目群の各操作要素が *Validation* の要求に連動対応しているかどうかに懸る [17]．

5.　プラスチックの熱接着に関与している諸要素の合理性の検討 / 検証

プラスチックフィルムのヒートシール操作において，基幹となる制御対象は《熱接着強さ》と《加熱温度》である．

5.1　熱接着強さ（ヒートシール強さ）の定義と合理性の検討
　　《JIS Z 0238, ASTM F88, F2029》に替わる新ヒートシールの試験方法へ展開
5.1.1　公的規格によるヒートシール試験標本の作り方

熱接着強さ（ヒートシール強さ）はプラスチック材の熱可塑性によって発現する．

単一フィルムの場合，溶着面温度の上昇と共に合わせ面の界面接着力は上昇して，溶融状態になると凝集接着となり，接着面は一体化してモールド状となり接着面はなくなる．

ヒートシール強さは加熱方法：《ASTM F2029》と《ASTM F88》が統合している．2 つの規定を主体に，その試験法を要約すると次のようになる．

《ヒートジョー方式》で次の条件を設定して作成し特性を計測する．
① 両面の加熱体調節温度を同一温度にする．（ASTM F2029：7.2.3.1）
　　加熱体の表面温度管理の必要性は論じているが，具体法の提示はない．
② 0.1 ～ 0.4 MPa の圧着圧環境下で実施（ASTM F2029：7.2.3.2)
③ 加熱体の調節温度値をパラメータにした加熱標本の作製

《ASTM F2029：7.3》では5～10℃のインターバルの選択を規定している.
④ 引張試験のグリップ距離を150 mm以上とする.
⑤ 加熱後の標本を10～25 mm幅に切断する.（JIS Z 0238は15 mm）
(筆者註：加熱時の標本の幅は設定幅の約3倍が好ましい)
⑥ 300 mm/minで引張試験をする.
(筆者註：引張速さはヒートシール強さに関係しないから剥離状態の容易な観察のために50-100 mm/minを推奨)
⑦ 引張試験の出力をアナログ記録して，引張りパターンから目的に沿ったその強さを計測する.
　・《ASTM F88》では強さが計測パターン中の80％以上の平均値を計測値とする.
　・《JIS Z 0238》ではデータパターン中の最大値を選択する.
⑧ 各加熱温度の測定で得られたデータ群の加熱温度を横軸に取り，プロットしてグラフ化したものをヒートシール特性としている.
⑨「ヒートシール強さ」は一定の幅の（平均）引張強さのスカラー量を計測している. 強さの比較で接着性能（耐破袋性：破袋エネルギー）を議論する間違いを犯している. この結果，"強い接着"（凝集接着偏重）が推奨される悪習慣に至っている.

5.1.2　現行方法で採取された「ヒートシール特性」の非汎用性の検証→【Hishinuma効果】へ

「加熱速さ」による変移現象を加味した測定例をモデル化したものを図23.1に示したが，引張試験の測定結果は次の理由によって汎用化できない.
(1) データの抽出方法が合理的ではない.（平均値，最大値の選択）
(2) 100 mm以上のグリップ間長さは，ヒートシールエッジに垂直な引張荷重を掛けることを意図しているから，標本の幅（10～25 mm）の平均値測定になる.
(3) 標本幅の10～25 mmの設定は，広い接着面の剥がれ荷重の平均化を意図している（"ポリ玉"の検知は困難）.
(4) 100 mm以上の長い標本の選択で，伸び特性に引張強さが平均化されて，伸び特性に埋没してしまう[18].
(5) 以上の試験はヒートシールエッジに均一な荷重を掛け，材料固有の熱接着特性を平均値化した試験法であり，ヒートシール製品の密封や破袋耐性の*Validation*に適しているとは言い難い.
(6) カバー材の任意選択の適用で「加熱速さ」が変動し，ヒートシール強さの発現変移

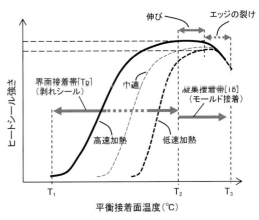

図23.1　モデル化したヒートシール強さ特性

第 23 章 "一条シール"と《界面温度制御》の開発がもたらしたヒートシール技法の 30 有余年のアーカイブと革新のまとめ

の影響がヒートシール強さに影響する [19, 20]. 同一温度加熱でもヒートシール強さの相違が発生する. これは, 長年, 関係者の間で, (カバー材の相違で) 同じヒートシール強さの取得ができない悩みの原因である.

(7) (6) が原因で同一材料でも厚さが変わると接着強さが変わる.

(8) (接着強さ)＞(材料の伸び強さ)の領域では (引張強さ) は材料の (伸び強さ) を示す.

(9) (7) と (8) が原因で同一材料でも厚さが変わると接着強さが変わる.

(10) [5℃] インターバル内で起こる変曲特性は検知できない. あるいは異なったパターンを得ることになる. 実際の仕上がったグラフは [5℃] ステップの折れ線グラフになる.

(11) 複合フィルムではシーラントと表層材のラミネーション強さが関与してくる. (接着強さ)＞(ラミネーション強さ)のとなる領域では (引張試験強さ) はラミネーション強さを示す.

　熱接着強さ (ヒートシール強さ) は "無限個" ある. 1 つの材料に 1 つの "ヒートシール強さ" を《JIS Z 0238》は最大値に定義し, 関係者は従順しているが, これは凝集接着偏重を誘導して, ヒートシール技法の合理性を著しく混乱させてきている.

5.2　複合フイルムが示すヒートシール特性の特徴と活用

　上記にヒートシール強さの測定結果の汎用性の欠陥を記したが, シーラントの設計上の特性も大きく関係する.

　ラミネーション材の場合はヒートシール強さとして計測されたものに次の要素が含まれている. 引張試験から得られた結果を単純にヒートシール強さとして評価すると材料の設計仕様の本質的な機能を見失うことになる.

(1) シーラントの接着面の剥離：①シーラントの界面剥離強さ, ②剥れシール強さ

(2) シーラントのエッジ切れ強さ：①シーラントは凝集接着状態, ②材料の破断強さ, ③シーラント伸びが僅少な場合は破断, ④シーラントの伸びが大, かつ, ラミネーション強さが小さいとデラミが起る. ⑤ヒートシールの試験標本の側面から裂断を起こす.

(3) シーラントと表層基材の層間剥離を起こす：①伸びやすいシーラントの選択, ②弱いラミネーション強さ, ③容易なエッジ切れ, ④この現象を巧みに応用した材料設計が「層間剥離」シーラントである.

(4) シーラントの凝集破壊：①(層間接着力)≧(界面接着力)＞(シーラントの凝集破壊力)がなされると引張試験によってシーラントは凝集破壊を起こし剥離する, ②この特性を巧みに利用するとヒートシール面の「易開封」を実行できる. "一条シール"ではこの特性材料を適用して, 「密封」シール下で「易開封」を複合的に達成している.

5.3　現状の加熱温度の定義と合理化の検証

　ヒートシールの *Validation* の技術上の基幹は加熱温度の制御である. 加熱温度の定義の代表規定は《ASTM F2029》が支配して, 加熱体の温度調節設定値が指定されているが, 合理的ではない.

— 254 —

5. プラスチックの熱接着に関与している諸要素の合理性の検討／検証

表23.2 ヒートシールの加熱温度のさまざま定義

	加熱温度精度（℃）	インターバル（℃）	加熱時間（s）	適用圧力（MPa）
ASTM F2029	加熱体の温度調節 精度：±1℃	5〜10	(1)平衡時間：1-10 (2)トランジェント： 〜25μm：0.5 25〜64μm：1.0	0.138〜0.413 （20−60psi）
ISO 17557	加熱体温度： 規定なし	5 ≪間は内挿で 求める≫	平衡時間：2	0.2
メーカーの カタログ	加熱体温度 (不明：社内規定が多い)	5	平衡時間： 0.5,1.0,3.0 …	0.1〜0.4
"MTMS"法	溶着面温度：±0.1℃	0.2〜2	(1)設定溶着面温度の − 0.1℃の到達時間 (2)加熱途中は 直接計測で定量	0.1〜0.25

出典：日本缶詰協会レトルト食品製造技術ワークショップ 2012年03月07日 Power Point

表23.3 加熱温度の定義と特徴の比較

名称	説明	特徴
加熱体温度	加熱体の温度調節 設定値が管理指標	1）ASTM F2029 が採用 2）調節用センサの設置場所で加熱体の 温度調節結果が異なる 3）加熱の平衡時間の把握ができない 4）加熱体温度で定義されたヒートシール 強さデータの横断性が乏しい
加熱体 表面温度	加熱体と加熱材料 の接触面温度	1）表面温度の検出に配慮が必要 2）加熱温度の定義個所として最適 3）トレーサビリティーの取得が容易 4）表面温度の調節法の確立済み ※1
溶着面温度	材料の接着面の温 度	1）材料の接着面の到達温度を微細センサ で直接計測 2）製造工程に直接適用できない 3）溶着面温度応答データから加熱速さ データを取得できる 4）加熱体表面温度との連携で製造製品の 溶着面温度を間接的に制御できる ※2 5）材料の【Hishinuma 効果】の現象把 握には不可欠

※1 特許第 4623662号（2010年11月）
※2 特許第 3465741号（2003年8月）

出典：日本包装学会年次大会 2012

表23.2 に現行の様々な加熱温度の定義と適用圧着圧帯を併記してまとめた．共通的には加熱体の温度調節設定を定義している．筆者は微細センサを接着面の直接挿入して実際の「溶着面温度："**MTMS**"」の計測を提唱している[21]．実態の改善課題ニーズを**表23.3**に整頓した．

"**MTMS**" を参照すると従来法の温度ステップの粗さが明らかになり，従来法の定義がヒートシール理論の構築／解析／検証に問題があったことがわかる．結果として上限開放型の加熱方式が標準化して，凝集接着偏重の古典的な技法の確立になってしまった．

5.3.1　加熱体表面温度を利用した溶着面温度応答のシミュレーション法の確立

ヒートジョー方式の加熱メカニズム構成図を**図23.2（a）**に示した．発熱源のヒータから材料の接着面への熱伝導プロセスを電気回路に相似すると**図23.2（b）**のようになる[22]．

— 255 —

第 23 章 "一条シール"と《界面温度制御》の開発がもたらしたヒートシール技法の 30 有余年のアーカイブと革新のまとめ

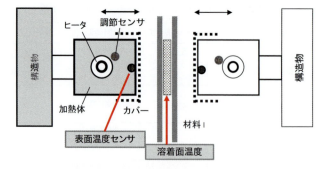

(a) ヒートシーラーモデル（ジョー型）

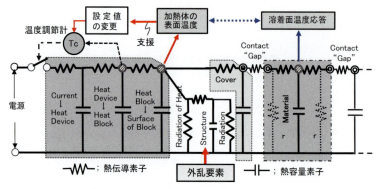

(b) ジョー型のヒートシーラの相似回路（片側の表示）

図 23.2 ヒートジョー方式のモデル化："**MTMS**"の構成

材料の熱接着面（溶着面）の温度応答に直接関係する発熱部位は，材料と直接接触する加熱体の表面温度であることが容易に理解できよう．もしラボで加熱体表面温度と溶着面温度応答の計測データを正確に取得すれば，加熱体表面温度のパラメータにした溶着面温度応答のシミュレーションができる [16, 23]．

5.3.2　加熱体表面温度の"外乱"制御による溶着面温度応答の Validation

発熱源のヒータから加熱体の表面への温度伝達はいくつかの要素を通過する．加熱体の表面温度には表 1.4 に示したような加熱体の形状，構造物，表面からの伝熱，放熱等の"外乱"よって動的な変動が起こる．最善の努力をしても計測・制御工学上で証明される 4〜6℃の変動がある．調節温度値で適格な加熱温度の制御ができないことの理論上の不具合が理解できよう．《ASTM F2029》が 5℃以内のインターバル避けている論拠はここにあると思われる．では手っ取り早く加熱体表面温度を調節検知点に採用すればよいと考えられるが，発熱源と表面温度間には分単位の伝達遅れがあるのと，加熱面には"外乱"要素が多数ぶらさがっているので高精度の温度調節は計測・制御工学的に見て困難である（7.1.2 参照）．

5.4　加熱体表面温度のモニタ/制御で溶着面温度応答のシミュレーションができる

加熱体表面温度のモニタによって加熱体表面温度を一定になるように温度調節操作の補完をす

れば、運転中の加熱体表面温度の"外乱"を取り消すことになる[24,25].

加熱体の表面温度は溶着面温度応答のパラメータとなるので、高精度のモニタ／制御によって、運転中の溶着面温度応答を直接計測しなくとも、予めラボで得た「加熱体表面温度」と「溶着面温度応答」のシミュレーションデータが利用できる[16,23].

そしてこの方策によって、間接的に溶着面温度応答を *Validation* できる（7.1.2 参照）.

5.5 加熱温度と加熱時間の融合解釈

古典的なヒートシール理論では「温度」、「時間」、「圧力」はヒートシール強さの発現の独立パラメータとして定義する間違いを犯している.

加熱温度の実際は「加熱温度応答」として温度と時間が融合した動的なモノである。応答カーブを支配するのは包装材料の熱伝導性と熱容量である。加熱温度と溶着面温度応答では次の3種のパターン群を観ることができる。そのモデルパターンを図23.3 に示した.

① 同一材料（厚さ）で加熱温度を変更した場合の溶着面温度応答（a）
② 加熱時間を変更した場合の溶着面温度応答（b）
③ 材料厚さを変更した場合の同一加熱温度の溶着面温度応答（「加熱速さ」の変更）（c）

5.5.1 加熱温度と加熱時間の相互関係 ［平衡温度と CUT の設定］

この応答に3種の時間点を次のように定義する.

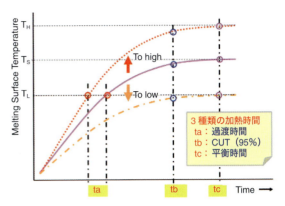

(a) 同一包装材料で、加熱温度を変更した時の溶着面温度応答の変化

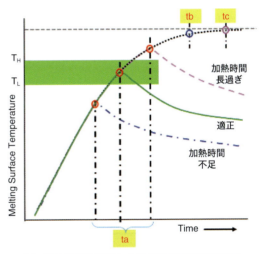

(b) 加熱時間を変更した時の溶着面温度応答の中止点応答

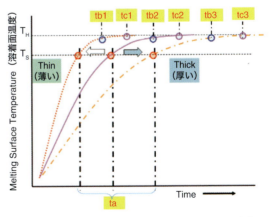

(c) 同一温度で、包装材料の厚さを変更した時の溶着面温度応答

図 23.3 モデル化した溶着面温度応答における加熱時間の定義

ta：立ち上がり応答中の過渡時間
tb：平衡温度の95％応答のCUT（Come Up Time）
tc：平衡温度；加熱体表面温度漸近する到達温度

5.5.2 加熱温度と加熱時間の選択方法

図23.2（b）の加熱時間の調節方法では予め取得したシミュレーションデータから加熱終了温度を決める．

図23.2（a）で［T_L］を所望溶着面温度に選ぶと平衡温度加熱時間（CUT）は［tb］である．

高温，中温設定では高速化する過渡加熱［ta］となり，温度上昇の速い時間点になる．

図23.2(c)では過渡時間加熱を選択すると材料が薄くなると高精度の加熱時間制御が求められる．平衡温度加熱法を選べば回分速度の調整で同一温度加熱ができる特徴を見出せる．

いずれの場合も時間制御の精度の課題が発生する．

さらに操作時間は「加熱速さ」に直接関与するので，「加熱速さ」の影響を受けやすい包装材料では，溶着面温度とヒートシール強さの関係が変移するので剥れシール強さを厳密に調整する場合には留意が必要である．

5.5.3 実際の運転時間と加熱温度と加熱時間（溶着面温度応答）の展開上の課題

ヒートシールにおける加熱時間は，自動運転の間欠動作の単位時間から逆算したものを選択設定している向きがある．**図23.4**に間欠動作のタイミングモデルパターンを示した[26]．充填やヒートシールは機械が停止している間に操作する必要がある．この操作時間は回分周期で決まり，そ

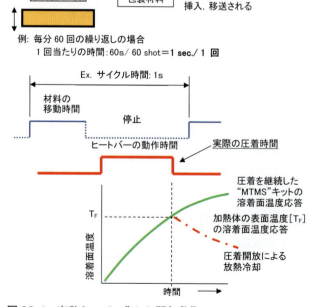

図23.4　実動をモデル化した間欠動作のタイミングパターン

の約50％があてられる．この時間内に所定の溶着面温度応答を確保する必要がある．生産性を優先して，高温で高速加熱を適用して，圧着時間を短縮すると材料の表層部の蓄熱による伝熱遅れで数℃～10℃程度のオーバーランが発生し，所望の熱接着強さを得られなかったり，過加熱の原因になっている（図23.5 参照）．

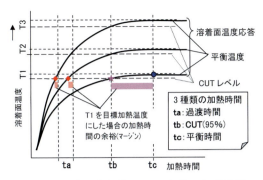

図23.5 過渡温度加熱とCUT加熱の加熱時間のマージンの比較

5.5.4 CUT加熱の有意性？：しかし運転速度が下がる！

ヒートシールの加熱時間は，運転の回分操作時間内に所定の温度に到達させようとする論理が常套化している（図23.4参照）．図23.5に過渡温度加熱と平衡温度（CUT）加熱のモデル比較を示した．回分操作時間の制約（ta）を優先すれば，必然的に過加熱側の温度設定となる．常套手段がいかに加熱操作によるトラブル発生（"ポリ玉"生成）の危険を含む方策であったことが理解できよう．CUTに近い加熱時間を選択して，許容時間内に収まるように回分動作時間（運転速度）を設定すれば，5℃以下のズレに自己制御された適格な加熱ができる．

しかし，担当者の懸念は，今までの"常識"から上司は「そんなに遅くすることを容認しない」と言われることを懸念している．心配不要！今迄の"常識"には隠し財産がある．[7.]項の【Hishinuma効果】の説明で記述しているように，カバー材が「加熱速さ」の主要な制御要素になっている．

平衡温度加熱をすれば溶融状態にならないからカバー材を必要としなくなる．10 μmのPETをカバー材に使うとCUTは0.13秒である．0.2 mmのテフロン材料だと0.56秒である．もしカバー材が使わなければ加熱時間は[0.13/0.56≒1/5]となり，逆に過渡加熱より加熱時間は早くできる[27]．もし加熱体の表面の傷着が心配なら，天ぷら鍋と同様にDLC処理をすればよい．加熱体の表面温度を管理すれば《ヒートシール温度の*Validation*》が可能になる[24, 25]．

5.6 加熱体表面温度の熱力学的温度分布の検証とヒートパイプによる安定化

5.6.1 合理的な加熱体（ヒートバー）の構成

ヒートシール操作における加熱体（ヒートバー）の加熱は，円柱形の電気ヒータと四角または多角形の金属ブロックで構成される．円形の発熱体を円柱の加熱体に装着すれば発熱体の表面温度は均一な分布になる．しかし，少なくともヒートシール操作には平面の圧接部位が要求され円柱から逸脱する．加熱体の表面温度は放熱特性や取り付け構造体への伝熱等で発熱の調節温度と原理的に一致しなくなる．図23.6（b）に示したように加熱体の表面温度は歪む．さらに装置の機械的な都合で加熱体の構造は変更され，温度分布線の歪みに拍車が掛っている．

5.6.2 調節用センサの取り付け位置の重要な配慮

　加熱体の温度調節はヒートバーの発熱温度を検知して，発熱源をOn-Offするフィードバック制御が通常的に行われている．適格な温度調節を実施するには加熱体温度の検出方法が重要である．最も好ましい検出点は図23.6（b）に示したように発熱源（ヒータ）に近く均一な温度分線を検知しなくてはならない．しかし実際には，外乱の影響の大きいヒートバーの表面にセンサをネジ止めしたり，ヒートバーの端末に取り付けたり，熱容量の大きいセンサが適用される等の間違いが世界的に横行していて，ヒートシールの温度の精度確保の妨げになっている．

5.6.3 ヒートパイプの適用の効果

　ヒートパイプを金属ブロック内に密着して配すると，ヒートパイプの周辺温度は高速で均一になる特徴がある．この特性を利用して，ヒートパイプをヒータと加熱体表面間に配置すれば，あたかも均一な加熱源を加熱体表面付近に設置したのと同等の効果を持たせることができる．

　金属ブロックを一定の大きさより大きくして，加熱体内の均一な温度分布線に接するようにヒートパイプを配置すれば，分布線の温度を加熱体の表面に的確に移行できる．

　図23.6はこの構造図を示し，断面の伝熱の均一化について説明した．

　ヒートバーは包装袋のヒートシール長さより大きくとる必要がある．長手方向の温度分布は専らヒータの発熱バラツキに依存するからヒートパイプの設置の効果は長手方向の均一化にも大きな効果を示す．ヒートジョー方式の加熱バーにはヒートパイプの設置は不可欠である．

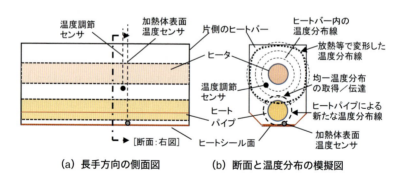

(a) 長手方向の側面図　　　(b) 断面と温度分布の模擬図

図 23.6　熱接着加熱体の表面温度が一様にならない原理とヒートパイプの設置の加熱体表面温度の安定化の説明

5.6.4 加熱ブロックの容積の大きさの影響

　加熱ブロックの容積を大きくすることは，①均一な温度分布線が沢山できる，②On-Off調節のバラツキの平滑化が図れる，③加熱供給容量が増大する，ので材料との接触による表面温度の低下変動を小さくできる．

6. FHSS（*Functional Heat Seal Strength*）によるヒートシール技法の統合的 *Validation*

　《個別操作の課題と解決／改善策》について述べてきたがこれらを統合することによって初め

6. FHSS (*Functional Heat Seal Strength*) によるヒートシール技法の統合的 *Validation*

て確実なヒートシールの *Validation* が達成できる．

6.1 FHSS の計測要素

レトルトパウチのヒートシール HACCP の *Validation* 研究で見出された【FHSS システム】を紹介する[28]．

この研究は次の要素で構成されている．

(1) 加熱に溶着面温度を適用

(2) 加熱面から排出熱量によるヒートシール面に発生する温度分布に着目

(3) 解析パラメータにヒートシールエッジの垂直線上のヒートシール強さに着目

(4) 解析パラメータにヒートシールエッジからの剥がれ寸法（破断寸法）を取り入れた．

(5) 剥れシールの《剥離強さ》を《剥離長さ》で積分して，ヒートシールの相違による剥離エネルギーを取得した．

(6) 剥離エネルギーの大きさを"破袋特性"と定義した[29-31]．

この実施事例を**図 23.7** に示した．

6.1.1 FHSS の計測条件

ヒートシール標本は CPP シーラントに熱伝導率が大きいアルミ箔をラミネーションした複合材料である．圧着圧：0.3 MPa を共通条件とした．

加熱温度（溶着面温度）は平衡温度の CUT を適用して次のように設定した．

・140℃：接着強さ 23 N/15 mm 以下の界面剥離

・144℃：接着強さが約 23 N/15 mm の界面剥離

・146℃：引張試験でヒートシール幅の約 50％までが剥がれでその後部分破れを起こす加熱温度

・150℃：約 3 mm の剥離後破れを起こす加熱温度

・170℃：シーラントの［Tm］の参照温度

6.1.2 FHSS の引張試験パターン解析から分るヒートシール特性

作製標本の引張試験パターンを内側のヒートシールエッジからの距離をパラメータにしてプロットした結果を図 23.7（a）に示した．この標本は熱伝導性が高いので，170℃加熱では《ポリ玉》が生成し，ヒートシールエッジよりにさら内側までが接着している．146℃加熱では約 50％の剥離の後に部分破断が起こっている．146℃付近がこの標本材料の界面接着と凝集接着の境界温度であることがわかる．約 50％未満は溶着面温度が袋の内側への熱流出によって 146℃以下の低温化していることになる．

この材料は［50 N/15 mm］を超すと引張強さは材料の伸び強さなる．

この強さ以降の引張試験結果は材料の降伏破断強さとなる．

凝集接着では凝集接着線より外側の接着面は破袋防御には何ら機能してなく見せかけである．

これらの引張試験パターンの破断到達点までと接着状態が剥れシール状態の標本については，

第 23 章 "一条シール"と《界面温度制御》の開発がもたらしたヒートシール技法の 30 有余年のアーカイブと革新のまとめ

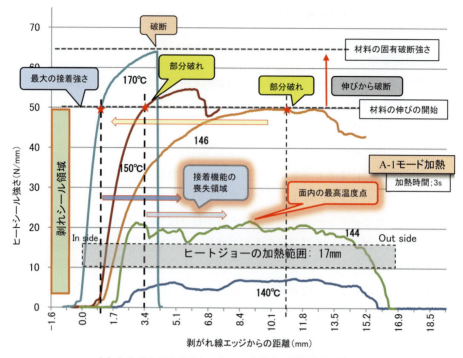

(a) レトルトパウチのヒートシール強さの引張試験パターン

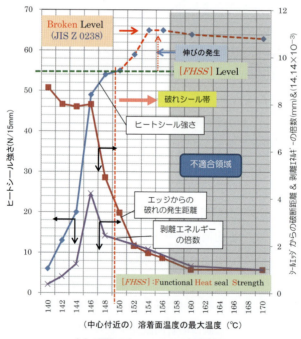

(b) 剥離パターン FHSS 処理結果

図 23.7　FHSS 方式によるヒートシール特性の抜本解析事例

全剥がれまでの距離を積分対象に選択し，剥がれ面の剥離エネルギーを計算した．
　この積分結果を加熱温度（溶着面温度）をパラメータにしてプロットして剥離エネルギーパターンを図 23.7 (b) に示した．この図にはヒートシールエッジからの〈剥離開始点〉,〈統合ヒートシー

— 262 —

ル強さ〉を併記したので，FHSS から得られる最適ヒートシール条件との比較ができる．剥離エネルギー特性から得られる《破袋防御性》は 145 ～ 152℃に適格範囲が見られる．

6.1.3　FHSS 解析から得られるレトルトパウチの HACCP の最適ヒートシール条件

計測／解析結果の図 23.7 から，レトルトパウチ包装における「密封」と「破袋防御」制御は溶着面温度：145 ～ 152℃の選択によって，*Validation* が可能であることがわかる．

"**MTMS**" を推奨するが，どこでも容易に実施できる方法は約 20 ～ 50％の剥離が起こる加熱条件を設定すれば，HACCP の保障が可能になる．この方法は［23 N/15 mm］事後管理規定より遥かに合理性が高い．

ヒートシールのエッジ切れ状態を "良好" とする高温側選択（155℃以上）は言語道断である．古くから推奨されている［Tm］相当の 170℃加熱の例で示したように，高温加熱ではヒートシールエッジよりさらに内側にヒートシール面が拡張する．もし製袋工程でこの条件が実施されると，充填後のトップシールで高温にさらされた部分のヒートシール温度を最適温度で加熱しても「密封」不全が発生する [32)]．

7.　革新されているヒートシールの諸操作

7.1　「加熱速さ」がヒートシール強さの発現変移に関与【Hishinuma 効果】

7.1.1　高精度な加熱制御をしてもヒートシール強さの安定化はできない

同じ包装材料に同一温度の適用でも，工場間や使う機械によって発現するヒートシール強さが異なり，再現性のあるデータ取得の困難が永年の課題であった．

その原因は加熱温度の精度上の問題であるとされてきた．

筆者はヒートシール強さの汎用的再現手段として，ヒートシールの高度な加熱温度制御を主要研究テーマとして取り組んできた．ヒートシールの熱接着面に微細センサを挿入して接着面計測のできる測定法：溶着面温度測定法："**MTMS**" を開発した [13)]．さらに On-Line の加熱体の表面温度の計測法を開発して，運転中の溶着面温度応答を間接的に管理ができるようにした．そして，0.5℃程度の高精度加熱に成功して，加熱温度の *Validation* には成功したが高精度の加熱制御でも相変わらずヒートシール強さの再現性のバラツキの課題は解消できなかった．この原因が「加熱速さ」によるものであった．

7.1.2　片面（通過熱加熱）と両面加熱（平衡温度に収斂）の特徴

ヒートシールの加熱は，いくつか方法がある [33)]．

大別すると①材料の表面から材料の熱伝導をした加熱，②接着面付近を熱風で直接加熱，③接着面付近の発熱加熱，がある．①の表面加熱には，両面に加熱体構成する場合と片方を常温に構成する場合がある．前者を「両面加熱」，後者を「片面加熱」と呼称している．

一般的には《ASTM F2029》も推奨している同一温度に調節した両面加熱のヒートジョー方式

第23章　"一条シール"と《界面温度制御》の開発がもたらしたヒートシール技法の30有余年のアーカイブと革新のまとめ

が多く利用されている．片面加熱はカップやトレーのように接着面に関与する材料の構成が異なる場合や両面加熱が構造上困難な場合に利用される．単一フイルムでは両面加熱すると全体が溶融状態になってしまう場合に，片側の軟化残余剛性を利用するインパルスシールに利用されている．

両面加熱の特徴は平衡温度への自己収斂性があるところである．他方，片面加熱の加熱温度は通過熱流と材料の熱抵抗によって接着面の温度が決定される．

表面からの加熱方式（片面・両面共通）の接着面温度は，Tb：溶着面温度応答，T1：加熱体（1）の表面温度，T2：加熱体（2）の表面温度，T3：周辺温度，k：熱伝導係数，n：材料の厚さの均一係数，とすれば溶着面温度は，

$$Tb = [\, T1 - (T1 - T2)/n \,] \cdot (1 - e^{-kt}) + T3 \tag{1}$$

で表される一次遅れのステップ応答となる．

材料厚さが均一で，両面の加熱体表面温度が同一に制御された場合は，n＝2，T1＝T2となり，溶着面温度応答は設定された平衡温度に収斂し，加熱温度の *Validation* が達成できる．すなわち，片面加熱または両面温度の(T1≠T2)設定の場合は，T1とT2の《外乱制御》に失敗したのと同様に *Validation* は不可になることが容易に理解できよう．

加熱体表面温度の《外乱》制御を含む管理法は既に提案されている[24,25]．

7.1.3　カバー材設置の有効性はあるのか？

従来，正確なヒートシール強さを果たそうとしたら正確な平衡温度加熱で，分厚いカバー材（テフロン含浸グラスウール）を適用して，低速加熱することが常識であった．

ある時，破れかぶれにカバー材を付けずに試みたところ，10℃近い低温側でヒートシールの発現を発見した[19]．

従来の常識を振り返ると，次のように定義されていた．

① 同一温度加熱なら同一の剥がれヒートシール強さが発現

② 厚さが変わっても同一材料なら同一の剥がれヒートシール強さが発現

③ 低速加熱が安定した剥がれヒートシール強さが発現

しかし，発見された現象（【Hishinuma効果】）はこれらを覆していた．

7.1.4　「加熱速さ」によるヒートシール強さの発現変移の実際例

CPP：50 μm材で「加熱速さ」0.13〜3.1秒の変化に対応するヒートシール強さの発現変移事例を**図23.8**に示した．「一定ヒートシール強さ線」，ある加熱温度（溶着面温度）から垂線を引いてみると「加熱速さ」の影響の大きさを観察できる．従来のヒートシール強さのバラツキ原因は「加熱速さ」に起因していたと断言できよう．

ヒートシール強さの発現は古典的な論理では「加熱温度」と「ヒートシール強さ」の関係を2次元現象として捉えてきた．しかし，実際は「加熱速さ」（温度と時間）と「ヒートシール強さ」

— 264 —

7. 革新されているヒートシールの諸操作

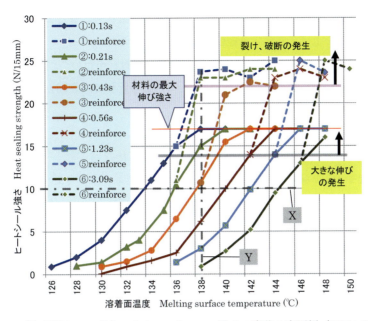

図 23.8 「加熱速さ」の変化によるヒートシール強さの変移の実測例（CPP：50 μm）

の3次元現象であった．

7.1.5 【Hishinuma 効果】の発現要因の検討

　我々の通常の操作において，「加熱速さ」は CUT 換算で 0.05～3 秒まで分布している．【Hishinuma 効果】の発現はこれらの「加熱速さ」帯に一致して起こることがわかっている．近年，シーラント機能の改善を図るためにシーラントに種々の混合物を添加している[34]．

　「加熱速さ」によるヒートシール強さの発現変移は，シーラントの分子量分布の広がりに起因していると推定できる．従来はプラスチックの加熱時の再結晶化時間は数十秒～数分と考えられている．したがって，ヒートシールの加熱時間内では，接着面に変化を起こさないものと考えられていた．図 23.8 に示したデータを発現したヒートシール強さを，「加熱速さ」をパラメータにして診ると 130～138℃の界面接着温度帯において，「加熱速さ」が 200℃/s（100 μm；テフロン）～600℃/s（10 μm；PET）の高速加熱帯において「加熱速さ」とヒートシール強さの発現が線形になっている．このことからヒートシール面における高分子の再結晶速度が，従来の知見と大きく異なっていることが観察される[19, 20]．

7.2　加熱体の表面のローレット仕上げは《間引き圧着》となる

　ヒートシール市場を観るとヒートシール面にはローレット仕上げをしたり，ノコギリ目細工を（世界中で）多く見ることができる．どんな目的で施しているのか明確な答えは得られず，他社追随と言うことになっている．力学的に見ると《50%の間引き圧着》である．

　目的通りに仕上がると接着強さは約 50%になるので，開封強さは約半分になり，易開封が可能になる．しかし，この接着面に「探傷液」を点滴すると，段差部のみならずヒートシール面全

— 265 —

第23章 "一条シール"と《界面温度制御》の開発がもたらしたヒートシール技法の30有余年のアーカイブと革新のまとめ

体に貫通孔ができる．密封の不全が見つかると，全面が溶融状態になるようにシュリンクの発生を覚悟して加熱温度を上げて対処する経験則が多くみられる．

"一条シール"では，微細な一条突起で長手方向の「密封」を行いつつ，対面の加熱体の表面に構成した弾性体を利用して，平面圧着に複合的に自動移行して，意図した加熱温度帯で，この課題の論理矛盾を解消している．

7.3 「探傷液法」で微細部の漏れ試験ができるようになった

従来の ASTM や JIS の漏れ試験法は陰圧の水中に試験標本を水没させて，発泡を確認したり，浸透性の高いガスを注入した後に圧縮して，検知紙の反応で検査していた．これらの方法では漏れ箇所の詳細な部位の確認ができないのと漏れ量の定量化ができなかった．

近年，機械加工物のクラック等の検査に使われている「探傷液法」がヒートシールの漏れ検査に広く採用されて，現場での漏れ点検に寄与している．筆者は 2014 年に定量性の確認報告を行っている[11, 12]．この結果によれば検知能力は，プラスチック材料のバリア性議論レベルに隣接している検知能力を確認できた．

この性能はヒートシール面，段差部，塑性変形圧接部の漏れ検知に有効で，かつ微細部の漏れの"見える化"機能があり，ヒートシール技法の詳細な解析 / 評価に革新的な貢献をしている．「密封」と「易開封」を複合的に達成した"一条シール"の開発には不可欠なツールであった．

7.4 微弱なヒートシール強さでも「密封」している

「密封」の阻害要因は表層材の剛性が強く関与

ヒートシールの熱接着は高分子の熱可塑性現象によって成り立っている．その現象はナノサイズであるが，古典的な「理論」によれば，界面接着状態を"疑似接着"，"接着不良"と位置付け，凝集接着のモールド状態を"良好"としてきている．したがって，ヒートシール技法の標準的条件は溶融温度［Tm］以上とされてきた．《JIS Z 0238》は最大値の採用を規定しているので，いつの間にか《モールド接着》≒《適格接着》≒《密封》の論理が創成されている．

筆者が 20 ～ 50 μm のポリエチレン，ポリプロピレンシートの単体または複合フィルムを平面（平行度 10 μm 以内）の熱圧着した標本に，「探傷液法」を用いて，密着発現状態を確認したところ，**表 23.4** に示したように［0.1 N/15 mm］の微弱な剥れシール帯で密着が確認でき，従来の常識を覆していた．汎用化されている［OPP/LLDPE］の複合フィルムでは，密着は［0.8 N/15 mm］となっている．

表23.4 低ヒートシール強さ帯の密着成立確認の試験結果

材料（厚さ：μm）	各ヒートシール強さ [N/15mm] の加熱温度，　加熱温度：95% CUT						
	0.1	0.2	0.3	0.4	0.5	0.8	7～10
CPP（50）	108	110		113			
LDPE（25）	94				95		
OPP/LLDPE（30/20）						102	106
OPP/CPP（30/20）	108			113			

・表示温度は各ヒートシール強さが発現する溶着面温度、　・圧着圧：0.25MPa

7. 革新されているヒートシールの諸操作

　[OPP/CPP] の複合フイルムでは [0.1 N/15mm] の接着強さでも密着が完成する．OPP の剛性（ヤング率）は 1700 – 4000 あり，非常に大きいので軟化温度帯に加熱しないと Hot tack の影響で，密着不全となる．また，OPP/CPP の結果を参照すると，接着層粘度（接着力）の大小が密着性に関与することがわかる．

　ヒートシールの接着面の密着性の議論が進まなかったのは，接着面の微細な接着状態を検知する方法がなかったことにある．「探傷液法」の定量化性研究はヒートシール技法の革新に寄与している．

7.5　シーラントの低温化の展開論理の間違いの検証

　今日，シーラントの低温化設計が常套手段となっている．それは古典的な論理にいくつかの間違いがあることによっている．

(1) 温度範囲（上限）の制御できる加熱制御法がなかった．

(2) OPP 材のようにシュリンク温度帯避ける上限の加熱温度の制約に対処する方策がなかった．

(3) 温度制御の揺れ幅が大きくても制限上限温度に余裕を持たせたい．

　[OPP/LLDPE] 材はシュリンク開始の 140℃付近以下．LLDPE は 100℃近辺で熱接着が発現する．この組み合わせでは 40℃近い間隔がある．125 ～ 130℃付近に加熱体温度が設定されても運転上の加熱温度の 10℃程度のバラツキに対処できる．125 ～ 130℃辺りでは，LLDPE は完全な溶融状態になっているのでモールド接着の論理は一応成り立っている．しかし，この条件は界面接着の剥れシール温度帯とは大きくかけ離れている．

7.6　エッジ切れメカニズムにおける "ポリ玉" の関与の解明

　従来は圧着するヒートバーのエッジが鮮明に仕上がり，エッジ切れとなる加熱操作が "良好" とされている．代表的な例は図 23.7（a）に示した [170℃] のデータである．この例ではヒートシールエッジは，ヒートバーの圧着エッジよりさらに内側になっている．引張試験の結果は約 65 N/15 mm で破断している．

　この標本の [170℃] 加熱付近は溶融温度 [Tm] 付近なのでモールド状態であり，シーラントは圧着圧で自由運動する状態である．圧着圧によって，シーラントはヒートシールエッジに不均一にはみ出し，"ポリ玉" を形成する．"ポリ玉" のサイズはシーラントの厚さの約 2 倍位になる．ポリ玉の生成点に袋のタックの先端が確率的に合致すると内部圧力の上昇で部分破袋（ピンホール）の発生となる[35]．

　ポリ玉サイズが [50 μm] とすれば，ヒートシール強さ試験法の応力比較で検証すると，部分的には [15/0.05 = 300] の大きな部分引裂き力となり，引張試験では僅かな引張強さの変化なので検出は困難となっている．しかし，約 65 N/15 mm の引張試験結果は "強い接着" として採用されている．誤認の危険が放任されている[28]．

　ヒートシール面の断裂，破断はピンホールが起点となって起こっている同一現象である．したがって，"ポリ玉" の制御はヒートシールの制御の重大課題である．【FHSS】はこのニーズに応

—267—

第23章 "一条シール"と《界面温度制御》の開発がもたらしたヒートシール技法の30有余年のアーカイブと革新のまとめ

えるために開発されている.

　引張試験において，容易にエッジ切れ状態が把握できる試験法：「角度法」が既に提供されている[35]．

7.7 「モールド接着」の開発は凝集接着帯の圧着方法を革新した

　凝集接着帯の加熱は，[7-10℃]のバラツキが抑えられない温度調節技術の状況において，[2-4℃]の"狭い"界面接着温度帯の溶着面（接着面）温度応答の制御は不可であった．

　無理やり所望の剥れシール強さの発現温度に調節温度を合わせると加熱不足が発生する．止むを得ず，計測・制御技術の基本からバラツキの下限温度を所望のヒートシール強さの発現温度に合せざるを得なかった．したがって，現行法では，剥れシールの仕上がりを断念しているので，大半は，凝集接着になっている．現行法の多くは，凝集接着にも関らず，ヒートシールのエッジ切れを起こしている．残念ながら，中には，これを摘み開封の"開封性"に利用している．凝集接着帯のエッジ切れは今日のヒートシール技法の明らかな欠陥である．

　エッジ切れは，ヒートシールエッジにできるポリ玉の生成が原因である．この知見を元に凝集接着帯の「平面圧着」が不具合の元凶であることを確認し，平面圧着を排し，条突起と表層材を圧力容器とするモールド塊型の新規の熱接着法の「モールド接着」を発明した．これでヒートシール技法の全方位の課題を改革した．「モールド接着」の詳細は第7章に記してある．

7.8 "一条シール"と《界面温度制御》はヒートシール技法を革命した

　"一条シール"は「密封」と「易開封」を同時達成を果たした．

　ヒートシール面の外側をリアルタイム計測する《界面温度制御》は溶着面（接着面）温度応答の直接的にフィードバック制御を果たし，"一条シール"が要求する温度調節精度を満足させた．共にPCT認証を得，主要国の特許登録された"世界標準"となった．

8. ま と め

(1) 本総説で記述した主要事項は論文発表／特許取得し，公的評価を既に仰いである．
(2) ヒートシールの *validation* 方策の具体論を展開できた．
(3) 古典的技法は経験則に頼り，適格な計測・制御技術の適用が不十分であった．
　代表的な事項は次の通りである．
　　1) 従来法は，加熱制御を圧着時間とヒートシール強さの抜き取り検査に頼っていた
　　2) 溶着面温度適用の回避
　　3) 加熱と応答を別扱いにしてきた．
　　4) 高温の過渡加熱が常套化している（平衡温度加熱［CUT］の不採用）
　　5) 加熱範囲未制限の加熱方法
　　6) 「加熱速さ」によるヒートシール強さの変移発現（【Hishinuma効果】）の未理解

7) 加熱温度の検出点の不適格（最適な温度分布線の検出の未適用）

8) 加熱体の温度分布と応答速さの不理解（加熱体表面温度の未活用）

9) 温度制御の不確かさの未認識

10) 加熱時間の選択の間違い（運転速度優先）

11) 材料による流出熱の非考慮（均一加熱と思っている）

12) 加熱体表面温度の均一化（ヒートパイプの未採用）

(4) 引張試験の不具合

1) 引張試験のアナログデータの未活用

2) 剥離メカニズムの理解不足，剥離エネルギーの未活用

3) ヒートシール強さの発現メカニズム探求不足

4) 材料の伸び強さをヒートシール強さに混用

(5) 古典的方式は凝集接着への偏重を誘導していた．

(6) 易開封のメカニズム探求と実施策については紙面の都合で割愛した．関連文献の参照を期待する[36-40]．

(7) 「密着」は「強い接着」状態で成り立つと誤認している．

(8) ヒートシール技法における包装材料と包装機械の機能分担意識が軽薄であった．

1) 供給材には①推奨制御温度帯，②剛性の軟化温度帯，③剥れシール特性の提示

2) プラスチック材を目的に合った熱接着するには振れ幅が［4℃］以内の溶着面温度応答の制御が機械装置に求められている

(9) 包装材料の「バリア性」の研究と「密封性」，「操作性」の課題がリンクしていない．
特に加工性（ヒートシールの密封性）の課題が多い．

(10) 経験則に頼り，古典的方式の見直し機運が起こらなかった．これは関係技術者の個別の問題ではなく（世界の）関連学際に対処体制に問題があろう．

(11) エンドユーザー（包装商品の製造者，消費者）は不具合に対する学際の認識を我慢していて，要望の提起を拘っている．

(12) 課題対処に高価な包装材料を採用せざるを得なかった．（学際の怠慢による消費者の負担増）

(13) 最新理論と技術の説明に古典論理の欠陥の付帯説明が必要である．並行の説明の労はそろそろ修了した方が良さそうである．

(14) 筆者の20数年簡の研鑽のノウハウを集大成した．本報がヒートシール論理の合理的展開の一助になって，ヒートシール技法の発展・向上に寄与できれば幸甚である．

■参照文献

1) 菱沼一夫，PACK EXPO2016，取材情報
2) ASTM F88-07a 4.1, 1 (2007)
3) 菱沼一夫，第24回日本包装学会年次大会要旨集（b-10），134-135 (2015)
4) 菱沼一夫，「缶詰時報」，95(4), 15–29 (2016)
5) 特許第5779291号，PCT/JP2015/ 003189 (2015)

第 23 章 "一条シール" と《界面温度制御》の開発がもたらしたヒートシール技法の 30 有余年のアーカイブと革新のまとめ

6) EU 特許出願, 15834127.1, (2016)

7) アメリカ特許出願, 15375609, (2016)

8) 中国特許出願, 201580023756, (2016)

9) 韓国特許出願, 10-2016-7035707, (2016)

10) タイ特許出願, 1601002043, (2016)

11) 菱沼一夫, 第 23 回日本包装学会年次大会要旨集 (d-01), 12-13 (2014)

12) 菱沼一夫, 日本包装学会誌 (投稿済)

13) 菱沼一夫, 日本包装学会誌, 14(2), 119-130, 14(3), 171-179, 14(4), 233-247 (2005)

14) 特許第 3465741 号 (2003)

15) U.S. Patent US 6, 197, 136B1 (2001)

16) 菱沼一夫, 高信頼性「ヒートシールの基礎と実際」(幸書房), x (2007)

17) 菱沼一夫, 第 25 回日本包装学会年次大会要旨集 (d-12), 34-35 (2016)

18) 菱沼一夫, 高信頼性「ヒートシールの基礎と実際」(幸書房), 172-177 (2007)

19) 菱沼一夫, 第 20 回日本包装学会年次大会要旨集 (d-1), 134-135 (2011)

20) 菱沼一夫, 「缶詰時報」, 91(11), 21–34 (2012)

21) 菱沼一夫, 高信頼性「ヒートシールの基礎と実際」(幸書房), 36-52 (2007)

22) 菱沼一夫, 高信頼性「ヒートシールの基礎と実際」(幸書房), 37-39 (2007)

23) 菱沼一夫, 高信頼性「ヒートシールの基礎と実際」(幸書房), 44 (2007)

24) 菱沼一夫, 高信頼性「ヒートシールの基礎と実際」(幸書房), 127-130 (2007)

25) 特許第 4623662 号 (2006)

26) 菱沼一夫, 高信頼性「ヒートシールの基礎と実際」(幸書房), 16,145 (2007)

27) 菱沼一夫, 高信頼性「ヒートシールの基礎と実際」(幸書房), 66-68 (2007)

28) 菱沼一夫, 第 26 回日本包装学会年次大会要旨集 (f-06), 126-127 (2017) (投稿済)

29) 菱沼一夫, 高信頼性「ヒートシールの基礎と実際」(幸書房), 83-91 (2007)

30) 特許第 3811145 号 (2006)

31) U.S. Patent US 6,952,956B2 (2005)

32) 菱沼一夫, 第 19 回日本包装学会年次大会要旨集 (p-08), 26-27 (2010)

33) 菱沼一夫, 高信頼性「ヒートシールの基礎と実際」(幸書房), 20-30 (2007)

34) Gerge L.Hoh, DuPont, US Patent No. 6952956 B2, (1982)

35) 菱沼一夫, 高信頼性「ヒートシールの基礎と実際」(幸書房), 77-82 (2007)

36) 菱沼一夫, 「缶詰時報」, 90(4), 63–77 (2011)

37) 特許第 5260707 号, (2011)

38) 特許第 5388313 号, (2013)

39) 特許第 5435813 号, (2013)

40) 特許第 6032450 号, (2016)

第24章 《JIS Z 0238, ASTM F88, 2029》に替わる新ヒートシールの試験法

1. はじめに

　ヒートシール技法の公定規格として，加熱標本の接着強さの評価法に《ASTM F88》（1968年制定），《JIS Z 0238》（1981年制定），加熱温度とリンクした規格として《ASTM F2029》（2000年制定）がある．これらの規格は，加熱処理をしたプラスチック材を［10－25 mm］の短冊状に切断し，標本の全幅に均一な引張力を掛けた材料の熱接着特性の計測法で，プラスチック材の熱接着特性を計測する方法である．

　現場で起こる実際の破袋原因（静的な平面荷重,動的な落下,振動）の評価には直接的に適用できない．しかし，この現場の要求に対して的確な試験法がなく，"不具合"の解析には当規格の測定結果が直接的に適用されている．

　規格法の試験結果が，計測値と溶着面（接着面）温度応答が正確にリンクしていなかったり，現場の圧縮荷重や落下・振動の動的荷重の耐破袋性の評価に直接的な関与はできていない．とは言っても，ヒートシール強さはヒートシール技法の指標になっている．

　適格な計測法で得られた「ヒートシール強さ」を「剥離エネルギー論」と加熱速さでヒートシール強さが変移する【Hishinuma効果】と連動して的確なヒートシール論が展開できる．

　本章では，各章で述べてきた最新のヒートシール技法を反映した「新しいヒートシール試験法」を提示する．

2. ヒートシールの基幹となる標本作りとデータ処理の実施方法

(1) 標本の加熱方法と圧着時間の設定方法

1) 温度；溶着面（接着面）温度応答とする．
2) ヒートジョーの上下の加熱体表面温度は同一（相違は0.5℃以内）とする．
3) 標本作りの加熱は，平衡温度加熱とする．
4) 平衡温度加熱は，MTMSキット（M）を適用して98％の応答時間を確認し，その約1.5倍の加熱時間を適用

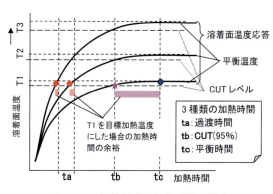

図24.1　加熱温度と加熱時間の設定

— 271 —

第24章 《JIS Z 0238, ASTM F88, 2029》に替わる新ヒートシールの試験法

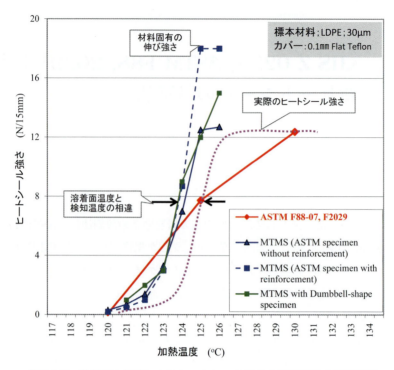

図24.2 計測法の相違によるヒートシール強さの測定結果の相違移動

する（図24.1）．

5) 圧着操作直前に"**MTMS**"センサを装着した基準温度計で，加熱体表面温度を検証する（10 μmのPETフィルムで"**MTMS**"センサをカバーして，センサの損傷を回避する）．

6) 加熱体（ヒートバー）の表面温度のステップ設定は，ヒートシール強さの傾斜に合わせて ［0.5 – 5.0℃］を選択する．

※《ASTM F2029》では，温度ステップは［5℃］以上としている．

第2章で示したように，現状のヒートバーの温度調節技術では，変動要因（外乱）によって，［5℃］以内の保証が困難の査定によるものである．

"**MTMS**"キットの利用で，高精度の温度調節を適用した計測事例を図24.2に示した．

現行法の《ASTM F2029》と実際（**MTMS**法）のヒートシール強さに大きな相違が理解できる．

(2) ヒートバーの温度調節点の規制

1) ヒートバーの温度調節点は材料と接する加熱体表面とする；必要とする温度面をクローズドループ（フィードバック制御）に組み込む．

2) 長手方向の発熱温度の均一化のためにヒートパイプの装着は必須である（図24.3参照）．

(3) ヒートバーの構造の設定

1) 形状は長方形とし，材料との接触面は台形仕上げの上辺とする．

2. ヒートシールの基幹となる標本作りとデータ処理の実施方法

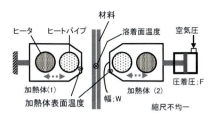

(a) 断面図

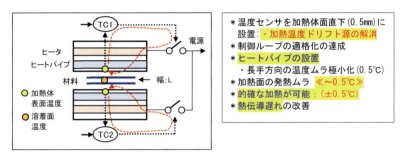

(b) 正面図、温度調節のクローズドループ

図 24.3　ヒートシール試験機のヒートジョーの形状

2) ヒートシール面の幅は，10～15 mm とする（標準的には 12 mm）．
3) ヒートバーの材料との接触面下 5 mm にヒートパイプの外縁が位置するように装着する（図 24.3 参照）．
4) ヒートバーの駆動はエアーシリンダ，駆動時間は電子タイマを適用する．
5) ヒートバーの加熱面の平行度は 10 μm 以下に調整できる構造とする．
6) ヒートバーの片方にはクッション性を持たせる（スプリング，エアーシリンダ駆動）．

(4) 圧着圧の設定方法，新規な「モールド接着」法の追加

圧着圧は，材料の凹凸の接着面を均一化（10 μm 以下）するものである．

1) 圧着圧の定義；次式による
    ・ヒートバーの幅 [W (mm)]，用意した材料の幅 [L (mm)]，ヒートバーの押し付け力 [F (N)] とすると，

    $$（圧着圧）= F/(W \cdot L) \quad (Pa \times 10^6 = MPa) \tag*{（図24.3(a)参照）}$$

2) 圧着圧の調整は，[F] の調整が一元的であるが，標本材料の幅 (L) を調整すれば，同一荷重で微細な調節ができる．
3) 《ASTM F2029》は [0.1 – 0.4 MPa] を推奨している．
4) 平面圧着方式の凝集接着の高圧着は，ポリ玉の生成の原因になるので，[0.3 MPa] 以上に注意，意識的に [0.4 MPa] 以上にして，ポリ玉の生成を確認する．
5) 厚手の材料（シーラントが 50 μm 以上）の場合は，[0.4 MPa] 以上を要することが多い
6) 材料の破断強さを計測するには，「モールド接着」を適用する（第 7 章参照）．

— 273 —

第24章 《JIS Z 0238, ASTM F88, 2029》に替わる新ヒートシールの試験法

(5) 加熱標本の準備

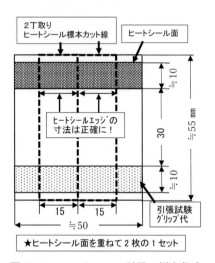

図24.4 ヒートシール試験の標本作成 寸法の設定

1) 圧着加熱する標本サイズ；(50〜40 mm)×(50〜60 mm) にカットして折り重ねる．
2) 加熱面の外側のはみ出しを約5 mm とする（**図 24.4** 参照）．
3) 界面接着温度帯の加熱ステップは［2℃］を設定する．
4) 所定の圧着圧を設定
5) 設定の加熱時間（平衡温度加熱）に相当する時間をタイマにセット
6) 加熱／圧着後の標本をアルミ等の金属板で［0.05 MPa］以下の圧接で，速やかに，80℃以下に冷却する．

(6) 引張試験標本の作り方

1) 引張試験標本は次の仕様で作成（図24.4参照）
   - 標本の左右をカットして［15 mm］の短冊を作成；少なくともヒートシール面は，ヒートシール線に正確に直角になるようにカットする．
   - 切れ味の鋭いカッター，ハサミを使用する（切断面の発熱による融着に注意）．
   - 短冊の長手方向はヒートシール線から［30 mm］に摘み代；10 mm を確保，テンション長さを30 mm とする．

(7) 引張試験ジョーに標本の取り付け定規の設置

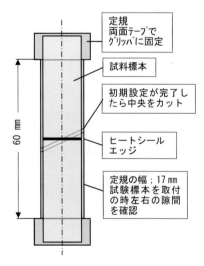

図24.5 適格な取付用の工夫／定規の設置

1) 引張試験ジョーに標本中心線を垂直に取り付けする必要がある；不正確だと引張強さのバラツキになる．適格な取付用の工夫を**図24.5**に示した．試料が長いと材料の伸びの影響が大きくなるのでなるべく短くする（JISの100mmは取り付けズレの影響は小さくできるが長すぎる）．
2) ヒートシール強さの計測には全引張試験力を均一に掛けることが肝要である．敢えて不適切であるが，意識的に［30°］位の角度を付けて試験すると，ヒートシールエッジに沿った引張試験になるので，〈剥れシール〉，〈破れシール〉の識別に便利．
   ［参照：ヒートシールの基礎と実際（幸書房）；第7章, p.77-82］**図24.6**に引用した．

— 274 —

2. ヒートシールの基幹となる標本作りとデータ処理の実施方法

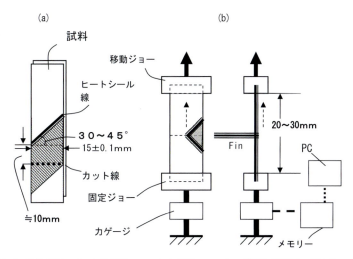

図 **24.6** 「角度法」による剥れシールと破れシールの識別 [既刊；図 7.2 の引用]

3) 「モールド接着」の仕上げの標本の試験に適用すれば，表層材と「モールド接着」部の破断の発生状態を正確に観察できる．

(8) 引張試験の実行方法

1) 引張速さの設定；[50 mm/min.] を適用する．
   [300 mm/min.] では，早すぎて剥れ，破れが観察できない．
   引張強さは，引張速さには関係ない（引張試験機の引張パワーが変化するだけ）
2) 垂直性の確保，標本長さ 60 mm を確保して，引張試験機のジョーに標本を取り付ける．
3) 荷重計の荷重と引張距離の出力を A/D 変換し，デジタル記録して，メモリに保存する．
4) データ採取開始は，引張力の自動トリガ方式を適用する．
5) データは破断まで取得する．
6) 同一加熱の標本を少なくとも 3 個作成計測する．その中の最大値を示したデータを採用する（平均値は採らない）．
7) 各加熱温度の引張試験後の標本は保存する．

(9) 材料の伸びがヒートシール強さ及ぼす影響の排除

引張試験の後半には材料の伸びの影響が入り込む．標本の表側の 2 面にセロテープを貼って補強すると伸びの影響が小さくなるので，接着面の剥離強さに特化した計測ができる．補強してもパターンが同様なら表層材とシーラントのデラミが発生していることになる．デラミが起こると密封性を阻害することになるので，この情報を有効に利用し，この場合のヒートシール

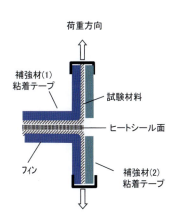

図 **24.7** 伸びの影響を軽減する補強方法

— 275 —

強さは変曲点付近を選択することが好ましい（**図 24.7** 参照）．

(10) 引張試験のデータ演算処理

1) デジタル記録計のストレージファイルから，破断までの取得データの Excel ファイルを作成する．
2) パソコン上で界面接着帯のデータが（4個/℃＝1個/0.25℃）になるように使用データの間引き処理をする．
3) 間引き処理をしたデータをグラフ化し，採取したデータの適格性を評価する．
4) 加熱/圧着時のヒートシール面には温度傾斜ができる；レトルトパウチの場合は顕著である．標準的にはヒートシール面の中央付近のデータを採用する．
5) 加熱が凝集接着帯に近付くとシーラントの流動が起こり，部分的にヒートシール強さのピークが発生する（このピーク値は採用しない）．剥れシールのデータの凹凸があれば，数個の凹凸の範囲の平均値を採用することが好ましい．

(11) ［ヒートシール特性］の把握と利用法

1) 引張試験データの処理で得られたヒートシール強さのデータをグラフにプロットして，「ヒートシール特性」を作成する．　（プロット数）＝（加熱範囲）/（2℃）　となる．
2) 圧縮応力や落下衝撃・振動等による破袋エネルギーの防御の目的に応じた（ヒートシール強さ）を選択し，加熱温度によって得られるヒートシール強さを指定する．

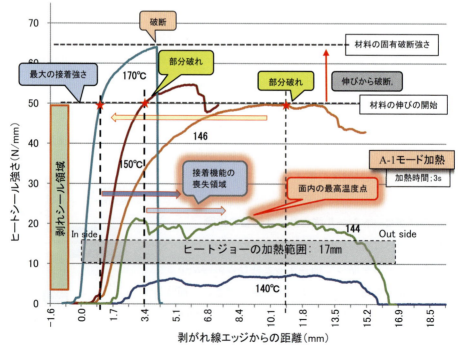

図 24.8　レトルトパウチの引張試験データ

3. ヒートシール強さの確定は何を配慮するか？

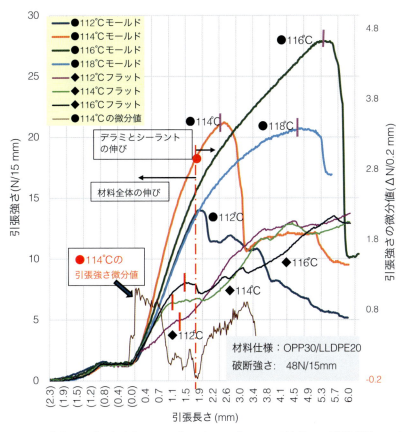

図24.9 「面」と「一条突起」の圧着で異なる「モールド接着」の引張試験データ

　レトルトパウチの引張試験結果を図24.8に示した．「最大値」取得法では得られない接着強さの発現開始点を含めた詳細な特性を示している．

　併せて「モールド接着」の引張試験結果を図24.9に示した．同一な加熱温度にも関らず，新規な一条突起式の「モールド接着」と従来の平面圧着の引張試験データには大きな相違のあることを明確に表示している．「モールド接着」の詳細は第7章を参照．

3. ヒートシール強さの確定は何を配慮するか？

　本書では全方位でヒートシール強さの発現を議論してきた．

　従来の議論では熱接着強さの確定と直接的利用が至上命題であった．

　【Hishinuma 効果】の影響を含め，図24.8で示したように「ヒートシール強さ」（スカラー量）の1点選択の有義性は乏しい．どの点を選択するかは，剥離エネルギー論を前提にしたヒートシール強さを選択し，生産運転上の「ヒートシール強さ」の管理に反映する．ヒートシール強さの設定は正確な溶着面（接着面）温度応答の制御が必要である．

　加熱体表面温度を調節点にし，材料のヒートシール面の外側の《界面温度》のリアルタイム検知による *AI* 制御（カスケード制御）すれば，的確な温度調節ができる．

— 277 —

4. エネルギー論による破袋耐性の数量的検討方法

ヒートシール強さはスカラー量である．耐破袋性を「ヒートシール強さ」だけでは操作できない．剥れ，伸び寸法と組み合わせ，剥離・破断エネルギーとして議論する．

1) 剥離エネルギー，破断エネルギーの演算；(参考資料第9章のFHSS)
2) 各温度で加熱/圧着した標本の引張試験データを剥離エネルギーを元に選択する．
3) ヒートシール強さ（N/15 mm）を（N/1 mm）に変換する．
4) 剥れシールの引張代は剥れ長さの2倍になっているから剥れ長さを1/2に変換する．
5) 凝集接着の引張代は材料の伸び代であるから，破断エネルギーの計算には引張代をそのまま適用する．
6) X軸が引張代（mm），Y軸が接着強さ（N/1mm）としたExcelデータの検証範囲を積分すれば容易に剥離エネルギー，破断エネルギーを取得できる．

図24.8のデータを元に以上の実施例を**図24.10**に示した．凝集接着の［170℃］降伏点エネルギーを［1］として各温度の剥離エネルギーを演算してプロットしたものである．剥れシールの最高温度［146℃］付近に最大約4倍の剥離エネルギーを示している．すなわち耐破袋性の最も高い加熱温度になる．

7) 破袋力は，元々は位置エネルギー；[mgh]である．圧縮エネルギーは〈h(高さ)〉は小さいが，〈m

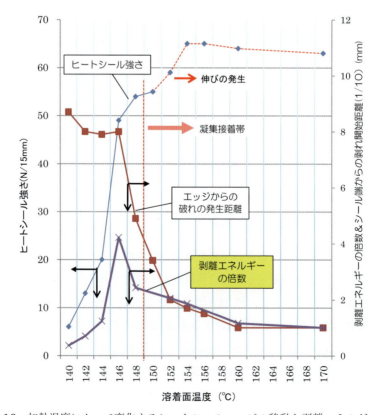

図24.10 加熱温度によって変化するヒートシールエッジの移動と剥離エネルギーの変化

〈質量〉〉が大きいことが特徴である．落下衝撃は数十 cm の落下が作用する破袋力となる．

8) 静的な圧縮荷重の［約 40%］がヒートシールエッジに作用する破袋力になるが，落下衝撃は，構成材のクッション性が機能して［数%］と小さい．落下中に形態によって応力集中点が変化するので破袋力その都度機能する特徴となる．

9) 通常《JIS Z 0238》の圧縮荷重と落下衝撃・振動の耐破袋荷重は［2 N/15 mm］の接着強さで耐えられる．安全率を考慮して，［10 N/15 mm］の設定で汎用的範囲はカバーでき，これを包装工程の管理基準としてよい．

この詳細な解説は，第 8 章圧縮・衝撃荷重の実測に記してある．

実際には，圧縮荷重の負荷中に落下衝撃や振動が複合的に加わると大きな破袋原因となるから，中装や外装包装で衝撃荷重を吸収する留意が必要である．

ヒートシール強さのみに依存すると，剥れシールの機能を利用できなくなる．

5. 加熱速さでヒートシール強さの発現の変移；【Hishinuma 効果】の計測方法

永い間，ヒートシール強さと加熱温度は一元的に起こるものされてきた．ヒートシール強さに依存していたヒートシール管理の不安定さに多くの関係者は悩まされてきた．

高精度の溶着面（接着面）温度応答の加熱に応えるべく，筆者は溶着面温度計測法；**"MTMS"** の計測法の開発に集中した．

しかし，難題のヒートシール強さのバラツキ改善を（直ぐには）図れなかった．ヒートシール強さの安定化には，遅い加熱の選択が常套手段の【D.F.S.】があったので，同じ温度で，極端に表層のテフロンシートの厚さを変えてみたら接着ができないものが現れて，"不具合"の原因の一端に出会い，加熱速さが関係する現象の発見にたどり着いた．

"不具合"の発生が加熱速さに依存していることが発見されて，その不安定さの原因が解明されている．

詳細は，第 4 章【Hishinuma 効果】に記した．

1) 加熱速さの定義

"**MTMS**" キットを利用し，平衡温度加熱の応答を採取する．

平衡温度点の到達の判定が難しいので，次式で［CUT95］を規定する．

$$[CUT95] = [(平衡温度) - (室温)] \times 95\% + 室温 \qquad (図24.1参照)$$

2) 応答の始発点（室温）と 95% 点を直線で結び，この傾斜を「加熱速さ」と定義する．

3) 加熱速さの変更方法

厚さの異なるテフロン等の耐熱フイルムを用意する．

＊ヒートバー直接，＊ 10 μm PET，＊テフロン（0.05，0.1，0.2，0.5 mm）

これらのフイルムでカバーして，加熱標本を作り，「2.(8)」の操作でヒートシール強さの応答を作成する．

第 24 章　《JIS Z 0238, ASTM F88, 2029》に替わる新ヒートシールの試験法

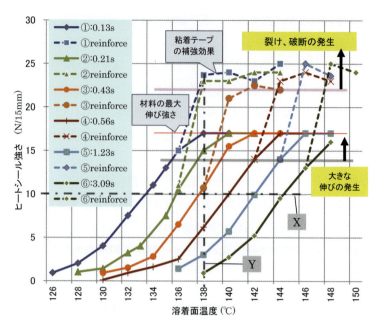

図 24.11　「加熱速さ」の変化でヒートシール特性が変移した【Hishinuma 効果】（事例）

4) 加熱速さと加熱温度をパラメータにして，ヒートシール強さの計測をする
   1つの加熱速さ毎に1つの「ヒートシール特性」が取得するから，加熱速さを5種替えると5件のヒートシール特性を収集し，一枚のグラフに統合することができる．

5) ［CPP］が標本の事例を図 24.11 に示した．
   ［138℃］，［10 N/15 mm］を通過するグラフを基点にして，［0.13 s］の加熱速さの加熱では［≒10 N/15 mm］のヒートシール強さの発現は［133.5℃］であり，［≒5℃］低くなっている．他方［1.23 s］では，未だ［3 N/15 mm］しか現れず，［7 N/15 mm］も低くなっている．次に［138℃］を基点にして他の加熱速さのヒートシール強さの発現は，［0.21 s］より速い加熱は凝集接着帯に入っている．

6) 加熱速さによるヒートシール強さの発現の変移を看過できないことを理解することができる．

6.　得られたヒートシールデータの現場への展開方法と留意

　従来のヒートシールの加熱温度／ヒートシール強さの定量性は曖昧であったので，現場の包装工程の担当者は経験則を元に，仕上がった標本の凝集接着状態の目視検査に頼らざるを得ず，大変苦労している．合理的な展開方法を以下に示す．

(1) 計測結果が，先ず，設定された「包装仕様」の剥れシールまたは破れシールのヒートシール強さに適格かどうかを確認する．

(2) 「2.(9)」で得られた加熱温度（溶着面（接着面）温度応答毎の当該材料のヒートシール強さデータが「設定仕様」を包含しているかを確認する．

(3) もし，包装仕様の設定値以下の結果であれば，この包装材料は，製品に適用できないことになる.

(4) 汎用的には，製品が乾燥物の場合；[4 – 6 N/15 mm]，液体の場合；[10 N/15 mm] 以上あれば問題ない.

(5) ヒートバーの表面を [0.08 – 0.1 mm] の平滑な粘着テフロンフイルムでカバーする.
このカバーの目的は，《界面温度制御》の熱流検知用である．同時に【Hishinuma 効果】の加熱速さの制限制御である.

(6) ヒートジョー方式の加熱はステップ応答であるから．1 次応答遅れで現すことができる.

$$To = (Ti - Tr) \cdot \left(1 - e^{-t/Tc}\right) + Tr$$

To；応答温度（℃），*Ti*；設定温度（℃），*Tr*；室温（℃），*t*；加熱時間（s），*Tc*；時定数（s）

すなわち，同一材料なら，*Tc* は同一であるから，応答は（*Ti*），（*t*）のみが変数となる.
加熱温度値に関係なく，[95%] の応答時間は同一になる（図 24.1 参照）.

(7) 生産計画から包装工程の回分動作数を決定する.

(8) 次に式からヒートシールの操作時間を演算する.

〈圧着時間(s)〉＝〈回分動作数(N/min)〉/60×1/2

(9) 選択されたヒートシール強さを計測した Excel File のグラフをパソコン上に表示する
必要な加熱温度の [(95%)＋(5%)] 平衡温度値をグラフに横線を引く.

(10) 上記の（8）から得られた回分動作の〈圧着時間〉に縦線を引く.

(11) 実測の応答パターングラフを Word の図形アプリを使って，トレースコピーをする.

(12) コピーを Y 軸方向に拡大する.

(13) この操作中に（9），（10）で引いた 2 本の直線の交点を通過する応答パターンを選択する.

(14) このパターンの平衡温度が，凡その生産計画に合ったヒートバーの加熱面の調節温度となる.

(15) この結果の適正性を「ヒートシール試験機」，**"MTMS"** シミュレータと **"MTMS"** キットを使って評価する.
①検証で得られたヒートバーの表面温度，②圧着時間　を設定し，③溶着面（接着面）温度応答センサ，④《界面温度制御》センサを装填して，実働条件を補正 / 確認する

(16) 実機に《界面温度制御》センサを装填して，運転管理（モニタ, 制御）をすればラボの取得データを製造工程に完璧に反映できる.

7.　圧縮，落下衝撃試験の的確化方法

ヒートシール袋の破袋は，荷重の位置エネルギーの変化がヒートシール線に関与して発生して "不具合" になっている．すなわち，破袋は [(破袋荷重)×(運動量)] の負荷によって起こっている．この破袋現象は約 2 N/15 mm の低接着強さ帯で発生していることがわかっている．この

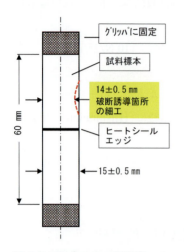

図 24.12 「モールド接着」の引張試験標本への細工方法

検討の結果，圧縮荷重；1,000 N，落下衝撃；0.8 m においても約 10 N/15 mm の接着強さがあれば汎用的に通用することがわかっている．試験法の詳細は第 8 章に示してある．

8.「モールド接着」の試験法

(1) 平面圧着での「モールド接着」の圧着試験は不適当である．
(2) 条突起ユニットをヒートシール試験機のヒートバーの圧着面に装着する（図 7.7 参照）．
(3) 加熱・圧着された標本を**図 24.12** のように細工して，引張試験を行う．
(4) 図 24.9 に類似した特性を示すことを確認．
(5) 図 24.12 の細工個所が破断し，ヒートシールラインが「モールド接着」状態になっていることを確認する．

9. "MTMS" ヒートシールシミュレータの構成と仕様

(1) 構成／機能：
1) ヒートジョー方式の回分動作ユニット
2) 回分動作；〜約 60 shot/min，単発動作（ヒートシール試験機用）
3) 加熱温度；室温〜190℃
4) ヒートバーの加熱面温度の直接制御
5) ヒートパイプの装填（長手方向/200 mm の温度ムラ；0.5℃以内）
6) 《界面温度制御》センサ標準装備
7) 圧着圧；0.05 〜 0.5 MPa
8) ヒートバーの交換；各種形状の交換化
9) 包装材料の連続自動送りユニット装備

(2) 制御機能
1) 全機能の PLC 制御
2) 〜 70 shot/min の制御が可能
3) 高速 A/D ユニットの採用
4) 制御対象の AI 制御の採用；
   ① 加熱体表面温度/《界面温度》/溶着面（接着面）温度応答の On-line シミュレーション
   ② 取り扱い制御要素の AI 制御
5) 連続運転の回分動作による連続運転のシミュレーション；・自動運転数の適格性の検討・

9. "MTMS" ヒートシールシミュレータの構成と仕様

導入包装機の事前設計

6) 既存現場包装機の性能診断；《界面温度制御》センサの取り付けのみ

7) 既存包装機の《界面温度制御》の導入試験；シミュレータと現場包装機間の仮設配線

(3) シミュレータの写真と構成

《界面温度制御》を実演できる最新版ヒートシールシミュレータの構成を図24.13，図24.14に示した．

溶着面（接着面）温度応答の実測できる（廉価版）の "MTMS" キット（M）の図24.15に示した．

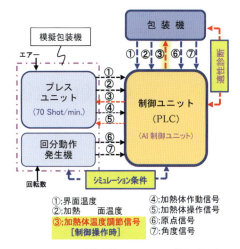

図24.13 連続運転もできる《界面温度制御》シミュレータの構成

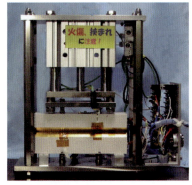

(a) 連続運転ができるヒートジョー部

(b) 制御部
・シミュレータの制御
・現場包装機のヒートシール性能の診断
・現場包装機の《界面温度制御》のコントローラに準用

図24.14 《界面温度制御》シミュレータ

図24.15 溶着面（接着面）温度応答が直接計測できる（廉価版）"MTMS" キット（M）{入力；最大10点}

第25章　ヒートシール技法に期待される《SDGs》の課題の整頓；軟包装の《SDGs》の合理的な対応策

(1) EU委員会の目標対応
　1) プラスチック材の単一化は無謀
　　＊生産性の大幅ダウン（3秒/1動作）　インパルスシール方式に頼らざるを得なくなっている．
　　＊ガスバリア機能の放棄命令
　　・「ヒートジョー方式」の利用は，複合フイルムの開発で達成した
　　＊包装の高生産性の確立；過渡加熱　　　　　　　（第2章参照）
　　＊軟包装の高機能性の確立；"一条シール"の適用　（第5章参照）
　　＊「密封」と「易開封」の同時達成　　　　　　　（第5章参照）
　2) 使用量の削減プログラム
(2) 日本国内の指令対応
　　・日本の包装界の主張；複合フイルムの展開の機能性
(3) を下記のように改訂する
　　＊"一条シール"の適用　　　　　　　　　　　　（第5章参照）
　　＊「観音開き」の採用
　　　"一条シール"の適用で全熱接着面の易開封化を図り，ノッチ開封方式を止めて，ノッチ片の発生の解消を果たす．
　　　観音開き方式はフィン端を摘み開封するので包装物に負荷を掛けないの包装物に接触した包装ができるので，最小化包装ができる．図25.1に事例を示した．

　　　　(a) "ノッチ開封"の開封片　　　(b) "観音開き"袋の実際
　　　　　図25.1　ノッチ開封片と"観音開き"の実際

— 284 —

(4) 凝集接着のヒートシール幅の極小化

・平面圧着の回避；条突起シールの「モールド接着」の採用（第7章参照）

(5)

・界面接着帯の活用；界面接着強さの増強　　　　　　　　（第5章参照）

(6) 剥れシールの活用

・剥れシールはナノメートルオーダーで完成する

・[1 N/15 mm] でも「密封」は達成できる　　　　　　　（第15章参照）

・[2 N/15 mm] で圧縮，落下衝撃に耐えられる　　　　　（第8章参照）

・「密封」はシーラントの塑性変形を活用　　　　　　　　（第5章参照）

(7) ノッチ開封の回避

・開封片の発生回避　　　　　　　　　　　　　　　　　　（第16章参照）

(8) 軟包装材の仕様の統一化；再資源の汎用化 ex. OPP/（イージーピールシーラント）

(9) 発熱部の保温，低温化

・ヒータの容量は関係ない

(10) 包装工程の稼働率の向上

(11) クレーム発生の極小化

・「1%理論」[第21章] の適用；2つ以上の不具合の主要原因の追究と活性の制御；3σ管理の利用

第26章　ヒートシール操作の基本

> 本章は，本書の基幹理論の溶着面温度計測法；**"MTMS"** の確実な理解のために既刊の「ヒートシールの基礎と実際」(幸書房)」の【第4章　ヒートシール操作の基本】を再録した．

　プラスチックを利用した容器や袋の製袋と封緘に適用されているヒートシール技法は，分子レベルの溶着が簡易な技法で達成できて，気密性と微生物侵入の封緘がほぼ完璧に達成できる能力を有している．通常に製造されたプラスチックの熱特性の再現性は非常に高いので，ヒートシールの定量的な温度管理をすれば，信頼性の高い封緘ができる．

1.　ヒートシール管理の基本は溶着面温度

1.1　従来の温度管理の課題

　ヒートシールの制御要素として，「温度」，「時間」，「圧着力」が広く知られている．

　主制御要素の「温度」の規定は，接着材の「溶融温度」である [1]．しかし，世界的にみても数十年の間，加熱体（加熱源）の温度調節値を管理値に使用している．製造現場での接着の確認は，加熱温度と運転速度を変化させて得たヒートシールサンプルに「引き裂き」，「加圧」等の応力を加え剥がれ，破れの状態の測定 / 観察で評価 [2,3] している．

　このため

　(1) 材料が持つ固有性能を確実に発揮させる設定ができない．

　(2) 期待する封緘性能の是非の保証ができない．

　(3) 条件の確認と設定に大量の資材，手間，時間を要している．

　(4) 製品の良品歩留まり，封緘の安全率を高くするために資材の高級化,厚肉化等でコストアップになっている．

　(5) ヒートシールの HACCP，「悪戯防御」の要求を保証する論理確立ができない．

等の課題を内在している．

　現場では，

　(1) 経験則による条件設定のため製造設備の長時間の生産休止の稼働率ロス（品種毎）．

　(2) 統計的評価のため数千回に相当する大量のテスト資材の消費ロス．

　(3) テスト運転とテスト結果の人手評価（観察評価）．

　(4) 溶着面温度が直接管理になっていないので，加熱条件は高めに設定することになり，ヒートシール部分に熱劣化を与えることが多い．

$-286-$

(5) 多層フイルムの接着層に対する熱劣化の考慮ができない（ポリ玉，発泡）.

(6) 精密な温度調節が必要な"イージーピール"のような層間剥離の制御が困難.

(7) 運転条件の管理が温度調節値と速度しかできないので，顧客に封緘の適否の保証範囲の提示ができない.

(8) ヒートシールの定量的品質管理ができないので何時も不安が付きまとう.

(9) 包装設備の設計，製作にヒートシール条件の仕様を事前に提示しないので，製造立ち上げに苦労する.

などの課題が存続している.

　これを解決するためにはヒートシールの加工条件に直接的に関係している溶着面温度を直接測定する手段が求められている.

1.2　溶着面温度情報の必要性

　ヒートシール技法の重要な点は，ヒートシーラントを溶着温度以上に確実に到達させることであるが，従来は温度の達成方法が見出せなかったので，加熱源の温度や超音波加熱，電磁加熱の場合は電気出力の調整と作動時間の間接的な方法によってヒートシール条件を決めている.加熱源の調整方法は，適正加熱範囲の調節能力が低かったので，包装材料側では，適用加熱温度帯を広くする検討がなされてきた[1].

　従来はパラメータとなる溶着面温度の正確な情報がなかったので，剥れシール（Peel Seal）や破れシール（Tear Seal）[4]の識別や，加熱が原因の不具合の究明は困難であった.確実なヒートシールには，溶着面温度で $5 \sim 10℃$ の範囲に調節することが要求されている.実際の加熱条件では，溶着面温度が数百℃/s～100℃/sの割合で高速上昇する温度傾斜である.正確な加熱には，この途中の溶着が起こる20℃程度の温度幅に，繰り返しの圧着加熱調節が必要であり，圧着時間は0.01秒程度の精度を要求されている.

2.　溶着面温度測定法：**"MTMS"**

　ここでは筆者が開発した，溶着面に微細熱電対を挿入して，リアルタイムで溶着面温度の応答を測定，解析できる「溶着面温度測定法；**MTMS**」を紹介する[*1].

　本書で紹介する溶着面温度等の測定データは，この測定システムを使用している.

2.1　溶着面温度測定システムとは？

　ヒートジョー方式では，加熱体の温度調節値をヒートシールの運転指標にしている.

　溶着面温度測定法は生産設備に溶着面温度センサを直接設置するものではなく，加熱体の表面温度と接着面の溶着面温度に着目して，ラボで取得したデータを生産設備に反映する汎用化手法

[*1] 溶着面温度測定法；**"MTMS"** [4-6] ［Measuring Method for Temperature of Melting Surface］，**"MTMS"** は登録商標登録済み；登録第 4622606 号 (2002)

第26章 ヒートシール操作の基本

である.

　溶着面温度測定法の基本と従来法の相違を，ヒートジョー方式で比較したモデルを**図26.1**に示した．特徴は加熱体の表面と被加熱材の微細な溶着面の温度計測を行うところである．ヒートジョー方式へ適用した溶着面温度測定法のモデルを**図26.2(a)**に示した．図26.2(a)の機構モデルの加熱系と被加熱系（材料）の熱流系を統合して，電気回路にシミュレーションしたものを**図26.2(b)**に示した（図はジョーの片側のみを表現している）．加熱体のヒータから出た熱流は，温度

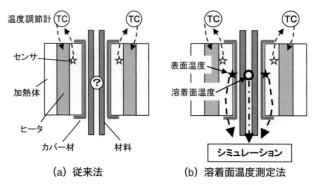

図26.1 ヒートシールの溶着面温度測定法と従来法の比較

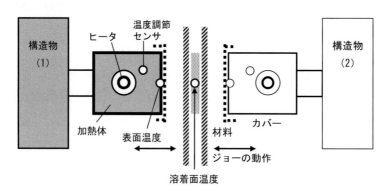

(a) ヒートシールの方法［ジョー方式］

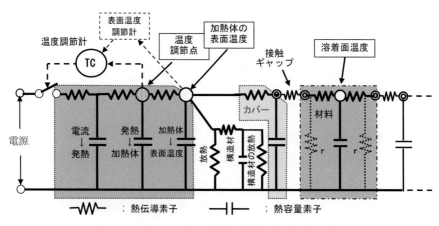

(b) ヒートジョー方式の加熱系の相似回路［片方の図示］

図26.2 ヒートジョー方式の加熱熱流解析

— 288 —

調節系と被加熱材の接着面に至る間に周辺の温度の影響を受ける多数の伝熱要素（伝熱抵抗と熱容量）があり，従来の温度調節値の調節では溶着面温度を一定にできない理由がわかる．加熱体の放熱や加熱体を支える構造体への伝熱流（外乱）は，表面温度に直接反映する．調節温度ではなく，表面温度を基準に溶着面温度を取り扱えば，外乱の影響は消去できる．

　放熱や伝熱の外乱による表面温度の修正には，表面温度をモニターして温度調節計の設定値を変更すれば，所定の温度に調節することができる．検出した表面温度を直接温度調節計につなぐこともできるが，発熱源と表面温度の間には，時間の長い遅れ要素と放熱要素があるので，ハンチングを起こして精密な温度調節ができないのと，遅れのためにヒータが過熱して破損してしまう．

　生産装置の加熱体の表面温度の自動調節には，表面温度調節システムを装着して改善できる．

　カバー材と被加熱材との接触の影響が伝熱に関係するが，接触の変動は 0.1 ～ 0.2 MPa の圧着圧を適用すれば材料に関係なく伝熱抵抗は一定になって定数として扱える．

　カバー材にはテフロンシートやガラス繊維にテフロンを含侵したシートが主に使われるので，一元的なシミュレーションはできないが，ラボの計測の際にシミュレーションする製造装置に使っている同一のカバー材を試験機に装着すれば，計測データにカバー材の影響を直接反映できる．

2.2 溶着面温度測定に必要な基本機能

　ヒートシールの溶着面温度の測定に要求される温度精度と材料の熱伝導速度に対応するには次の条件が要求される．

(1) 10 ～ 50 μm の微細部分の温度測定
(2) センサの挿入による熱伝導系の熱伝導の遅延と撹乱の発生の極小化
(3) 高感度温度検出　　：[≒ 0.1℃]
(4) 高速測定　　　　　：[≒ 10 ms 以下]

2.3 溶着面温度測定システムの構成項目と仕様

2.3.1 センサ選択

　熱電対は 2 種の線材の接触点が検知点になるので，構造が簡単で取り扱いも容易である．微細な溶着面の温度検出に 13,25,45 μmφ のクロメル / アルメル（CA；"K"）の熱電対の適用性を検討した．

2.3.2 温度感度

　"K" 熱電対の温度 / 電圧の変換性能は小さく［≒ 0.04 mv/1℃］，ヒートシールの温度解析で要求される 0.1℃ の分解能を得るためには，少なくとも 0.05℃ の感度が必要である．これは電圧にすると 2 μV（2×10^{-6} V）になる．このためには安定した 120 db 以上の高感度の直流増幅器が必要となる．

2.3.3　検出速度

ヒートシールの溶着面温度の変化速度は，運転操作速度に関係なく材料の伝熱速度によって決まる．実際の運転温度と材料の厚さから推定すると数百℃/s～100℃/sの高速な温度傾斜になる．温度傾斜から逆算すると 0.01 ～ 0.005 s/℃となる．

2.3.4　デジタル変換の要求

溶着面温度を直接測定するには，高感度かつ高速の信号処理系が要求される．

データをコンピュータで処理するためにはアナログの温度信号を A/D 変換する必要がある．取り扱う温度レンジを常温～ 250℃として，0.1℃の分解能を得るには，少なくとも 4 桁の変換が要求される．このためには BCD 系のデータ処理では，16bit が必要となる．

2.3.5　データ蓄積 / 通信機能

溶着面温度測定には，溶着面温度の他，材料の熱応答特性，加熱体の表面の温度分布等の関連周辺情報の収集，さらに微細部分の温度測定にも使える機能が期待される．採取データは少なくとも 200 個以上（全データ量の 0.5%の分解能）の採取が要求される．測定データのコンピュータへの送信，格納機能の自動化が必要である．

2.3.6　データ処理ソフト

1 つの測定では少なくとも 200 個以上のデータを収集し，処理することが必要である．

採取データを情報化するためには，加減乗除の演算やデータ移動，グラフ等の作図操作が必要である．パソコンによるデータ処理ができるようにする．

2.3.7　加熱ユニット

加熱部は加熱温度の調節性，安定性に優れた加熱体（ヒートバー）を一対にしたヒートジョー方式とする．加熱表面の温度分布小さくするためにヒートパイプを装着する．

2 つの加熱体の表面温度の正確な把握と調節のずれの確認のために表面温度センサを装着し高分解能の表示計を設置する．

これらの機能を搭載した試験システム《**"MTMS"** キット》は次のような性能が得られた．

- ・加熱温度範囲：室温～ 220℃
- ・温度精度：± 1.5℃
- ・温度分解能；0.1℃（16bit A/D 変換）
- ・温度調節方法；On-Off PID, 0.1℃単位
- ・応答分解能；2/1,000 s
- ・ジョーの作動；手動式，半自動式
- ・通信機能（LAN）；RS-232C（TCP/IP）

その構成を**図 26.3** に，組み立て例を**図 26.4** に示した．(a) はキットの全体，(b) は手動式加

2. 溶着面温度測定法："MTMS"

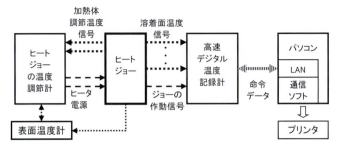

性能：・温度調節；on-off PID, 0.1℃単位，ジョーの作動；手動，半自動
・温度分解能；0.1℃（16bit A/D 変換），応答分解能；2/1000 s
・LAN；RS-232C（TCP/IP）

図 26.3　開発した溶着面温度測定システム《"MTMS" キット》の構成

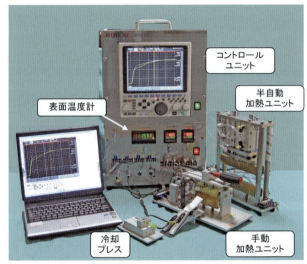

(a)《"MTMS" キット》の全体

(b) 加熱部と加熱操作

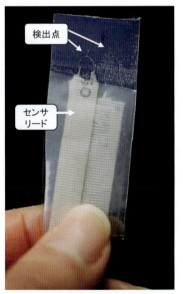

(c) テストの終了したサンプル

図 26.4　溶着面温度の測定装置：《"MTMS" キット》

— 291 —

熱操作部と操作の様子，(c) は溶着面温度の計測後のサンプルを示した．

《"MTMS"キット》では1回当たりの試験サンプルは写真のように少量で済む．

2.4 溶着面温度測定システムの高速な応答性

微細な溶着面の直接の温度計測には微細なセンサが必要である．開発したシステムでは，センサの応答速度の向上と太さを小さくするため被覆のない"裸線"を使用する．センサの応答速度を計るのに，"裸線"のまま圧着するとヒートバーの金属面との接触で「ショート」が起こるので，PET 12 μm のシートで挟んで応答測定をした．線径が 13, 25, 45 μmφ の 3 種のセンサの応答測定の結果を図 26.5 に示した．

各種の包装材料の 95% 応答比較を表 26.1 に示した．12 μm の PET のデータは図 26.5 の測定結果を転記した．12 μm の PET の応答結果から 13 μmφ センサの応答は 11 ms 以下と言える．25 μmφ センサと 13 μmφ センサの応答の相違は約 1 ms である．これらの結果から 10 ms 程度の応答遅れは 12 μm の PET の伝熱の遅れと見ることができる．25 μmφ センサのナイロン材の応答は 16 ms であり，この応答は 14 ms ナイロンの応答遅れと見ることができる．同様にして 45 μmφ センサの応答遅れは約 20 ms と定性できる．30 μm 以上の材料の場合は，45 μmφ のセンサでも実用的には十分使用できることがわかった．ヒートシールの溶着面温度測定には，25 〜 45 μmφ のセンサの適用で問題のないことを示している．

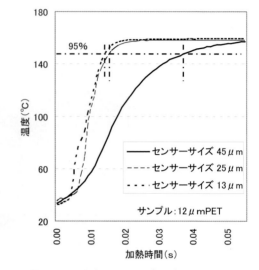

図 26.5 微細センサの高速応答性の検証

表 26.1 各種の材料の溶着面温度応答の比較（95%応答）

材料の種類 厚さ / 材質	センサーのサイズ (μm)	95%応答 (s)
12 μm PET	13	0.011
	25	0.012
	45	0.036
25 μm ナイロン	25	0.016
	45	0.037
30 μm CPP	25	0.025
	45	0.060
75 μm OPP/ Al 蒸着	25	0.160
	45	0.180
100 μm （乾燥）紙	25	0.130
	45	0.150
75 μm テフロン	25	0.110
	45	0.130

2.5 《"MTMS"キット》を使ったヒートシール部位の測定事例

《"MTMS"キット》を適用し，表面温度を 137 〜 210℃ の間で約 10℃ 毎に変化させた溶着面温度の応答の測定事例を図 26.6 に示した．この場合に目標加熱温度の 120℃ に横線を入れた．各データとこの線との交点に相当する時間軸が加熱時間となる．

センサを 4 点使って，4 枚重ねのヒートシールの①最内層，② 1-2 層，③ 1 層-カバー材，④加熱体の表面温度の 4 点を同時測定した例を図 26.7 に示した．多層の溶着面温度の計測によって加熱温度の適正性の検証ができる．

— 292 —

2. 溶着面温度測定法："MTMS"

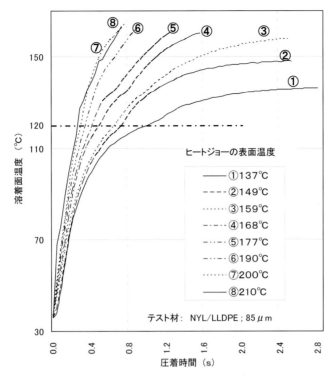

図 26.6 ヒートシール条件を決める基礎となる加熱体の表面温度をパラメータにした溶着面温度測定例

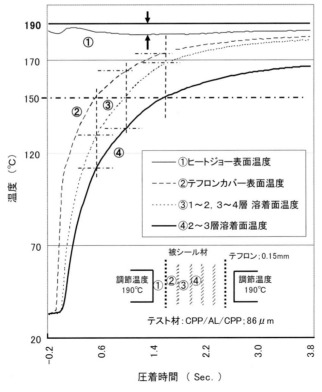

図 26.7 溶着面温度測定法を適用した4層の同時測定事例

2.6 「最適加熱範囲」の検討の仕方

溶着面温度の測定法結果の図26.7を例にして，「最適加熱範囲」の検討の仕方を提示する．溶着面下限温度：150℃，溶着面上限温度：170℃を設定して，各層の温度と到達時間の相違をみる．

【ケース：1】④が150℃に到達した時を基準にした検討

④は1.56秒で到達している．この時の③の1-2層は168℃，②のテフロン-1層は174℃であり，④よりも24℃高くなっていて，上限温度を超している．

この時の150℃に到達する時間は②は0.52秒，③は0.96秒となっている．

【ケース：2】③が150℃に到達した時の検討

この時の到達時間は0.96秒で，②は164℃，④は133℃となる．この場合は②は上限温度の170℃を超えないが，最内層の④は下限温度の150℃に達せず加熱不足となる．

加熱時間が長くなれば，各点の温度は加熱温度に漸近するから，この場合は加熱温度を190℃から順次下げて，④の温度が150℃，②-④間の温度差が20℃になる加熱体温度が最高加熱温度であり，④が150℃に到達した時間がヒートシール時間になる．

このようにして，2枚重ねや6枚重ねの場合でも，同様に測定データから「温度と時間のマトリクス」を作って考察できる．この手法は「最適加熱範囲」の検討の基礎になる．

加熱時間は材料の特性で決まるので，時間を優先して，2つの温度差を小さくすることはできない．

3. 材料毎の溶融特性の測定と下限温度の決定

ヒートシール条件を合理的に設定するためには，材料毎に温度と時間をパラメータにした4項目の計測確認が必要である．

(1) 溶着層の溶着温度
(2) 溶着層が溶着温度に到達した確認
(3) 溶着層が溶着温度に到達する時間
(4) 被加熱材料の熱劣化温度

ここでは(1)の溶着温度の確定の仕方を記述する．

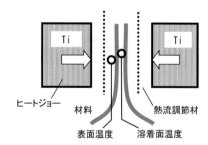

3.1 ヒートシール強さの発現温度の検出方法

プラスチック材料の熱特性の解析には，DSC（示差走査熱量計）が使われ，ガラス転移点 [Tg]，結晶化温度 [Tc]，溶融温度 [Tm] が計測されている．この中でヒートシールについては溶融温度 [Tm] が参照されている．溶着面温度を基にヒートシール強さの発現をみると，溶融温度より低い温度で開始

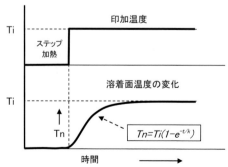

図26.8 ステップ加熱による溶着面温度の変化

3. 材料毎の溶融特性の測定と下限温度の決定

している．

溶融温度［Tm］を参考にしたヒートシールの加熱温度の設定は過加熱になっている．

ここでは材料の溶着面温度の応答データを参考にしたヒートシール強さの発現温度の検出方法を提示する[*2]．

ヒートジョーで材料にステップ状（**図26.8**参照）の加熱を行うと溶着面温度は指数関数状に上昇する．材料が熱変性を起こす温度帯にこの立ち上がりの加熱が与えられるように加熱温度［Ti］を調節する．材料の熱変曲点では，わずかに熱流が変化するのでこれを溶着面温度の変化として捉える．試験材料に発熱体を直接圧着すると供給熱量は大きいので変曲点のわずかな熱流変化は検知しにくい．テフロンシートのような熱変性が小さく熱抵抗の大きい材料でサンプルを

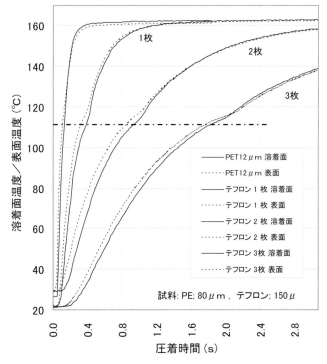

(a) 熱流調節による表面と溶着面温度の応答変化

枚数	溶着面 (℃)	表面 (℃)	**温度差 (℃)**	加熱時間 (s)
なし	99.5	110.8	**11.3**	0.08
1	105.0	111.8	**6.8**	0.30
2	108.5	112.3	**3.8**	0.84
3	**110.6**	112.0	**1.4**	1.70

(b) 熱流調節による表面と溶着面の温度差

図 **26.9** テフロンシートの熱流調節効果

[*2] DSCでは微量のサンプルの入った容器と標準物質に直線的に上昇または下降する温度を与え，生じる温度差を補正する電力量から熱変性量とその温度を知る．
　筆者が提案する熱特性の測定法は，物質の表面から内面に到達する熱流を各温度の温度変化として捉える．DSCの積分型に対して "**MTMS**" は微分型の解析法である．

挟んで，材料の表面と溶着面温度が2℃以内になるように熱流調節を行う．

テフロンシートを適用した熱流調節の例を**図 26.9** に示した．80 μm の PE の場合では 0.15 mm×3 のテフロンシートの装着で温度差が 1.4℃になった．

3.2 溶着面温度データから熱変性点を確定する方法 [6]

ステップ状の加熱に対する溶着面温度の変化の様子のモデルは図 26.8 に示した．

溶着面温度の応答は

$$Tn = Ti(1 - e^{-t/k}) \tag{4.1}$$

で表わすことができる．この (4.1) 式を図示すると**図 26.10** のようになる．

(4.1) 式の 1 次微分値は (＋) 値で 0 に漸近する．2 次微分値は (－) 値で，これも 0 に漸近する．いずれも微分演算結果には変曲点ができない．

変曲点を持った溶着面温度を微分演算処理をして，変曲点を確定する方法を**図 26.11** 示した．

図 26.11(a) は溶着面温度の変曲点付近をモデル化したものである．変曲点を P1，P2，P3 とすると，1 次微分演算の結果，－P1 の間は傾斜に応じた一定値 (1) になる．P1－P2 間は変化がないので [0] である．P2－P3 間は一定値 (2) なる．P3－は (3) になる．一定値 (1)～(3) 中には熱変性の大きさも含まれるので熱変性の大きさの比較はできる．

しかし供給される熱量が DSC のように定量化できないので，演算結果から変性量は決められない．加熱温度の傾斜が変わると1次微分値は変化する．1次微分結果を更に微分すると変曲点を (＋) と (－) に表示できるので，加熱

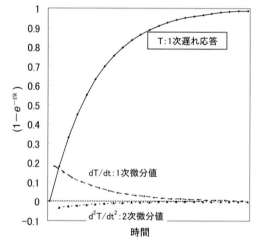

図 26.10 ステップ応答の経時変化と微分演算結果

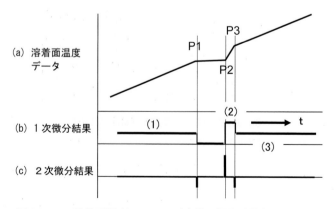

図 26.11 溶着面温度のステップ応答の微分演算処理モデル

温度の傾斜の影響を排除して正負に変換できるので，変曲点の温度を知る"点"に変換できる．

　採取した溶着面温度データの微分演算を行うには採取したデータ間の差分をみる近似微分を行う．この方法を**図26.12**に示した．⊿Tは差分区間の設定値，⊿Tは差分設定区間に対する溶着面温度の差分値である．⊿Tの1単位は演算適用領域の溶着面温度が0.5～1℃の変化が含まれるように選択する．⊿Tは溶着面温度をデジタル化するときのサンプリングタイムの選択で決定することができる．データをパソコンに取り込んで，表計算用のソフトを利用すればこの処理は容易にできる．ポリエチレンの変曲点解析した例を**図26.13**に示した．この例では，⊿Tを0.04sとして差分演算をした．118℃に2次微分の変曲点を得ることができた．110～150℃のヒートシール強さを調べた結果，剥れシールが116～123℃，125～140℃では接着面が剥離せず伸

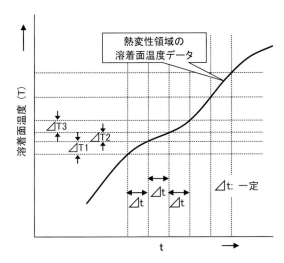

図26.12　溶着面温度データの差分演算（近似微分）処理モデル

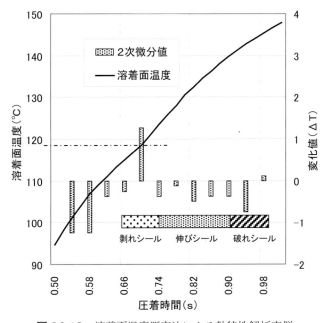

図26.13　溶着面温度測定法による熱特性解析事例

びが生じた．145℃を過ぎるとエッジの破れが発生した．

熱特性の演算処理は時間を基準に行っているので，得られた熱変性データは時間がパラメータになっている．時間と溶着面温度の変化は対応しているので，X軸を溶着面温度に置き換えてY軸を微分値に置き換えれば溶着面温度をパラメータにしたデータに変換できる．溶着面温度の変化はステップ状の加熱に対する応答なので，1次遅れ応答になっているから溶着面温度の目盛は直線的ではなくなる．

3.3 変曲点が現れないケース

変曲点の発生は，ヒートシーラントが10 μm以上でPEやCPPのように高分子の結晶性が高い場合は顕著に現れる．結晶性の低い高分子や母材フイルムの厚さに対してヒートシーラントが非常に薄い場合，co-polymer，生分解性プラスチックのように他の物質の混合量が多い場合には顕著な熱変性が検出されなかったり，ヒートシールの発現と一致しないことも見出された．このような場合でも溶着面温度をパラメータにしたヒートシールサンプルの引張試験との併用でヒートシール条件解析への適用が可能である．

3.4 熱変性とヒートシール強さの関係

図 **26.14** には市販のレトルトパウチに適用した解析例を示した．このデータのX軸は溶着面温度に変換してある．図には変曲点付近のヒートシールサンプルの引張試験データとDSCデータを併記した．ヒートシール強さの立ち上がり部（剥れシール：Peel seal）は2℃毎のデータを採取して，剥れシールの様子を詳しく調べた．DSCのデータはグラフのスケールに合うように数値を変更してパターン化した．この例ではヒートシール強さは140℃で発現して，154℃で剥れシールが終了している．ヒートシール強さのグラフの147－148℃に変曲点がある．これは147℃

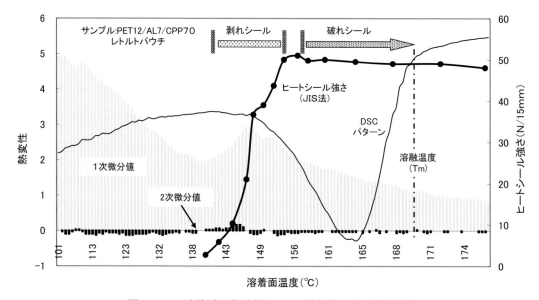

図 **26.14** 溶着面温度測定法による熱特性分析と解析実例

付近に接着の発現が開始する 2 番目のヒートシーラントが混在していると推定できる．ヒートシール強さパターンから 2 つのヒートシール強さパターンを逆算すると，1 番目は 140/147℃付近の温度レンジで，最大値が約 28 N/15 mm の剥れシールを発現している．2 番目は 145℃付近/154℃の温度レンジでは，最大値が約 22 N/15 mm の剥れシールが発現している．熱変性データの 152℃付近に 2 番目の変曲点が観察される．引張試験では 2 つの接着状態の統合を計測している．1 番目の剥れシール温度幅は約 7℃，2 番目は 9℃の剥れシール帯を有している．統合した剥れシール幅は 14℃となっている．

　DSC の分析結果から溶融温度 [Tm] は剥れシールの到達発現温度より 16℃程高い 170℃となっている．溶融温度 [Tm] を目安にしてヒートシール温度を設定すると加熱温度はかなり高くなる．これらの結果から，適正なヒートシール解析に溶着面温度測定法の熱変性分析法が有意であることがわかる．これらの考察で得られた加熱温度値は「適正加熱範囲」に反映することができる．

■参照文献

1) Geroge L.Hoh;(Donald A. Vassallo, E. I.) Du Pont de Nemours and Company, US Patent NO. 4,346,196, p. 6, Aug.24, 1982
2) JIS Z 0238 (1998)
3) ASTM Designation：F88-00 (2000)
4) 菱沼一夫，日本特許第 3465741 号（2003）
　　　　　　　US Patent US 6,197,136B1 (2001)
5) 菱沼一夫，実用新案登録第 3056172 号
6) 菱沼一夫，日本特許第 3318866 号（2002）
　　　　　　　US Patent US 6,197,136B1 (2001)

あ　と　が　き

　この度の発刊に東京大学名誉教授の小野拡邦 先生から「『新ヒートシール技法』発刊に寄せて」を戴きました.

　また，日頃の研究や技術開発に，プラスチック材の有識者を始めとして，現場でご苦労されている各位のご指導ご鞭撻や叱咤激励が励ましになった．各位に感謝を申し上げる.

　前書『ヒートシールの基礎と実際（幸書房)』では，ヒートシール操作の加熱温度を溶着面温度に定義して熱接着（ヒートシール）の基本を論じた．多くの方から商品に直接反映できるヒートシール技術が欲しいと叱咤激励を戴いた.

　プラスチック材を適用した軟包装商品の製造者には「密封保証」，消費者は「易開封」の要請がある.

　即ちこれを実践するヒートシール技法の期待は，**『エッジ切れのない「密封」と「易開封」の同時達成』**である．「密封」には強い接着（凝集接着)，「易開封」には弱い接着（界面接着）とされ，背反論理が従来の「常識」であった.

　本書は，主に 2007 年以降にこの改革に取り組んだ学際報告の約 90 編を整理整頓して，編集したものである.

　本書で取り上げた各位の期待に応える革新的新知見は，

　①ヒートシール強さの発現は，加熱温度がパラメータとする 2 次元現象としていたものが，2010 年に，実は「加熱速さ」が関与して変移する通称**【Hishinuma 効果】**（第 4 章）が，溶着面温度計測法；"MTMS" の積極的な適用によっての **3 次元現象**である発見ができた.

　ヒートシール強さのバラツキ原因が確認され，安定したヒートシール強さの獲得には高精度の加熱温度の適用が不可欠とした「常識」の束縛から解放され，ヒートシール技法の新たな変革のきっかけになった.

　②「密封」と「易開封」の「常識」は背反原理とされていたが，それぞれの発現原理を改めて検討したら「塑性変形」と接着面の「界面接着現象」の別々なメカニズムであることを摘み，対応策を検討し，**"一条シール"**（第 5 章）の開発に至った。

　③「易開封」には，シーラントの界面接着状態の選択が不可欠であり，再び高精度な溶着面温

—301—

あ と が き

度調節の必要が浮かび上がった．従来の発熱体のヒートバーの温度調節法は，加熱面の温度調節ではないので，実際の圧着面温度は，10〜15℃のバラツキがあり"一条シール"の実働展開には不適であった（第1,2,4章）．折角の"一条シール"の開発は「絵に描いた餅」となっていた．

　過去の知見と電気回路理論を参照して，ヒートバーの表面に微細センサを貼り付けて，ヒートバーから接着面への動的な注入熱量の計測をすれば溶着面温度の検知が可能である仮定を元に，数年の時を費やし，ヒートシール面の外側をリアルタイムで温度応答を検知する《界面温度制御》の開発ができた．

　《界面温度制御》は，"一条シール"を始めとし，ヒートシール技法の加熱温度変化の**動的な動き**の"見える化"を果たした．

　接着面温度応答がリアルタイムで把握できるようになって，合理的になったヒートシール技法の操作は一気に向上した．

　④ヒートシール技法に残された最後の課題は，「凝集接着帯」の加熱処理での材料の破断強さの安定的取得であった．

　従来の「常識」は，加熱不足を警戒していた．［2〜4℃位］の加熱範囲の狭い界面温度帯の利用は困難であった．プラスチック材の設計機能を捨て，合理性を無視しても，凝集接着帯の加熱を黙認せざるを得ない葛藤が（世界の）包装の学際を支配していた．不具合の原因は，平面圧着による大量のポリ玉の生成であることを追求し，新規な圧着法の**「モールド接着」**（第7章）の開発に結び付け，材料の破断強さに漸近した熱接着を可能にした．

　以上の新規な技術の開発で，ヒートシール技法の課題群（図2.1）の論理の統合化（図1.9）が図れた．

　本書で扱われた革新的技術は日本国特許とPCT認証を得ている．

　索引は個別キーワードから論述章を見出せるように細かくピックアップした．

　読者各位におかれましては，本書を糧にして，小生の「遺言書」としたこの書を参照して，ヒートシール技法の更なる発展にご精進戴けたら光栄である．

2025年2月　　著者　菱沼　一夫（84.5才）

　　　　　本書の問い合わせ先
　　　　　菱沼技術士事務所
　　　　　　e-mail；rxp10620@nifty.com
　　　　　　URL；http://www.e-hishi.net/
　　　　　　Tel；044-588-7533,　Fax；044-599-8085

■ APPENDIX ■

本文中に引用した（主要）取得特許一覧表（公開中）（2024_11_01 現在）

番号	特許名（通称）	特許番号	取得国	取得年
1	溶着面温度計測法；"MTMS"（1）	3318866	日本	2002 年
		US6,197,136B1	アメリカ	2001 年
2	溶着面温度計測法；"MTMS"（2）	3465741	日本	2003 年
		US6,952,956B2	アメリカ	2005 年
3	ヒートバー**表面温度の調節法**	4623662	日本	2006 年
4	**"一条シール"** エッジ切れのない「密封」と「易開封」の同時達成	5779291	日本	2015 年
		PCT/JP2015/003189	PCT 認証	2015 年
			アメリカ	2021 年
		PCT；EU	イギリス，フランス，ドイツ	2020 年
		PCT；アジア	韓国，中国，タイ	2019-2020
5	「密封」と「易開封」の同時達成の**"一条シール"**用の**材料の設計法**	6032450	日本	2018 年
6	**"一条シール"**（B 型） **片面専用型**	7227669	日本	2023 年
		PCT/JP2023/024984	PCT 認証	2023 年
			PCT；アメリカ	準備中
			PCT；EU	準備中
7	**≪界面温度制御≫** ・ヒートバーに微細センサを装填 ・材料のヒートシール面の外面とヒートバーの表面の界面温度をリアルタイムで計測	6598279	日本	2019 年
		PCT/JP2020/023201	PCT 認証	2020 年
			PCT；アメリカ	2023 年
		PCT；EU	イギリス，フランス，ドイツ，スペイン	2024 年
8	**"一条シール"型バンドシーラ** ＊圧着と加熱を分離 ＊金属ベルトの導入	6632103	日本	2018 年
		PCT/JP2018/001490	PCT 認証	2018 年
			アメリカ	2020 年
9	**ヒートバーの宙吊り方法** ＊摺動摩擦を利用した自己制御の**ギャップ制御**	6632103	日本	2019 年
10	「**モールド接着**」 ＊条突起による**側端部の融着**	7590046	日本	2024 年
			PCT 認証	準備中

特許は全て公開；「通常実施権」・問い合わせ先；e-mail：rxp10620@nifty.com

APPENDIX

既発表論文のつながりと体系　　2025年1月現在

基幹技術の反映

*包装・年次：日本包装学会年次大会,
*缶詰・年次；日本缶詰びん詰レトルト食品協会技術大会
*接着・年次；日本接着学会年次大会,
*技術・##　；日本技術士会

新バンドシーラ	圧縮と落下衝撃	【Hishinuma効果】	"一条シール"	界面温度制御	HACCP	発表期日	発表メディア	タイトル
○	○	○	○	○	○	2024_08	包装・年次	"モールド接着"によるヒートシールの凝集接着の機能革新
○	○	○	○	○	○	2024_08	包装・年次	クローズドループ制御ができるようになったヒートシールの溶着面温度調節の革新
○	○	○	○	○	○	2024_01	缶詰時報	レトルトパウチ包装【HACCP】の合理化ための再検討と革新
○	○	○	○	○	○	2023_11	缶詰・年次	レトルトパウチ包装の【HA】の新規策定と【CCP】技術の最新化
○	○	○	○	○	○	2023_10	接着・年次	**加熱温度を直接的に制御できるようになった熱接着（ヒートシール）技法の最新の改革状況**
		○	○	○	○	2023_07	包装・年次	接着面の到達温度の制御ができるハイブリッドヒートシーラの開発
○		○	○	○	○	2022_11	缶詰・年次	《界面温度制御》を活用したレトルトパウチのヒートシール加熱の改革
○		○	○	○		2022_10	技術・CPD	プラスチック材を利用した軟包装製品の**密封技術の歴史的課題**の革新
○		○	○	○		2022_08	技術・日韓	プラスチック材を利用した軟包装製品の**密封技術の歴史的課題**の革新
○		○	○	○		2022_07	包装・年次	ヒートシールの接着面温度を直接的にモニタ／制御する《界面温度制御》の実用性の検討
	○	○	○	○	○	2021_09	缶詰時報	ヒートシールの溶着面温度の直接的制御法；《界面温度制御》の開発
	○	○	○	○	○	2021_11	缶詰・年次	とうとう到達できた！ヒートシールの究極課題の改革　ヒートシールの接着強さの活用論理の再検討
	○	○	○			2021_07	包装・年次	熱接着面温度の直接的調節の《界面温度制御》の実用化の検討
	○	○	○	○		2021_07	包装・年次	**熱接着強さの管理でヒートシールの性能の保証ができるか？**
	○	○	○			2020_08	技術・研究	とうとうできた！　プラスチック材の熱**接着面温度の直接的**調節法の開発
	○	○	↑			2020_07	包装・年次	ノッチ開封が支配する**易開封包装技術**の現状解析と改革策
○	○		○	▲		2020_07	包装・年次	《界面温度制御》の開発がもたらす従来のヒートシール技法の改革
		○	▲	○		2019_11	缶詰・年次	**ピロー袋**を適用したレトルトパウチ包装の試作
○		○	¦			2019_06	技術・研究	**AIの普及／発展**に関与する技術士の役割期待
↑	○	○	¦			2019_07	包装・年次	包装の基幹技法の**AI化の検討**（その1）熱接着（ヒートシール）技法のDeep Learningの検討
●		○	¦			2019_07	包装・年次	バンドシーラにおけるスライド加熱の課題の検討　― 加熱体とベルトの**摺動摩擦の自動調節法**の開発 ―
	○	○	○	¦	○	2019_06	接着・年次	熱接着（ヒートシール）技法の理論と技術の新展開【DFS】
		○	¦		○	2018_05	包装学会誌	**探傷液法**および定圧縮試験法によるヒートシール部の密封性評価に関する研究
		○	¦			2018_11	缶詰・年次	**接着力帯（1～2N/15mm）**を利用したヒートシール面の圧縮荷重分布の詳細検証

— 304 —

APPENDIX

					Date	区分	タイトル
		○	○	○	2018_10	技術・研究	公的基準の保障性の再点検と合理的な《De facto standard》の展開による保証された製造方法の確立
		○	○	○	2018_07	包装・年次	諸規格の《Validation》性の検証と《De facto standard》の適用によるヒートシール技法の保証性の向上
					2018_07	包装・年次	医療用**不織布包装**の熱接着面の**微生物バリア性**の《Validation》の検討
		○	○		2017_12	包装学会誌	最近のヒートシール技法の改革情報
		○		○	2017_11	缶詰・年次	第2報：【HA】の不具合を鮮明にしたレトルトパウチのHACCPの**改革**
		○		○	2017_07	包装・年次	レトルト包装のHACCP保証方法の改革の検討
					2017_07	包装・年次	**インパルスシール**の加熱のValidation性の検討
		○	○		2016_04	缶詰時報	従来のヒートシール理論／技術の革新による段差部の「密封」と「易開封」を両立する新ヒートシール方法の開発（"一条シール"）
		○	○	○	2016_11	缶詰・年次	ヒートシール強さ《23N/15mm》の単純管理で、レトルトパウチのHACCPは適格か？
		○	○	○	2016_07	包装・年次	レトルト包装のHACCP保証方法の改革の検討
		○	○		2016_07	包装・年次	凝集接着に収斂したヒートシール技法における**現象把握の『誤認』**と論理展開の欠陥の検討
			○		2016_06	接着・年次	**重ね段差のある熱接着面の「密封」と「易開封」を同時達成する**新ヒートシール技法の開発（"一条シール"）
		○	○		2016_06	接着・年次	プラスチック材の熱接着（ヒートシール）技法論理の非合理性原因の検討
		○			2015_09	接着,WCARP	Discovery of New Phenomenon Potential in Heat Seal Technique that Heating Speed greatly influences
		○	○		2015_11	缶詰・年次	段差部のあるヒートシール面の「易開封」と「密封」を両立する新ヒートシール方法（"一条シール"）
			↑		2015_07	包装・年次	袋包装におけるヒートシール強さの**約2倍の操作力の新開封方法の検討**
		○	○		2015_07	包装・年次	段差部の「**密封シール**」と「**易開封**」を両立する新ヒートシール方法の開発：**"一条シール"**
		○			2014_06	IAPRI,2014	New discovery of appearance transition of heat seal strength by heating speed for plastics packaging materials
					2014_06	IAPRI,2014	Examination of disagreement (non-crossing) factors of measurement value of heat sealing strength
			○	○	2014_11	缶詰・年次	「**探傷液**」によるヒートシールの漏れ試験の定量性の検討
			○	○	2014_07	包装・年次	「**探傷液**」によるヒートシールの密封検知性能の検討
		○			2013_07	包装・年次	ヒートシールの高速加熱の**加熱斑の発現メカニズム**の検討
		○			2013_11	缶詰・年次	ヒートシールの新現象【Hishinuma効果】の発見（第2報）－「加熱速さ」によるヒートシール強さの分岐現象の検討－
					2013_07	包装・年次	ヒートシール強さの計測値の不一致（非横断性）要因の検討
		○			2013_07	包装・年次	ヒートシールの【Hishinuma効果】の発現メカニズムと従来技法との統合性の検討（2）
		○			2012_12	包装学会誌	クレーム対応に始まった**ヒートシール技法改革の30有余年のアーカイブ**
		○			2012_11	缶詰時報	加熱速さによるヒートシール強さの発現変移の新知見

								日付	掲載	タイトル
							○	2012_11	缶詰・年次	アルミ箔入りレトルトパウチの**トップシール**の"不具合"解析
								2012_07	包装・年次	**カップの蓋シール**加熱温度の適格化の検討（井上氏との共同）
								2012_07	包装・年次	アルミ箔入りレトルトパウチのトップシールの"不具合"解析
	○							2012_07	包装・年次	ヒートシールの【Hishinuma 効果】の発現メカニズムと従来技法との統合性の検討
								2011_07	包装・年次	Rigid 包装（Cup, Tray）の**開封力解析**と液はね防御の検討
								2011_07	包装・年次	プラスチック材の《加熱速さ：カムアップタイム》によるヒートシール特性の発現遷移の計測【Hishinuma 効果】
								2011_12	缶詰時報	ヒートシール**面内の温度分布**の定量化とヒートシールエッジにおけるピンホールと破断現象の改善
								2011_04	缶詰時報	包装商品の**開封応力メカニズム**の解析とその制御方法
								2010_11	缶詰・年次	袋とカップ包装の**開封性応力メカニズム**の解析と易開封の検討
								2010_07	包装・年次	ヒートシールの**開封性応力メカニズム**の解析
								2010_07	包装・年次	ヒートシールの**溶着面温度分布**の発生原因の追求
								2010_10	IAPRI 17h	Progressing of new verlificatin method and technique with heat seal function
								2010_10	IAPRI 17h	Analysis and simulation of opened stress mechanism on heat sealing surface
								2010_04	Int.Sym, 韓国	Reform of heat sealing technique for high reliability seal achievment of plastics packaging materials
								2009_10	食品包装誌	【第9回】「どうして従来法では包装の期待機能（易開封性と封緘保証）の解析／評価ができないのか？」
								2009_11	缶詰・年次	レトルト包装のヒートシール管理の標準化
							○	2009_07	包装・年次	ヒートシール管理の標準化【HACCP】
								2009_07	包装・年次	ヒートシール検査法の提案
								2008_11	缶詰・年次	落下衝撃に対するヒートシール面の応答
								2008_07	包装・年次	**落下衝撃**に対するヒートシール面の応力反応の検討
								2008_06	IAPRI 16th	Source of generation pursuit of breaking bag in the heat sealing
								2008_06	IAPRI 16th	Verification of heat sealing performance of biodegragable plastic
								2008_09	包装学会誌	剥がれと破れの混成ヒートシール方法の検討ー**"Compo Seal"**の開発ー
							○	2007_11	缶詰・年次	レトルトパウチの破袋の原因究明と防御 ーヒートシールの HACCP 保証法ー
								2007_07	包装・年次	**生分解性プラスチック**のヒートシール性能の検証
								2007_07	包装・年次	剥がれと破れの混成ヒートシール方法の検討ー**"Compo Seal"**の開発ー
								2006_09	包装学会誌	ヒートシールの溶着面温度応答のシミュレーション法の検討
								2006_06	包装学会誌	簡易剥離（イージーピール）制御の定量的評価法の検討
							○	2006_05	包装学会誌	レトルト包装のヒートシールの HACCP 保証方法の検討
								2006_05	学位論文	熱接着（ヒートシール）の加熱方法の最適化（東京大学）

APPENDIX

							年月	掲載誌	タイトル
							2006_03	接着学会誌	熱接着（ヒートシール）の溶着面における剥離エネルギーの計測と評価法の提案
							2006_03	包装学会誌	溶着層の厚さのヒートシール強さへの関与の定量的検証
							2006_07	包装・年次	溶着面の**発泡を制御**して，ヒートシール面の美観と溶着性能を維持する検討
								小計　84 件	
							2005_12	包装学会誌	ヒートシールの剥れシールと破れシール識別法の開発
				○			2005_07	包装学会誌	ヒートシールの数量化管理の研究 [第 3 報] 溶着面温度測定法による従来の管理指標の検証
				○			2005_02	包装学会誌	ヒートシールの数量化管理の研究 [第 2 報] 包装材料毎の溶着面温度の確定法の開発
							2005_02	包装学会誌	ヒートシールの数量化管理の研究 [第 1 報] 溶着面温度測定法 ["MTMS"] の開発
							2005_07	包装・年次	溶着面温度測定法 ["MTMS"] によるヒートシール管理の評価と定量化 （第 10 報）溶着面温度測定法を適用したヒートシールの検査／解析法
							2005_07	包装・年次	溶着面温度測定法 ["MTMS"] によるヒートシール管理の評価と定量化 （第 9 報）どうして従来法では破袋の発生を防御できないのか？
							2004_07	包装・年次	溶着面温度測定法 ["MTMS"] によるヒートシール管理の評価と定量化 （第 8 報）溶着層の厚さとヒートシール強さの関係の定量的検証
							2004_07	包装・年次	溶着面温度測定法 ["MTMS"] によるヒートシール管理の評価と定量化 （第 7 報）溶着面温度を指標にしたイージーピールシール制御の定量化
							2003_07	包装・年次	溶着面温度測定法 ["MTMS"] によるヒートシール管理の評価と定量化 （第 6 報）「角度法」による実際的なヒートシール強さの適用
				○			2003_07	包装・年次	溶着面温度測定法 ["MTMS"] によるヒートシール管理の評価と定量化 （第 5 報）ヒートシール操作のダイナミックス
							2003	PACKPIA	充填工程の「粉舞」、「液だれ」の制御　（3） 充填工程の「粉舞」、「液だれ」の制御　（2）
									充填工程の「粉舞」、「液だれ」の制御　（1）
					○		2002_07	包装・年次	溶着面温度測定法 ["MTMS"] によるヒートシール管理の評価と定量化 （第 4 報）レトルト包装の HACCP 保証への適用展開
							2004	Pack Expo	Advanced Heat Seal Temperature measurement
							2002	IAPRI（アメリカ）	Newly Technical Development for Heat Seal Management
								小計　14 件	

索　　　引

《数字》《英字》

1％理論	240, 285
10℃以上のバラツキ	217
10N/15 mm	118
15 mm 幅の接着強さ	32
19 項に細分化	222
1 次遅れ応答	40, 135, 144, 298
1 次微分値	296
23N/15 mm	11, 263
2 個以上の選択	240
2 次元現象	36, 49, 264
2 次微分値	296
2 次微分の変曲点	297
2 枚重ね	294
2 枚部の圧着	62, 169
3.5 σ	159, 230, 237
3 σ 管理	245
3 個以上の選択	240
3 次元現象【Hishinuma 効果】	10, 30, 35, 36
3 次元変化	114
3 種のパターン	257
3 つの指標の統一化	113
3 つの保障	148
3 分間隔以内	86, 213
3 要素をパラメータ	133
4 枚重ね	77
5 ～ 10℃のインターバル	253
5℃ステップ	251, 254
6 枚重ね	294
8 の字状	26
95％応答（CUT）	14
9 アイテム /20 項目	19, 55
9 項目群	252
A/D 変換	1, 9, 28, 42, 90, 275, 290
AI シミュレーション	25
AI 制御	2, 82, 135, 157, 221, 225
AI 調節計	25
ASTM F1929	166, 168, 173, 199
ASTM F2029	7, 9, 31, 35, 37, 72, 74, 94, 129, 133, 233, 251, 252, 254, 263, 271
ASTM F88	1, 7, 12, 32, 35, 56, 73, 86, 120, 129, 133, 214, 223, 233, 249, 250, 252, 271
A モード	129, 133, 137
BCD 系のデータ処理	290
B モード	41, 137
co-polymer	22, 46, 73, 298
CPP	141

CPP の管理方策	115
CPP の変移特性	45
CUT	2, 39, 77, 224, 257, 259, 279
D.F.S.	3, 4, 24, 31, 75, 86, 213, 225, 233, 236
DL（Deep Learning）	221
DLC 処理	259
DSC	46, 152, 294, 296
Equilibrium dwell time	35
EU 委員会	284
EXCEL ファイル	276
Fail Operable	231, 243
Fail Safe	241, 245
FDA	252
FHSS	2, 128, 129, 130, 133, 153, 223, 260
Filigree seal	216
Flexible 包装	192
Guarantee（保証）	199, 233
HA	112, 141
HACCP	3, 69, 103, 113, 133, 141, 144, 159, 234, 236, 261, 263, 286
HACCP の新管理方法	141
Heat seal	1
Hishinuma 効果	2, 9, 12, 30, 35, 46, 48, 53, 57, 73, 75, 94, 145, 146, 248, 253, 259, 263, 265, 271, 277
Hot tack	267
In-line	65, 234
IoT	230
JIS T 0841-1, 2（ISO11607-1, 2）	199
JIS Z 0238	1, 4, 7, 12, 32, 33, 35, 73, 99, 111, 113, 117, 120, 129, 133, 144, 145, 149, 233, 250, 252, 266, 271, 279
JIS Z 2343-6	166
MTMS	1, 6, 8, 152, 223, 224, 251, 255, 279
MTMS キット	136, 212, 246, 271, 283, 292
On-line バラツキ検知	241
On-line 検知	241, 245
On-line の加熱状態	145
OPP/CPP	267
OPP/IMX	111
OPP/LLDPE	106, 177
PCT 認証	5, 268
Peel seal	4, 162
PLC	219
PP フィルム	186
QAMM 診断	221, 227, 241
Rigid 包装	192
SDGs	58, 93, 108, 109, 119, 159, 284
Tamper resistance	252
Tg	160
Tm	46, 47, 160, 261, 263

— 308 —

Tyvek® — 166, 199
UD（ユニバーサルデザイン） — 179
Validation — 152, 199, 233, 252, 254, 260
Van der Waais Force — 161
V字シール — 192, 193
V字状のパターン — 78

《あ》

曖昧な不具合原因 — 227
悪循環 — 147, 158, 241
厚さ — 38
圧縮・落下衝撃荷重 — 142
圧縮エネルギー — 278
圧縮応力 — 149
圧縮荷重 — 16, 33, 111, 112, 149
圧縮荷重の適正化 — 150
圧縮曲線 — 116, 149
圧縮係数 — 70
圧縮試験 — 168, 172
圧縮試験機 — 116
圧縮代 — 70, 149
圧縮代と圧縮荷重の積 — 115
圧縮法 — 56
圧接斑 — 58, 203
圧着圧 — 7, 55, 128
圧着圧調整ネジ — 70
圧着開始 — 78
圧着開始時点 — 79
圧着時間 — 55, 76, 271, 281
圧着操作 — 81
圧着操作ユニット — 82
圧着不良 — 133
圧着力 — 176, 207
圧着を開放 — 217
厚手の材料 — 273
厚手のテフロンシート — 138
圧力 — 7
アナログ記録 — 253
アナログ計測 — 1
アナログ出力 — 96
アナログ信号 — 91
アメリカ特許 — 195
アルミニウム箔 — 145
アルミ箔 — 36, 133
アルミフォイル — 11, 135
安全性 — 165

イージーオープン — 179
イージーカット方式 — 250
イージーピール — 287
イージーピールシーラント — 215
イージーピール材 — 224
易開封 — 1, 2, 3, 55, 58, 94, 174, 179

易開封性 — 35, 180
易開封のメカニズムの探求 — 269
悪戯防御 — 286
"一条シール" — 1, 15, 20, 29, 31, 55, 72, 86, 93, 105, 111, 163, 168, 174, 195, 199, 204, 208, 214, 222, 233, 236, 241, 249, 266, 284
位置エネルギー — 118
一元的 — 32, 57
一次遅れ — 79, 246
一次遅れのステップ応答 — 264
一条突起 — 236
一条突起高さ — 108
"一条シール"チェッカ — 2, 64, 165
一様に分布 — 118
一発制御 — 111
一発のシール操作 — 112
医療品包装 — 35
医療用不織布包装 — 199, 236
陰圧 — 182
印刷適正 — 93
インジェクション機能 — 100
インジェクション装置 — 107
インダクションシール — 4, 5
インナーシール材 — 5
インパルスシーラ — 204, 208
インパルスシール — 4, 17, 109, 217, 264
インパルスシール方式 — 162, 284
インパルス状通電 — 83

浮き上り量 — 207
受け台の温度上昇 — 79, 217
受け弾性体 — 70
薄いシーラント — 107
薄膜耐熱シート — 26
運転管理の混乱原因 — 145
運転速さ — 4, 7, 144, 286
運搬中の振動 — 99

エアーシリンダ — 70, 273
映像装置 — 245
永年の期待・課題 — 56, 87
液体計量 — 226
液体の場合 — 281
液だれ制御 — 7
液柱中央付近 — 114
液はね — 7, 192
液はね加速度 — 194
液はね原因 — 193
エッジに山なり — 96
エッジの破れ — 298
エッジ付近 — 110
エッジ切れ — 2, 3, 15, 19, 30, 31, 72, 75, 93, 95, 128, 190, 216, 268
エネルギー論 — 115, 278

索　　引

円運動移動	204
円形シール	34
円形状	192
円弧応力	184
円弧角	183
円弧状	99, 183, 198
円弧上に拡大	115
円弧状に拡張	181
円弧長	182
演算処理	276
演算範囲	132
延伸加工	67
延伸の材料	176
円筒形	114, 151
エンドユーザー	249, 269
エントロピー	50
応答遅れ	145
応答時間	246
応答データ	39
応答パターン	80
応答は速い	228
応答比較	292
応答分解能	290
応力集中点	279
応力分布	33
応力メカニズム	180
オーバーヒート	208
オーバーラン量	230
大幅な過加熱	133
オープンループ制御	72
遅い加熱の選択	279
オフセット	133
折重ね線	187
折り曲げ線	187
折り曲げ長さ	176
折り曲げ部の支点効果	169
織目仕上がり	198
織目のピッチ	198
折れ線グラフ	254
温度	6
温度, 時間, 圧力	31, 249, 286
温度応答	1
温度応答の直接制御	214
温度傾斜	85, 136, 146, 212, 247, 276, 290
温度差	136, 138
温度信号の高速化	90
温度ステップ	272
温度精度	144
温度センサの設置点温度	144
温度調節系	32
温度調節計	4
温度調節センサ	24
温度調節値	248, 286

温度調節のバラツキ	145
温度調節ループ	26
温度と時間のマトリクス	294
温度ドリフト	26
温度の直接管理	224
温度幅	38
温度パラメータ	4
温度分布	137
温度分布が発生	133
温度分布線	259
温度分布の挙動変化	136
温度分布の変動	137
温度分布パターン	78

《か》

加熱速さ	22, 39, 57, 73, 94, 253
《界面温度制御》	1, 5, 12, 15, 19, 27, 31, 72, 90, 93, 135, 157
外縁側端部	108
解析手法	133
改善システム	237
改善は制御	238
外装包装	279
介添え作業	226, 232
外側端	99
開封時	5
開封シミュレータ	192
開封衝撃	193
開封性	129, 180
開封性クレーム	188
開封制限範囲	186
開封性制御	186
開封性の6要素	191
開封線の距離	190
開封操作	180
開封パターン	187
開封片	58, 89, 216
開封方法	180
開封力	2, 113, 187
回分加熱	246
回分時間	247
回分式	2
回分周期	258
回分操作	243, 246
回分動作	91, 217, 282
回分動作周期	72, 74
回分動作数	281
界面温度信号	78, 81
界面温度制御	195 204, 208
界面温度センサ	217
界面温度帯	110
界面接着	2, 4, 10, 56, 73, 76, 94, 103, 181
界面接着温度帯	198
界面接着帯	105, 177
界面接着の剥れシール	93

― 310 ―

索　　引

界面の熱接触抵抗	79	過渡加熱	31, 40, 135, 223, 246, 247, 258
界面剥離	200, 261	過渡加熱制御	49
界面剥離型	67	加熱圧着ゾーン	205
界面剥離状態	202	加熱応答	39, 78
海洋汚染	75, 179	加熱応答の高速化	204
海洋環境	215	加熱温度	55, 72
外乱	72	加熱温度管理の欠陥	76
外乱信号	90	加熱温度ステップ	42
外乱制御	264	加熱温度帯	73, 110
外乱の影響	289	加熱温度調整	208
過加圧	108	加熱温度のバラツキ	213, 242
化学結合力	161	加熱供給容量	260
科学的解析	141	加熱殺菌	112, 141
過加熱	2, 4, 133, 216	加熱サンプル	41
過加熱によるポリ玉	128	加熱時間	36, 128, , 246, 274
各種検査方法	165	加熱時間の経過	136
拡大線長	113	加熱時間の長時間化	204
角度法	268	加熱時間の適否	208
角度を付けて	274	加熱時間ムラ	75
確率分布	242	加熱終了温度	258
確率論	242	加熱ステップ	274
下限値	72	加熱制御	19
重ね面	56	加熱精度	72
荷重吸収能力	132	加熱装置	41
荷重挙動とエネルギー	118	加熱体の圧着時間	217
荷重計	170, 186, 275	加熱体の長尺化	204
荷重計測センサ	117	加熱体の調節温度	35
荷重試験	33	加熱体の長さ	204
荷重点	182	加熱体表面温度	2, 37, 65, 75, 128, 133, 215, 223, 256,
荷重の位置エネルギー	281		272, 287
荷重分布	144	加熱体表面温度の検知・制御	28, 145
荷重メカニズム	181	加熱体表面温度のモニタ	256
荷重割合	117	加熱体表面の細工	56, 222
過剰設計	4	加熱電源	83, 210
カスケード制御	26, 217, 225	加熱の高温化	147
ガス殺菌	199	加熱波	198
ガスバリア性	93, 104, 135, 165, 180, 195	加熱バー	260
ガスバリア性の喪失	145	加熱速さ	2, , 35, 145, 258, 263
ガセット（Gusset）	59	加熱速さの計算	40
ガセット折り	174	加熱速さの定義	279
ガセット袋のセンターシールの貫通孔	169	加熱速さの変更	279
ガセット袋のヒートシール面	169	加熱標本	246
加速度の減少化効果	193	加熱標本の作製	129
過大な労力	227	加熱不足	76, 208
片方が固形	58	加熱ブレ	27
片面加熱	78, 195, 263	加熱ブロック	260
片面式	69	加熱方法	271
合掌貼り	55, 190	加熱方法の確立	252
カップ包装	70, 192	加熱面温度	2, 25
稼働性	242	加熱面温度設定値	247
稼働率改善	243, 285	過熱面下	24
稼働率の損傷	241	加熱面の温度分布	129
稼働率ロス	286	加熱面の平行度	273
過渡応答加熱	224	加熱ユニット	290

－ 311 －

索　　引

加熱リボン	79
加熱流	32, 146
加熱流制御	219
加熱を瞬間に離脱	218
カバー材	39, 253
カバー材設置	264
カバー材の厚さ	73
カバー材の相違	254
カプトンシート	211
カプトンフイルム	79
噛み込みシール	4
紙標本	122
カムアップタイム	39, 45
カムリンク機構	82, 218
ガラス転移温度（Tg）	60, 160, 294
環境汚染	58
環境破壊	89, 215
間欠動作の単位時間	258
慣性制御	230
慣性力	228
間接的な方法	287
完全自動運転	227
完全な排除策	241, 245
乾燥物の場合	281
貫通孔	58, 165, 168, 266
貫通孔長さ	172
貫通孔の検知	165
貫通孔の漏れ量	168, 172
貫通孔を可視化	167
貫通孔をもったピロー袋	171
缶詰包装	112, 141
勘と経験	237
観音開き	284
完璧な凝集接着	107
完璧なヒートシール技法	224
簡便法	247
関与率	113
機械的接着	35
基幹工程	141
基幹操作	141
危険回避策	141
危険ゾーン	131
機構改造	88
ギザギザ圧着	56, 60, 175, 181, 195
ギザギザ加工	223
ギザギザシール	67
ギザギザツールの発案	196
機差特性	35
疑似接着	31, 266
基準応答	247
基準温度応答	247
基準温度計	42, 272
気体透過性	199

期待品質の保証	234
規定温度範囲内	68
機能性の発揮	73
機能性ヒートシール強さ（FHSS）	130
機能分担の明確	178
基本物理量	225
ギャップ	174
ギャップ生成	206
ギャップ値	207
ギャップ調整	204
究極的課題	236
究極的の課題	222
吸収特性	121
吸熱反応	152, 246
共押フイルム	163
境界温度	129
境界温度帯	32
夾雑物	198
凝集接着	16, 33, 38, 56, 76, 181, 236, 268
凝集接着温度帯	236
凝集接着状態	94, 129
凝集接着帯の加熱設定	198
凝集接着に偏重	75
凝集接着のエッジ切れ	107
凝集接着の領域	74
凝集接着の高圧着	273
凝集接着の破れシール	93
凝集接着への偏重	69, 135, 178, 222, 269
凝集接着偏重への誘導	250
凝集破壊	2, 68, 164, 254
凝集破壊型	67, 215
凝集破壊シーラント（IMX）	67, 164, 200, 223
凝集剥離	164
凝集破断強さ	158
強制冷却	195
共通的な課題	216
玉噛み	7
玉噛みの改善	158
曲線アプリ	247
局部圧着	56, 69, 223
局部圧着接触線	70
局部押し潰し	60
局部加熱	108
局部高圧着機能	158
局部的な集中荷重	96
局部の応力分布	123
切り欠き細工	179
均一化効果	34
均一な温度分布	260
均一な加熱	96
近似微分	297
金属箔	135
金属板	124
金属ブロック	259

— 312 —

索　　引

金属ベルト	236	高感度温度検出	289
金属ベルト適用	204	高感度直流増幅器	289
筋肉の弾力性	192	高信頼検知法の開発（Fail safe 設計）	241
		剛性（ヤング率）	2, 60, 176, 267
空気圧シリンダ	176	剛性体	187
空気の混入袋	126	合成剛性	60
屈曲剛性	60, 174, 223	厚生省告示 370 号（JIS Z 0238 と同等）	115, 148
屈曲部	60, 176	高精度のモニタ	257
屈曲部の剛性	175	高精度型ヒートシールシミュレータ	41
クッション性	4, 273, 279	剛性軟化	250
駆動空気圧	70	高接着強さ	175
駆動源	70	高速，中速，低速	12
駆動時間	273	高速、高精度	53
駆動板	70	高速域	75
グラスウールシートの織目	198	高速上昇する温度傾斜	287
グラスウールテープ	236	高速生産性	72
クリアフイルム	199	高速測定	289
繰返し使用の制限	86	高速の容量式	228
グリッパー	195	工程管理	190
グリップ間距離	253	工程設計	241
車の両輪	249	公的規格	250
クレーム	3, 5	公的規格の特徴比較	251
クレーム発生の極小化	285	高度の密封機能	35
クローズドループ	72, 272	高熱伝導体	146
加わったエネルギー	113	高バリア材料	172
		高ガスバリア性	59
系外流出熱流	133	高品質レベル化	237
経験則	269, 280	降伏点	38, 57, 98
経験則的な限定技術	233	降伏点エネルギー	278
経験的常識（D.F.S.）	233	降伏点を超す応力	61
計測・制御工学	249	降伏破断	129, 132
計測パターン	146	降伏破断強さ	261
計量・充填・封止（シール）	113	高分子の結晶性	298
計量物の重量	243	合理性の検討	252
結晶化温度（Tc）	294	合理性を精査	225
結晶構造	49	合理的開封法	69
結晶性	160	合理的脱却	69
限界条件	111	合理的な操作	215
限時制御	224	合理的な展開	221
限時調節	223	合理的な連携	120
検出速度	290	固形（rigid）	192
検出能力の定量性	168	コストアップ	286
検証試験	114	コスト低減コンピュータ技術	221
検知温度	91	個装工程	16, 111, 145
検知紙	266	固体から液状化	160
検知時間の変動	218	古典的な技法	255, 267
現場対処性	251	古典的な誤認	249
顕微鏡検査	102	古典法	19
		粉立ち	7
高圧着	7, 147	粉舞制御	7
高圧着の選択	223	誤認	19, 56, 59
高温化	67, 128	誤認の危険	267
高温化シーラント	177	コピー曲線	247
高温加熱変性	104	個別のファクタ	74

— 313 —

索　　引

ゴム板の表面温度	65	シーラントの設計	177
固有性能	286	シーラントの増厚	158
固有破断強さ	99, 102, 107	シーラントの低温化	178, 223, 267
小分け	141	シール	55
混合状態	35	シールエッジ	32
困難領域	186	シール寸法の制限	204
コンピュータ技術	225	シール幅	4
		シール不良	5
《さ》		シールライン	190
再結晶化	234	時間	7
再結晶速度	265	時間制御	72, 210
再現性	36	時間生産性	247
再現性要求	234	時間のバラツキ	76
最高温度	135	時間ファクタ	72
最高耐破袋性	105	時間分解能	1
採取データ	46	試験温度の間隔設定	36
最上位のシーラ	211	試験後の剥離状態	117
最大（破袋）荷重	117	試験標本の作り方	252
最大荷重	149	試行錯誤	75
最大値	57, 275	自己学習	228
最大値の計測	129	事後管理規定	263
最大値を求める	129	自己収斂性	264
最大剥れ幅	114	自己制御感度	206
最適加熱範囲	294	自己制御機能	204
最適ヒートシール条件	263	市場展開	249
再封（リシール）	179	市場包装品	193
材料の厚さ	74	指数関数状	295
材料の剛性	122, 223	自然科学論	225
材料の構成厚さ	136	事前設計	283
材料の固有特性	175	実証試験シミュレータ	82
材料の設計性能	217	質量検知器	228
材料の増厚	223	質量式で補填計量	228
材料の伝熱速度	290	質量式の計量速さ	228
材料の熱抵抗	264	自動切り離し	231
材料の伸び	117, 149, 275	自動トリガ方式	275
削減対応技術	93	自動補完	135
削減面積	108	四辺形袋	99
作製標本	261	四辺形の圧縮応力	144
裂け強さ	38	四方シール	113
作動温度の低温化	31	シミュレーション値	116
差分設定	297	シミュレーションモデル	185
差分値	297	シミュレーションモデル曲線	247
三角形の貫通孔	169	社会科学論	225
酸素透過量	172	社会的要求	35
酸素バリア性	172	シャットオフ時	230
残存剥れ部分	185	シャットダウン	245
サンプリング周期	90	受圧線	34
三方袋	111	自由運動	267
残留温度	86	集積自重	117, 149
		集中応力	33
シーラント	2, 57, 95, 275	集中荷重	96
シーラント接着面剥離	254	充填・シール工程	107
シーラントのエッジ切れ強さ	254	充填工程	226
シーラントの作動温度	174	充填操作	243

－314－

索　　　引

充填物	104	新機能付加	232
充填物の集積	149	真空法	56
充填量のバラツキ	242	人工頭脳処理（AI）	221
摺動運転	205	信号変位	91
摺動微粉	205	新試験法	12
摺動摩擦の低減	204	新設計法	68
摺動摩擦力	204	深層解析（DL）	221, 225
摺動面にギャップ	206	浸透状態	201
柔軟な紐	204	浸透透過	199
周辺温度	260	真の温度管理	76
自由変形	192	新バンドシーラ	206
主熱流	79	新ヒートシール試験法	271
シュリンク	68, 169, 176	新ヒートシール技法	15
シュリンク温度	107	シンプルなセンサ	245
シュリンクの発生	266	信頼性範囲	243
ショアー硬さ	63		
蒸気分圧	198	水素結合力	161
衝撃エネルギー	127	数十年の歴史	141
衝撃応力発生装置	121	数値化制御	141
衝撃荷重	118123	数量化計測	118
衝撃荷重エネルギー	131	数量化マネージメント（QAMM）	237
衝撃荷重吸収機能	124, 126	スカラー量	145, 253, 276
衝撃荷重の受容性	124	図形ソフト	247
衝撃荷重発生装置	124	ステップ応答	74, 78, 90, 246, 296, 298
衝撃吸収性	122	ステップ状圧着	37
衝撃吸収能力	122, 125, 127	ステンレスベルト	205
衝撃吸収能力の相違	122	スナック包装	186, 189
衝撃値	126	スペーサの高さ	108
衝撃の吸収能力	121	スポット接着	201
衝撃破損の制御	127	ズレ	36
衝撃発生源	121		
衝撃波の形状	122, 151	正規分布	242
衝撃パルス	122	制御対象項目	225
衝撃ピーク	125	制御パラメータ	31
上限温度	267	制御用のセンサ	145
常套手段	28, 57, 146	制御ループ	13, 25
条突起	60	制限範囲	186
条突起シール部	61, 62	生産機械	65
仕様の事前提示	287	生産計画	281
消費者の要求	250	生産性	74
小片発生	236	生産量計画	74
使用目的とヒートシール強さの目安	115	生産量達成	72
使用量削減	57	脆弱性	108
省力化	232	製造工程	186, 225
除外装置の信頼性	244	製造システム	242
初期圧着圧	70	製造者の品質維持	55
初期破断力	189	製袋	93
職場空間への散乱	166	製袋工程	107, 263
諸試験項目	251	製袋時温度	52
ショック吸収性	125	製袋時の過加熱	155
シリコンゴム	4, 169	製袋品	33
新圧着方式	105	静的な圧縮荷重	279
新機軸	68	静的な段積圧縮	111
新規な HACCP 法	119	正八角形袋	114

— 315 —

索　引

生分解性プラスチック	298	層間剥離型シーラント	68
正方形袋	34, 114	層間剥離強さ	190
精密接着	180	層間剥離の制御	287
世界標準	268	層間剥離のパターン	189
積分演算	105	総合バラツキ	231
積分計算	151	相互拡散	161
積分対象	262	操作時間	111, 281
積分値	96	総質量と圧縮荷重	112
世間並み	237	総質量と落下高さ	112
設計者の意図（恣意）	221	総剥離エネルギー	117, 149
接合部の各種検査法	168	総落下エネルギー	119
接触面温度	5	訴求性表現	195
接着以外の機能	195	測定結果の相互関係	120
接着欠陥	168	測定データ	35
接着現象（配向力）	56	塑性変形	60
接着子	51	塑性変形圧接部	266
接着状態	34	外側のはみ出し	274
接着層	35		
接着層粘度	267	《た》	
接着強さ	31, 32, 103, 146	耐荷重	114
接着強さのバラツキ	115	大気圧	182
接着強さの変移	73	台形の線状突起	107
接着幅	33	台座高さ	108
接着不良	165, 266	対象事項のバラツキ	240
接着メカニズム	222	耐破袋性	93, 97, 105, 278
接着面	2	タイマー設定	83, 210
接着面温度応答	78	耐面荷重	120
接着面外	32, 145	大量生産	237
接着面外に流出	146	大量のポリ玉生成	236
接着面外への予熱	155	楕円状で落下	118, 151
接着面のギャップ	234	高めの加熱値	222
設定閾値	221	多孔質包装材	199
設定仕様	280	多層フィルム	163
設定値	4	タック	15, 33, 113, 143, 195
節約率	108	タックが誘導線	118
遷移量	133	タックの生成	117
全員参画型	237	タックの発生	127, 151
線応力	121	タック発生の状態	118
センサ位置	65	縦摘み	184, 187
センサの設置点	145	タブ	2
センサ選択	289	ダブル加熱	52
センサの直接挿入	77	単一構成の材料	93
センサの取り付け点	73	単一フイルム	163, 208, 264
線シール	110	短冊状	32
センターシール	55, 67	段差部	55, 168, 265
センターシールフィン	17, 218	段差部の密封	223
全剥がれ	262	段差部の漏れ	59
全方位	15	単純比例	119
		単純な比例関係	116
総エネルギー（位置エネルギー）	115	探傷液	2, 176, 265
層間温度応答	77	探傷液法	55, 60, 165, 168, 172, 174, 199, 223, 250, 266
層間材	190	弾性体	266
層間剥離（デラミ）	2, 190, 254	弾性面	2
層間剥離型	67	単層フイルム	195

— 316 —

索　　　引

端側面	107	低温化	49
単発負荷	114	低温側のマネージメント	110
断面の顕微鏡写真	109	ディスバージョン	201
弾力系	192	低発生率	240
弾力体	61	低ヒートシール強さ	16, 224
		底辺落下	114, 118, 151
小さい辺	115	底辺落下中の荷姿	118
蓄熱	79	提稿摩擦係数	207
知的介添え	225	低摩擦力	206
知的能力	227	定量的評価法	157
知的負担	82	データの抽出方法	253
中央付近が最高	137	適格温度帯	177
中装、外装による軽減策	148	的確性を評価	241
中装包装	279	適正温度範囲	178
宙吊り	204	適正加熱温度	189
注入電流	208	適正加熱範囲	287, 299
超オーバースペック	117, 150	適正性	75
超音波発熱	78	適用圧着圧帯	255
超高度の密封	199	適用加熱温度帯	287
調節温度	36	適用加熱範囲	68
超短時間帯	48	デジタル記録	275
超低シール帯（1.7N/15mm）の密封性	166	デジタル変換	290
超低接着強さ	115	テスト運転	286
長方形袋	33, 113	テスト資材のロス	286
直接 OFF	213	テフロンシート	2, 36, 195
直接計測の困難性	76	テフロンベルト	204
直接制御	75, 82	デラミ	2, 12, 275
直接的な加熱制御	72	デラミ強さ	98
直線状	187	デラミ力の易開封	190
チョコ停	243	点荷重	182
直角成分	114, 121, 144	電気回路	135
直角方向	113	電気回路の近似解析	209
直角方向の長さ	117	電気相似回路	78
直結駆動	70	電気ヒータ	259
直交圧接	67	電子式の制御装置	195
沈降変位	171	電子タイマ	273
		電磁波発熱方式	78
通過熱流	264	電子部品包装	35
通気，通水量の測定方法	171	伝達遅れ	256
通常の圧着圧	67	伝導加熱方式	55
通電時間の調整	208	伝熱抵抗	289
突き刺し強さ	93	伝熱の均一化	260
摘み開封	180, 181	伝熱変動	145
摘み治具	191	伝熱要素	289
摘み代	180, 185, 186	伝熱流	289
摘み代方式	58		
摘み点（Picking point）	183	同 ・温度	42
摘み点の持ち替え	190	透過飛散防御（ガスバリア）	162
摘み場所	187	透過面積	172
摘み不良	7	透過量	173
摘み力	187	統計学	242
強い接着	31, 58, 128, 174, 223, 267	統合バラツキ	14
強いヒートシール	180	到達温度	88, 91, 94, 135
		到達時間	40, 42, 91

索　引

到達溶着面温度	158	熱硬化性	160
動的応答	83, 209	熱接着	1, 3
動的荷重	118, 150	熱接着管理 / 制御	34
動的加熱	2	熱接着材の熱抵抗	79
動的な落下衝撃	111, 132	熱接着操作	217
動的に展開	90	熱接着測定の計測法	271
動的変動原因	65	熱接着帯の強さ	115
投錨効果	161	熱接着強さの確定	277
胴部の包装材料	189	熱接着特性	31
独立パラメータ	257	熱接着面	128
突起圧着	198	熱遷移特性	133
トップシール	113, 143, 146	熱伝達が低下	206
特許認証	91	熱電対	1, 14
トライアック	219	熱電対の適用	289
トラブル発生	33	熱伝導	36, 79
トリプルスタンダード	115, 145	熱伝導性	135, 261
トリプルスタンダードの統一化	115	熱伝導抵抗	39
トレー	58	熱伝導特性	82
トレサビリティー	42	熱伝導能力	138
		熱伝導の両立	206

《な》

		熱伝導プロセス	255
内接円	33, 113, 144	熱伝導メカニズム	65
内接円の接触点	115	熱伝導率	36
内接円の接点	99, 144	熱特性評価法	46
長い標本	253	熱軟化温度帯	174
長手方向	13, 27, 145, 196, 260, 272	熱変性データ	298, 299
長手方向の均一化	260	熱変性点	296
長めの加熱時間	222	熱変性分析法	299
梨地仕上げ	198	熱接着面	199
ナノサイズ環境	234	熱容量	39, 79, 135
ナノスケール	222	熱力学的温度分布	259
難開封	56, 179	熱流解析	137
軟化温度帯	2, 17, 177, 267	熱流検知用の耐熱シート	27
軟化開始温度	67	熱流シミュレーション	138
軟化高温域	67	熱流出	36
軟化状態	60	熱流調節	296
軟化する領域	176	熱流抵抗	135
軟化特性	174	熱流の温度降下	26
軟包装（Flexible Package）	162	熱流の検知	217, 281
軟包装	3, 31, 93, 179, 187, 195, 284	熱流発生	133
軟包装体（フレキシブル包装）	58, 180	熱流モデル	137
軟包装の要求	112	熱劣化の考慮	287
		粘体状	38
ニクロム線の巻きムラ	145		
二者択一制御	221	ノイズ対策	228
日用品包装	35	ノズル径の合理的設定	230
日本国内の指令対応	284	ノズル径の適正化	230
日本式生産方式	237	ノズル挿入ミス	243
		ノッチ開封	163, 216, 236
熱移動	138	ノッチ開封片	73, 75
熱可塑性	19, 249, 252	ノッチ開封方式	284
熱可塑性現象	74, 266	ノッチ片	284
熱可塑性プラスチック	160	ノッチ方式	2, 179, 199, 249
熱吸収	46	伸び	2

— 318 —

索　　引

伸びエネルギー	95
伸び強さ	32, 38, 180, 254
伸び特性	253
伸び長さ	105

《は》

バイアス温度	219
配向力（Van der Waals Force）	56, 234
背反原理	31
ハイブリッドシーラ	204, 217, 219
ハイブリッド方式	228
バイメタル式	195
パウチサイズ	108, 126
パウチの剛性	115
破壊応力	121
破壊落下距離	120
破壊力	144
剥れシール	4, 31, 35, 38, 76, 113, 182
剥れシール（Peel seal）	162, 287
剥れシール（界面接着）	174
剥れシール状態	103, 191
剥れシールゾーン	190
剥れシール帯	99
剥れシール特性	177
剥れシールの活用	285
剥れシールの機能	279
剥れシールの衝撃荷重	126
剥れシールの立ち上がり	45
剥れシールの発生線	128
剥れシール幅	44
剥れシール面	128
剥れ寸法	130
剥がれ線は直線状	192
剥れ強さ	38, 250
剥れ長さ	105, 182
剥れ長さの2倍	278
剥がれ片	202
剥れライン長	184
白濁化	4, 61
剥離エネルギー	2, 32, 61, 93, 94, 110, 128, 130, 262, 276
剥離エネルギーの計算	117
剥離エネルギーの計測	153
剥離エネルギーの合計	119
剥離エネルギーの実測	96
剥離エネルギー論	98, 133, 276
剥離エネルギーを標準化	117
剥離応力	114, 144
剥離開始点	98
剥離状態	34
剥離性	177
剥離線が拡大	113
剥離線長	113
剥離線長は増大	115
剥離長さ	58

剥離の仕事	184
剥離の積分	118
剥離パターン	104, 153
剥離方式	180
剥離面積	110, 116, 118, 149, 184
ハサミ等	199
破袋	4, 141, 143, 281
破袋エネルギー	95, 276
破袋応力	32
破袋荷重	96, 113, 115, 145, 148
破袋荷重の影響	126
破袋荷重は積分	132
破袋原因	271, 279
破袋性	96, 149
破袋耐性	61, 94, 111, 148, 278
破袋耐性のセンサ	117, 149
破袋特性	261
破袋の応力メカニズム	98
破袋の補助機能	114
破袋発生のメカニズム	180
破袋防御	117, 150, 261, 263
破袋保障要求	111
破袋メカニズム	104
破袋要件	112
破袋力	28, 96
破断	4, 38, 275
破断エネルギー	130
破断強さ	32, 93, 94, 146, 149, 236
破断強さの実測値	116
破断点	182
破断到達点	261
破断メカニズム	104
破断力	32
八方袋	34
発現変移	43
発現変移現象	36
発現メカニズム	44, 50
発現領域	47
発生確率	240
発生荷重	111, 149
「発生源解析」	15, 16, 29, 131, 142, 216, 228, 232, 239, 245
発生源改善の機能	168
発生源の撲滅	241
発生源撲滅改革	244
発生パルス幅	121
発生頻度	240
発熱体（リボン）	83
発熱体の摩耗	204
発熱バラツキ	26
発熱ムラ	13, 145
発熱リボン	210, 213
発泡	4, 7, 198
はみ出したポリ玉	109
はみ出し量	133

— **319** —

索　引

バラツキ改善	279
バラツキ原因の分散	243
バラツキ検知	241
バリア性	168, 172
バリア性議論レベル	266
バリアフリー	163
パルス状	99
剥れ幅	180
パワーハラスメント	225
半円形一条突起	100
ハンチング	206, 289
バンドシーラ	204, 236
汎用性の欠陥	254
汎用的科学性	91
汎用化論理	177
引張強さ	31, 32, 73, 94
引張試験	11, 42, 75
非圧着部	59
ヒータの発熱ムラ	217
ヒータリボンの通電	218
ヒートシール	1
ヒートシールエッジ	32, 99, 105, 113, 143, 180, 190, 261
ヒートシールエッジ（内側）	128
ヒートシールエッジの損傷	145
ヒートシールエッジの断裂	146
ヒートシール管理	286
ヒートシール技法	1, 249, 284
ヒートシール検査機	4
ヒートシール公的規格	18
ヒートシールサンプル	286
ヒートシールシミュレータ	282
ヒートシール条件	287
ヒートシール線	182
ヒートシール操作	48
ヒートシール強さの安定化	263
ヒートシール強さの基準化	223
ヒートシール強さの発現変移	264
ヒートシール特性	35, 130, 261, 276, 280
ヒートシール長さ	260
ヒートシールの Validation	252
ヒートシールの化学	160
ヒートシールのパラメータ	144
ヒートシール幅	3, 32, 33, 93, 96, 99
ヒートシール部位	292
ヒートシールフィン	105
ヒートシール面内の温度分布	135
ヒートシール面の細工	198
ヒートシール面の段差	58
ヒートシール面への付着	142
ヒートシール理論	73
ヒートシール技法の革新	250
ヒートシール技法の責任	112
ヒートシール強さ	2, 35, 94, 128, 148, 174

ヒートシール強さ特性	32, 189
ヒートシール強さと密封性	175
ヒートシール強さの「試験法」	128
ヒートシール強さの管理	201
ヒートシール強さの計測法	129
ヒートシール強さの発現変移	253
ヒートシール強さの変移	36
ヒートシール強さの発現理論	36
ヒートシール強さの目安	112
ヒートシール面	7
ヒートシール面の印刷	198
ヒートジョー方式	17, 24, 55, 78, 80, 135, 162, 211, 263, 290
ヒートバー	4, 96, 135, 145, 260
ヒートバーの温度調節系	24
ヒートバーの加熱面	217
ヒートバーの加熱面温度	91
ヒートバーの予熱源	217
ヒートバーの駆動	273
ヒートバーの接触面温度	247
ヒートバーの宙吊り	236
ヒートパイプ	2, 13, 27, 215, 259, 272, 290
ヒートパイプの装着	145
ピール性	179
非加熱部	41, 135
引裂き開封	179
非結晶性	160
引張試験応答	103
引張試験応答の微分演算	103
引張試験規格	32
微細圧縮突起	100
微細貫通孔	173
微細ギャップ	208
微細センサ	5, 8, 35, 42, 77, 80, 217, 255, 292
微細線状突起	55
微細点（ポリ玉）	33
微細突起（ポリ玉）	96
微細な圧力容器	107
微細な凹凸面	94
微細な突起	60
微細な半円	107
微細な溶着面	288
微細熱電対	287
微細剥離片	200
微細部の漏れ	266
微細部分の温度測定	289
微細変位計測法	173
引裂き応力	182
微弱なシール強さ	28
微弱な接着強さ	111
微弱なヒートシール強さ	266
微弱な標本袋	114
微弱ヒートシール強さ帯	250
微小圧着力域	207
微小接着面	168

— 320 —

索　引

微小変位	170	ピロー袋	55, 58
微小漏れ量	168	ピロー袋の貫通孔	168
非常停止	230	ピロー袋のセンターシールの貫通孔	169
ピストン式	228	ピロー袋のセンターシールフィン	165, 196
微生物汚染と変敗	112, 141, 148	ピロー袋の段差部	174, 213
微生物の2次汚染	145	ピロー包装	67, 218
微生物バリア性	180, 199, 236	ピロー包装の合掌張り	191
引張間距離	42	品質管理	237
引張距離	106, 275	品質保証	4
引張距離の積分	96	瓶詰工程のチョコ停	243
引張試験	128, 282	ピンホール	4, 33, 75, 128, 165, 168
引張試験機	275	ピンホールの生成	175
引張試験機の荷重方法	170	ピンホールの発生	131, 146
引張試験結果	261	ピンホールの発生防止	131
引張試験ジョー	274	ピンホール発生点	109
引張試験の不具合	269		
引張試験パターン	189, 261	ファジー制御	225
引張試験標本の作り方	274	分厚いカバー材	264
引張試験法	121	不圧着帯	175
引張強さ	38, 120, 274	フィードバック制御	3, 34, 72, 76, 90, 216, 217, 225, 268
引張強さのバラツキ	274	フィードフォワード制御	225
引張強さの平均化	253	フィン・タブ開封	179
人の操作力	186	フィン開封	224
人の体重並	117	封緘（シール）	55
引張試験パターン	32, 103, 104	封緘性	180
非バリアフリー	56, 69, 236	封緘性能	286
非バリアフリーの筆頭	250	封緘の安全率	286
引張試験評価	103	封緘の特徴	222
微分演算	297	封止	1
微分値	46	封止する最低圧	176
微片発生防止	199	封止操作	93
表示機の器差	42	負荷応力の計測	117
標準化データ	119	不確定性	72
表層	195	付加衝撃	122
表層基材	68	負荷線	109
表層材	2, 32, 103, 104, 275	不完全な熱接着操作	142
表層材軟化温度	215	不具合	271
表層材の厚さ	108	不具合解析法	238
表層材の剛性	266	不具合項目	251
表層材破断	103	複合圧着方法	61
表層材をラミネーション	93	複合化均一機能	196
標本コード	136	複合起因解析	239
標本袋	33, 111	複合原因	245
標本長	105	複合材料	36
標本の幅	253	複合作用	240
表面粗さ	203	複合シール法	61, 62
表面温度	8, 11, 14, 36, 41, 289	複合操作	55
表面温度管理	178	複合フイルム	254
表面温度調節システム	289	複合要求の圧着圧	62
表面温度のステップ応答	90	輻射熱の加熱	59
表面積酸素透過量	172	複数回の衝撃	99, 118, 151
表面積に反比例	149	袋サイズ別	117
比例関係	37	袋の円周に激突	118
広い温度帯	67, 253	袋のバリア性	172

— **321** —

索　　　引

不合理の容認	222
不織布表面	166, 173
不測の重なり	165, 168
不確かさ	10, 75
蓋接着面	192
不都合	19
物流、保管場所	117
物流／保管工程	141
物流工程	113, 141
物流衝撃のセンシング	121
不的確さ	112
不的確な加熱温度	86
部分破袋	267
不便な漏れ検査法	223
プラスチック材	1, 249, 271
プラスチック材の特性	195
不良品を発生	240
プロセス変量	225
分解能	10, 37, 42
分子間力（Van der Waals Force）	161
分子量分布	50, 265
平滑面	56
平均値を中心	242
平行圧着	195
平衡温度（CUT）	2, 24, 37, 42, 209, 212, 224, 246, 257
平衡温度加熱（CUT）	14, 40, 73, 77, 78, 201, 206, 224, 271
平衡温度線	247
平衡温度値	281
平衡温度に収斂	264
平衡加熱	135
平衡状態	135
平板で挟んで	117
平面圧縮	113, 132, 143, 149
平面圧接	55
平面圧着	95, 103, 109, 174, 236, 268
平面圧着の標準化データ	151
平面圧着方式	99, 273
平面開封	224
平面開封機能	73
平面荷重試験データ	150
平面接着	2
ペースト状	99, 109
ベクトル量	145
ベルトと発熱体の摺動	204
ベルトの損傷	204
ベルトの引張負荷	205
変位計測の精度	170
変移の変曲性	48
変位量	113
変化速さ	90
変曲点	38, 106, 153, 295
変曲点解析	297

変曲点の温度	297
変曲点付近	12
変曲特性	254
変動要因（外乱）	272
変敗保証	112
変量の相互干渉	225
保証（Guarantee）	115, 233
保障（Validation）	115, 233
貿易立国	237
包装技法	221
包装技法の品質管理	237
包装形態	111
包装工程	16, 141, 280
包装工程の見直し	29
包装材料	189, 221
包装材料の厚さ（剛性）	127
包装材料のシール機能	72
包装材料の新設計法	67
包装材料の特性	76
包装仕様	280
包装製品の品格	221
包装量目	3
放熱	145
放熱温度	80
放熱条件	145
放熱抵抗	79
放熱反応	152
ポーションパック	3
補完操作	144
保証事項の合理性	233
保証範囲	287
保障条件	111, 141
補正調整	79
ホットタック	42
ホットメルト	5
ボトムアップ式	237
ボトル充填工程	243
ボトルの位置決め精度	230
包装の基幹技法	221
包装の基幹工程	222
保有エネルギー	65
包装容器の変形	195
ポリ塊	99
ポリ玉	11, 15, 23, 57, 75, 93, 99, 105, 107, 133
ポリ玉起点	32, 98
ポリ玉制御	98
ポリ玉生成	38, 95, 147, 224, 273
ポリ玉生成域	130
ポリ玉の関与	267
ポリ玉の発生の抑制	110
ポリプロピレン材	38

索　　　引

《ま》

マイクロエレクトロニクス	225
マイクロプラスチック	179
摩擦力	206
間引き圧着	265
磨耗粉の発生	204
未知の現象	43
密着可能温度帯	68
密着可能下限温度	68
密着可能範囲	68
密着制御	177
密着阻害要因	60
密着適正温度帯	177
密着発現状態	266
密着不全	267
密封	1, 2, 3, 20, 55, 174
密封化技術	112
密封加工	111
密封化接着	107
密封化阻害与件	174
密封化の必須条件	174
密封機能	174
密封機能の喪失	98
密封機能の損傷	148
密封効果	60
密封性	103, 129, 165, 168
密封性の検査法	168
密封性を阻害	275
密封操作	141
密封特性の解析	174
密封特性の計測法	176
密封不全	263
密封不良	165
密封保証	141
密封保証の担保	112
「密封」と「易開封」	20
無限個	254
メガデータ	221
面圧接	61, 67
面圧着圧	93
面圧着の加熱応答	144
面積に反比例	117
毛細管の長さ	172
毛細管の流量特性	171
モールド	11
モールド塊	108, 109, 268
モールド状	252
モールド状態	57, 108
モールド状の接着	174

「モールド接着」	2, 15, 16, 28, 60, 74, 93, 100, 105, 236, 266, 268, 273, 275, 282, 285
モールド接着帯の加熱	196
モールド接着の論理	267
木材板	124
目視観察	55
目視検査	280
目標温度	195
持ち替えの合理性	190
モノ造り	225
漏れ箇所	2
漏れ空気量中の酸素量	59
漏れ検査法	56, 174, 222
漏れ検知能力	250
漏れ量	2
漏れ量検知の圧縮試験法	170
漏れ量の演算	172
漏れ量の定量化	168, 170, 266

《や》

安物シーラ	211
破れシール（Tear seal）	4, 33, 35, 38, 162, 287
破れシール（凝集接着）	174
破れシール温度域	130
破れシールの混在帯	130
ヤング率	67
有効性	205
有識者の常識	233
誘導加熱	5
輸液バッグ	125
溶着面温度	36, 130, 135
溶着面（接着面）温度応答	1, 5, 20, 36, 72, 246
溶着面温度応答モデル	137
溶着面温度管理	133
溶着面温度測定法；"MTMS"	35, 76, 168, 263, 287
容器の口径	243
溶着面温度応答制御	200
容積変化量	182
溶着部位面積	99
溶着面温度	24, 286
溶着面温度応答	224
溶着面温度応答計測法；MTMS	5, 6, 8
溶着面温度センサ	39
溶着面温度の直接測定	287
溶着面（接着面）温度応答データ	80
溶着面温度応答の計測	206
溶着面温度のズレ	135
溶着面温度マネージメント	216
溶融温度（Tm）	38, 160, 195, 266, 294
溶融温度帯（凝集接着帯）	130, 246
溶融シーラント	108, 109, 195
溶融状態	27, 35, 56, 58, 95, 175, 177, 190, 252, 266

索　　引

溶融接着	202	流出熱	78
溶融領域	202	流動化のモールド状態	169
溶融量を制限	100	流動操作	58
容量式	228	流入熱	78
ヨーグルトカップ	193	領域制御	221
横摘み	184, 187	良品歩留まり	286
四方シール	181	両面加熱	78, 263
四方袋	33, 34, 111	両面操作	69
		両面発熱型	210

《ら》

落下エネルギー	238	冷却圧着	205
落下エネルギーの総量	151	冷却板	195
落下試験	33, 118	冷接点補償	24, 65
落下衝撃	16, 33, 99, 113, 124, 143, 151, 279, 282	歴史的課題	22, 89, 216
落下衝撃・振動	112, 279	歴史的背景	73
落下衝撃の応答特性	121	歴史を観る	195
落下衝撃発生装置	121	烈断	96, 105, 147
落下物の位置エネルギー	118	レトルトパウチ	11, 45, 103, 122, 125, 138, 143, 163, 263, 276
ラミ材	32		
ラミネーション	2, 17, 133	レトルトパウチ材	96, 129
ラミネーション強さ	4, 32	レトルトパウチ仕様	83
ラミネーションフイルム	163	レトルトパウチのトラブル	146
ラミネート加工	135	レトルトパウチ包装	3, 141
ラミネートフィルム	59, 195	レトルト包装	199
ランプ状応答	78	レトルト包装のハイバリアー	112, 133
ランプ状加熱	82, 209	連続運転のシミュレーション	282
リアルタイム	2, 27, 135, 217, 287	ロータリー式	228
リアルタイム計測	268	ロードセル	42
リアルタイムの計測/制御	145	ローレット	60, 175, 181
リアルタイムモニタ	158	ローレット仕上げ	56, 195, 198, 265
リシール材	5	ロギングデータ	157
理知的なマネージメント	221	ロジック制御	82
立体形	195	ロット毎の稼働率変動	242
立体的	113		
立体的に開封	192	《わ》	
立方体	182	ワークの厚さ変更	204
リボンヒータ	217		

■ 著者略歴

菱沼一夫 （ひしぬま　かずお）

1940 年	神奈川県川崎市生まれ
1964 年	中央大学理工学部電気工学科　卒業
1959 年	味の素株式会社中央研究所　入社
	計測と制御の研究部に所属
1994 年	味の素株式会社　主席研究員
	包装エンジニアリング担当
1990 年	第 14 回木下賞授賞
1996 年	菱沼技術士事務所　設立
	経営工学コンサルティング
	現在に至る
2003 年	第 27 回木下賞授賞
2006 年	博士（農学）＜東京大学＞授与
	「熱溶着（ヒートシール）の加熱方法の最適化」
2006 年	日本缶詰協会「技術賞」授賞
2007 年	『ヒートシールの基礎と実際 －溶着面温度計測法：MTMS の活用－』
	（幸書房）発刊
2008 年	日本包装学会賞授賞
2010 ～ 2024 年	ヒートシールの革新技術：【Hishinuma 効果】の発見，"一条シール"，
	≪界面温度制御≫，「モールド接着」の開発

■ 現住所：〒 212-0054　川崎市幸区小倉 5-6-21
　　e-mail ：rxp10620@nifty.com
　　URL 　：http://www.e-hishi.net

新 ヒートシール技法
── ≪界面温度制御≫による「密封」「易開封」の同時達成 ──

2025 年 3 月 27 日　初版第 1 刷発行

著 者　菱　沼　一　夫

発行者　田　中　直　樹

発行所　株式会社 幸　書　房
さいわい

〒 101-0051　東京都千代田区神田神保町 2-7
TEL 03-3512-0165　FAX 03-3512-0166
URL　http://www.saiwaishobo.co.jp

装幀：エディグラフィック　夏野秀信
組　版：デジプロ
印　刷：シナノ

Printed in Japan. Copytight Kazuo HISHINUMA, 2025.
無断転載を禁じます。

JCOPY ＜（社）出版者著作権管理機構 委託出版物＞
本書の無断複写は著作権法上での例外を除き禁じられています．複写される場合は，
そのつど事前に，（社）出版者著作権管理機構（電話 03-5422-5088，FAX 03-5244-
5089，e-mail：info@jcopy.or.jp）の許諾を得てください．

ISBN 978-4-7821-0490-3　C3058